中 国 国 家 标 准 汇 编

576

GB 29730～29764

（2013 年制定）

中国标准出版社　编

中国标准出版社

北　京

图书在版编目(CIP)数据

中国国家标准汇编:2013年制定.576:
GB 29730～29764/中国标准出版社编.—北京:
中国标准出版社,2014.9
ISBN 978-7-5066-7657-1

Ⅰ.①中… Ⅱ.①中… Ⅲ.①国家标准-
汇编-中国-2013 Ⅳ.①T-652.1

中国版本图书馆CIP数据核字(2014)第187386号

中国标准出版社出版发行
北京市朝阳区和平里西街甲2号(100029)
北京市西城区三里河北街16号(100045)

网址 www.spc.net.cn
总编室:(010)64275323 发行中心:(010)51780235
读者服务部:(010)68523946

中国标准出版社秦皇岛印刷厂印刷
各地新华书店经销

*

开本 880×1230 1/16 印张 34.75 字数 1 073 千字
2014年9月第一版 2014年9月第一次印刷

*

定价 220.00 元

出 版 说 明

1.《中国国家标准汇编》是一部大型综合性国家标准全集。自1983年起,按国家标准顺序号以精装本、平装本两种装帧形式陆续分册汇编出版。它在一定程度上反映了我国建国以来标准化事业发展的基本情况和主要成就,是各级标准化管理机构,工矿企事业单位,农林牧副渔系统,科研、设计、教学等部门必不可少的工具书。

2.《中国国家标准汇编》收入我国每年正式发布的全部国家标准,分为"制定"卷和"修订"卷两种编辑版本。

"制定"卷收入上一年度我国发布的、新制定的国家标准,顺延前年度标准编号分成若干分册,封面和书脊上注明"20××年制定"字样及分册号,分册号一直连续。各分册中的标准是按照标准编号顺序连续排列的,如有标准顺序号缺号的,除特殊情况注明外,暂为空号。

"修订"卷收入上一年度我国发布的、被修订的国家标准,视篇幅分设若干分册,但与"制定"卷分册号无关联,仅在封面和书脊上注明"20××年修订-1,-2,-3,……"字样。"修订"卷各分册中的标准,仍按标准编号顺序排列(但不连续);如有遗漏的,均在当年最后一分册中补齐。需提请读者注意的是,个别非顺延前年度标准编号的新制定的国家标准没有收入在"制定"卷中,而是收入在"修订"卷中。

读者配套购买《中国国家标准汇编》"制定"卷和"修订"卷则可收齐由我社出版的上一年度我国制定和修订的全部国家标准。

3.由于读者需求的变化,自1996年起,《中国国家标准汇编》仅出版精装本。

4.2013年我国制修订国家标准共1 979项。本分册为"2013年制定"卷第576分册,收入国家标准GB 29730～29764的最新版本。

中国标准出版社

2014年8月

目　　录

ICS 91.140
Q 76

GB

中华人民共和国国家标准

GB/T 29730—2013

冷热水用分集水器

Distribution manifold of cold/hot water

2013-09-18 发布　　　　2014-06-01 实施

中华人民共和国国家质量监督检验检疫总局
中 国 国 家 标 准 化 管 理 委 员 会　发布

前　言

本标准按照GB/T 1.1—2009给出的规则起草。

本标准由中华人民共和国住房和城乡建设部提出。

本标准由全国暖通空调及净化设备标准化技术委员会(SAC/TC 143)归口。

本标准负责起草单位:浙江盛世博扬阀门工业有限公司、国家建筑材料工业建筑五金水暖产品质量监督检验测试中心。

本标准参加起草单位:北京市建筑设计研究院、北京市建筑节能与建筑材料管理办公室、天津市供热办公室、仲恺农业工程学院、中国建筑科学研究院、华东建筑设计研究院有限公司、中国建筑西北设计研究院有限公司、中国建筑金属结构协会辐射供暖供冷委员会、上海市建筑材料行业协会采暖分会、辽宁省装饰协会地暖分会、河北省地暖行业协会、盛世博扬(上海)暖通科技有限公司、欧文托普阀门系统(北京)有限公司、佛山市日丰企业有限公司、意大利卡莱菲股份有限公司北京办事处、嘉科米尼采暖制冷科技(北京)有限公司、台州同盛铜业有限公司、浙江铭仕管业有限公司、秦皇岛宏岳塑胶有限公司、宁波友谊铜业有限公司、浙江灵铭管道科技有限公司、浙江沃孚阀门有限公司、河北日泰新型管材有限公司、宁波市哈雷换热设备有限公司、北京亚特伟达冷暖节能工程技术有限公司、威海嘉中进出口有限公司采暖工程分公司、新疆宏迪节能技术有限公司、上海安热贸易有限公司、石家庄天时地板采暖安装有限公司。

本标准主要起草人:孔祥智、史红卫、曹越、田桂清、田雨辰、丁力行、马达、江苹、徐博荣、刘浩、张保红、邓有源、荆涛、王芳、耿连岗、黄军、周磊、马学东、李白千、刘玉银、唐萍、詹征、冯国平、马君、梅荣裕、章伟乔、陈鸣、朱清国、孙旭光、宋伟军、刘爱国、王风林、戴锋、宋伟。

冷热水用分集水器

1 范围

本标准规定了在采暖空调系统中应用的冷热水用分集水器(简称分集水器)产品术语和定义,结构、尺寸与标记,一般规定,要求,试验方法,检验规则,标志、包装、运输及贮存。

本标准适用于在民用与工业建筑工程中空调和采暖水系统中(水温范围 5 ℃～95 ℃)所使用的工作压力不大于 0.8 MPa、连接管径不大于 DN32 的冷热水用分集水器。

2 规范性引用文件

下列文件对于本文件的应用是必不可少的。凡是注日期的引用文件,仅注日期的版本适用于本文件。凡是不注日期的引用文件,其最新版本(包括所有的修改单)适用于本文件。

GB/T 1220 不锈钢棒

GB/T 2828.1 计数抽样检验程序 第1部分:按接收质量限(AQL)检索的逐批检验抽样计划

GB/T 5231 加工铜及铜合金化学成分和产品形状

GB/T 6461—2002 金属基体上金属和其他无机覆盖层 经腐蚀试验后的试样和试件的评级

GB/T 7306.1 55°密封管螺纹 第1部分:圆柱内螺纹和圆锥外螺纹

GB/T 7307 55°非密封管螺纹

GB/T 10125 人造气氛腐蚀试验 盐雾试验

GB/T 11379 金属覆盖层 工程用铬电镀层

GB/T 13912 金属覆盖层 钢铁制件热浸镀锌层技术要求及试验方法

GB/T 13927 工业阀门 压力试验

GB/T 14832 标准弹性体材料与液压液体的相容性试验

JGJ 142 辐射供暖供冷技术规程

YS/T 583 热锻水暖管件用黄铜棒

3 术语和定义

JGJ 142 界定的以及下列术语和定义适用于本文件。

3.1

分集水器 manifold

在采暖空调系统中,连接供回水干管和各分支管道,由分水器主体与集水器主体及其所属阀门组成的并能调节各分支管道流量的专用装置。

3.2

分水器主体 supply header

分集水器与供水干管相连接,起到由主管向各个支路供水分流作用的部分。

3.3

集水器主体 return header

分集水器与回水干管相连接,起到由各个支路向主管回水汇流作用的部分。

3.4

分水器调节阀　balancing valve of supply header

安装于分水器主体上,用于调节各个支路间水力平衡的调节阀门。

3.5

集水器通断阀　shut-off valve of return header

安装于集水器主体上、用于(手动或电动)启闭各支路的通断阀门。

3.6

泄水阀　drain valve

安装在分、集水器主体的末端,用于在维修时对系统泄水的阀门。

4　结构、尺寸与标记

4.1　结构

分集水器通常由分、集水器主体、分水器调节阀、集水器通断阀、末端组件(排气阀和泄水阀等)和支架等构成,详见图1。

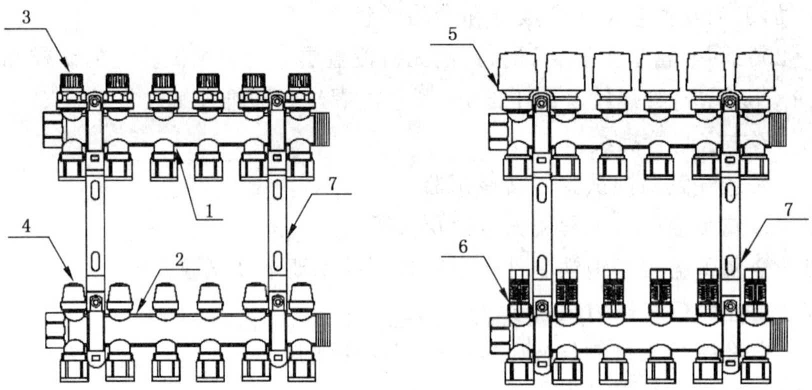

说明:

1——分水器主体;

2——集水器主体;

3——集水器通断阀;

4——分水器调节阀;

5——电热驱动器;

6——流量调节阀;

7——支架。

图1　分集水器结构示意图

4.2　尺寸

分集水器的基本尺寸应符合图2的规定。

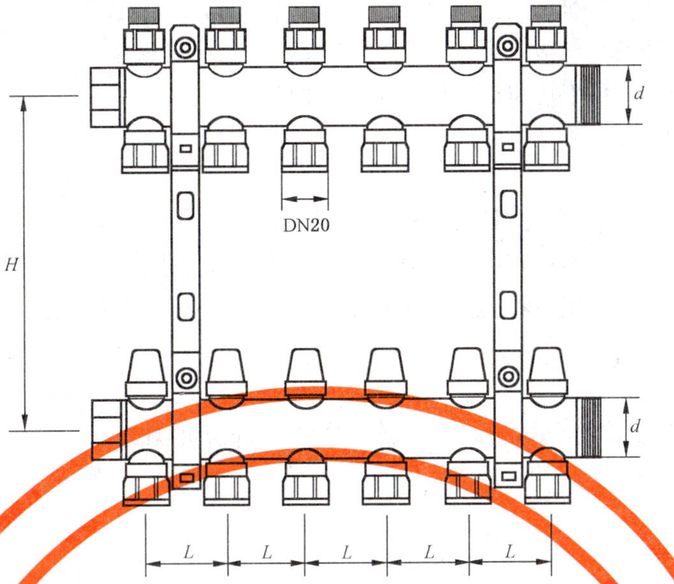

单位为毫米

d	L	H
DN25	50	210
DN32	50	210

说明：

d ——分集水器主管直径；

L ——分集水器支管管间距；

H——供回水管中心距。

图 2　分集水器基本尺寸

4.3　标记

4.3.1　标记方法

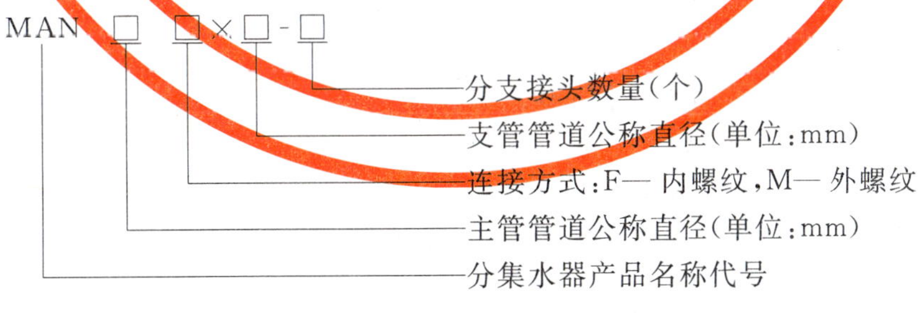

4.3.2　标记示例

MAN25F×20-4：主管为内螺纹连接、直径为 DN25，支管有 4 路、直径为 DN20 的分集水器。

5　一般规定

5.1　材料

5.1.1　分集水器主体材料可采用铜或不锈钢材料。

5.1.2 铜质分集水器组件的机加工用材和热锻用材应符合 GB/T 5231 或 YS/T 583 的要求。

5.1.3 不锈钢分集水器的材料应符合 GB/T 1220 的要求。

5.1.4 分集水器密封圈的材料应符合 GB/T 14832 的要求。

5.2 表面处理

5.2.1 分集水器材料表面镀铬时应符合 GB/T 11379 的要求。

5.2.2 分集水器材料表面电镀处理时应符合 GB/T 10125 的要求。

5.2.3 分集水器表面保护等级应符合 GB/T 6461—2002 中不低于 8 级的规定。

5.3 连接

分集水器的连接螺纹应符合 GB/T 7307 或 GB/T 7306.1 的规定。

5.4 固定支架

分集水器的固定支架应为镀锌钢材质，应符合 GB/T 13912 的要求，与分集水器主体接触部分应有减震绝热垫片。

6 要求

6.1 外观

6.1.1 分集水器主体表面应有生产厂商商标或识别标志，标志应清晰耐久。

6.1.2 分集水器内外表面应光洁，无裂纹、砂眼、锈蚀、冷隔、夹渣、凹坑及其他影响性能的缺陷，螺纹不应断扣或有磕碰损伤。

6.1.3 分集水器表面镀层应色泽均匀，镀层牢固，不应有脱镀现象。

6.1.4 分集水器主体直径为 DN25 时，支路数量不宜大于 6 路；分集水器主体直径为 DN32 时，支路数量不宜大于 9 路。

6.1.5 分集水器连接的卡套式接头做法可参见附录 A。

6.1.6 分集水器主体上应配有排气阀。

6.2 气密性

在(20±2)kPa 压力下，分集水器主体不应渗漏。

6.3 压力强度

在 1.5 倍额定压力的水压下，分集水器主体不应泄漏。

6.4 水力平衡性能

分集水器各个支路阀门全开时的流量应满足：(最大值－最小值)/(最大值＋最小值)＜10％。

6.5 流量调节性能

分集水器任一支路的分水器调节阀在开度为 50％时，流量不应大于调节阀全开时流量的 70％。

6.6 抗弯性能

分集水器的主体和支路管路应能够承受表 1 的力矩，不应断裂损坏。

表 1　分集水器管路抗弯力矩表

管径	DN15	DN20	DN25	DN32
M/(N·m)	105±10	225±10	340±10	475±10

7　试验方法

7.1　外观检验

外观检验采用目测方式。

7.2　气密性试验

在常温下将分集水器整体浸入水槽，缓慢通入(20±2)kPa 压力的空气，保持压力 15 s，目测检查是否有气泡渗漏。

7.3　压力强度试验

压力强度试验应按照 GB/T 13927 的规定进行，保持分集水器的压力 10 min，检查管件与管材连接处是否有泄漏和分离。

7.4　水力平衡性能试验

7.4.1　试验介质为常温水，测量仪器仪表准确度应符合表 2 的规定。

表 2　测量仪器仪表准确度要求

测量参数	测量仪表		仪表准确度
压力	压力表		精度应为 1.5 级以上
流量	流量计	%	量程内允许偏差不应大于 1%
		m^3/h	1

7.4.2　将分集水器的各个对应支路用同等材质和同等长度的化学管材相连接，供回水主管连接到流量试验台上，试验台应能够控制水系统压力并测试流量。

7.4.3　将分集水器主管供回水压差保持在 0.02 MPa，逐一打开各个支路，测试各个支路在支路阀门全开时的流量，并进行比较。

7.5　流量调节性能试验

将分集水器主管供回水压差保持在 0.02 MPa，任意选择一个支路，测试该支路在分水器调节阀开度分别为 50%和 100%时的流量并进行比较。

7.6　抗弯性能试验

7.6.1　分集水器主体抗弯性能试验应按照以下步骤进行：

a)　将分集水器主体一端固定于测试台，见图 3；

b)　将固定件与分集水器主体另一端进行螺纹连接，应扭满全部丝扣；

c)　将重物悬挂适配器外侧，悬挂 10 s 后，目测检查分集水器材料。

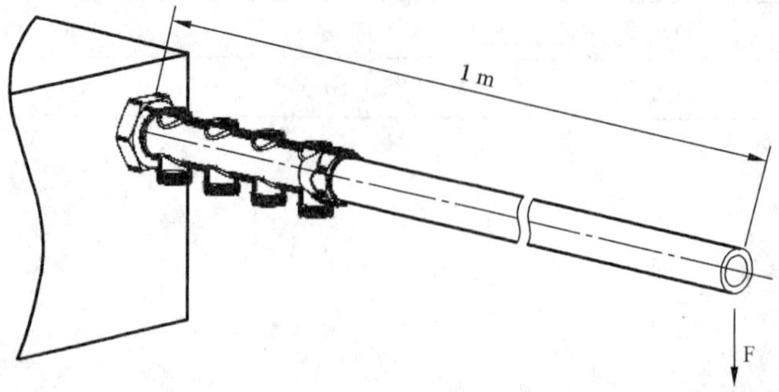

图3 分集水器主体抗弯试验示意图

7.6.2 分集水器支路抗弯性能试验应按照以下步骤进行：

a) 将分集水器固定于测试台，见图4；

b) 将适配器与分集水器支路(近固定端第二支路)进行螺纹连接，应扭满全部丝扣，保证支路螺纹端与适配器外侧长度为1 m；

c) 将重物悬挂适配器外侧，悬挂10 s后，目测检查分集水器材料。

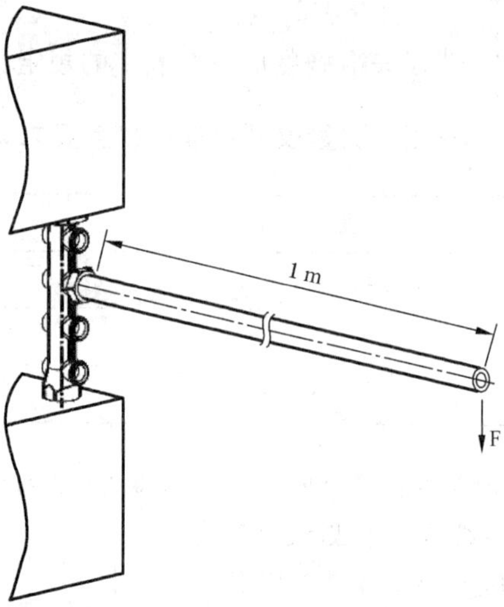

图4 集水器支路抗弯试验示意图

8 检验规则

8.1 出厂检验

检验项目按表3的规定执行，抽样方法及合格判定应符合GB/T 2828.1的规定，并应有产品质量合格证。

表 3　检验规则

序号	检验项目	出厂检验	型式检验	技术要求条款	试验方法条款
1	外观检验	√	√	6.1	7.1
2	气密性	√	√	6.2	7.2
3	压力强度	√	√	6.3	7.3
4	水力平衡性能		√	6.4	7.4
5	流量调节性能		√	6.5	7.5
6	抗弯性能		√	6.6	7.6

8.2　型式检验

8.2.1　检验条件

有下列情况之一时，应进行型式检验：

a)　新产品或老产品转厂生产的试制定型鉴定；

b)　正式生产后，如结构、材料、工艺有较大改变，可能影响产品性能时；

c)　正式生产时，每两年进行一次；

d)　产品停产两年后，恢复生产时；

e)　出厂检验结果与上次有较大差异时；

f)　发生重大质量事故时；

g)　国家质量监督部门提出进行型式检验要求时。

8.2.2　检验项目

分集水器检验项目应按表 3 的规定执行。

8.2.3　抽样方案与判定规则

抽样应在出厂检验合格产品中，分支管 6 路(含 6 路)以上和支管 6 路以下两种规格，以 100 只产品为一批，不足 100 只按一批计，每批随机抽取 2 组。

8.2.4　判定规则与复验规则

检验过程中，发现任何一项指标不合格时，应在同批产品中加倍抽样，复检其不合格项目；若仍不合格，则该批产品为不合格。

9　标志、包装、运输及贮存

9.1　标志

9.1.1　分集水器应在明显部位设置清晰、牢固的型号标牌，型号标牌材料应用不锈钢、铜合金或铝合金制造，其内容应包括：

a)　分集水器型号、规格；

b)　分集水器的工作压力；

c)　厂名和商标；

d） 生产日期。

9.1.2 产品应带有标签，标签上标明产品名称、标准编号、商标、生产企业名称、地址、种类、规格和型号。

9.1.3 外包装箱上应有以下内容：

a） 产品名称和型号；

b） 企业名称、厂址和商标；

c） 件数；

d） 执行标准。

9.2 包装

9.2.1 包装前分集水器应干燥、清洁。

9.2.2 包装箱应保证在运输、搬运、储存过程中不得破损。

9.2.3 包装箱外壁的文字和标志应清楚、整齐。

9.2.4 包装箱中应附有产品合格证、产品使用说明书和装箱单等文件。

9.3 运输

在运输过程中避免撞击、抛掷、跌落和直接雨淋等。

9.4 贮存

分集水器应存放在通风、干燥、无腐蚀气体的地方，避免强热源的烘烤。

附　录　A
（资料性附录）
分集水器装置的卡套式接头结构和尺寸

A.1　卡套式接头结构

卡套式接头结构见图 A.1。

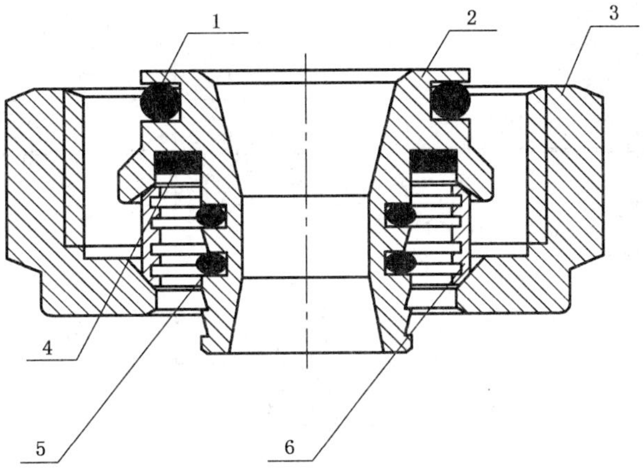

说明：
1、5——O 型圈；
2——适配器；
3——螺帽；
4——垫片；
6——卡箍。

图 A.1　卡套式接头结构示意图

A.2　适配器结构和尺寸

适配器结构和尺寸见图 A.2。

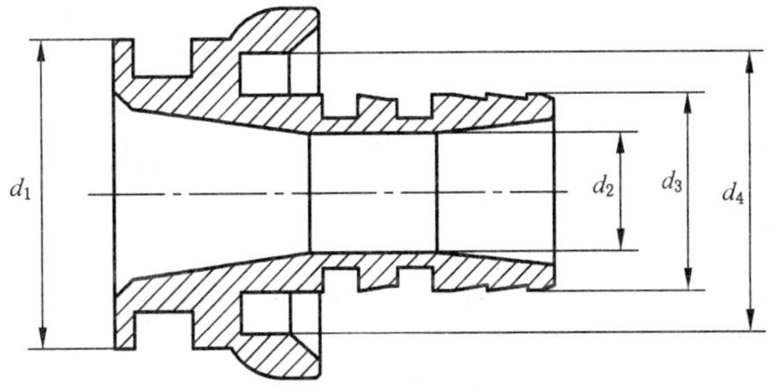

图 A.2　适配器

单位为毫米

PB 管材规格	d_1	d_4	d_3	d_2
16.00×2.00	18−0.05−0.15	16.4+0.10	11.80−0.10	7.20
20.00×2.00	18−0.05−0.15	20.5+0.10	15.80−0.10	11.00
25.00×2.3	—	25.5+0.10	20.20 −0.10	15
PE-X 管材规格	d_1	d_4	d_3	d_2
16.00×2.00	18−0.05−0.15	16.4+0.10	11.80−0.10	7.20
20.00×2.00	18−0.05−0.15	20.5+0.10	15.80−0.10	11.00
20.00×2.50	18−0.05−0.15	20.5+0.10	14.80−0.10	10.00
25.00×2.50	—	25.5+0.10	19.80−0.10	15
25.00×2.80	—	25.5+0.10	19.20−0.10	14.5
PE-RT 管材规格	d_1	d_4	d_3	d_2
16.00×2.20	18−0.05−0.15	16.4+0.10	11.60−0.10	7.20
20.00×2.80	18−0.05−0.15	20.5+0.10	14.20−0.10	9.00
25.00×3.50	—	25.5+0.10	17.80−0.10	12.6

图 A.2（续）

A.3 锁帽结构和尺寸

锁帽结构和尺寸见图 A.3。

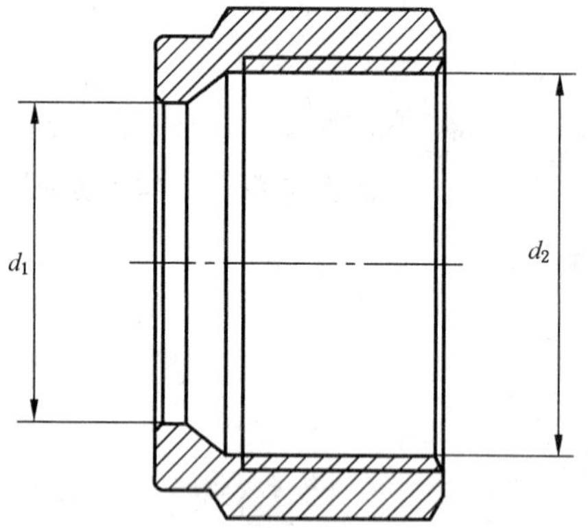

单位为毫米

管材外径	d_1	d_2
16.00	16.40+0.10	G3/4″
20.00	20.50+0.10	G3/4″
25.00	25.50+0.10	G1″

图 A.3　锁帽

A.4 卡箍结构和尺寸

卡箍结构和尺寸见图 A.4。

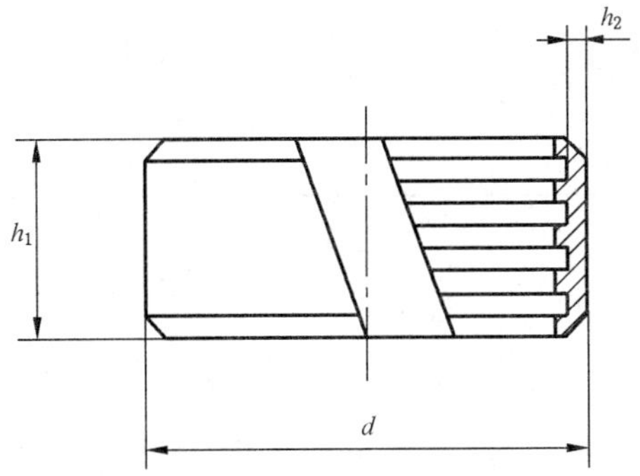

单位为毫米

金属卡箍			
管材外径	h_1	d	h_2
16.00	8.10	18.80	1.20
20.00	9.50	23.00	1.40
25.00	9.50	28.6	1.7
塑料卡箍			
管材外径	h_1	d	h_2
16.00	11.00	22.30	3.00
20.00	10.00	25.50	2.75

图 A.4 卡箍

ICS 71.040.40
G 04

中华人民共和国国家标准

GB/T 29731—2013

表面化学分析 高分辨俄歇电子能谱仪元素和化学态分析用能量标校准

Surface chemical analysis—High-resolution Auger electron spectrometers—Calibration of energy scales for elemental and chemical-state analysis

(ISO 17974:2002,MOD)

2013-09-18 发布 2014-06-01 实施

中华人民共和国国家质量监督检验检疫总局
中国国家标准化管理委员会 发布

前　言

本标准按照 GB/T 1.1—2009 给出的规则起草。

本标准使用重新起草法修改采用 ISO 17974:2002《表面化学分析　高分辨俄歇电子能谱仪　元素和化学态分析用能量标校准》。

本标准与 ISO 17974:2002 技术差异及其原因如下：

——关于规范性引用文件，本标准做了具有技术性差异的调整，以适应我国的技术条件，调整的情况集中反映在第2章“规范性引用文件”中，具体调整如下：

- 用 GB/T 22461—2008 代替 ISO 18115:2001，IDT；
- 增加了 GB/T 27025—2008 代替 ISO 17025—2005，MOD。

本标准还做了下列编辑性修改：

——将标准名称修改为《表面化学分析　高分辨俄歇电子能谱仪　元素和化学态分析用能量标校准》；

——将缩略语、图、表、公式、附注等进行规范性修改。

本标准由全国微束分析标准化技术委员会(SAC/TC 38)提出并归口。

本标准起草单位：清华大学、厦门大学。

本标准主要起草人：姚文清、王水菊、张占男、牟豪杰、李展平、朱永法。

引　言

俄歇电子能谱(AES)广泛用于材料的表面分析。通过由测量谱确定的俄歇电子峰动能与不同元素动能的列表值或谱图手册的比对,识别样品所含除氢和氦以外的元素。这些元素化学状态的信息可由测量的俄歇电子特征峰相对于参考态的化学位移而得到。辨识化学态要求对化学位移的测量准确度达到0.1 eV,逐一进行所需的测量,并需有足够准确的参考源,因而要求对俄歇电子能谱器的动能标进行校准,通常不确定度要≤0.3 eV。

本标准中规定的校准动能标的方法使用金属样品纯铜(Cu)和纯铝(Al)或纯金(Au)。该校准方法用于相对分辨率为0.2%或更好的俄歇电子谱测量直接谱。其适用的动能范围对于金为0～2250 eV,对于铝则为0～1 550 eV。

通常俄歇电子的动能参考真空能级,这种参考仍被诸多分析者使用。然而真空能级是不确定的,不同的仪器会相差0.5 eV以上。尽管使用真空能级作为参考不会导致元素识别的模糊,却会导致与化学态有关的高分辨测量中的不确定性。因此,在设计俄歇电子能谱和X射线光电子能谱用的仪器时,参考费米能级动能,其数值要比参考真空能级高4.5 eV。本标准的动能参考费米能级。

为提供符合GB/T 27025(ISO 17025)[1]要求的分析,以及为其他目的进行校准的俄歇电子能谱,可能需要一份估计校准的不确定度声明。这些仪器限于在一定的容差限$\pm\delta$以内得到对其动能测量的校准。δ值在本标准中不作规定,因它视俄歇电子能谱的应用和设计而定。δ值由使用者根据使用本标准的经验、仪器校准的稳定性、仪器在预期应用中进行动能测量所需的不确定度以及进行校准所需的工作量自行选择。本标准提供可用选择合适δ值的资料。通常$\delta \geqslant 0.2$ eV且大于重复性标准偏差σ_R的4倍。

对于一台待校准仪器计录仪器随时间漂移后,对参考动能值的离散加上95%置信度扩展的校准不确定度不得超过所选的容差限。在谱仪可能失校之前,应重新校准:对其进行校准测量并采取措施减小测量值和参考值之差。这一差值并不一定要减小到零,但通常要减小到该分析工作所要求的容差限的若干分之一。

尽管本标准不考虑仪器自身可能存在的所有缺陷,因为所要求的测试会非常耗时,且需兼备专业知识和设备。但本标准论述了俄歇电子能谱动能标校准中的基本和共性的问题。

表面化学分析　高分辨俄歇电子能谱仪元素和化学态分析用能量标校准

1　范围

本标准规定了用于表面元素和化学态分析的俄歇电子能谱的动能标校准方法。并且还规定了校准日程安排，用于在中间某一能量值测试动能标线性、在高低动能区各取一点确认标尺校准的不确定度、校正标尺小漂移以及规定在95%置信度时该动能标校准的扩展不确定度（这个不确定度包括实验室之间研究中观察到的各种现象，但不涵盖所有可能的缺陷）。

本标准仅适用于配备溅射清洁离子枪的仪器。不适用于以下情况的仪器：动能标尺的误差随能量明显非线性变化；工作于谱仪的相对分辨率低于0.2%的固定 $\Delta E/E$ 模式或固定 ΔE 为1.5 eV模式时，要求容差极限为 ±0.05 eV或更小。也不适用于电子枪不能在5 keV～10 keV能量范围操作的仪器。本标准不提供全标尺校准检验，该检验要对每一个在能量标尺上能设定的点加以验证，且应按仪器制造商的推荐程序进行。

2　规范性引用文件

下列文件对于本文件的应用是必不可少的。凡是注日期的引用文件，仅注日期的版本适用于本文件。凡是不注日期的引用文件，其最新版本（包括所有的修改单）适用于本文件。

GB/T 22461—2008　表面化学分析—词汇（ISO 18115:2001）

GB/T 27025—2008　检测和校准实验室能力的通用要求（ISO 17025:2005）

3　术语和定义

GB/T 22461—2008中界定的术语和定义适用于本文件。

4　符号和缩略语

本标准使用以下的符号和缩略语（另见附件B）。

AES　俄歇电子能谱

A　分析器减速因子

a　测得的能量比例误差

b　测得的零点偏移误差，以eV为单位

c　R 的系数

d　R^2 的系数

E_{corr}　校正 E_{meas} 后的动能结果，以eV为单位

E_{elem}　某一频繁被测元素的动能，其值在指出的动能标上已设定，经校准后能准确读出，以eV为单位

E_{meas}　测得的动能，以eV为单位

$E_{meas,n}$　第 n 个峰的平均测量动能，以eV为单位

$E_{\mathrm{meas},ni}$	第 n 个峰一组动能测量数据中的一个，以 eV 为单位
$E_{\mathrm{ref},n}$	第 n 个峰在动能标上位置的参考值，以 eV 为单位
$E^{0}_{\mathrm{ref},n}$	第 n 个峰的参考动能
FWHM	半高峰宽，以 eV 为单位
i	对某峰进行 7 次重复测量的谱图编号
j	对新峰重复测量次数
k	$CuM_{2,3}VV$、CuL_3VV 和 $AuM_5N_{6,7}N_{6,7}$ 或 $AlKL_{2,3}L_{2,3}$ 峰在确定重复性和线性时的重复测量次数
m	在定期校准中 $CuM_{2,3}VV$，CuL_3VV 和 $AuM_5N_{6,7}N_{6,7}$ 或 $AlKL_{2,3}L_{2,3}$ 峰的重复测量次数
n	标识峰的标号
R	谱仪的相对分辨率，以%表示
t_x	置信度 95%时两边分布的 x 个自由度上的"学生"t 值
U_{95}	置信度 95%时已校准能量标尺的总不确定度，以 eV 为单位
$U^{c}_{95}(E)$	用 $CuM_{2,3}VV$ 和 $AuM_5N_{6,7}N_{6,7}$ 或 $AlKL_{2,3}L_{2,3}$ 峰校准产生的在动能 E 处置信度 95%时的不确定度，假设标尺完全线性，以 eV 为单位
U^{1}_{95}	ε_2 在置信度 95%时的不确定度，以 eV 为单位
U^{cl}_{95}	在没有线性误差的情况下，置信度 95%时的校准不确定度
Δ_n	偏移能量，对于 $n=1,2,3,4$ 的峰，由校准峰测量动能的平均值减去参考动能值给出，以 eV 为单位
$\triangle_{E\,\mathrm{corr}}$	校正后的 E_{meas} 附加校正，以提供正确的动能结果
$\triangle\Phi$	Δ_1 和 Δ_4 的平均值
δ	置信度 95%时的能量校准容差限值(由分析者设定)，以 eV 为单位
ε_2	在 CuL_3VV 峰处测量的标尺线性误差，以 eV 为单位
σ_R	σ_{R1}、σ_{R2} 和 σ_{R3} 或 σ_{R4} 的最大者
σ_{Rn}	第 n 个峰的重复性标准偏差
σ_{Rnew}	峰重复性标准偏差，以 eV 为单位

只用于附录 B 的符号见该附录

5 方法概述

本标准是对俄歇电子谱进行能量标校准，首先是获得并制备好参考物质铜和铝(或金)的金属箔，测量其俄歇电子峰的动能。选择这些参考物质，是因为它们能提供用于实际分析中接近高和低动能端的俄歇电子峰。对动能标线性测试时使用中间能量峰。为此这些峰已确定，并有相应的参考数据。

图 1 是本工作的整体安排和程序步骤的流程图。

6.1～6.5 中给出了初始部分的步骤。作第一次校准时，假定对于所选的仪器设置未对谱仪特性作过表征，按照 6.7 依次对 $CuM_{2,3}VV$ 和 CuL_3VV 以及 $AuM_5N_{6,7}N_{6,7}$ 或 $AlKL_{2,3}L_{2,3}$ 峰的动能重复测量 7 次。这些数据可给出每个峰动能的重复性标准偏差 σ_R，影响这一重复性的因素有：谱仪电子设备的稳定性、测得的峰能量相对于样品位置的敏感性以及在峰位处的统计噪声。在这些步骤中，应限定条件以确保统计噪声相对较小。其他两个因素的影响可能随测得的动能而变化，所以规定 σ_R 是对应所使用的三个峰所得到的最大值。σ_R 值还可能取决于样品定位步骤。在 6.7.1 中，需要使用一致的样品定位步骤，最终的校准仅在使用该定位步骤对样品进行定位的情况下才有效。

尤其在 5 keV 束能时 $AuM_5N_{6,7}N_{6,7}$ 是弱峰，因而该峰能的参考值只适用于 5 keV 或 10 keV 的入射束能。因此对于信噪比很差，或者动能扫描不能超过 2 000 eV，或者不能在 5 keV 或 10 keV 束能工作的仪器，用 Al$KL_{2,3}L_{2,3}$ 峰替代 Au$M_5N_{6,7}N_{6,7}$ 峰是合适的。用 Au$M_5N_{6,7}N_{6,7}$ 峰校准的动能标可从 0 eV覆盖到 2 250 eV，而用 Al$KL_{2,3}L_{2,3}$ 峰校准的上限则局限到 1 550 eV。

对谱仪的研究表明，通常任何峰能量的测量误差会随峰的动能近似地线性改变。在本标准中给出的式仅在这种最常见的情况下有效，并建立在以下原则之上：测得的动能和参考动能之间的差别很小，且线性或近似线性地依赖于动能。这种线性在仪器有缺陷的情况下可能被破坏，所以在 6.7 和 6.10 中规定了一种检测方法确认在中间某一能量下对线性的接近程度。为方便起见，该项测试包括 CuL_3VV 峰。

如果线性测试合格，能量标的校正可以从 6.11 中所给的简单的常规校准步骤得到。确切地说，如何校正动能标依赖于被校准仪器的实施细节，所以 6.12 给出很多解决方法。分析者还需要考虑所需测量的峰动能的不确定度。表 1 给出了本标准所定义的部分典型参数的值，这些值会在 95% 的置信度下导致直观的容差限分别达 ±0.2 eV 和 ±0.3 eV。注意表 1 中在两次校准之间可容许漂移的重要性。因此校准间隔时间如同 6.14 所给的那样是通过对仪器的漂移进行测量而确定的，如图 1 所示。定期校准将按照合适的校准间隔时间进行，以保持谱仪的动能标在所要求的容差限内。

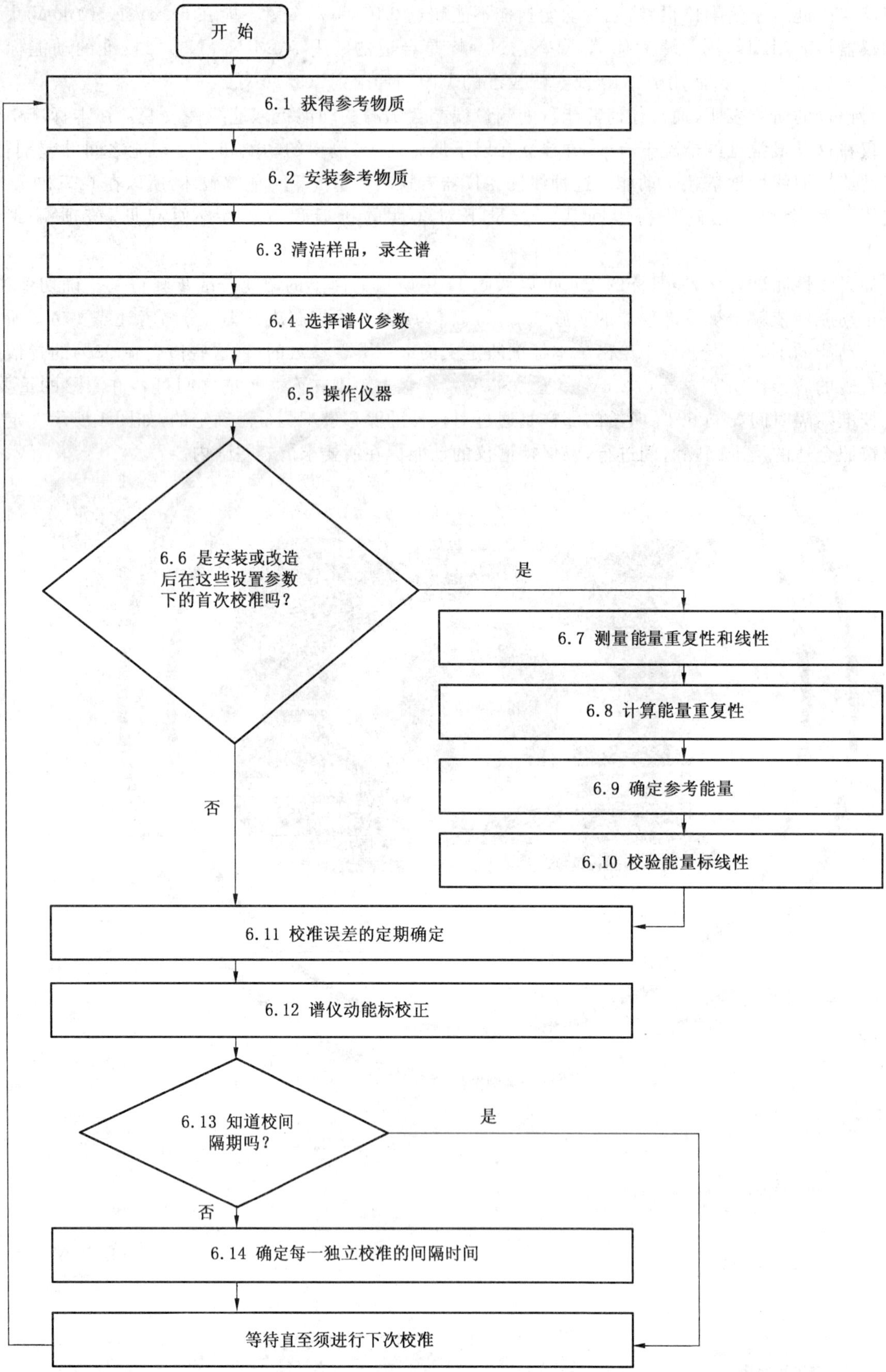

注：图中给出的每一栏目子款序号参考本标准的相应章节。

图 1　本方法操作顺序流程图

表 1　对动能标校准的误差估算起作用的项

项别	符号	计算依据	范例				注解
			要求高准确度		不要求高准确度		
容差限/eV	$\pm\delta$	用户自选	±0.2		±0.3		用户所作选择取决于对准确度的要求以及在定期校准之间的时间段内的采谱数
重复性标准偏差/eV	σ_R	式(1)	0.050		0.050		首次校准时测得的谱仪特性(见 6.7)
每一组谱的测量次数	m	用户自选 $m=1$ 或 2	$m=1$	$m=2$	$m=1$	$m=2$	
校准测量的不确定度/eV	U_{95}^{cl}	式(11)	0.185	0.130	0.185	0.130	
标尺的非线性度/eV	ε_2	式(5)或式(6)	0.050	0.050	0.050	0.050	首次校准时测得的谱仪特性(见 6.7)
校准后能量标的不确定度/eV	U_{95}	式(11)	0.192	0.139	0.192	0.139	
两次校准之间的最大容许漂移/eV	$\pm(\delta-U_{95})$	δ 和 U_{95}	±0.008	±0.061	±0.108	±0.161	规定了在谱仪有可能超出所选极限 $\pm\delta$eV 前的容许漂移
最大校准间隔时间(按稳定月漂移率 0.025 eV 计)/月	—	见 6.14	0.3	2.4	4.3	6.4	选一个在此出差错安全限的最大值以下,且小于 4 个月的方便间隔时间
可选校准间隔时间/月	—	根据观察到的漂移特性进行选择	此选项不实用	1	3	4	

注:不确定度对应 95%的置信度。范例说明用户所选参数对校准不确定度和所需重校间隔时间的影响。

本标准中给出了校准后在 95%置信度下校准不确定度的测量方法。动能标的误差通常会随时间增加。在两次校准之间,这一误差不能超过分析者为限定他们的测量质量而选择的公差极限 $\pm\delta$。完成一张如表 1 中那样的表格将有助于使用者定出一个合适的 δ 值。如果用户不甚了解其仪器的性能,或制造商提供的数据无帮助,或不十分清楚自己的需求,可从表 1 中的 δ 值设为 0.2 eV 开始。按照规定的步骤执行一遍,填写相应栏目,最后再核查该 δ 值是否适合所用谱仪。否则,重审操作步骤,要么减少对 U_{95} 有贡献的一项或多项,要么增加 δ 值到一个可接受的值。

注意,δ 是仪器能量标校准准确度的容差限。考虑到峰展宽、计数统计粗劣、荷电效应造成峰合成等,后续的能量测量的不确定度可能超过 δ。有关报告后续测量的不确定度指导意见,见附录 D。

6　校准能量标步骤

6.1　获得参考物质

校准俄歇电子谱仪时,如其能扫描到至少 2 050 eV 的能量且能适用 5 keV 或 10 keV 的束能,可使用铜和金样品。其他的仪器则使用铜和铝。这些样品应是纯度至少为 99.8%的多晶金属。为方便起见，它们通常制成面积 10 mm×10 mm、厚 0.1 mm～0.2 mm 的箔片。

如果样品要清洗，铜(Cu)样品可以在 1%硝酸中浸蘸一下，接着用蒸馏水淋洗。如果铜样品在空气中放了好几天，在硝酸中浸蘸会使样品的清洗容易得多。

6.2 安装样品

用螺丝或其他的金属法将样品铜、金或铝固定在同一个或分开的样品托上，以确保导电良好。不应使用双面胶带。

6.3 清洁样品

抽到超高真空后用离子溅射的方法清洗样品以减少其表面上的污染物，直至氧和碳的俄歇电子峰的高度均低于全谱中最强金属峰高度的 2%为止。为每个样品采集一个全谱(宽扫谱)，确保显著峰仅是所要求纯元素的。这里的真空质量要求必须是：在完成按照 6.11 的步骤或该工作日结束时(二者以先到为准)，氧和碳的峰高度不得超过最强金属峰高度的 3%。

本标准中所有相关的步骤应该在一个工作日之内完成。如果需要的时间不止一天，则应在每一天工作的开始时确认样品的清洁程度。

注 1：适于样品清洗的惰性气体离子溅射条件为：5 keV，30 μA 的氩离子束在覆盖 1 cm^2 的样品上溅射 1 min。

注 2：污染影响通常是金最小而铝最大。

AES 全谱的例子见图 2。

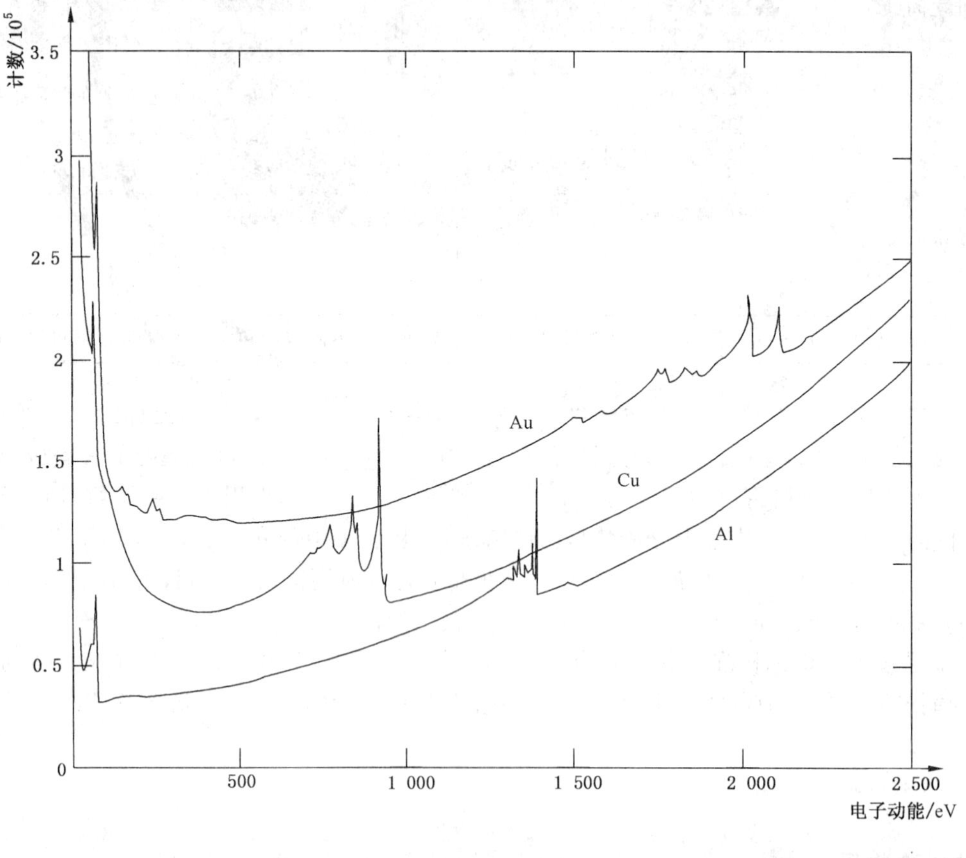

图 2 以固定△E/E 模式测量清洁 Cu、Au 和 Al 的宽(全)扫直接谱

6.4 选择用于能量校准的谱仪设置

选择要求能量校准谱仪操作设置的组合。对于校准所要求的通能、减速比、狭缝、透镜参数等分析器设置的每一个组合，重复按照6.4～6.14的校准步骤。在谱仪校准日志上记录下这些参数。

注：不同谱仪及其电路的设计是不同的，用于一台谱仪校准的对透镜设定、狭缝和通能的一个组合未必对透镜设定、狭缝和通能的任何其他组合有效。许多能谱工作者在一个分析器设置的最佳组合下进行测量，所以仅对这组设置需要校准。任何所作的校准都只对所用的该组设置有效。

6.5 操作仪器

6.5.1 特别注意过高的计数率[3]或不当的检测器电压[3,4]会造成峰的畸变，从而导致峰能量测定的错误。

使用金样品时设定电子束能量为5 keV或10 keV，如用铝样品则设定电子束能量在5 keV～10 keV的范围。按照厂商说明书或行业通用程序操作仪器。仪器烘烤后要达到完全冷却。操作仪器时，确保阴极发射、计数率、谱仪扫描速率及由厂商规定的其他参数在其推荐的参数范围内。检查倍增器设置已正确调整。对于多检测器系统，确保进行本校准前已完成厂商所述的所有必需的优化调整或检查。

注：很多制造商推荐，对要求精确测定能量的工作，应至少提前4 h开启控制和高压电子单元。

6.6 初始或后续校准测量选择

为了保持谱仪的动能标不失准，动能的重复性、标尺的线性误差以及校准间隔时间都需要确定。如其中有任何尚未确定的，按下述步骤进行确定。如对相关的谱仪设置已在以前用本标准确定了这些参数并且其后仪器没有进行过改装、大修或移动，则直接进至6.11，如图1所示。

6.7 峰动能重复性标准偏差及标尺线性的测量

6.7.1 峰动能重复性标准偏差 σ_R 按6.7.4～6.7.6，用 $CuM_{2,3}VV$，CuL_3VV 和 $AuM_5N_{6,7}N_{6,7}$ 或 $AlKL_{2,3}L_{2,3}$ 峰测量，通常只需在对给定的设置参数组合进行首次能量校准时进行。σ_R 的值只对选定的那组条件有效，并会受分析时使用的样品定位步骤的影响。为保持一致，这一样品定位步骤应遵循考虑厂商推荐方法后制定出来的操作方案。对于按照6.4选定的每一个需进行能量校准的谱仪操作设置都要进行这部分测量。仪器有实际变动后也需要重复这样的测量。

样品定位步骤取决于谱仪设计、样品类别、样品形状以及对分析的要求。在很多情况下，正确的样品位置由谱线强度最大化决定。在最优化涉及设置两个或更多互相关联参数的情况下，应使用一致的优化对策。对于固定 $\Delta E/E$ 模式操作的谱仪，可能会发现记录的峰能量在高动能端比低动能端对样品位置更敏感。进行数次6.7操作以改进样品定位步骤并获得低的重复性标准偏差值是有效的。

注：在多数谱仪中，设置样品的位置使其表面垂直于入射电子束的方向，可以减小测量峰位对样品位置的敏感度。

6.7.2 动能标线性是用 CuL_3VV 俄歇电子峰确定的(见6.7.4)，应与重复性测量同时进行以减少工作量和测量的不确定度。

6.7.3 数据采集的顺序是 $CuM_{2,3}VV$，CuL_3VV，$AuM_5M_{6,7}N_{6,7}$ 或 $AlKL_{2,3}L_{2,3}$ 峰，按此顺序(见6.7.4～6.7.6)再重复6次。

这些峰的细节见图3

6.7.4 置铜样品于分析位置，使被测电子的发射角与样品表面法线在0°～56°的范围内。按规定步骤调节样品位置，然后用6.4给定的那组条件以合适的电子束流和通道停留时间记录 $CuM_{2,3}VV$ 和 CuL_3VV 峰，使每个峰超过 10^6 计数/通道。扫描时通道能量间隔设为大约0.1 eV或更小，取决于确定峰动能所选择的方法(见6.8.1)。对于 $CuM_{2,3}VV$ 峰，扫描至少始于比低峰能量小2 eV，终止于比高峰能量大 2 eV。对 L_3VV 峰，扫描始于距峰值至少 2 eV 的低能侧，终止于距峰值至少 2 eV 的高能侧。确保正确的峰按照图 2 和图 3 被识别出。

很多谱仪控制单元可在大范围内改变能量标扫描速率。高扫描速率可能引起峰动能测量值的漂移。应确保所用扫描速率不引起明显峰飘移。

注：校准峰的参考动能值随出射角的改变而改变。本标准内的参考值仅对 0°～56°的出射角有效，所以本方法限于在该角度范围内使用[4]。对于更大的出射角，峰的更大位移会造成校准的明显偏差。

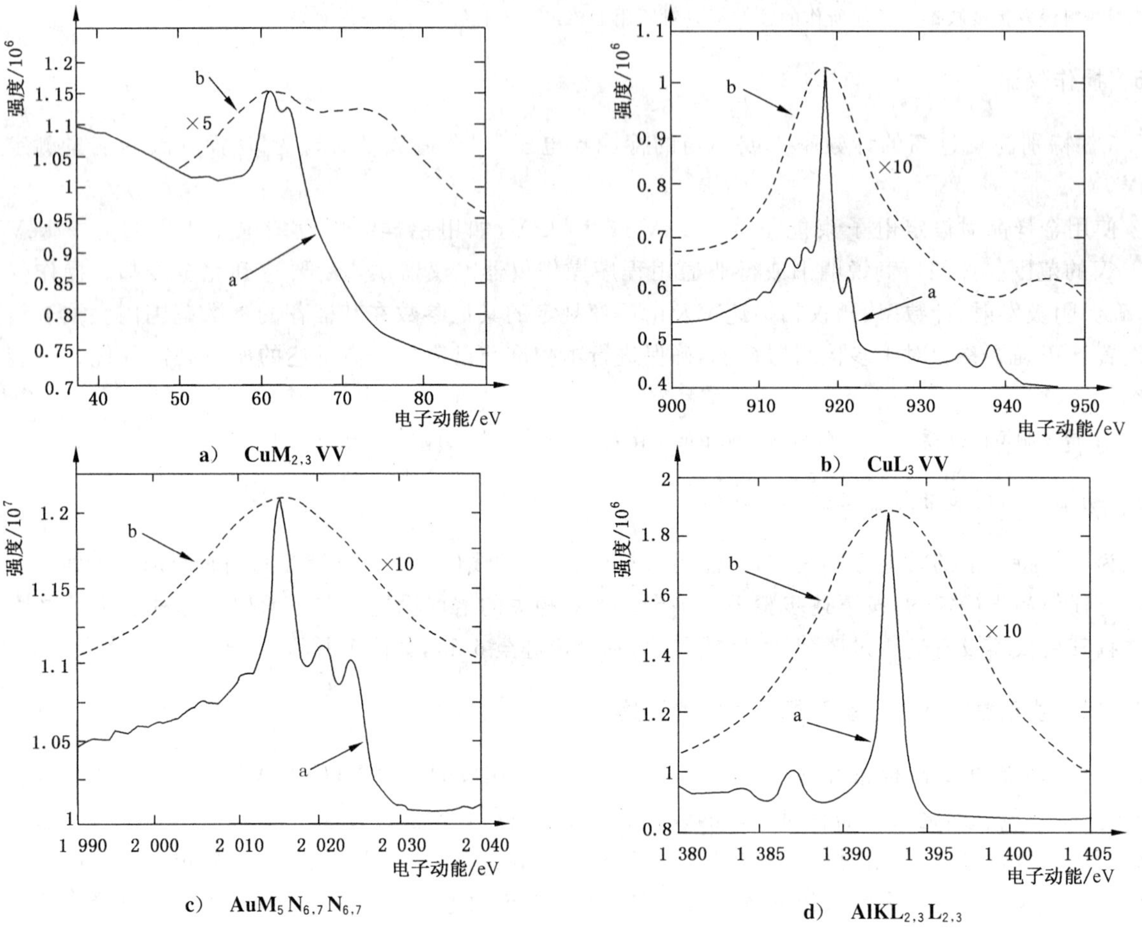

a——参考谱图；

b——在放大的能量标上接近峰最大值的谱图区域，放大倍数标在每一条谱线旁边。

图 3 俄歇电子峰的参考谱图

6.7.5 从分析位置移去铜样品，在相同出射角下更换金或铝样品，使用已选择的样品定位步骤。保持与铜样品相同的谱仪参数，记录 $AuM_5N_{6,7}N_{6,7}$ 峰，录谱时间要足够长，以保证在 $AuM_5N_{6,7}N_{6,7}$ 峰超过 10^7 计数/通道，$AlKL_{2,3}L_{2,3}$ 峰有超过 10^6 计数/通道。从至少比峰值能量低 2 eV 处扫描至比峰值能量高 2 eV 处。确保依照图 2 和图 3 识别出正确的峰。

使用与 6.7.4 所给的同一谱仪参数，即相同的通能、减速比、狭缝大小、透镜设置、倍增器设置、能量间隔和能量扫描速率。通常只需改变起始能量、终止能量和数据采集时间。

6.7.6 按给定的顺序重复 6.7.4 和 6.7.5，重复测量六次后使这三个峰中的每一个都有七个独立的记录。

为了节省时间，这些谱的扫描宽度可以减小，除非 6.8.1 a)所选用的确定峰动能的方法要求更宽的范围。

6.8 计算峰动能重复性标准偏差

6.8.1 根据 a)中所给的方法确定 $CuM_{2,3}VV$ 的测量峰动能，根据 a)或 b) 所给的方法确定其他峰的测量峰动能。

a) 对 CuL_3VV，$AuM_5N_{6,7}N_{6,7}$ 或 $AlKL_{2,3}L_{2,3}$ 峰使用第一个方法：在从本底以上强度略大于峰高 80%处作一条水平弦，并在本底以上峰强为 80%～100%的范围内再作三条或三条以上强度间隔大致相等的弦，定出所有弦的中点，然后用作图或计算的方法将这四个或四个以上中点的最佳拟合直线投影到峰上，给出峰的能量，见图 4 的 d)和 f)。

对于 $CuM_{2,3}VV$ 峰，如图 4 的 c)和 e)在两峰上作一条切线。接着过峰谷作一条该切线的平行线，在这两条平行线高度的一半处作一条弦与切线平行，然后在这条 50%的弦和切线之间再作三条或三条以上强度间隔大致相等的平行弦。找出每一条横穿每一对峰 A 和 B 的弦的中点，见图 4 的 c)和 e)。这些中点即为第 i 谱线上的 A_i 和 B_i，分别大约为 61.3 eV 和 63.4 eV。确定每一条切线 A_i 和 B_i 的中点 M_i，然后用作图或计算的方法将这四个或四个以上 M_i 的最佳拟合直线投射到与最高的切线相交，交点为一个能量值。该值给出了合乎 $CuM_{2,3}VV$ 峰参考值的测量能量值。

先对谱图使用一次 Savitzky-Golay 立方/平方法[5]进行平滑，谱峰定位法的精度可能改善，处理时的峰宽度应小于或等于该谱峰本底以上半高峰宽(FWHM)，图 4 的 e)和 f)中分别表示九点和七点平滑。对于双峰 $CuM_{2,3}VV$ 则把组成的每一个峰的宽度都取为 2.0 eV。对于不同的谱仪相对分辨率进行 Savitzky-Golay 平滑程序的最大点数见附录 A。

b) 对于 CuL_3VV、$AuM_5N_{6,7}N_{6,7}$ 或 $AlKL_{2,3}L_{2,3}$ 峰用第二种方法：用最小二乘法以抛物线拟合峰顶周围的数据。所选择的数据点应使最大峰强前后的点数大致相等，且始点和终点的强度应在本底以上 80%到 85%的峰强范围内。如所用软件中不含最小二乘法拟合，则可用附录 B 中给出的简单最小二乘法计算程序。

注：附录 B 中所给程序使用的能量间隔是 0.1 eV。

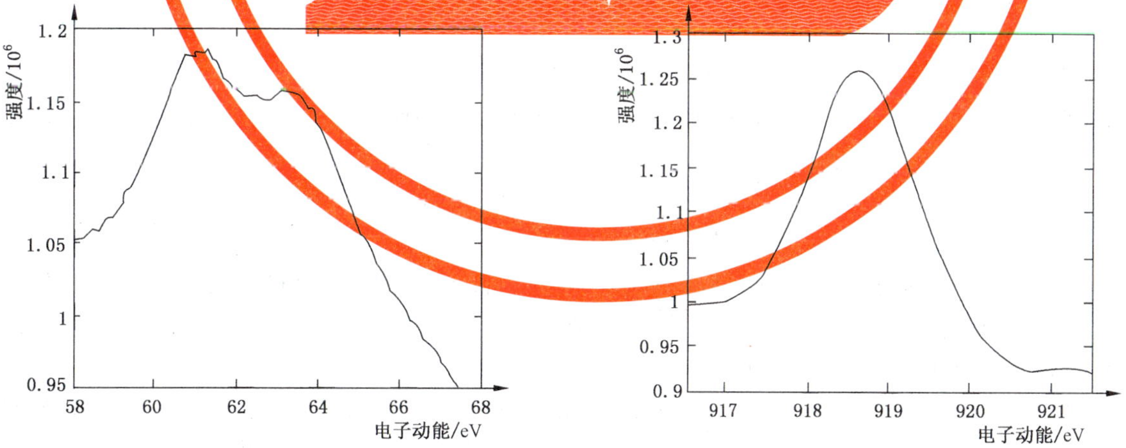

a) $CuM_{2,3}VV$　　b) CuL_3VV

a)和 b)为原始谱图；c)和 d)为 a)和 b)放大的未平滑谱图；e)和 f)为分别用九点和七点的 Savitzky-Golay 法单次平滑的谱图。靠下面的四个图示意了确定峰动能值的等分弦法。

图 4 $CuM_{2,3}VV$ 和 CuL_3VV 的俄歇谱图，
所用电子束为 5 keV、相对分辨率为 0.1%、能量间隔为 0.1 eV

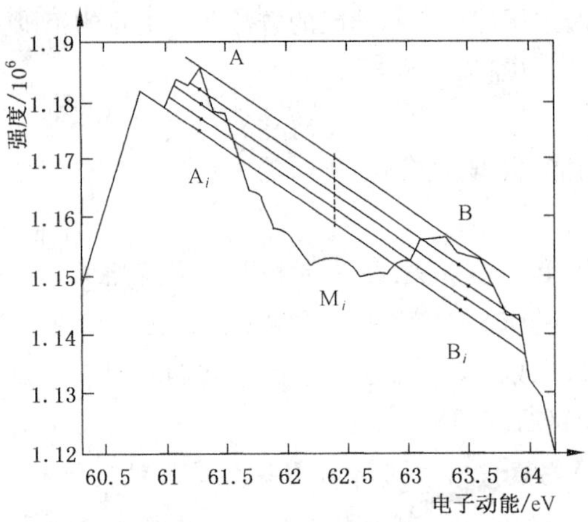

c）未平滑［对应 a）］

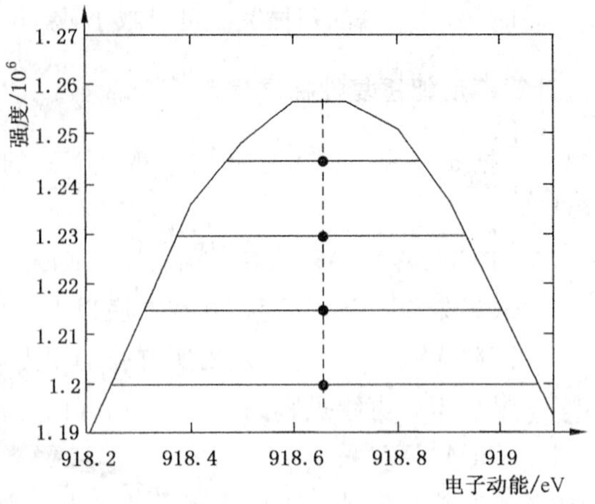

d）未平滑［对应 b）］

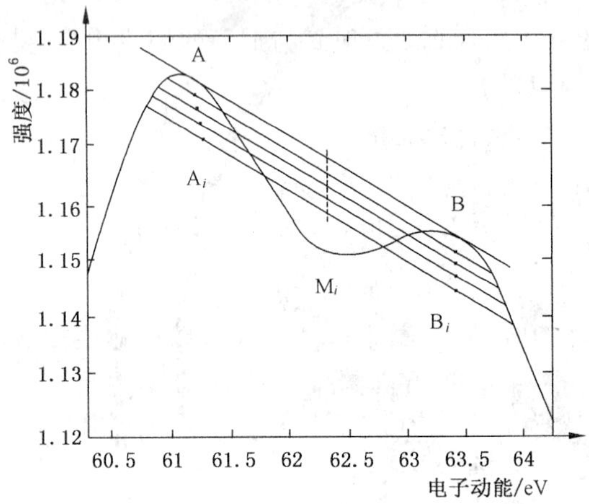

e）平滑［对应 a）］

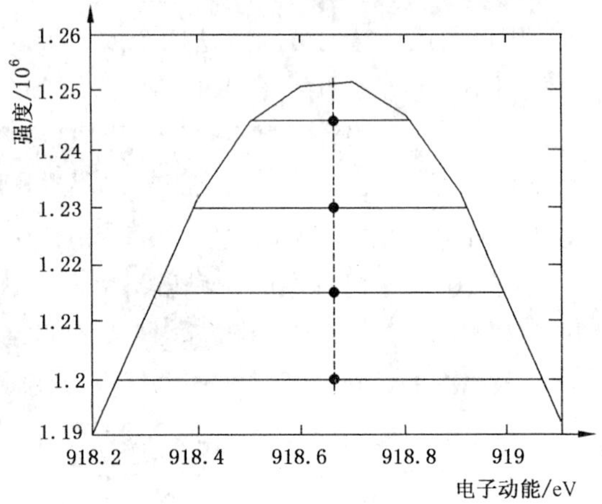

f）平滑［对应 b）］

图 4（续）

6.8.2 把三个峰中每一个峰测得的动能的七个值列成表。

6.8.3 对每一个峰 n，从一组七个测量值 $E_{\text{meas},ni}$ 计算出平均的动能 $E_{\text{meas},n}$，然后用式(1)按 6.7 计算出第 n 个峰的七个能量测量值 $E_{\text{meas},ni}$ 的重复性标准偏差 σ_{Rn}：

$$\sigma_{Rn}^2 = \sum_{i=1}^{7} \frac{(E_{\text{meas},ni} - E_{\text{meas},n})^2}{6} \qquad \cdots\cdots(1)$$

用这个方法计算重复性标准偏差时，用金样品则 $n=1$、2 和 4，用铝样品则 $n=1$、2 和 3。总的重复性标准偏差 σ_R 取 σ_{R1}、σ_{R2} 和 σ_{R3} 或 σ_{R4} 三个中最大的那个。

注：在表 1 的用户选项中记录 σ_R 的值是有用的。

6.8.4 按照原采谱顺序重查峰的能量是否有随时间的系统改变。这样的系统改变可能表明预热时间不充分，实验室温度变化或有其他漂移源。如果这样，应采取恰当的措施（如增加预热时间）并重复 6.7。

6.8.5 谱仪处于良好工作状态时，具有足够计数的峰重复性标准偏差应小于 0.05 eV。如果 σ_{R1}、σ_{R2}、σ_{R4} 或 σ_{R3} 超过此值，检查谱仪电源的稳定性、系统接地是否良好以及样品定位步骤。如 $\sigma_R > \delta/4$，则应增大 δ 的建议值或找到减小 σ_R 的方法。

注 1：图 3 中铜和铝的计数是 10^6，金的计数是 10^7，按照附录 B 用最小二乘法对数据拟合，该计数统计的 σ_R 值对标准不确定度的贡献小于 0.025 eV。

注 2：在一项实验室之间的比对中[6]，每次分析不同样品后重置铜样品，从高分辨仪器图表记录的数据得出 σ_{R2} 的平均值等于 0.06 eV。

6.9 确定相关的参考动能

6.9.1 对于用铝样品相对分辨率低于 0.04%，或用金样品低于 0.07%的仪器，参考动能值应依据表 2。

表 2 峰位在动能标的参考值[7]

峰序/n	谱 峰	$E^0_{ref,n}$/eV
1	$CuM_{2,3}VV$	62.37
2	CuL_3VV	918.69
3	$AlKL_{2,3}L_{2,3}$	1 393.09
4	$AuM_5N_{6,7}N_{6,7}$	2 015.80
注 1：本表的动能是参考费米能级； 注 2：本表取自文献[8,9,10]。		

6.9.2 对于相对分辨率 R%高于 6.9.1 和表 2 中的值，但低于 0.2%的仪器，其参考能量 $E_{ref,n}$ 由式(2)给出：

$$E_{ref,n} = E^0_{ref,n} + cR + dR^2 \qquad \cdots\cdots(2)$$

式中：c 和 d 按照表 3。

表 3 参考动能值的校正值

峰序/n	谱 峰	c/eV	d/eV
1	$CuM_{2,3}VV$	0.0	0.0
2	CuL_3VV	0.2	−2.0
3	$AlKL_{2,3}L_{2,3}$	−0.3	−1.8
4	$AuM_5N_{6,7}N_{6,7}$ 5 keV n(E) 5 keV En(E) 10 keV n(E) 10 keV En(E)	 0.0 −0.3 −0.2 −0.1	 0.0 4.4 0.0 0.0
注：本表是更复杂表格[10]的缩简，其相对分辨率为 0%<R<0.2%，表中动能值的校正值误差不超出 0.015 eV。			

6.10 检验动能标线性

6.10.1 对每个峰 n，用在 6.8.3 中确定的测量动能的平均值 $E_{meas,n}$ 减去表 2 和式(2)给出的参考能量值 $E_{ref,n}$，得到该峰的仪器偏移能量测量值 Δ_n，这里的 n 是表 2 所给的峰序。从而，其结果如式(3)：

$$\Delta_n = E_{meas,n} - E_{ref,n} \qquad \cdots\cdots(3)$$

6.10.2 为了确定动能标对于预期的应用是否有足够好的线性，应使用式(5)或式(6)计算 CuL_3VV 峰能量的测量动能标线性误差 ε_2。假设标尺线性时，该误差是仪器偏移能量测量值 Δ_2 与 $CuM_{2,3}VV$ 和 $AuM_5N_{6,7}N_{6,7}$ 或 $AlKL_{2,3}L_{2,3}$ 峰动能的测量值推得的偏移值之差。对于 $AuM_5N_{6,7}N_{6,7}$ 峰，则 ε_2 由式(4)给出：

$$\varepsilon_2 = \Delta_2 - \left[\frac{\Delta_1(E_{ref4} - E_{ref2}) + \Delta_4(E_{ref2} - E_{ref1})}{E_{ref4} - E_{ref1}}\right] \qquad \cdots\cdots(4)$$

对于 $AlKL_{2,3}L_{2,3}$峰，ε_2 由式(4)中 Δ_4 和 $E_{ref\,4}$ 分别换成 Δ_3 和 $E_{ref\,3}$ 后得到。数值上这些方程可简化成：

$$\varepsilon_2 = \Delta_2 - 0.562\Delta_1 - 0.438\Delta_4 \quad \cdots\cdots(5)$$

对于 $AuM_5N_{6,7}N_{6,7}$峰

和

$$\varepsilon_2 = \Delta_2 - 0.356\Delta_1 - 0.644\Delta_4 \quad \cdots\cdots(6)$$

对于 $AlKL_{2,3}L_{2,3}$峰

对于 $AuM_5N_{6,7}N_{6,7}$或 $AlKL_{2,3}L_{2,3}$峰，分别用式(5)或式(6)计算 ε_2 的值。

注 1：在表 1 的用户选项中记录 ε_2 的值是有用的。

注 2：能量标的非线性可能由未校正的相对论效应产生[10,11,12]。对于没有减速的筒镜式分析器，相对论效应将使用 $AuM_5N_{6,7}N_{6,7}$峰校准的 ε_2 增加 0.398 eV，用 $AlKL_{2,3}L_{2,3}$校准的 ε_2 增加 0.172 eV。球扇形分析器的这两个数值会更高，分别为 0.920 eV 和 0.398 eV。少有商用分析器在没有电子能量减速条件下工作的相对分辨率为 0.2%或更好，通常电子能量降低 A 倍，A 为 4 或 10。非线性降低了 A^2 倍即分别除以 16 或 100。对于球扇形分析器，最大非线性值可分别减少到 0.058 eV 或 0.009 eV。这些效应通常小到足以在实际中忽略。然而当使用很高的精确度或低的减速值时，计算结果表明这些效应对 ε_2 的贡献超过 $\delta/4$，建议分析者参考文献[10,11,12]。

6.10.3　在 95%的置信度下，以 eV 为单位的 ε_2 的不确定度小于 U_{95}^1，其值由式(7)给出：

$$U_{95}^1 = [(1.2\sigma_R)^2 + (0.040)^2]^{1/2} \quad \cdots\cdots(7)$$

6.10.4　计算 U_{95}^1。就实用目的而言，如$|\varepsilon_2|$小于 U_{95}^1，可以认为动能标是线性的。如$|\varepsilon_2|$大于 U_{95}^1，则标尺是非线性的。然而，如$|\varepsilon_2|$小于 $\delta/4$，这一非线性也可以接受；即与选定的容差限 δ 相比，线性误差可视为足够小。

示例：如 σ_R 为 0.050 eV(表 1 所示值)，则不确定度 U_{95}^1 为 0.072 eV。

式(7)的推导见附录 C。

注：在一项实验室之间的比对中[6]，用绘图法记录谱图，得到高分辨率仪器的 σ_{R2} 的平均值为 0.06 eV。

6.10.5　如$|\varepsilon_2|$大于 $\delta/4$，推荐采取校正措施。这可能需要修订操作步骤并继之以重复做一次 6.7，与仪器厂商联系，或上调 δ 值。

注：这并非完整的线性测试，该测试会需要多样测试设备，超出了本标准的范围。

6.11　确定定期校准误差步骤

6.11.1　对每一个需要进行能量校准的谱仪参数设置组合，当确定 σ_R 和 ε_2 后应定期确定校准误差。校准误差的每一次确定应早于前一次校准时按照 6.14 校准步骤确立的校准失效期。

6.11.2　定期校准只需用 $CuM_{2,3}VV$ 和 $AuM_5N_{6,7}N_{6,7}$或 $AlKL_{2,3}L_{2,3}$峰。测量的顺序应是 $CuM_{2,3}VV$，而后是 $AuM_5N_{6,7}N_{6,7}$或 $AlKL_{2,3}L_{2,3}$，并按此顺序再重复一次；除非先前使用这一步骤的校准已显示 $\sigma_R<\delta/8$，此情况不需要重复测量。定期校准的重复测量次数 m 因而是 1 或 2。每次测量时，样品应放在同样的出射角的位置，该角度的范围为相对于表面法线 0°～56°，应使用样品定位步骤。按照 6.8.1 确定峰动能，并由式(3)计算测得的仪器偏移能量 Δ_1 和 Δ_4。

6.11.3　假设校正后的动能值 E_{corr} 与测得的键能 E_{meas} 线性相关，如式(8)：

$$E_{corr} = (1+a)E_{meas} + b \quad \cdots\cdots(8)$$

能量标误差 a 由式(9)给出：

$$a = \frac{\Delta_1 - \Delta_4}{E_{ref\,4} - E_{ref\,1}} \quad \cdots\cdots(9)$$

零点偏移误差 b 由式(10)给出：

$$b = \frac{\Delta_4 E_{ref\,1} - \Delta_1 E_{ref\,4}}{E_{ref\,4} - E_{ref\,1}} \quad \cdots\cdots(10)$$

其中 $E_{ref\,1}$ 和 $E_{ref\,4}$ 由表 2 和表 3 确定。

注：a 和 b 是一Δ对 E 关系中的斜率和截距，不是Δ对 E 的关系。

6.11.4 该校准在 95%置信度下的不确定度 U_{95} 由式(11)给出：

$$(U_{95})^2=(U_{95}^{cl})^2+(1.2\mid\varepsilon_2\mid)^2 \quad\cdots\cdots(11)$$

式中：动能范围在 0 eV～2 250 eV 时用 $AuM_5N_{6,7}N_{6,7}$ 峰，动能范围在 0 eV～1 550 eV 时则用 $AlKL_{2,3}L_{2,3}$ 峰。U_{95}^{cl} 由式(12)和式(13)给出：

$$U_{95}^{cl}=2.6\sigma_R \quad\cdots\cdots(12)$$

$m=2$ 次测量时。

或

$$U_{95}^{cl}=3.7\sigma_R \quad\cdots\cdots(13)$$

$m=1$ 次测量时。

注：在表 1 的用户选项中记录所选定的 m 值下的 U_{95}^{cl} 和 U_{95} 的值是有用的。式(11)～式(13)的推导见附录 C。

6.12 仪器动能标校正步骤

6.12.1 谱仪校准的实施取决于所要用的仪器、软件、仪器偏移能量 Δ_n 的大小、重复性标准偏差 σ_R 以及容限差±δ。如峰 1 和峰 3 或峰 4 的($|\Delta_n|+U_{95}$)值均小于 $\delta/4$，就不一定需要对校准检验后的仪器再重新校准。当然能在每次校准检验后进行重校更好，应根据工作量和所需的不确定度来判断是否重校。要遵循厂商提供给分析者的校准说明进行校准。对于许多系统，这些校准说明允许分析者改变的只是谱仪逸出功 ϕ。选择的措施要取决于其仪器上有哪些适用的装置，对于只能改变逸出功的谱仪，提供三个简单可选的措施[见以下 a)～c)]。在这些选择中，动能的校正值 E_{corr} 由式(14)给出：

$$E_{corr}=E_{meas}+\triangle E_{corr} \quad\cdots\cdots(14)$$

式中：

$\triangle E_{corr}$——一个取决于所用选项的校正值。

a) 措施 1 是保持仪器不变，在测得的动能上加一采集后校正项$\triangle E_{corr}$，由式(15)得：

$$\triangle E_{corr}=aE_{meas}+b \quad\cdots\cdots(15)$$

式中：a 和 b 由式(9)和式(10)给出。

b) 措施 2 使要加的采集后校正项在一定的动能范围内最小化。如使用 $AuM_5N_{6,7}N_{6,7}$ 峰，该范围为 0 eV～2 250 eV。如用 $AlKL_{2,3}L_{2,3}$ 峰，该范围则为 0 eV～1 550 eV。若应用 $AuM_5N_{6,7}N_{6,7}$ 峰，则谱仪逸出功值上加上一个增量$\triangle\phi$：

$$\triangle\phi=-\frac{1}{2}(\Delta_1+\Delta_4) \quad\cdots\cdots(16)$$

其后测得的动能采集后校正由式(17)给出：

$$\triangle E_{corr}=a\left(E_{meas}-\frac{E_{ref\,1}+E_{ref\,4}}{2}\right) \quad\cdots\cdots(17)$$

如果用 $AlKL_{2,3}L_{2,3}$ 峰，则在式(16)和式(17)中下标用 3 替代 4。使用这一选项会使已校准的 $AuM_5N_{6,7}N_{6,7}$ 峰和 $AlKL_{2,3}L_{2,3}$ 峰分别在 1 039 eV 处和 728 eV 处的 ΔE_{cor} 为零，以致分别在 0 eV～2 250 eV 或 0 eV～1 550 eV 动能范围内使测得动能的采集后校正被最小化。

c) 措施 3 使由分析者选定的特定动能(对应于一经常测量元素的动能)采集后校正减小到零。这里，在谱仪逸出功上加一个增量$\triangle\phi$，为：

$$\triangle\phi=aE_{elem}+b \quad\cdots\cdots(18)$$

式中：

E_{elem}——常测元素的俄歇电子峰能量。

其后测得的动能采集后校正由式(19)给出：

$$\triangle E_{corr} = a(E_{meas} - E_{elem}) \qquad \cdots\cdots (19)$$

而$\triangle E_{corr}$在E_{elem}的动能处为零。

6.12.2 如在全部或一段选定的需分析的动能范围内，按6.12.1测量后，$|\triangle E_{corr}|+U_{95}$之和在校准间隔期内始终比$\delta$低，则可以忽略在措施a)、b)和c)中定义的采集后校正项$\triangle E_{corr}$。但校准现在仅对所选有限的动能范围有效。

6.12.3 所选校正步骤应与Δ_1、Δ_4、a、b、有效动能范围以及$\triangle\phi$(如用到的话)的值一起记录。第一次使用校正步骤时应通过重复校准值来确保所有的操作都正确无误。

6.12.4 如果这是对选择条件的第一次校准，准备一个如图5的能量标校准控制图，显示以校准日期为函数的校准数据。图里也需画出容差限$\pm\delta$和警告限$\pm 0.7\delta$，以标明何时需要重新校准。

6.12.5 如动能标不使用采集后校正值，在能量校准控制图里直接标出Δ_1和Δ_4的测量值。如动能标使用采集后校正值，在能量校准控制图里也要标出[$\Delta_1+\triangle E_{corr}$(在$E_{ref1}$的估值)]和[$\Delta_4+\triangle E_{corr}$(在$E_{ref4}$的估值)]的值。在控制图中也应标出每一次测量的不确定度限U_{95}，如图5所示。

6.12.6 如动能标不使用采集后校正值，要检验($|\Delta_1|+U_{95}$)和($|\Delta_4|+U_{95}$)两者均小于δ。如动能标使用采集后校正值，则要检验[$|\Delta_1+\triangle E_{corr}$(在$E_{ref1}$的估值)$|+U_{95}$]和[$|\Delta_4+\triangle E_{corr}$(在$E_{ref4}$的估值)$|+U_{95}$]两者均小于$\delta$。如果这些条件没有满足而是第一次校准，要检查运算误差。如果这些条件没有满足且不是第一次校准，则校准间隔时间可能要缩短，或δ增加到一个可接受的值。

注：图中动能标使用采集后校正。如仪器处于校准状态，在控制图中标出Δ_1和Δ_4的数值这一步骤对确认并不重要，但是有助于监测仪器的累积漂移和随后对校准间隔进行优化。

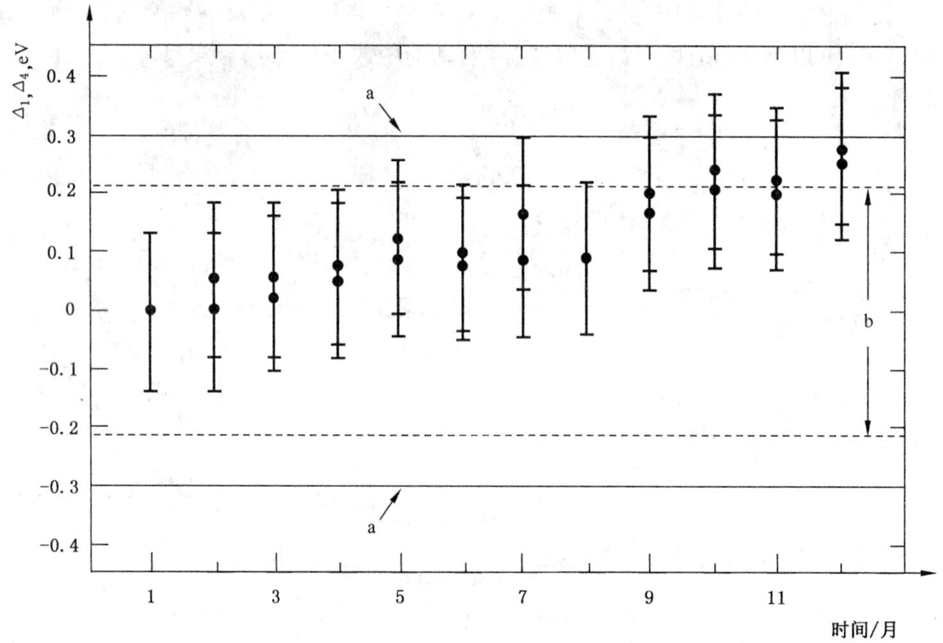

Δ_1和Δ_4的标绘值说明仪器自1月份起未曾重校，也未对动能标进行采集后校正。由于在5月份既突破了上警戒限又到达了4个月时间极限，本该重校而未进行，致使在9月份首次失准。对每个标绘值所示的不确定度(U_{95})对应95%置信度，并包括了标尺线性误差及其不确定度。本图说明表1中$m=2$和$\delta=0.3$ eV的例子。

a——95%许可限；

b——警戒限。

图5 监控仪器校准状态的控制图[13,14]例子

6.13 下次校准

6.13.1 下一次校准在校准不确定度U_{95}与仪器漂移之和导致95%置信度时校准中总的不确定度超过

$\pm\delta$之前进行。因此校准在6.14中规定的校准间隔到期时或之前进行。如间隔期未知则先按6.14确定间隔期，待该间隔期到期后再继续6.12.2。

6.13.2 在到6.14中规定的校准间隔期时，重复6.2～6.6以及6.11～6.12的步骤，除非仪器已被改动或经历了重大变化。每次都要注意自校准开始以来对仪器校准（例如电极电压或谱仪逸出功的设置）所作的任何改变和累积变化，确保累积的变化不超过制造商给出的允许值。在所有情况下，记录下校准时的仪器设置，包括所用通能或减速比、狭缝或光阑设定、透镜设定以及电子束能量。

6.14 设定校准间隔

仪器全天运行，以一小时为间隔测量 $CuM_{2,3}VV$ 和 $AuM_5N_{6,7}N_{6,7}$ 的动能。任何漂移都说明可能需要让一些电子单元运行一段规定的最短时间（也许要让这些单元连续运行）以达到足够的稳定度。注意每次测量时的环境温度，并检查二者间是否有关联。校准时使用的与预热时间等有关的步骤，在分析时也应按本标准要求使用相同条件。

注 1：漂移最有可能源于谱仪电源工作时的温度变化。这些漂移的产生与工作时间有关，例如可能每天以类似方式重复。这样，每次开机时进行的测试发现不了其后发生的任何漂移。已观察到 $AuM_5N_{6,7}N_{6,7}$ 峰能量的漂移值大于 $CuM_{2,3}VV$ 峰的。

如第一天满足稳定性要求可增大间隔，测量 $CuM_{2,3}VV$ 峰和 $AuM_5N_{6,7}N_{6,7}$ 峰的动能，将 U_{95} 加到两次校准之间的 Δ_1 和 Δ_4 中变化较大的那个值上，和值小于 $\pm0.7\delta$，则继续增大间隔。最后的那个间隔就成为最长的有用校准间隔，直到漂移率数据表明需要更短或更长的间隔，这一间隔不应超过4个月。

注 2：对于很多仪器一个月或两个月的校准间隔是合适的。判断什么是合适的间隔和容差限取决于对分析的要求和仪器的状况。

附 录 A
（规范性附录）
以 0.1 eV 能量间隔对谱峰进行 Savitzky-Golay 单次平滑时的最大点数

对谱峰进行 Savitzky-Golay 立方/平方单一平滑可以减小谱图中明显的噪声，而不会引起很大的畸变。所用 Savitzky-Golay 函数的宽度小于平滑谱图中任何原始峰的半高峰宽的一半。表 A.1 给出了用通道间隔为 0.1 eV 的弦法估算峰能量的单一 Savitzky-Golay 平滑的最大点数。

表 A.1 用 Savitzky-Golay 平滑法对不同谱仪相对分辨率的每个峰进行平滑的最大点数

峰序/n	谱 峰	谱仪相对分辨率/%				
		0.01	0.05	0.1	0.15	0.2
1	$CuM_{2,3}VV$	9	9	9	9	9
2	CuL_3VV	5	5	7	7	9
3	$AlKL_{2,3}L_{2,3}$	5	5	7	11	15
4	$AuM_5N_{6,7}N_{6,7}$	13	13	15	19	23

附　录　B
（规范性附录）
用一种简单的计算方法对峰动能作最小二乘法确定

B.1　符号和缩略语

下面的符号和缩略语用于本附录。

c_i　第 i 个通道的计数值

E_0　绝对最大峰强所在通道低能侧第一个数据通道的动能，以 eV 为单位

E_p　峰动能的最小二乘法估算值，以 eV 为单位

g　通道间隔，以 eV 为单位

i　通道序号，以绝对最大峰强所在通道低能侧第一个数据通道为原点

P　与 S 值相关的 p 的系数

p　峰周围 S 个通道计数之和

Q　与 S 值相关的 q 的系数

q　峰周围 S 个通道计数的第一矩除以 g

r　峰周围 S 个通道计数的第二矩除以 g^2

S　用于本最小二乘法确定的连续数据值的数

B.2　最小二乘法

峰能量的最小二乘法估算值可以方便地用 0.1 eV 的通道间隔和选择 S 数据值确定，所选 S 数据值为估算动能的峰的每一侧等能量间隔的一半数据值。这里 S 的值见表 B.1。

表 B.1　用式(B.1)优化的 S 最大值

峰序/n	谱　峰	最小谱仪相对分辨率/%				
		0.01	0.05	0.1	0.15	0.2
1	CuL_3VV	6	6	6	10	10
2	$AlKL_{2,3}L_{2,3}$	6	6	7	11	15
3	$AuM_5N_{6,7}N_{6,7}$	14	14	18	22	26

峰动能 E_p 的最小二乘法估算值由式(B.1)给出[15]：

$$E_p = E_0 + \frac{g}{2}\left(\frac{r - Qq - 3Pp}{r - q - 5Pp}\right) \qquad \text{(B.1)}$$

式中：

E_0——最大计数通道低动能侧第一个数据通道的动能，以 eV 为单位；

g ——通道间隔，以 eV 为单位。

参数 p、q 和 r 定义为：

$$p = \sum_{i=-2}^{3} c_i \qquad \text{(B.2)}$$

$$q=\sum_{i=-2}^{3} ic_i \qquad \cdots\cdots(B.3)$$

$$r=\sum_{i=-2}^{3} i^2 c_i \qquad \cdots\cdots(B.4)$$

式中：

i ——通道序号，以最大计数通道低动能侧第一个数据通道为零号；

c_i ——i 通道的计数值。

P 和 Q 的值在表 B.2 中给出。

表 B.2　*S* 值的系数 *P* 和 *Q*

系数	S 的值					
	6	10	14	18	22	26
P	8/15	8/5	16/5	16/3	8	56/5
Q	47/15	37/5	69/5	67/3	33	229/5

表 B.3 举例说明了用式(B.1)～式(B.4)对 0.05％相对分辨率测量 CuL_3VV 峰的值进行估算的一张表的完整样式。

参考文献[15]中的方程说明 E_p 值的不确定度来自峰的泊松计数统计相关的不确定度。在规定条件下，标准的不确定度小于 25 meV。

表 B.3　用式(B.1)～式(B.4)对 0.05％相对分辨率测量 CuL_3VV 峰的六个数据值进行估算的例子

i	能量，E	计数，c_i	ic_i	i^2c_i
−2	918.3	972 889	−1 945 778	3 891 556
−1	918.4	997 619	−997 619	997 619
0	918.5	1 002 390	0	0
1	918.6	993 814	993 814	993 814
2	918.7	968 876	1 937 752	3 875 504
3	918.8	935 287	2 805 861	8 417 583
		和	和	和

E_0	p	q	r
918.5	5 870 875	2 794 030	18 176 076

$$E_p=E_0+\frac{g}{2}\left(\frac{r-47q/15-8p/5}{r-q-8p/3}\right)=918.495$$

注：斜体的数字是后来输入表格中的数据，空白的表格副本见参考文献[15]。

附　录　C
（资料性附录）
不确定度的推导

C.1　能量标线性误差的不确定度计算

为定义 $CuM_{2,3}VV$ 和 $AuM_5N_{6,7}N_{6,7}$ 或 $AlKL_{2,3}L_{2,3}$ 峰的重复性标准偏差 σ_{R1} 和 σ_{R4} 或 σ_{R3}，要进行 k 次测量。在本标准中，k 选为 7。$E_{ref\,1}$ 和 $E_{ref\,4}$ 或 $E_{ref\,3}$ 处的仪器偏移能量 Δ_1 和 Δ_4 或 Δ_3 确定下的不确定度，在 95% 置信度时由 $\pm U_{95}^{c}(E_{ref\,1})$ 和 $\pm U_{95}^{c}(E_{ref\,4})$ 或 $\pm U_{95}^{c}(E_{ref\,3})$ 给出，其中：

$$U_{95}^{c}(E_{ref1}) = t_{k-1}\sigma_{R1}/k^{1/2} \qquad \cdots\cdots(C.1)$$

$$U_{95}^{c}(E_{ref4}) = t_{k-1}\sigma_{R4}/k^{1/2} \qquad \cdots\cdots(C.2)$$

对 $E_{ref\,3}$ 也同样，其中 t_{k-1} 是 $k-1$ 个自由度两边分布的“学生”t 因子。在本附录中，所有不确定度的置信度都是 95%。

用穿过 $E_{ref\,1}$ 和 $E_{ref\,4}$ 处偏移能量 Δ_1 和 Δ_4 的直线预告在测量能量 E_{meas} 处的偏移能量，其不确定度[4]：

$$U_{95}^{c}(E_{meas}) = t_{k-1}\left[\left(\frac{E_{meas}-E_{ref\,1}}{E_{ref\,4}-E_{ref\,1}}\right)^2\frac{\sigma_{R4}^2}{k} + \left(\frac{E_{ref\,4}-E_{meas}}{E_{ref\,4}-E_{ref\,1}}\right)^2\frac{\sigma_{R1}^2}{k}\right]^{\frac{1}{2}} \qquad \cdots\cdots(C.3)$$

如果在该点 σ_R 等于 σ_{R1} 和 σ_{R4} 或 σ_{R3} 中的较大者，则在线性测试能量 $E_{ref\,2}$ 处校准不确定度为 $U_{95}^{c}(E_{ref\,2})$，表示如下：

$$U_{95}^{c}(E_{ref\,2}) = t_{k-1}\frac{\sigma_R}{k^{1/2}}\left[\left(\frac{E_{ref\,2}-E_{ref\,1}}{E_{ref\,4}-E_{ref\,1}}\right)^2 + \left(\frac{E_{ref\,4}-E_{ref\,2}}{E_{ref\,4}-E_{ref\,1}}\right)^2\right]^{\frac{1}{2}} \qquad \cdots\cdots(C.4)$$

$$= 0.71t_{k-1}\frac{\sigma_R}{k^{1/2}} \qquad \cdots\cdots(C.5)$$

系数 0.71 是用 $AuM_5N_{6,7}N_{6,7}$ 峰校准的计算结果。对于 $AlKL_{2,3}L_{2,3}$ 峰，该系数为 0.74。线性测试峰能量的测量不确定度由 $t_{k-1}\sigma_{R2}/k^{1/2}$ 给出。实测动能标线性误差 ε_2 的不确定度为这一项和另两项的平方和。

$U_{95}^{c}(E_{ref\,2})$ 从式(C.5)得到；

线件测试峰的动能相对于 $CuM_{2,3}VV$ 和 $AuM_5N_{6,7}N_{6,7}$ 或 $AlKL_{2,3}L_{2,3}$ 峰动能的不确定度。其值为 0.04 eV[7]。

如果 σ_R 等于 σ_{R1}、σ_{R2} 和 σ_{R3} 或 σ_{R4} 中最大的那个，则：

$$(U_{95}^{l})^2 = \left(1.24\frac{t_{k-1}\sigma_R}{k^{1/2}}\right)^2 + (0.040)^2 \qquad \cdots\cdots(C.6)$$

取 k 为 7，$t_{k-1}=2.447$，从式(C.6)得：

$$U_{95}^{l} \leqslant [(1.2\sigma_R)^2 + (0.040)^2]^{1/2} \qquad \cdots\cdots(C.7)$$

如 6.10.3 中式(7)所示。

C.2　定期校准不确定度的计算

大多数仪器动能标的误差随动能 E 近似线性变化。即使 ε_2 小于 U_{95}^{l} 可视标尺为线性，这也仅对能量 $E_{ref\,2}$ 在不确定度 U_{95}^{l} 下成立。对 σ_R 等于 σ_{R1}、σ_{R2} 和 σ_{R3} 或 σ_{R4} 中最大者的这种情况进行分析，给出 $AuM_5N_{6,7}N_{6,7}$ 峰在 0 eV～2 250 eV 范围和 $AlKL_{2,3}L_{2,3}$ 峰在 0 eV～1 550 eV 范围的总不确定度 U_{95}^{cl} 为[7]

$$U_{95}^{\mathrm{cl}} \leqslant \frac{1.5 t_6 \sigma_{\mathrm{R}}}{m^{1/2}} \quad \cdots\cdots(\mathrm{C}.8)$$

式中：m 是常规校准中的重复次数。这里给出：

$$U_{95}^{\mathrm{cl}} \leqslant 2.6\sigma_{\mathrm{R}}, m=2 \quad \cdots\cdots(\mathrm{C}.9)$$

$$\leqslant 3.7\sigma_{\mathrm{R}}, m=1 \quad \cdots\cdots(\mathrm{C}.10)$$

如 6.11.4 中式(12)和式(13)所示。如果$|\varepsilon_2|$大于 U_{95}^{l}但小于 $\delta/4$，校准仍有效。ε_2 的值现在一定要包括在校准不确定度内。如假设能量标误差对 E 有二级依赖性，则 $\mathrm{AuM_5N_{6,7}N_{6,7}}$ 峰在 0 eV～2 250 eV动能范围内或 $\mathrm{AlKL_{2,3}L_{2,3}}$峰在 0 eV～1 550 eV 的动能范围内的非线性分布最大在 $1.15\varepsilon_2$，最小在$-1.15\varepsilon_2$。再次，三级的能量标尺误差不超过$\pm 1.2\varepsilon_2$。因而，总的能量标尺不确定度 U_{95} 可由式(C.11)给出：

$$U_{95}=[(U_{95}^{\mathrm{cl}})^2+(1.2|\varepsilon_2|)^2]^{1/2} \quad \cdots\cdots(\mathrm{C}.11)$$

如 6.11.4 中的式(11)所示。

附 录 D
（资料性附录）
对测得的动能不确定度的引用

D.1 概要

本标准规定了一种确定俄歇电子能谱动能标校准不确定度的方法。用户可能会要引用该不确定度，用它定出其他峰（如新的峰）的能量。就本标准的用途而言，这称为分析的不确定度（U_A）。有三种常见情况要考虑，概述如下。所有三种情况都涉及到新峰的重复性标准偏差 σ_{Rnew}。

D.2 同一谱中测得的两个化学态的光电子峰之间的能量差，谱中表面势对整个被分析样品为常数

在这种情况下，因为谱仪的标尺误差很少超过0.1%且化学态的能量差小于10 eV，所以本校准的很多不确定度可以忽略。对6.7中的可重复性测量，样品位置有很大影响。但因这影响对相关的两个峰是共同的，故可忽略。如果峰的轮廓不重叠，该分离的不确定性规定为分离的各峰的不确定性[15]。如果峰互相重叠，谱强度的极大值不应出现在与各分峰能量相同处。通常使用峰合成软件来定出每一个分峰的动能。在这种情况下，分析的不确定度主要由峰拟合的统计数据确定[16,17]，而不是在本校准中讨论过的各项中的任何一项。

D.3 两个相继分析样品中同一化学态测得的俄歇电子峰之间的能量差

如在D.2中那样，大多数校准的不确定度可以忽略，但是分析的不确定度取决于两个峰的重复性标准偏差。如果在测新峰的重复性标准偏差 σ_{Rnew} 等于校准时确定的 σ_R 值，则对导体来说，95%置信度时该能量差的分析的不确定度由式（D.1）和式（D.2）给出：

$$U_A = t_{k-1} 2^{1/2} \sigma_R \qquad \cdots\cdots (D.1)$$

如 $k=7$，则：

$$U_A = 3.5\sigma_R \qquad \cdots\cdots (D.2)$$

对于绝缘体，需计入荷电参考的不确定度。该不确定度可能超过其他项。

应该注意，对于许多有意义的峰，σ_{Rnew} 会大于 σ_R。这是因为这些峰通常比相关用于校准的金属峰宽和弱。

D.4 校准后不久测得的单个峰的能量

如果峰能量测量在校准后足够快进行以致仪器的漂移可以忽略（见6.14），不确定度将如式（11）和式（C.11）给出的那样，但多了一个新峰的项。这样，对于式（11）和式（C.11）的条件：

$$U_A = \{[U_{95}^{cl}(E)]^2 + (1.2 \mid \varepsilon_2 \mid)^2 + (t_{j-1}\sigma_{Rnew})^2\}^{1/2} \qquad \cdots\cdots (D.3)$$

这里假设 σ_{Rnew} 是对新峰的发散作 j 次测量后得到的。当然，实际上一般不会对 σ_{Rnew} 进行测量。如果 σ_{Rnew}、σ_{R1}、σ_{R2}、σ_{R4} 或 σ_{R3} 全都≤σ_R，式（D.3）可以估值。对于 $CuM_{2,3}VV$ 和 $AuM_5N_{6,7}N_{6,7}$ 峰定期校准的两次重复和一次重复，及对于新峰谱的一次测量，有：

$$U_A \leqslant [(3.6\sigma_R)^2 + (1.2 \mid \varepsilon_2 \mid)^2]^{1/2} (m=2) \qquad \cdots\cdots (D.4)$$

和

$$U_A \leqslant [(4.4\sigma_R)^2 + (1.2\,|\,\varepsilon_2\,|)^2]^{1/2} (m=1) \quad \cdots\cdots(D.5)$$

如在D.3中说明的那样，对于很多新峰，σ_{Rnew}可能大于σ_R，要用式(D.3)。

D.5 两次校准之间的单个峰的能量

对于在两次校准之间测得的新峰：

$$U_A \leqslant \delta + t_{j-1}\sigma_{Rnew} \quad \cdots\cdots(D.6)$$

式中：如在D.4中那样，新峰的重复性标准偏差σ_{Rnew}由j次测量确定。

与前面一样，如重复性标准偏差σ_{Rnew}小于或等于由前一次记录新峰七次而确定的σ_R值，那么对于新峰谱的一次测量：

$$U_A \leqslant \delta + 2.5\sigma_R \quad \cdots\cdots(D.7)$$

如在D.3中说明的那样，对于很多新峰，σ_{Rnew}可能大于σ_R。

参 考 文 献

[1] ISO/IEC 17025, General requirements for the competence of testing and calibration laboratories

[2] SEAH, M. P. and TOSA, M. , Linearity in electron counting and detection systems, Surface and Interface Analysis, Mar. 1992, vol. 18, no. 3, pp. 240-246

[3] SEAH, M. P. , LIM, C. S. and TONG, K. L. Channel electron multiplier efficiencies: the effect of the pulse height distribution on spectrum shape in Auger electron spectroscopy, Journal of Electron Spectroscopy, Mar. 1989, vol. 48, no. 3, pp. 209-218

[4] SEAH, M. P. , GILMORE, I. S. and SPENCER, S. J. XPS—Binding energy calibration of electron spectrometers 4-Assessment of effects for different X-ray sources, analyser resolutions, angles of emission and of the overall uncertainties, Surface and Interface Analysis, Aug. 1998, vol. 26, no. 9, pp. 617-641

[5] SAVITZKY, A. and GOLAY, M. J. E. Smoothing and differentiation of data by simplified least squares procedures, Analytical Chemistry, July. 1964, vol. 36, no. 8, pp. 1627-1639

[6] SEAH, M. P. and SMITH, G. C. AES: Energy calibration of electron spectrometers, II-Results of a BCR interlaboratory comparison co-sponsored by the VAMAS SCA TWP, Surface and Interface Analysis, Feb. 1990, vol. 15, no. 2, pp. 309-322

[7] SEAH, M. P. AES: Energy calibration of electron spectrometers, IV-A re-evaluation of the reference energies, Journal of Electron Spectroscopy, December. 1998, vol. 97, no. 3, pp. 235-241

[8] SEAH, M. P. , SMITH, G. C. and ANTHONY, M. T. AES: Energy calibration of electron spectrometers I-An absolute, traceable energy calibration and the provision of atomic reference line energies, Surface and Interface Analysis, May. 1990, vol. 15, no. 5, pp. 293-308

[9] SEAH, M. P. and SMITH, G. C. Spectrometer energy scale calibration, Appendix 1: in Practical Surface Analysis Vol 1: Auger and X-ray Photoelectron Spectroscopy, Chichester: Wiley. 1990, pp. 531-540

[10] SEAH, M. P. and GILMORE, I. S. AES: Energy calibration of electron spectrometers III - General calibration rules, Journal of Electron Spectroscopy, Feb. 1997, vol. 83, nos. 2, 3, pp. 197-208

[11] SEAH, M. P. and ANTHONY, M. T. A verification of the relativistic correction for electrostatic electron spectrometers, Journal of Electron Spectroscopy, Feb. 1995, vol. 35, nos. 1, 2, pp. 145-153

[12] GOTO, K. and SHIMIZU, R. Absolute Auger electron spectroscopy: accuracy and detectability, International Symposium on Atomic Level Characterisations for New Materials and Devices, 23-28 November 1997, Hawaii, Japan Society for Promotion of Science, Tokyo. 1990, pp. 403-406

[13] ISO 7870, Control charts—General guide and introduction

[14] ISO 7873, Control charts for arithmetic average with warning limits

[15] CUMPSON, P. J. , SEAH, M. P. and SPENCER, S. J. Simple procedure for precise peak maximum estimation for energy calibration in AES and XPS, Surface and Interface Analysis, Sept. 1996, vol. 24, no. 10, pp. 687-694

[16] CUMPSON, P. J. and SEAH, M. P. Random uncertainties in AES and XPS: 1: Uncertainties in peak energies, intensities and areas derived from peak synthesis, Surface and Interface Analysis, May. 1992, vol. 18, no. 5, pp. 345-360

[17] SEAH, M. P. and BROWN, M. T. Validation and accuracy of software for peak synthesis in XPS, Journal of Electron Spectroscopy, Aug. 1998, vol. 95, no. 1, pp. 71-93

ICS 71.040.40
G 04

中华人民共和国国家标准

GB/T 29732—2013

表面化学分析　中等分辨率俄歇电子能谱仪　元素分析用能量标校准

Surface chemical analysis—Medium resolution Auger electron spectrometers—Calibration of energy scales for elemental analysis

(ISO 17973:2002,MOD)

2013-09-18 发布　　　　2014-06-01 实施

中华人民共和国国家质量监督检验检疫总局
中国国家标准化管理委员会　发布

前　　言

本标准按照 GB/T 1.1—2009 给出的规则起草。

本标准使用重新起草法修改采用 ISO 17973—2002《表面化学分析　中等分辨率俄歇电子谱仪　元素分析用能量标校准》。

本标准与 ISO 17973—2002 技术差异及其原因如下：

——关于规范性引用文件，本标准做了具有技术性差异的调整，以适应我国的技术条件，调整的情况集中反映在第 2 章“规范性引用文件”中，具体调整如下：

- 用 GB/T 22461—2008 代替 ISO 18115—2001，IDT；

本标准还做了下列编辑性修改：

——将标准名称修改为《表面化学分析　中等分辨率俄歇电子能谱仪　元素分析用能量标校准》；

——将缩略语、图、表、公式、附注等进行规范性修改。

本标准由全国微束分析标准化技术委员会(SAC/TC 38)提出并归口。

本标准起草单位：清华大学、厦门大学。

本标准主要起草人：姚文清、王水菊、张占男、牟豪杰、李展平、朱永法。

引　言

俄歇电子能谱(AES)广泛用于材料的表面分析。通过与手册的俄歇电子峰能量和形状比对,识别样品所含除氢和氦以外的不同元素。通常能量标不确定度为 3 eV 的校准就可确定峰的归属,本标准仅适用于此准精确度水平的分析(更高的精确度可参考 ISO 17974)。

本标准中指定动能标的校准方法用的是纯铜和纯铝(或纯金)等样品参考物质。因为缺陷对该准确度水平的影响不明显,所以标准中不包含仪器缺陷的测试。

传统上俄歇电子动能参考真空能级,这种参考值仍被诸多分析者使用。然而真空能级不易确定,不同仪器会相差 0.5 eV 以上。尽管使用真空能级作为参考,通常不会导致元素归属的模糊,却会导致与化学态有关的高分辨测量的不确定度。因此设计俄歇电子能谱和 X 射线光电子能谱仪器时,动能是以费米能级为参考,比真空能级作参考高 4.5 eV。根据本标准使用者能够自由地选择适于其工作的参考能级。

表面化学分析　中等分辨率俄歇电子能谱仪　元素分析用能量标校准

1　范围

本标准规定了俄歇电子谱仪动能标不确定度为 3 eV 时的校准方法，用于识别表面常规元素。另外，还规定一种用于确定校准周期的方法。本标准适用于直接模式或微分模式的仪器分辨率小于等于 0.5%，微分模式调制幅度的峰峰值为 2 eV。本标准适用于配有惰性气体离子枪或其他样品清洁方法，具有 4 keV 或更高束能电子枪的谱仪。

2　规范性引用文件

下列文件对于本文件的应用是必不可少的。凡是注日期的引用文件，仅注日期的版本适用于本文件。凡是不注日期的引用文件，其最新版本(包括所有的修改单)适用于本文件。

GB/T 22461—2008　表面化学分析　词汇(ISO 18115:2001)

3　术语和定义

GB/T 22461—2008 界定的术语和定义适用于本文件。

4　符号和缩略语

AES	俄歇电子能谱
a	测得的能量标误差
b	测得的零点偏移误差，以电子伏特(eV)为单位
E_{corr}	校正 E_{meas}后的动能结果，以 eV 为单位
E_{meas}	测得的动能，以 eV 为单位
$E_{meas,n}$	表 1 中对第 n 个峰测得的动能，以 eV 为单位
$E_{ref,n}$	表 1 中第 n 个峰的动能参考值，以 eV 为单位
FWHM	半高峰宽，以 eV 为单位
W	峰的 FWHM
Δ_n	偏移能量，对于(见表 1)n=1,2,3,4 的峰，由测量校准峰动能的平均减去参考动能值给出，以 eV 为单位
$\triangle E_{corr}$	校正后对 E_{meas}附加的校正，以提供校正的动能结果
β	模拟系统的能量标扫描速率，以电子伏特每秒(eV/s)为单位
τ	模拟检测器电子线路的时间常数，以秒(s)为单位

5　方法概述

本标准是对俄歇电子谱仪进行能量标校准。首先准备好参考物质铜、金或铝的金属箔，测量其俄歇电子峰的动能。所选参考物质可在高、中、低能区提供俄歇电子峰。样品经清洁后，如直接模式适用则记录直接谱，如直接模式不适用则记录微分谱。这些峰的能量与参考值比对提供一个能量标校正。该校正如何完成取决于谱仪所带的装置。因为校准会随时间改变，因而规定如下操作步骤使校准定期进行。

操作顺序如图1所示。

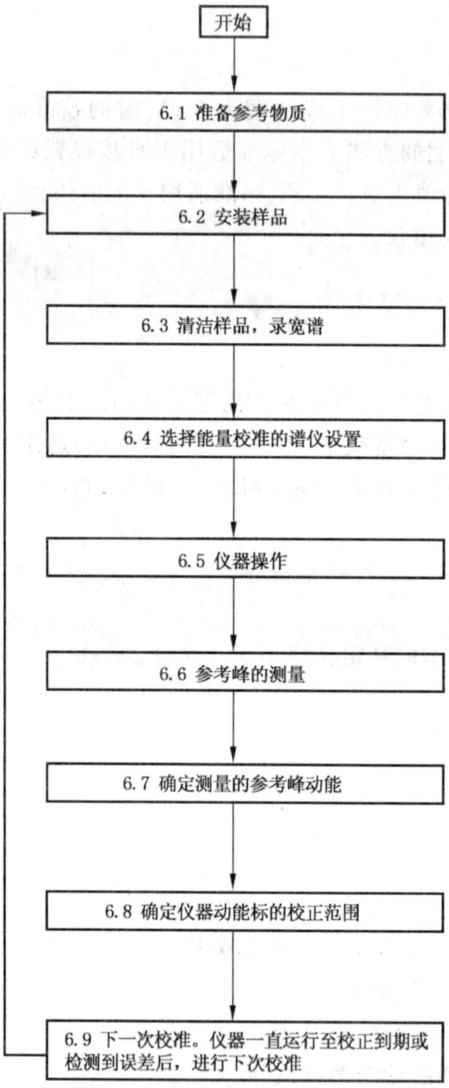

注：图中的序号指本标准中对应的子条项。

图1 操作顺序流程图

6 能量标校准步骤

6.1 准备参考物质

校准俄歇电子谱仪时，依照信噪比定义的方式如果谱仪能提供高信噪比，且动能扫描范围的上限为2 100 eV，使用铜和金样品。如果仪器的信噪比较低，或者只能扫描至2 000 eV，使用铜和铝样品。

对于所用的谱仪，如果在直接谱中Cu L_3VV峰小于每秒400 000计数，或者在微分谱中噪声的方均根超过Cu L_3VV峰-峰信号强度的0.3%，或者最大的电子束能小于5 keV，由于记录合适的Au的数据可能耗时，铜和铝样品可替代铜和金样品。

对有更高信号强度且能扫描至 2 100 eV 的谱仪，使用金样品更为方便，并且能在一个更宽的能量范围内进行校准。如果谱仪具有 9 点或更多点的 Savitzky-Golay 数据平滑处理功能，则对于 Cu L_3VV 峰的每秒 400 000 计数的要求可以放宽到每秒 100 000 计数。

参考物质纯度至少为 99.8%的多晶金属。为方便起见，它们通常制成面积 10 mm×10 mm，厚 0.1 mm～0.2 mm 的薄片。如果铜片需要清洗，可以在 1%硝酸中浸蘸，再用蒸馏水淋洗。如果铜片在空气中放置多日，在硝酸中浸蘸将会使样品更易于清洁(见 6.3)。

注：10 keV～20 keV 的束能常常比低束能会获得更好的信噪比。

6.2 安装样品

用螺丝或其他的金属将铜样品、金或铝以合适的方式固定在同一个或分开的样品托上，以确保导电良好。不应使用双面胶带。

6.3 清洁样品

当真空达到超高真空后，用离子溅射的方法清洁样品，以减少其表面的污染物，直至氧和碳的俄歇电子峰高度均低于全谱中最强金属峰高度的 2%为止。为每个样品采集一个全谱(宽扫谱)，确保显著的峰均对应于所需的纯元素。这里的真空质量要求必须是：在完成按照 6.6 的步骤或该工作日结束时(二者以先到为准)，氧和碳的峰高度不得超过最强金属峰高度的 3%。

本标准中所有相关的步骤应该在一个工作日之内完成。如果需要的时间不止一天，则应在每一天工作的开始时确认样品的清洁程度。

注：适用于样品清洁的惰性气体离子溅射条件为：5 keV、30 μA 的氩离子束覆盖在 1 cm^2 的样品上溅射 1 min。

示例：直接谱和微分谱的例子，见图 2。

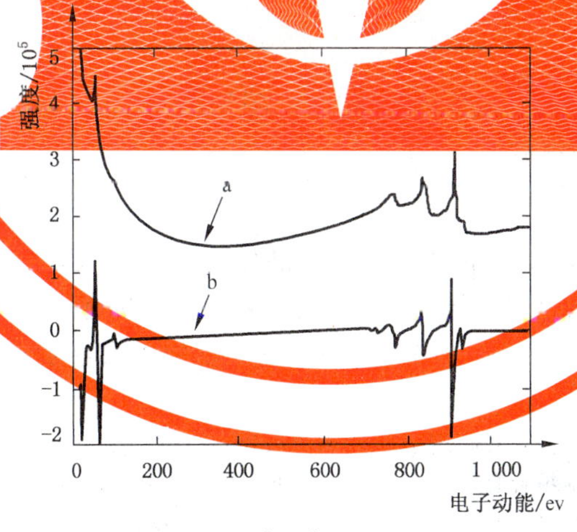

a) Cu

图 2 洁净参考物质铜、金和铝的宽扫谱

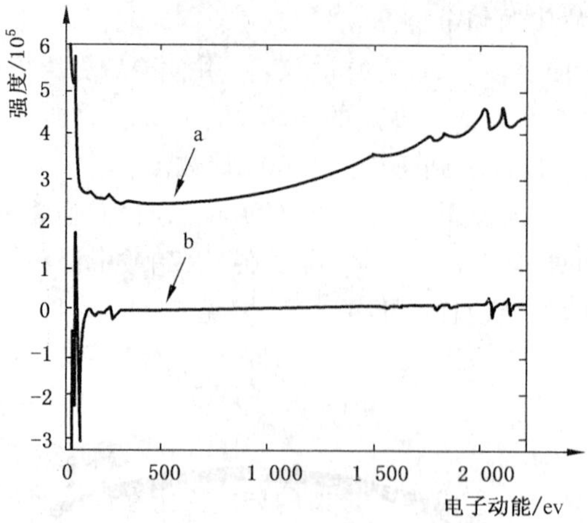

b） Au

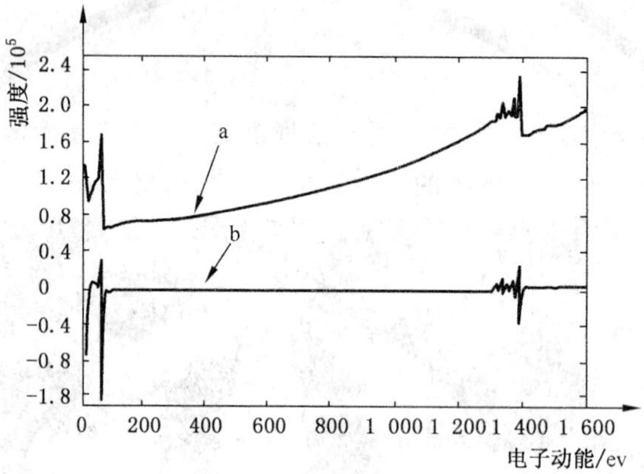

c） Al

a——直接谱；

b——微分谱。

图 2（续）

6.4 选择能量校准的谱仪设置

如果可能，设置谱仪在直接模式下采谱。如果谱仪只能在微分模式下操作，设置微分功能的振幅峰-峰值为 2eV。选择其余的用于能量校正所要求的谱仪操作设置。对校准所要求的通能、减速比、狭缝宽度、透镜等分析器设置的每一个组合要根据 6.4～6.6 的步骤重复校准，并在仪器谱仪校正工作日志中记录下这些设置的数值。

注：不同谱仪及其电路的设计是不同的，用于一台谱仪校准的对透镜设定、狭缝和通能的一个组合未必对透镜设定、狭缝和通能的任何其他组合有效。许多能谱工作者在一个分析器设置的最佳组合下进行测量，所以仅对这组设置需要校准。任何所作的校准都只对所用的该组设置有效。

6.5 仪器操作

按照厂商的说明书或行业通用程序操作仪器。仪器烘烤后要达到完全冷却。确保计数率、谱仪扫描速率和厂商指定的任何其他参数是在厂商推荐的范围内操作。检查检测器倍率设置是否已正确调节。对多检测器系统，确保进行本校准前已按厂商的推荐进行了必要的优化和校核。

注：过高的计数率[3]或不正确的检测器电压[3,4]会造成峰的畸变，从而导致峰能量测定的错误。

6.6 参考峰的测量

6.6.1 把铜样品放在分析位置上，发射角与常用的相同。样品的定位步骤应遵循厂商说明书。按照

6.4 选定的设置参数以直接或微分模式记录 Cu $M_{2,3}$VV 和 L_3VV 峰见图 3 中的 a)和 b)。

1） 如果对能量标进行数字式扫描，设定增量步长等于或接近于 0.1 eV。

2） 如果用的是模拟系统，设定扫描速率 β 小于 0.07 $W\tau^{-1}$ eV/s。其中 W 是本底以上最大峰强一半处的全高峰宽(FWHM)，τ 是检测放大器的时间常数。

适当选择总的通道驻留时间或 τ/β，至少达到表 1 所要求的信号强度。如果使用 9 点或更多点的 Savitzky-Golay 平滑，信号强度还可以进一步降低（见表 1）。

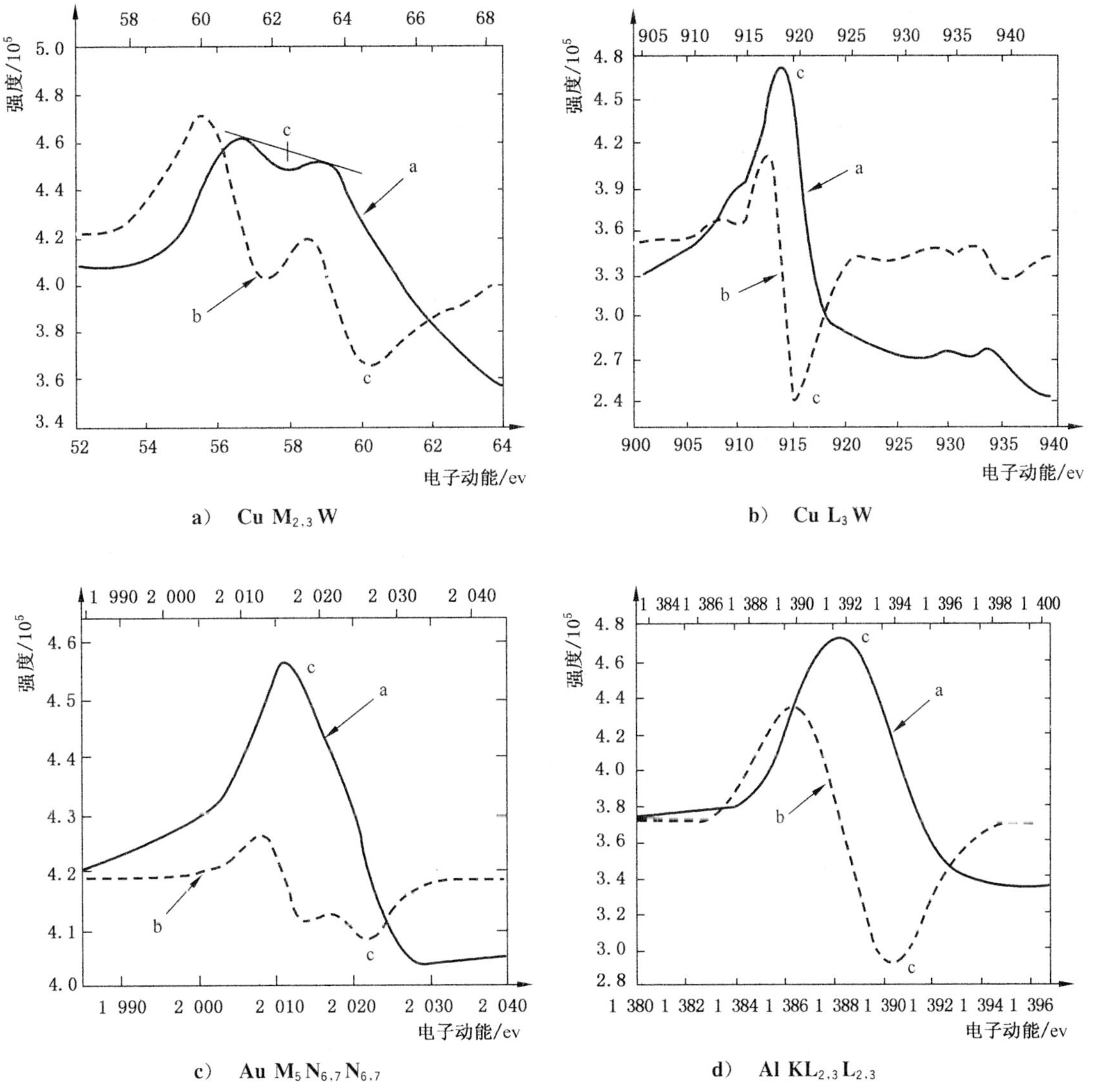

a） Cu $M_{2,3}$W

b） Cu L_3W

c） Au $M_5N_{6,7}N_{6,7}$

d） Al $KL_{2,3}L_{2,3}$

注：为直观清晰地把微分谱纵向移动。图底部的能量标参考真空能级，顶部的能量标参考费米能级，且都已降低了噪声对谱图的影响。

a ——直接谱；

b ——微分谱；

c ——校准峰。

图 3 相对分辨率为 0.3%的峰窄扫谱

表 1 记录谱的信号强度

峰序号 n	谱峰标定	直接谱中峰的通道最小计数[a]		微分谱中以峰-峰信号强度的百分数计最大可接受的方均根噪声	
		无平滑	≥9 点平滑	无平滑	≥9 点平滑
1	Cu $M_{2,3}VV$	400 000	100 000	1%	2%
2	Cu L_3VV	400 000	100 000	1%	2%
3	Al $KL_{2,3}L_{2,3}$	400 000	100 000	1%	2%
4	Au $M_5N_{6,7}N_{6,7}$	4 000 000	1 000 000	1%	2%
[a] 未扣除背景值。					

6.6.2 记录 Au $M_5N_{6,7}N_{6,7}$ 谱所用时间大约为记录 Cu L_3VV 谱峰的 10 倍。如果这个时间不能接受，或谱仪只能扫描至 2 000 eV，或电子束能量小于 5 keV，应使用铜和铝样品替代铜和金样品。将铜样品从分析位置移开并用金或铝样品替换。除总信号停留时间或 τ/β 可按要求设置外，要使用如 6.6.1 所述的同一组分析器设置数据记录 Au $M_5N_{6,7}N_{6,7}$ 或 Al $KL_{2,3}L_{2,3}$ 峰图谱，如图 3 中的 c）或 d）所示。

6.7 确定参考峰的实测动能

观察适当宽范围的谱峰，确定直接谱中峰强极大值处的能量，或确定微分谱中负峰极小值处的能量，如图 3 所示。有一个例外是图 3 a）中 Cu $M_{2,3}VV$ 峰的直接谱是双峰，过双峰的两个峰顶画一条切线，便能确定与双峰的两个切点中间处的动能。如果记录谱达到"无平滑"条件要求的强度（见表 1），则这一确定峰能量的步骤可使用直接采集的数据实现。如果强度小于上述情况，但至少在已达到 Savitzky-Golay 平滑≥9 点的要求时，可用至少 9 点平滑的单一 Savitzky-Golay 立方或平方法平滑该数据，但不超出表 2 中给出的数值。

注 1：按照表 2 平滑的数据还会有助于使强度高于表 1 中的数据。

注 2：当微分谱的分辨率不到 0.15%时，Au $M_5N_{6,7}N_{6,7}$ 峰有一个三峰结构而不能分辨。在分辨率低于 0.3%情况下，三峰结构退化成双峰结构，只有最小值是可看见的（图 3c）。

表 2 通道间隔为 0.1 eV 和最大的谱仪相对分辨率标示值的 Savitzky-Golay 最大平滑点数

峰序 n	谱峰标定	谱仪的最佳相对分辨率/%				
		0.1	0.2	0.3	0.4	0.5
1	Cu $M_{2,3}VV$	9	9	9	9	9
2	Cu L_3VV	9	15	19	25	29
3	Al $KL_{2,3}L_{2,3}$	9	19	29	39	49
4	Au $M_5N_{6,7}N_{6,7}$	19	29	39	55	69

6.8 确定仪器动能标的校正范围

6.8.1 用式（1）计算表 1 中峰 n 的仪器测量偏移误差 Δ_n：

$$\Delta_n = E_{meas,n} - E_{ref,n} \qquad (1)$$

式中：

$E_{meas,n}$——测量的峰能量；

$E_{ref,n}$ ——表 3 的参考峰能量。

要确保参考的能量适合于所选用的模式——直接模式或微分模式。

注：参考值用于谱仪的校准，其能量参考真空能级或费米能级。通常是参考真空能级，参考文献[5]～[8]给出了本方法参考谱的例子。如果工作也包括 X 射线光电子能谱，参照参考文献[9]和参考文献[10]中的费米能级数据可能更方便。

6.8.2 考察 Δ_1、Δ_2、Δ_3 或 Δ_4 这三个数值。如果这些数值的模(即其绝对值，不计符号)都不大于 2 eV，则仪器处于校准状态。如果＞2 eV，则仪器要按照生产商的说明书或用 6.8.3 规定的能量校正法进行重新校准。仪器首次进行重新校准后，要重复进行 6.6 规定的测量，并要重新确定 Δ_1、Δ_2、Δ_3 或 Δ_4 的数值，以确保重新校准后它们的模＜2 eV。

注：如果 Δ_n 的数值都在 3 eV～6 eV 的范围内，则仪器现在的校准可能是参考费米能级而不是真空能级。这常见于高能量分辨率仪器按照 ISO 17974[1] 进行的校准。

表 3 参考真空能级和费米能级的动能($E_{ref,n}$)

峰序 n	谱峰标定	动能 $E_{ref,n}$/eV			
		直接谱		微分谱	
		真空能级	费米能级	真空能级	费米能级
1	Cu $M_{2,3}VV$	58	62	60	64
2	Cu L_3VV	914	919	915[b]	920[b]
3	Al $KL_{2,3}L_{2,3}$	1 388	1 393	1 390[b]	1 395[b]
4	Au $M_5N_{6,7}N_{6,7}$	2 011[a]	2 016[a]	2 021	2 026
注：本表来源于参考文献[11]～[13]的工作。					
[a] 对于束能低于 6 keV，且 0.3%＜R≤0.5%，加 1 eV； [b] 对于 0.27%＜R≤0.5%，加 1 eV。 R 表示分辨率。					

6.8.3 如果没有对仪器进行调整，假定校正后的动能与测量动能 E_{meas} 线性相关，由式(2)给出：

$$E_{corr} = E_{meas} + \triangle E_{corr} \quad \cdots\cdots(2)$$

式中：

$\triangle E_{corr}$——由式(3)给出。

$$\triangle E_{corr} = aE_{meas} + b \quad \cdots\cdots(3)$$

能量标误差 a 和零点偏移误差 b 可以通过对三个测量的 Δ_n 值的负数，$-\Delta_1$、$-\Delta_2$、$-\Delta_3$ 或 $-\Delta_4$ 用最小二乘法拟合确定，各 Δ_n 值可以看作是各 $E_{ref,n}$ 对 $\triangle E_{corr}$ 的估值。这可以使用计算机或由下式得到：

$$a = \frac{-\sum_n E_{meas,n}\Delta_n + \frac{1}{3}\sum_n E_{meas,n}\sum_n \Delta_n}{\sum_n E_{meas,n}^2 - \frac{1}{3}\left(\sum_n E_{meas,n}\right)^2} \quad \cdots\cdots(4)$$

和

$$b = -\frac{1}{3}\sum_n \Delta_n - \frac{1}{3}a\sum_n E_{meas,n} \quad \cdots\cdots(5)$$

6.8.4 在仪器日志中记录 Δ_1、Δ_2、Δ_3 或 Δ_4，a 和 b 的数值，如许可还要记录采取的校正措施。

6.9 下一次校准

6.9.1 如果是直接对仪器进行了重大调整或进行了维修，或者按照 6.9.2 峰的能量改变了 2 eV 甚至更多，或者校准时间已接近三个月，都要做新一次的校准。如果在第一次重新校准时，Δ_1、Δ_2、Δ_3 或 Δ_4 任何数的模是 2 eV 甚至更多，校准时间间隔应该减半。如果在第二次重新校正时，Δ_1、Δ_2、Δ_3 或 Δ_4 中任何数的模仍是 2 eV 甚至更多，校准时间间隔应该再减半。除非在重复校准时 Δ_1、Δ_2、Δ_3 或 Δ_4 中任何数的模小于 2 eV，否则校准时间间隔应该继续减小。

注：原则上，慎重的做法是开始的间隔短，随后再增加以确保一个安全的漂移量[1]。对于本标准而言，经验表明极少数仪器需要校准周期小于三个月；因此，为了减少分析者 36 的工作量，使用了这一校准法。

6.9.2 在不可预知的情况下谱仪的电子部件可能会损坏或变化。为在三个月的校准期内对这种情况提供警告，实用的做法是再检查一下常规分析过的样品中所选峰的能量值，并将其与以前的数据比较，如果是纯元素则可与现有的文献参考值比较。比较结果相差如超过 2 eV，则应重新校准仪器。

注：AES 谱图的手册上列出了微分谱[5]～[9]和直接谱[8]的谱峰能量值。通常微分谱负峰处能量值比直接谱峰能量的值高 1 eV～5 eV。手册间出现的其他差别如下（见参考文献）：

——参考文献[5]～[8]中的数据都参考真空能级，而参考文献[9]参考的是费米能级。通常参考费米能级值比参考真空能级值高 4.5 eV，因此某些值呈现出高 4 eV，某些值呈现出高 5 eV。由于峰能量取决于仪器的分辨率[14]和微分函数的幅值[14]，特别在微分模式中，因而这些手册所提供的数值可能彼此不同，并且与用户得到的数值相差可能高达 5 eV。

——参考文献[6]～[8]中分析仪器的标称分辨率为 0.5%，而参考文献[5]和参考文献[9]中分辨率为 0.6%。

——参考文献[6]中微分函数的幅值是 2 eV。参考文献[5]和参考文献[7]中俄歇电子能量低于 1 000 eV，微分函数的幅值是 2 eV；对于更高的俄歇电子能量，微分函数的幅值分别为 5 eV 或 6 eV。参考文献[8]和参考文献[9]中微分函数的幅值分别是 5 eV 或 4 eV。更高微分幅值的影响会使峰向更高能量偏移达 2 eV。

——与 X 射线光电子能谱相关的汇编[10]列出的数据包括化合物，但这些数据只用于参考费米能级的直接模式的高分辨率谱仪。

参 考 文 献

[1] ISO 17974, Surface chemical analysis—High-resolution Auger electron spectrometers—Calibration of energy scales for elemental and chemical, state analysis

[2] SAVITZKY, A. and GOLAY, M. J. E., Smoothing and differentiation of date by simplified least squares procedures, Analytical Chemistry, July 1964, vol. 36, no. 8, pp. 1627-1639 with corrections by STEINER, J., TERMONIA, Y. and DELTOUR, J., Comments on smoothing and differentiation of data by simplified least square procedure, Analytical Chemistry, Sept 1972, vol. 44, no. 11, pp1906-1909

[3] SEAH, M. P. and TOSA, M., Linearity in electron counting and detection systems, Surface and Interface Analysis, Mar, 1992, vol. 18, no. 3, pp. 240-246

[4] SEAH, M. P., LIM, C. S. and TCNG, K, L., Channel electron multiplier efficiencies: The effect of the pulse height distribution on spectrum shape in Auger electron spectroscopy, Joumal of Electron Spectroscopy, Mar. 1989, vol. 48, no. 3, pp. 209-218

[5] DAVIS, L. E., MACDONALD, N. C., PALMBERG, P. W., RIACH, G.. E. and WEBER, R. E., Handbook of Auger Electron Spectroscopy, Eden Prairie, MN: Physical Electronics Industries, 1976

[6] MCGUIRE, G. E., Auger Electron Spectroscopy Reference Manual, Now York: Plenum, 1979

[7] SHIOKAWA, Y., ISIDA, T. and HAYASHT, Y., Auger Electron Spectra Catalogue: A Data Collection of Elements, Tokyo: Anelva, 1979

[8] SEKINE, T., NAGASAWA, Y., KUDOH, M., SAKAL, Y., PARKES, A. S., GELLER, J. D., MOGAMI, A. and HIRATA, K., Handbook of Auger Electron Spectroscopy, Tokyo: JEOL, 1982

[9] CHILOS, K. D., CARLSON, B. A., LAVANIER, L, A., MOULDER, J. F., PAUL, D. F., STICKLE, W. F. and WATSON, D. G., Handbook of Auger Electron Spectroscopy, Eden Prairie, MN: Physical Electronics Inc., 1995

[10] WAGNER, C. D., Photoelectron and Auger energies and the Auger parameter: A date set, in Practical Surface Analysis, Vol. 1. Auger and X-ray Photoelectron Spectroscopy, Chichester: Wiley, 1990. pp. 595-634

[11] SEAH, M. P., AES: Energy calibration of electron spectrometers, Ⅳ—Are-evaluation of the reference energies, Journal of Electron Spectroscopy, Dec. 1998, vol. 97, no. 3. pp. 235-241

[12] SEAH, M. P., SMITH, G. C. and ANTHONY, M. T., AES: Energy calibration of electron spectrometers Ⅰ—An absolute, traceable energy calibration and the provision of atomic reference line energies, Surface and Interface Analysis, May 1990, vol. 15, no. 5. pp. 293-308

[13] SEAH, M. P. and GILMORE, I., AES: Energy calibration of electron spectrometers Ⅲ—General calibration rules, Journal of Electron Spectroscopy, Feb. 1997, vol. 83, nos. 2 and 3, pp. 197-208

[14] ANTHONY, M. T. and SEAH, M. P., Intensity and energy calibration in AES: The effect of analyser modulation, Journal of Electron Spectroscopy, August 1983, vol. 32, no. 1, pp. 73-86

ICS 91.100.30
Q 72

中华人民共和国国家标准

GB/T 29733—2013

混凝土结构用成型钢筋制品

Fabricated steel bar for concrete structures

2013-09-18 发布 2014-06-01 实施

中华人民共和国国家质量监督检验检疫总局
中国国家标准化管理委员会 发布

前　言

本标准按照GB/T 1.1—2009给出的规则起草。

本标准由中华人民共和国住房和城乡建设部提出。

本标准由住房和城乡建设部建筑结构标准化技术委员会归口。

本标准起草单位：中国建筑科学研究院、广州市裕丰企业集团有限公司、北京首钢新钢联科贸有限公司、北京城建五建设工程有限公司、中煤集团平朔煤炭工业公司、廊坊凯博建设机械科技有限公司。

本标准主要起草人：刘占辉、刘子金、赵红学、林广明、文济、李荣凯、钱林、毛杰、贺宪平、汶浩、张大鹏。

混凝土结构用成型钢筋制品

1 范围

本标准规定了混凝土结构用成型钢筋制品的术语和定义、标记、要求、试验方法、检验规则、包装、标志和贮存、配料单和供货文件等。

本标准适用于工厂化加工的混凝土结构用成型钢筋制品。

2 规范性引用文件

下列文件对于本文件的应用是必不可少的。凡是注日期的引用文件，仅注日期的版本适用于本文件。凡是不注日期的引用文件，其最新版本(包括所有的修改单)适用于本文件。

GB 1499.1 钢筋混凝土用钢 第1部分：热轧光圆钢筋

GB 1499.2 钢筋混凝土用钢 第2部分：热轧带肋钢筋

GB/T 1499.3 钢筋混凝土用钢 第3部分：钢筋焊接网

GB 13014 钢筋混凝土用余热处理钢筋

GB 13788 冷轧带肋钢筋

GB 50204 混凝土结构工程施工质量验收规范

GB 50666 混凝土结构工程施工规范

JGJ 18 钢筋焊接及验收规程

JGJ 107 钢筋机械连接技术规程

YB/T 4260 高延性冷轧带肋钢筋

3 术语和定义

下列术语和定义适用于本文件。

3.1

成型钢筋制品 fabricated steel bar

按规定形状、尺寸通过机械加工成型的普通钢筋制品，分为单件成型钢筋制品和组合成型钢筋制品。

3.2

单件成型钢筋制品 single fabricated steel bar

单个或单支成型钢筋制品。

3.3

组合成型钢筋制品 assembled fabricated steel bar

由多个单件成型钢筋制品组合成二维或三维的成型钢筋制品。

4 标记

4.1 单件成型钢筋制品标记

单件成型钢筋制品标记由形状代码、端头特性、钢筋牌号、钢筋公称直径、钢筋下料长度组成。

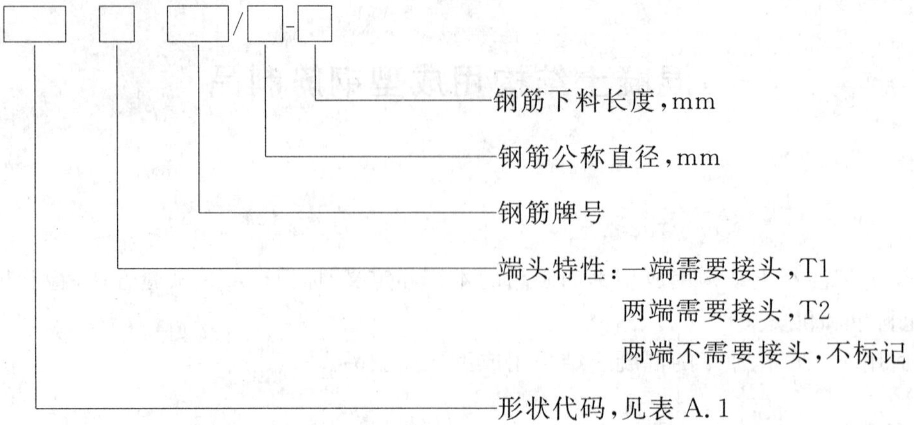

示例：

2010 型，两端需要接头 T2，钢筋牌号 HRB400，钢筋公称直径 22 mm，钢筋下料长度 2 000 mm 的单件成型钢筋制品，标记为：2010 T2 HRB400/22-2000

4.2　组合成型钢筋制品标记

钢筋焊接网标记应符合 GB/T 1499.3 的有关规定。其他组合成型钢筋制品标记由形状代码、最大直径或对角线尺寸、最大长度、设计构件编号组成。

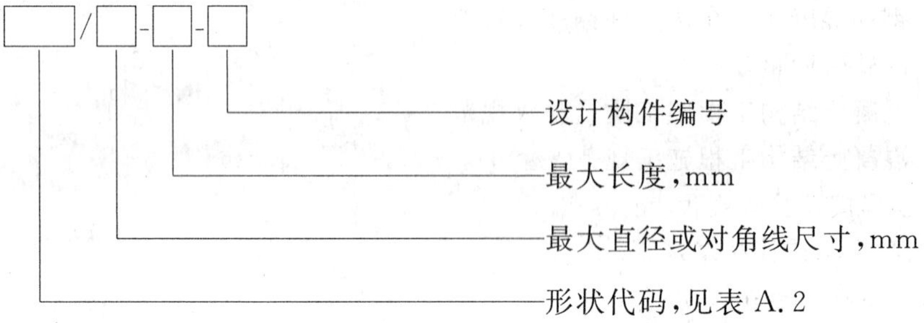

示例：

ZGY100 型，最大直径 1 500 mm，最大长度 16 000 mm，设计构件编号为 123456 的组合成型钢筋制品，标记为：ZGY100/ 1500-16000-123456

5　要求

5.1　一般要求

5.1.1　钢筋的规格、性能和表面质量应符合 GB 1499.1、GB 1499.2、GB 13014、GB 13788、GB 50666 和 YB/T 4260 的规定。

5.1.2　成型钢筋制品表面不应有裂纹、油污、焊渣、颗粒状或片状铁锈。

5.1.3　成型钢筋制品的附件（如钢筋丝头保护帽、标签等）应齐全、完整，并符合国家现行标准的规定。

5.2　尺寸与重量

5.2.1　成型钢筋制品的尺寸应符合设计要求，尺寸偏差应符合表 1 的规定。

表 1 成型钢筋制品允许尺寸偏差

序号	项目		偏差值
1	调直直线度/(mm/m)		≤4
2	调直切断长度/mm		±5
3	纵向钢筋长度方向全长的净尺寸/mm		±10
4	弯折角度/(°)		≤3
5	弯起钢筋的弯折位置/mm		±20
6	箍筋内净尺寸/mm		±5
7	闪光对焊封闭箍筋	接头处弯折角/(°)	≤3
		接头处轴线偏移/mm	≤2
		接头所在直线边直线度/mm	≤5
8	组合成型钢筋制品	主筋间距/mm	±10
		箍筋间距/mm	±20
		高度、宽度、直径/mm	±5
		总长度/mm	±25 或规定长度 0.5%的较大值

5.2.2 成型钢筋制品的理论重量按组成钢筋公称直径和规定尺寸计算,计算时钢的密度采用 0.007 85 g/mm³。成型钢筋制品实际重量与理论重量的允许偏差为±6%。

5.3 成型质量

5.3.1 钢筋调直、受力钢筋弯折处弯弧内直径应符合 GB 50204 和 GB 50666 的规定。

5.3.2 箍筋、拉筋应符合 GB 50204 和 GB 50666 的规定。

5.3.3 钢筋机械连接丝头和接头应符合 JGJ 107 的规定。

5.3.4 钢筋焊接连接接头应符合 JGJ 18 的规定。

5.3.5 组合成型钢筋制品应符合 GB/T 1499.3、GB 50204 和 GB 50666 的规定。

6 试验方法

6.1 钢筋的规格、性能和表面质量

按 GB 1499.1、GB 1499.2、GB 13014、GB 13788、GB 50666 和 YB/T 4260 的规定进行试验。

6.2 成型钢筋制品外观

目测。

6.3 成型钢筋制品附件

目测。

6.4 成型钢筋制品尺寸偏差

用钢尺、卷尺、角度尺测量。

6.5 成型钢筋制品重量偏差

用电子衡器测量。

6.6 成型钢筋制品成型质量

按 GB/T 1499.3、GB 50204、GB 50666、JGJ 18 和 JGJ 107 规定的检验项目、试验方法进行试验。

7 检验规则

7.1 检验要求

7.1.1 成型钢筋制品应进行出厂检验。
7.1.2 每批由同一规格、同一形状的成型钢筋制品组成。每 30 t 为一批,不足 30 t 按一批计。
7.1.3 出厂检验的检验项目、抽样方法、试验方法和判定依据见表 2。

表 2 检验项目、抽样方法、试验方法和判定依据

序号	检验项目	抽样方法	试验方法	判定依据
1	钢筋的规格、性能和表面质量	按 GB 1499.1、GB 1499.2、GB 13014、GB 13788和 YB/T 4260 的规定执行	6.1	5.1.1
2	成型钢筋制品外观	应按批进行检查和验收,每批任意抽取 5%,但不少于 3 件	6.2	5.1.2
3	成型钢筋制品附件	应按批进行检查和验收,每批任意抽取 5%,但不少于 3 件	6.3	5.1.3
4	成型钢筋制品尺寸偏差	应按批进行检查和验收,每批抽取 3 个试样	6.4	5.2.1
5	成型钢筋制品重量偏差	应按批进行检查和验收,每批抽取 3 个试样	6.5	5.2.2
6	成型钢筋制品成型质量	按 GB/T 1499.3、GB 50204、GB 50666、JGJ 18和 JGJ 107 的规定执行	6.6	5.3

7.2 判定规则

7.2.1 对钢筋的规格、性能和表面质量的判定应符合 GB 1499.1、GB 1499.2、GB 13014、GB 13788 和 YB/T 4260 的规定。
7.2.2 对成型钢筋制品成型质量的判定应符合 GB/T 1499.3、GB 50204、GB 50666、JGJ 18 和 JGJ 107 的规定。
7.2.3 成型钢筋制品按 7.2.1 和 7.2.2 判定为合格后,对成型钢筋制品外观、成型钢筋制品附件、成型钢筋制品尺寸偏差、成型钢筋制品重量偏差全部检验合格时,应判定该批为合格;当有不合格项时,则应从该批成型钢筋制品中再取双倍试样进行不合格项的检验,复验结果全部合格时,该批成型钢筋制品仍应判定为合格。复验仍有不合格项时,对该批成型钢筋制品应逐件检查。

8 包装、标志和贮存

8.1 每捆成型钢筋制品应捆扎均匀、整齐、牢固,必要时加刚性支撑或支架。

8.2 每捆成型钢筋制品应在明显处悬挂标签，且不少于二个。标签内容至少应包含工程名称、成型钢筋制品标记、数量、示意图及主要尺寸、生产厂名、生产日期、使用部位。

8.3 成型钢筋制品不宜露天存放，当只能露天存放时，宜选择平坦、坚实的场地，并应采取措施防止锈蚀、碾轧和污染。

8.4 同一工程中同类型构件的成型钢筋制品应按施工先后顺序和规格分类码放整齐。

9 配料单和供货文件

9.1 钢筋加工前应编制钢筋配料单，配料单内容应准确、完整。配料单参见表 B.1。配料单中钢筋原材下料长度的计算方法参见附录 C。

9.2 成型钢筋制品出厂时应至少提供以下文件：

——所用材料的检验合格报告；

——成型钢筋制品质量证明书，参见表 B.2；

——成型钢筋制品出厂合格证；

——配送清单。配送清单至少应包括工程名称与应用结构部位、标记与数量、配送日期。

附 录 A
（规范性附录）
成型钢筋制品的形状代码

A.1 单件成型钢筋制品形状及代码见表A.1。

表 A.1 单件成型钢筋制品形状及代码

形状代码	形状示意图	形状代码	形状示意图
0000		1000	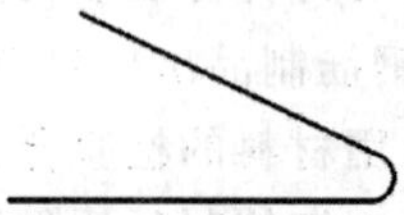
1010	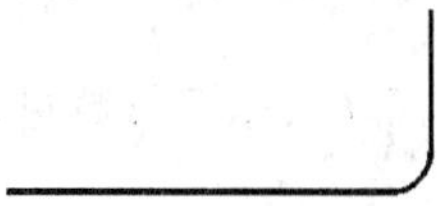	1020	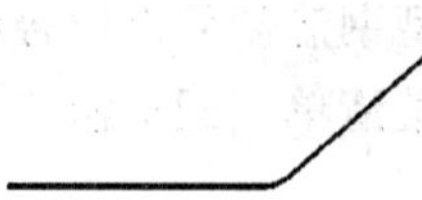
1030	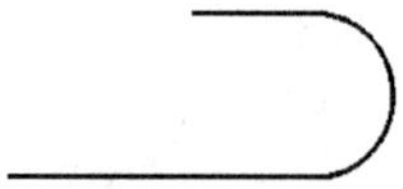		
2010		2011	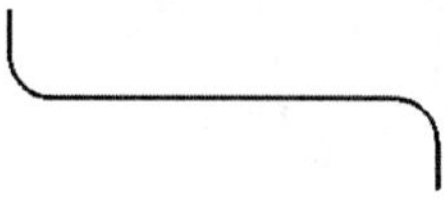
2020		2021	
2030	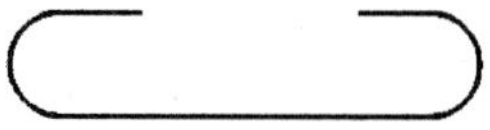	2031	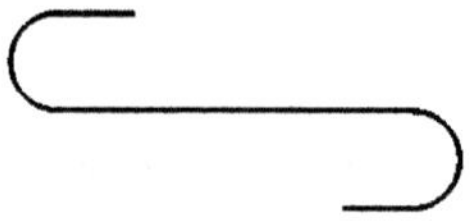
2040	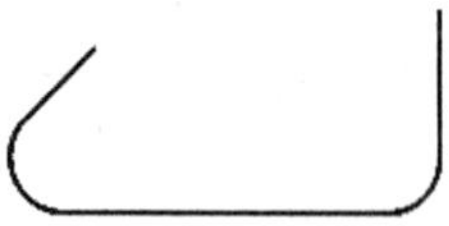	2041	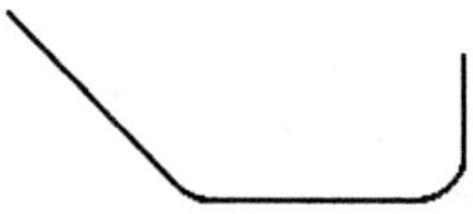
2050	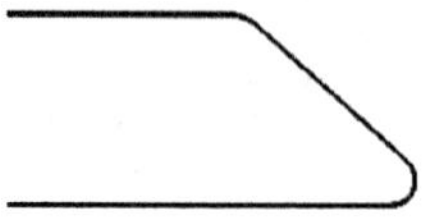	2060	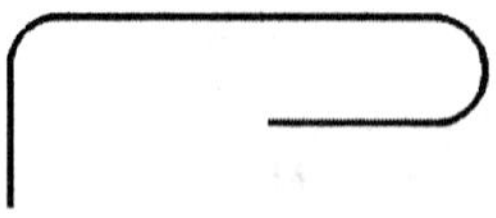
3010	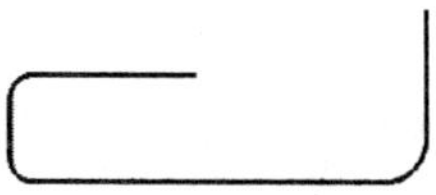	3011	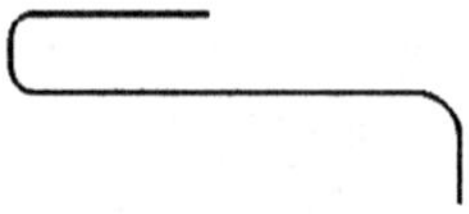

表 A.1（续）

形状代码	形状示意图	形状代码	形状示意图
3012		3013	
3020	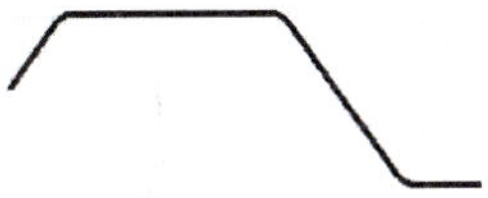	3021	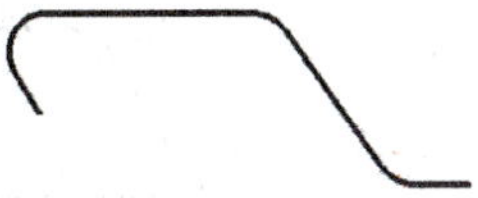
3022			
3030		3031	
4010		4011	
4012	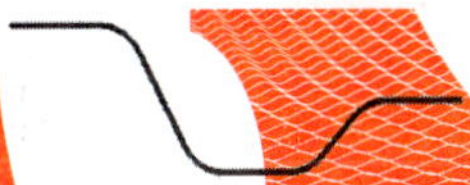	4013	
4020		4021	
4030		4031	
4040			
5010		5011	
5012		5013	

表 A.1（续）

形状代码	形状示意图	形状代码	形状示意图
5020	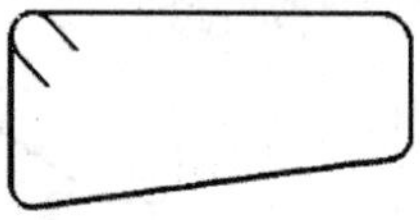	5021	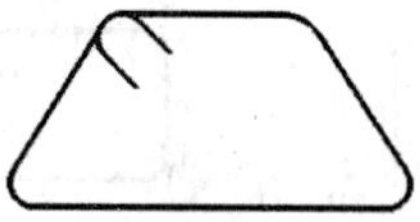
5022	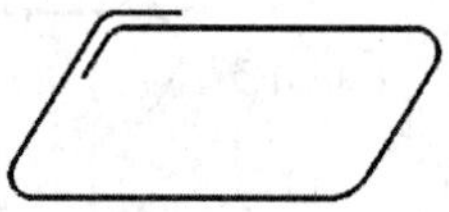	5023	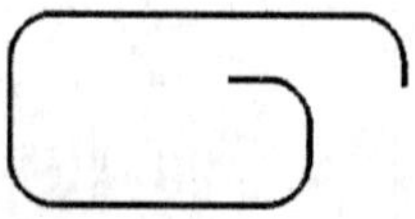
5024	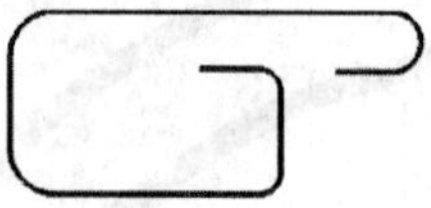	5025	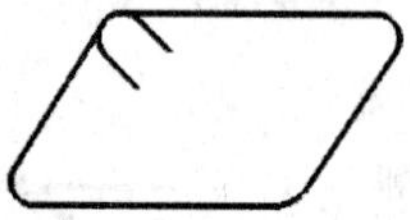
5026	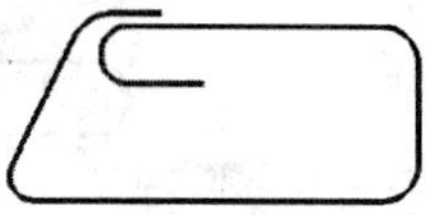		
5030	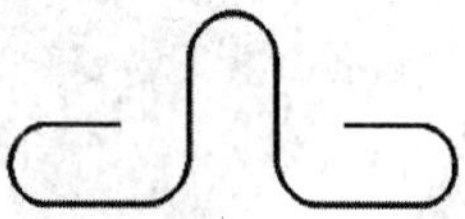	5031	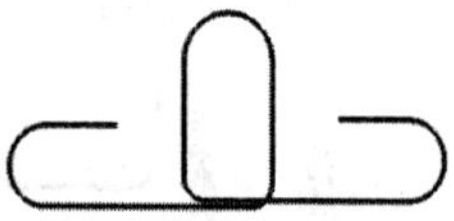
5032	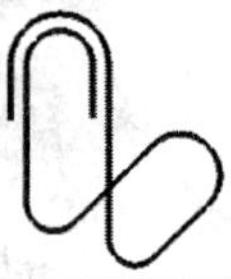	5033	
6010	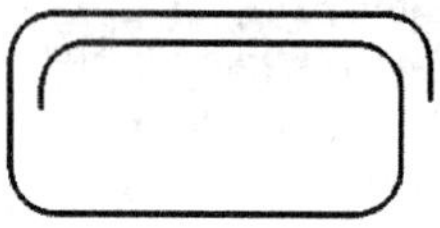	6011	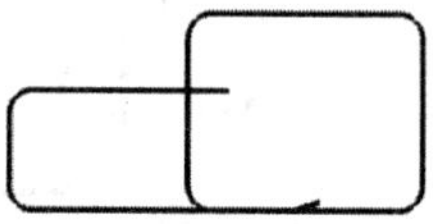
6012	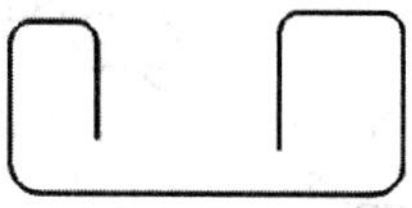	6013	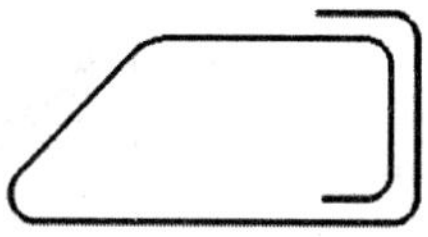
6020	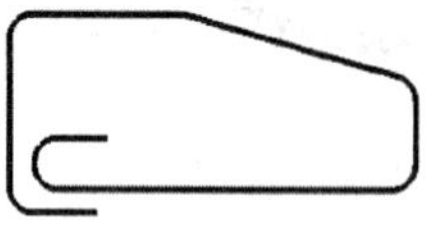	6021	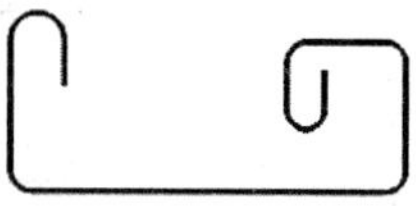
6022		6023	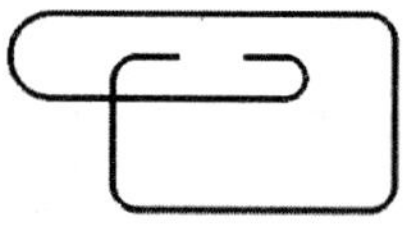
7010	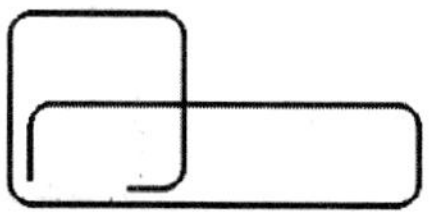	7011	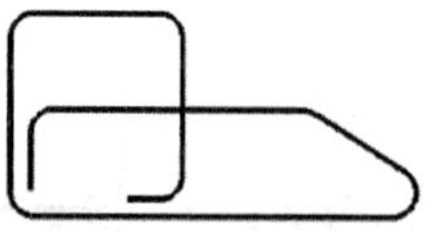

表 A.1（续）

形状代码	形状示意图	形状代码	形状示意图
7012			
8010			
8020	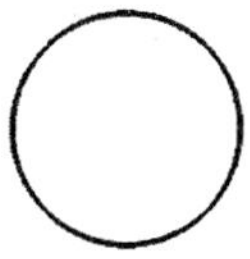	8021	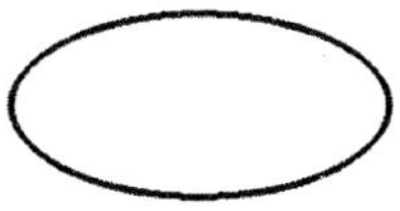
8030	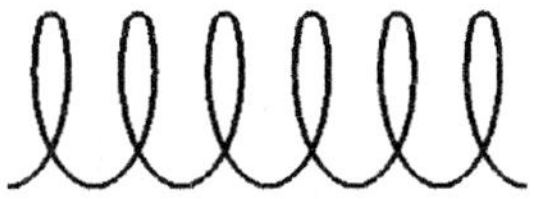	8031	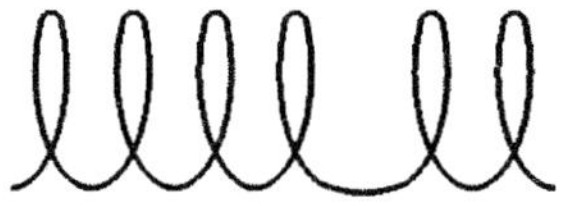
8040		8041	
8050		8051	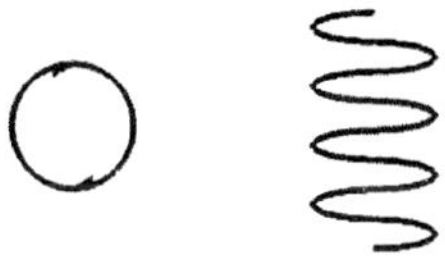

注 1：本表形状代码第一位数字代表单件成型钢筋制品的弯折次数(不含端头弯钩)。其中 8 代表圆弧状或螺旋状连续弯曲，9 代表所有其他弯折(曲)类型；

注 2：本表形状代码第二位数字代表单件成型钢筋制品端头弯钩特征，0——无弯钩；1——一端弯钩；2——两端弯钩；

注 3：本表形状代码第三、四位数字代表单件成型钢筋制品的形状。

A.2 组合成型钢筋制品形状及代码见表 A.2。

表 A.2 组合成型钢筋制品形状及代码

形状代码	形状示意图
ZGY100	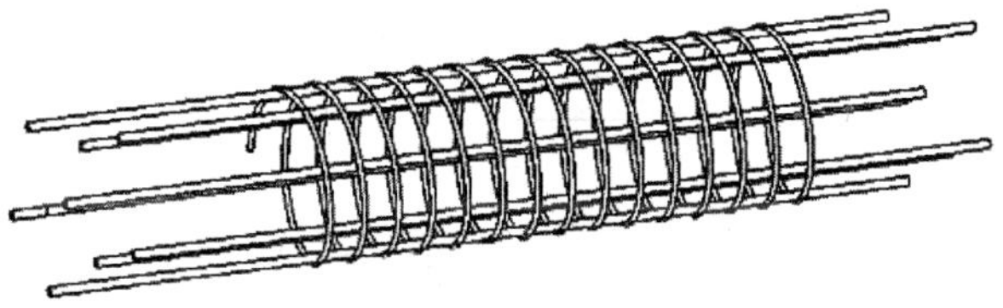

表 A.2（续）

形状代码	形状示意图
ZGY200	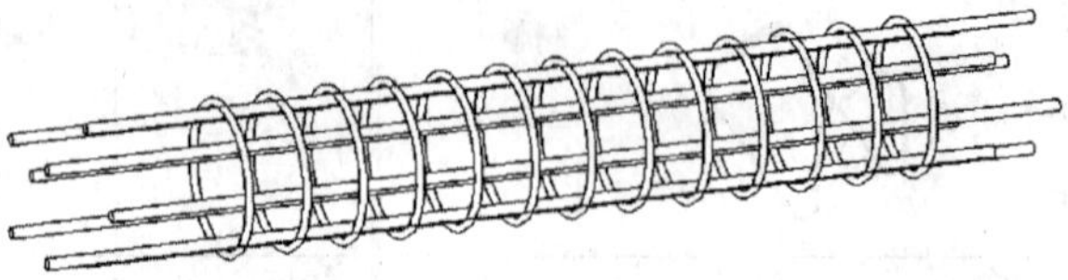
ZGJ100	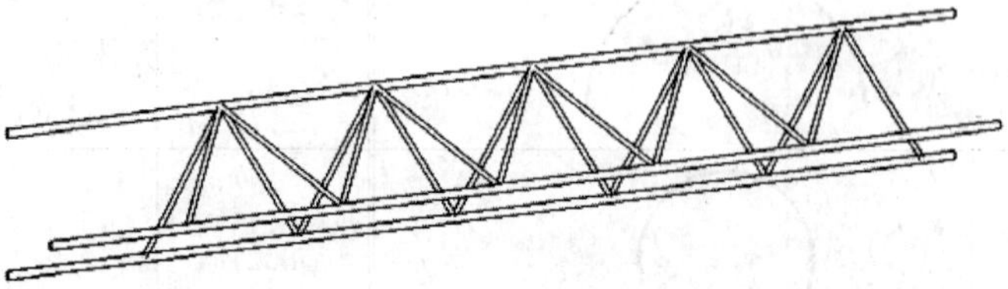
ZGF100	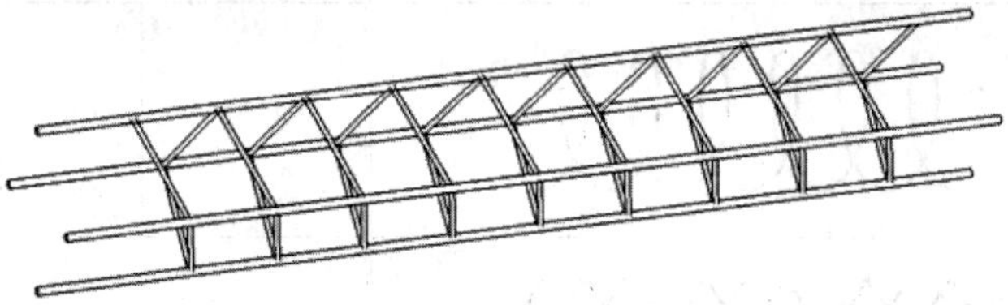
ZGF110	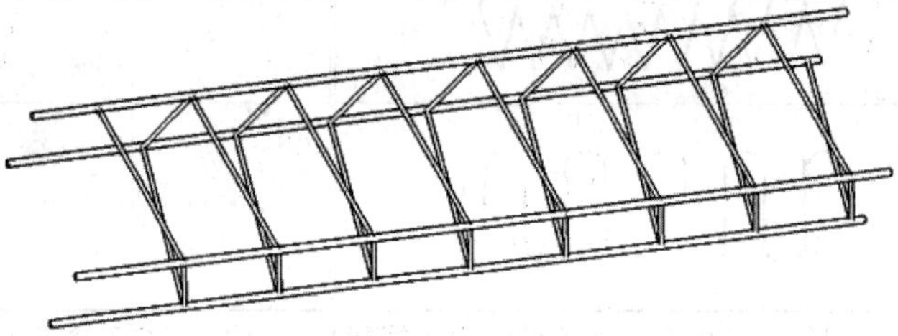
ZGF200	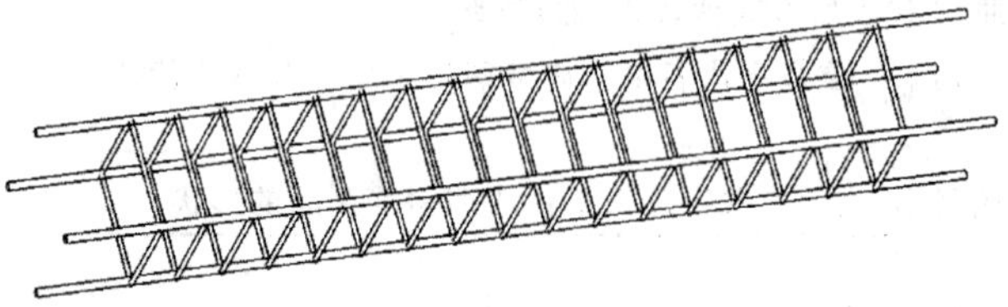
ZGF210	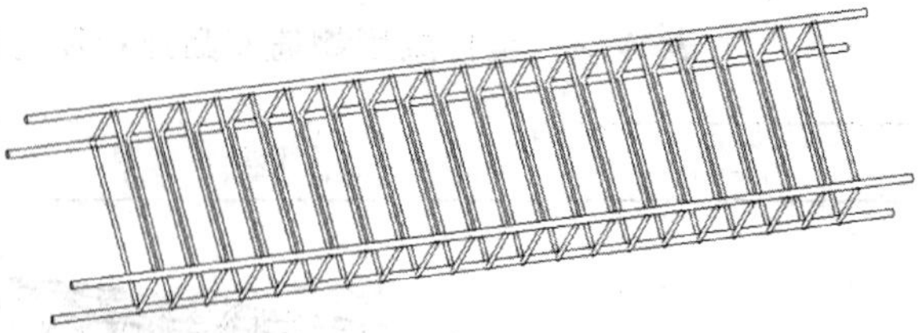
ZGD100	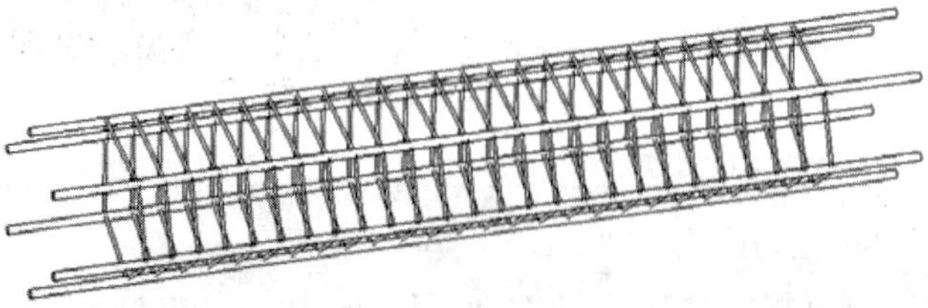

表 A.2（续）

形状代码	形状示意图
ZGD200	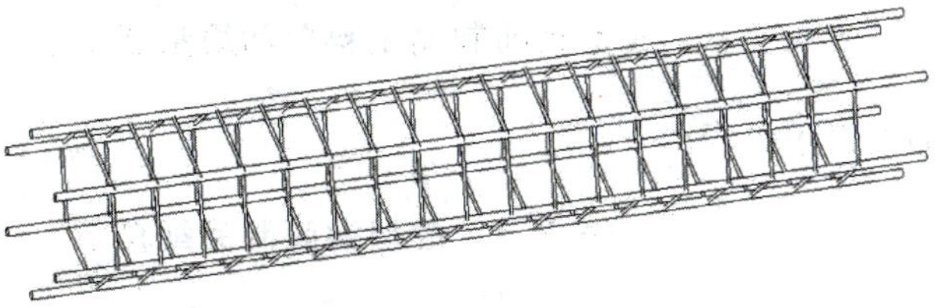
ZGT100	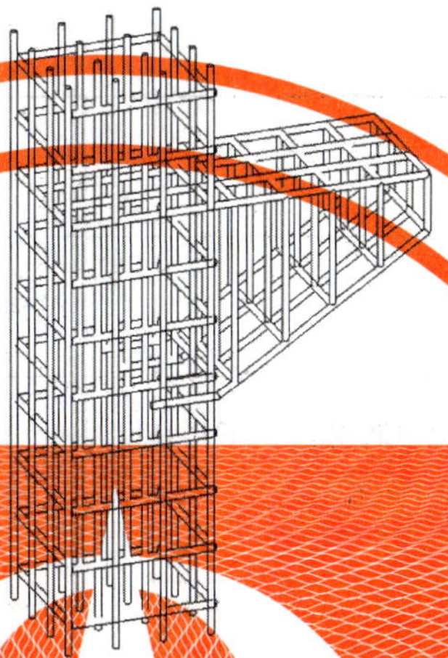
ZGT200	
本表中未列出的图样由生产者自定义，其组合成型钢筋制品形状代码应为： 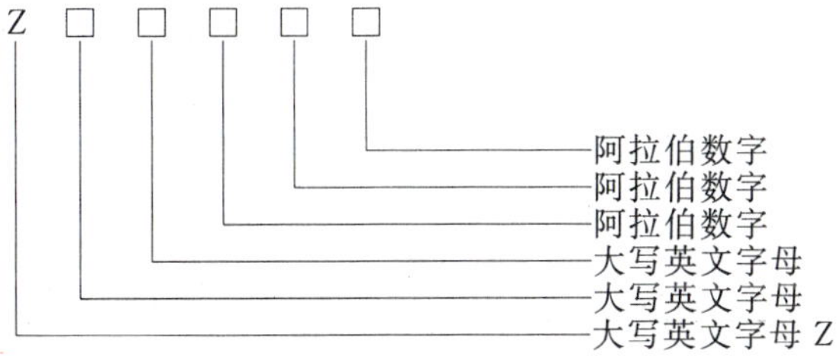 	

附 录 B
（资料性附录）
成型钢筋制品配料单和质量证明书

B.1 成型钢筋制品配料单见表 B.1。

表 B.1 成型钢筋制品配料单

配料单编号： 第 页/共 页

施工单位					工程名称				
供货单位					结构部位				
成型钢筋制品代码	钢筋牌号	规格/mm	成型钢筋制品示意图	下料长度/mm	每件根数	总根数	总长/m	总重/kg	备注

审核： 制表： 年 月 日

B.2 成型钢筋制品质量证明书见表B.2。

表B.2 成型钢筋制品质量证明书

成型钢筋制品质量证明书编号										
委托单位										
工程名称					钢筋牌号					
供应总量/kg				加工日期		供货日期				
序号	规格	供应数量/kg	进货日期	生产厂家	原材报告编号	复试报告编号	使用部位	加工成型	尺寸偏差	外观
结论：										
质检员			供应单位全称 （盖章）							
填表日期										

附 录 C
（资料性附录）
成型钢筋制品下料长度计算方法[1)]

C.1 成型钢筋制品生产前应进行原材钢筋下料长度计算。对不同已知条件件和成型钢筋制品形状，可分别采用弯钩法或弯曲法计算。

C.2 弯钩法

C.2.1 弯钩法适用于已知混凝土构件长度，计算直构件成型钢筋制品下料长度的情况。

C.2.2 通过混凝土构件长度计算直条钢筋下料长度时，成型钢筋制品端部弯钩增加的下料长度应计算在内。见图C.1。

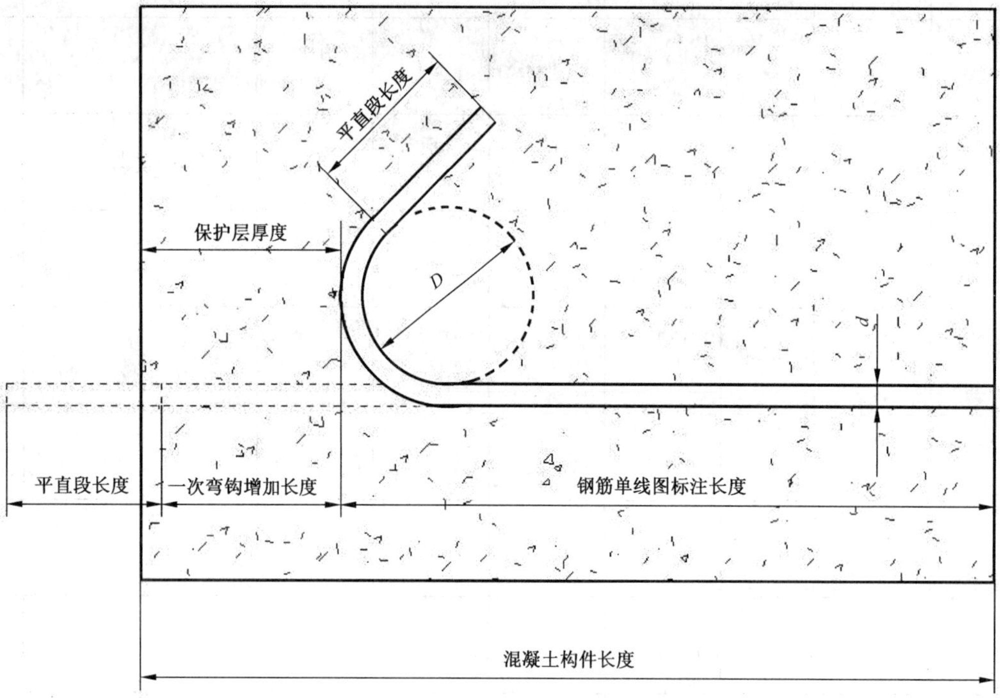

图 C.1

C.2.3 直构件成型钢筋制品下料长度应按式（C.1）计算：

$$L_Z = L - \sum(c) + \sum(\Delta_G) + \sum(L_P) \quad \cdots\cdots\cdots\cdots (C.1)$$

式中：

L_Z ——直钢筋下料长度，单位为毫米（mm）；

L ——混凝土构件长度，单位为毫米（mm）；

$\sum(c)$ ——弯钩端混凝土保护层厚度之和，单位为毫米（mm）；

$\sum(\Delta_G)$ ——多次弯钩增加长度之和，一次弯钩增加长度调整系数按表C.1确定；

$\sum(L_P)$ ——多次弯钩平直段长度之和，单位为毫米（mm），取值应符合设计或相关标准要求。

1） 本方法是从理论推导得到的数学模型，未考虑加工影响和钢筋回弹量。应用时应根据情况适当调整并细化。

表 C.1 一次弯钩增加长度调整系数(Δ_G)

弯钩角度	弯弧内直径					
	$D=2.5d$	$D=4d$	$D=6d$	$D=7d$	$D=12d$	$D=16d$
90°	$0.50d$	$0.93d$	$1.50d$	$1.78d$	$3.21d$	$4.35d$
135°	$1.87d$	$2.89d$	$4.25d$	$4.92d$	$8.31d$	$11.03d$
180°	$3.25d$	$4.86d$	$7.00d$	$8.07d$	$13.42d$	$17.71d$
注：D——弯弧内直径；d——钢筋原材公称直径。						

C.3 弯曲法

C.3.1 弯曲法适用于已知成型钢筋制品外形尺寸的情况。外形尺寸为钢筋外皮间的测量尺寸。

C.3.2 钢筋弯曲时由于弯弧的原因，实际下料长度与钢筋单线图尺寸之间存在弯曲调整值。见图 C.2。

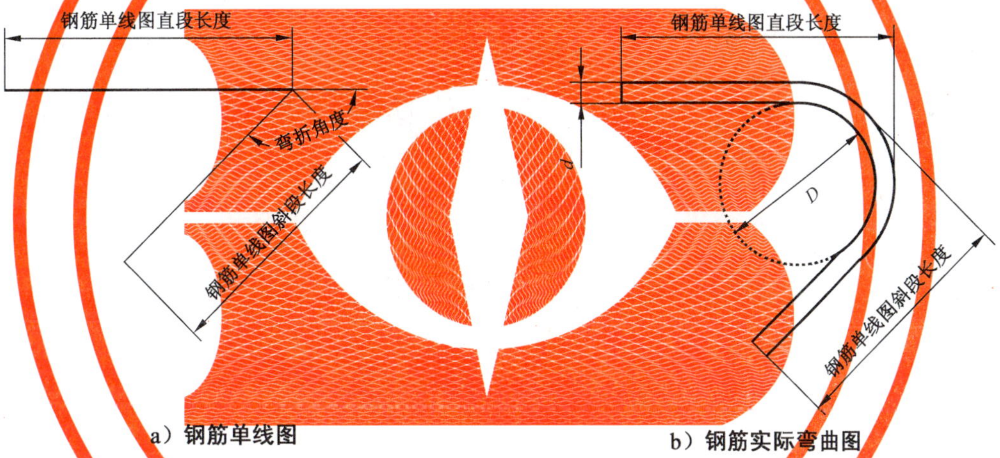

图 C.2

C.3.3 弯曲成型钢筋制品下料长度应按式(C.2)计算：

$$L_W=\sum(L_a)+\sum(L_b)-\sum(\Delta_W) \quad \cdots\cdots(C.2)$$

式中：

L_W ——弯曲成型钢筋制品下料长度，单位为毫米(mm)；

$\sum(L_a)$ ——直段外皮长度之和，单位为毫米(mm)；

$\sum(L_b)$ ——斜段外皮长度之和，单位为毫米(mm)；

$\sum(\Delta_W)$ ——多次弯曲调整值之和。一次弯曲调整系数按表 C.2 确定。

表 C.2 一次弯曲调整系数(Δ_W)

弯弧内直径	弯折角度				
	30°	45°	60°	90°	135°
$D=2.5d$	$0.29d$	$0.49d$	$0.77d$	$1.75d$	$0.38d$
$D=4d$	$0.30d$	$0.52d$	$0.85d$	$2.08d$	$0.11d$
$D=6d$	$0.31d$	$0.56d$	$0.96d$	$2.51d$	$-0.25d$
$D=7d$	$0.32d$	$0.58d$	$1.01d$	$2.72d$	$-0.42d$
$D=12d$	$0.35d$	$0.69d$	$1.28d$	$3.80d$	$-1.31d$
$d=16d$	$0.37d$	$0.77d$	$1.50d$	$4.66d$	$-2.03d$
注：D——弯弧内直径；d——钢筋原材公称直径。					

参 考 文 献

[1] BS EN ISO 3766:2003 Construction drawings—Simplified representation of concrete reinforcement

[2] BS 8666:2005 Scheduling, dimensioning, bending and cutting of steel reinforcement for concrete specification

ICS 91.060.50
P 32

中华人民共和国国家标准

GB/T 29734.1—2013

建筑用节能门窗 第1部分:铝木复合门窗

Energy-saving windows and doors for buildings—
Part 1:Aluminum-wood complex windows and doors

2013-09-18 发布 2014-06-01 实施

中华人民共和国国家质量监督检验检疫总局
中国国家标准化管理委员会 发布

前 言

GB/T 29734《建筑用节能门窗》分为以下两个部分：

——第1部分：铝木复合门窗；

——第2部分：铝塑复合门窗。

本部分为GB/T 29734的第1部分。

本部分按照GB/T 1.1—2009给出的规则起草。

本部分由中华人民共和国住房和城乡建设部提出。

本部分由全国建筑幕墙门窗标准化技术委员会(SAC/TC 448)归口。

本部分起草单位：中国建筑金属结构协会铝门窗幕墙委员会、河北奥润顺达窗业有限公司、北京美驰建筑材料有限责任公司、浙江瑞明节能门窗股份有限公司、广东坚朗五金制品股份有限公司、上海申邦发展有限公司、席勒(北京)木制品有限公司、上海金粤幕墙有限公司、浙江加兰建筑节能科技有限公司、浙江雅德居节能门窗有限公司、四川省光泓铝塑木门窗型材有限公司、上海研和门窗(系统)有限公司。

本部分主要起草人：黄圻、魏贺东、柴木多、董呈明、杜万明、邱鹏、鲍羽逊、曾煜、杨庭贵、王跃江、詹庆富、陈国东。

建筑用节能门窗
第1部分：铝木复合门窗

1 范围

本部分规定了铝木复合门窗的术语和定义、分类和标记、一般要求、要求、试验方法、检验规则、产品标志、合格证书、使用说明书、包装、运输和贮存。

本部分适用于铝合金型材与木型材复合制作的建筑门窗。

本部分不适用于防火、防盗等特种用途门窗。

2 规范性引用文件

下列文件对于本文件的应用是必不可少的。凡是注日期的引用文件，仅注日期的版本适用于本文件。凡是不注日期的引用文件，其最新版本（包括所有的修改单）适用于本文件。

GB/T 2680 建筑玻璃 可见光透射比、太阳光直接透射比、太阳能总透射比、紫外线透射比及有关窗玻璃参数的测定

GB 5237（所有部分） 铝合金建筑型材

GB/T 5823 建筑门窗术语

GB/T 7106 建筑外门窗气密、水密、抗风压性能分级及检测方法

GB/T 8484 建筑外门窗保温性能分级及检测方法

GB/T 8485 建筑门窗空气声隔声性能分级及检测方法

GB/T 9158 建筑用窗承受机械力的检测方法

GB/T 9969 工业产品使用说明书 总则

GB/T 11944 中空玻璃

GB/T 11976 建筑外窗采光性能分级及检测方法

GB/T 13306 标牌

GB/T 14155 整樘门 软重物体撞击试验

GB/T 14436 工业产品保证文件 总则

GB 18580—2001 室内装饰装修材料 人造板及其制品中甲醛释放限量

GB/T 21140—2007 指接材 非结构用

GB/T 23999 室内装饰装修用水性木器涂料

GB/T 29049 整樘门 垂直荷载试验

GB/T 29530 平开门和旋转门 抗静扭曲性能的测定

JC/T 1079 真空玻璃

JG/T 192 建筑门窗反复启闭性能检测方法

JGJ 113 建筑玻璃应用技术规程

JGJ/T 151 建筑门窗玻璃幕墙热工计算规程

LY/T 1635 木材防腐剂

LY/T 1787 集成材 非结构用

3 术语和定义

GB/T 5823 界定的以及下列术语和定义适用于本文件。

3.1

铝木复合门窗　aluminum-wood complex windows and doors

采用铝合金型材与木型材通过连接卡件或螺钉等连接方式制作的框、扇构件的门窗。

3.2

指接材　finger-jointed lumber

以锯材为原料经指榫加工、胶合接长制成的板方材。

[GB/T 21140—2007,定义 3.1]

3.3

集成材　glue-laminated timber

将纤维方向基本平行的板材、小方材等在长度、宽度和厚度方向上集成胶合而成的材料。

3.4

连接卡件　jointing latches

用于铝合金型材与木型材之间的结构连接件。

4 分类和标记

4.1 分类

4.1.1 结构分类

按铝合金型材和木型材的组合结构形式(如图 1 所示)分类,见表 1。

表 1　结构形式分类

类　　别	组合结构形式
a 型	铝合金型材为主要受力杆件
b 型	木型材为主要受力杆件

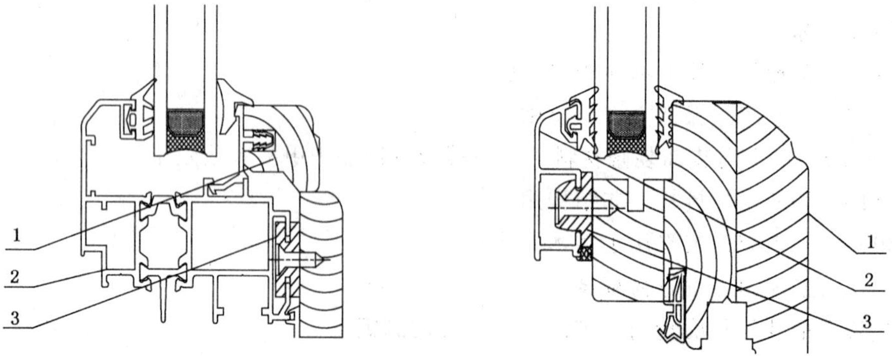

a)　铝合金型材为主要受力杆件　　b)　木型材为主要受力杆件

说明:

1——木型材;

2——铝合金型材;

3——连接卡件。

图 1　铝木复合门窗型材截面示意

4.1.2 品种分类

按门开启形式分类，门的品种见表 2。

表 2 门的品种分类

类别	平开旋转类		推拉平移类			折叠类	
开启形式	平开	平开下悬	(水平)推拉	提升推拉	推拉下悬	折叠平开	折叠推拉
代号	P	PX	T	ST	TX	ZP	ZT

按窗开启形式分类，窗的品种见表 3。

表 3 窗的品种分类

类别	平开旋转类							
开启形式	平开	滑轴平开	上悬	下悬	中悬	滑轴上悬	平开下悬	立转
代号	P	HZP	SX	XX	ZX	HSX	PX	LZ

类别	推拉平移类					折叠类
开启形式	(水平)推拉	提升推拉	平开推拉	推拉下悬	提拉	折叠推拉
代号	T	ST	PT	TX	TL	ZT

4.1.3 功能分类

按门使用功能分类，门的功能类型见表 4。

表 4 门功能类型分类

性能项目	种类		
	隔声型	保温型	遮阳型
抗风压性能(P_3)	◎	◎	◎
水密性能(ΔP)	◎	◎	◎
气密性能(q_1 q_2)	◎	◎	◎
保温性能(K)	○	◎	—
空气声隔声性能(R_w)	◎	◎	○
遮阳性能（SC）	○	◎	◎
启闭力	◎	◎	◎
反复启闭性能	◎	◎	◎
撞击性能	◎	◎	◎
垂直荷载强度	◎	◎	◎
抗静扭曲性能	◎	◎	◎
注：◎为必须项目，○为选择项目。			

按窗使用功能分类，窗的功能类型见表 5。

表 5 窗功能类型分类

性能项目	种类		
	隔声型	保温型	遮阳型
抗风压性能(P_3)	◎	◎	◎
水密性能(ΔP)	◎	◎	◎
气密性能($q_1 q_2$)	◎	◎	◎
保温性能(K)	○	◎	—
空气声隔声性能(R_w)	◎	◎	○
遮阳性能 (SC)	○	◎	◎
采光性能	○	◎	○
启闭力	◎	◎	◎
反复启闭性能	◎	◎	◎
注：◎为必须项目,○为选择项目。			

4.1.4 规格

门窗的规格由宽度构造尺寸(W)和高度构造尺寸(H)的千、百、十位数字,前后顺序排列的六位数字表示。

示例：

门窗的宽度 W、高度 H 分别为 1 150 mm 和 1 450 mm 时；

标记为:115145。

4.2 标记

4.2.1 标记方法

由铝木复合门(窗)代号、开启形式代号、门(窗)代号、规格、性能标记代号、纱扇代号及标准代号组成。

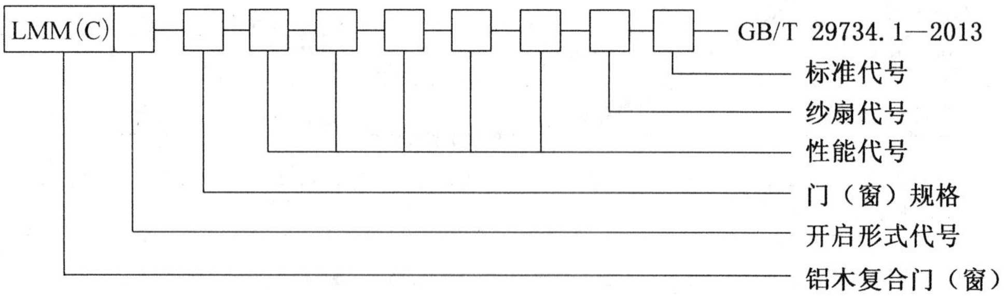

注：当抗风压、水密、气密、保温、隔声、采光等性能和纱扇无指标要求时不填写。

4.2.2 标记示例

示例 1：

铝木复合平开窗,规格型号为 115145,抗风压性能为 2.0 kPa,水密性能为 350 Pa,气密性能 1.5 $m^3/(m \cdot h)$,保温性能 2.0 $W/(m^2 \cdot K)$,隔声性能为 35 dB,采光性能 0.4,遮阳性能 0.5,带纱扇窗；

标记为:LMCP-115145-$P_3$2.0-ΔP350-q_1(或 q_2)1.5-K2.0-R_w35-T_r0.4-SC 0.5-S-GB/T 29734.1—2013。

示例 2：

铝木复合平开门，规格型号为 150210，抗风压、气密、水密、保温、隔声，无纱扇；

标记为：LMMP-150210- GB/T 29734.1—2013。

5 一般要求

5.1 铝合金型材

5.1.1 铝合金型材尺寸精度应符合 GB 5237 中规定的高精级要求：

a) 以铝合金型材为主要受力杆件的门窗(a 型)，门用铝合金主型材的主要受力部位基材截面最小实测壁厚不应小于 2.0 mm，窗用铝合金主型材的主要受力部位基材截面最小实测壁厚不应小于 1.4 mm；

b) 以木型材为主要受力杆件的门窗(b 型)，除压条和扣板外，铝合金型材主要受力部位基材截面最小实测壁厚不应小于 1.4 mm。

5.1.2 铝合金型材表面处理除符合 GB 5237 的规定外，还应符合下列规定：

a) 阳极氧化型材：阳极氧化膜膜厚应符合 AA15 级要求，氧化膜平均膜厚不应小于 15 μm，局部膜厚不小于 12 μm；

b) 电泳涂漆型材：阳极氧化复合膜，表面漆膜采用透明漆符合 B 级要求，复合膜局部膜厚不应小于 16 μm；表面漆膜采用有色漆符合 S 级要求，复合膜局部膜厚不应小于 21 μm；

c) 粉末喷涂型材：装饰面上涂层最小局部厚度应大于 40 μm；

d) 氟碳漆喷涂型材：二涂层氟碳漆膜，装饰面平均漆膜厚度不应小于 30 μm；三涂层氟碳漆膜，装饰面平均漆膜厚度不应小于 40 μm；

e) 铝合金隔热型材采用穿条工艺的复合铝型材其隔热材料应使用聚酰胺 66 加 25% 玻璃纤维，采用浇注工艺的复合铝型材其隔热材料应使用高密度聚氨基甲酸乙酯材料。

5.2 木材

5.2.1 木材应选用同一树种材料，含水率不应低于 8%，且不高于当地年平均木材平衡含水率的(X+1)%。

5.2.2 指接材应符合 GB/T 21140—2007 中规定的 I 类指节材的要求，可视面拼条长度除端头外应大于250 mm，宽度方向无拼接，指接缝隙处无明显缺陷。

5.2.3 集成材应满足 LY/T 1787 的要求，外观质量应符合优等品要求，可视面拼条长度除端头外应大于 250 mm，宽度方向无拼接，厚度方向相邻层的拼接缝应错开，指接缝隙处无明显缺陷。

5.2.4 甲醛含量应符合 GB 18580—2001 中 E_1 级的要求。

5.2.5 木材表面光洁、纹理相近，无死节、虫眼、腐朽、夹皮等现象。型材平整无翘曲，棱角部位应为圆角，其他规定应参见附录 A.1。

5.3 水性涂料

木材用水性涂料应符合 GB/T 23999 规定，耐黄变性 $\Delta E \leqslant 1.0$(紫外灯光照射不小于 168 h)，其他规定参见附录 A.2。

5.4 玻璃

根据工程设计及功能要求宜选用中空玻璃和真空玻璃，玻璃的品种、规格、质量要求应满足 GB/T 11944、JC/T 1079 的规定。

5.5 密封材料

5.5.1 门窗应使用中性耐候密封胶或聚氨酯密封胶。

5.5.2 门窗用密封胶条宜使用硫化橡胶类材料或热塑性弹性体类材料;密封毛条应使用加片型的防水硅化密封毛条。

5.6 五金配件、紧固件

5.6.1 门窗用五金配件应符合门窗功能设计要求,同时应满足反复启闭的耐久性要求,合页、滑撑、滑轮等五金件的选用应满足门窗承载力要求。

5.6.2 五金配件、紧固件等采用碳素结构钢和优质碳素结构钢材料制作的产品应采取热浸镀锌、锌电镀、黑色氧化等有效防腐处理;采用合金压铸材料、工程塑料等制作的产品应能满足强度要求和耐久性能。活动五金件应便于维修和更换。

5.6.3 连接卡件宜采用聚酰胺66或ABS等具有足够强度和耐久性能的材料。

6 要求

6.1 外观

6.1.1 表面质量

铝合金型材表面不应有铝屑、毛刺、油污或其他污迹,组角应牢固。

木型材表面应平整光洁、纹理相近,四角镶嵌牢固,连接处不应有外溢的黏合剂,不应有脱开的现象。水性漆应漆膜均匀,无流挂、发花、针孔、开裂和剥落等缺陷。

6.1.2 表面损伤

在一个玻璃分格内,门窗型材表面的划伤和擦伤不得深至表面涂层,型材表面擦伤、划伤应满足表6规定。局部划伤和擦伤应采用相应的方法修补,修补后应与原漆膜的颜色和光泽基本一致。

表6 门窗框扇型材表面擦伤、划伤

项目	铝合金型材	木型材
擦伤、划伤深度	不大于表面处理层厚度	
擦伤总面积/mm^2	≤500	≤300
划伤总长度/mm	≤150	≤100
擦伤和划伤处数	≤4	≤3

6.1.3 玻璃

玻璃应无明显色差,表面不得有明显擦伤或划伤和霉斑。

6.2 尺寸

6.2.1 门尺寸偏差

门尺寸允许偏差应符合表7规定。

表7　门尺寸允许偏差

单位为毫米

项　　目	尺寸范围	允许偏差
门框(扇)高度、宽度	≤2 000	±1.5
	>2 000	±2.0
门框(扇)槽口对边尺寸之差	≤2 000	≤1.0
	>2 000	≤1.5
门框(扇)对角线尺寸之差	≤3 000	≤3.0
	>3 000	≤4.0
门框与扇搭接宽度	—	±2.0
门框(扇)杆件接缝高低差	—	≤0.2
门框(扇)杆件装配间隙(铝型材)	—	≤0.3
门框(扇)杆件装配间隙(木型材)	—	≤0.5

6.2.2　窗尺寸偏差

窗尺寸允许偏差应符合表8规定。

表8　窗尺寸允许偏差

单位为毫米

项　　目	尺寸范围	允许偏差
窗框(扇)槽口高度、宽度	≤2 000	±1.5
	>2 000	±2.0
窗框(扇)槽口对边尺寸之差	≤2 000	≤1.0
	>2 000	≤1.5
窗框(扇)对角线尺寸之差	≤2 000	≤2.5
	>2 000	≤3.5
窗框与扇搭接宽度	—	±1.0
窗框(扇)杆件接缝高低差	—	≤0.2
窗框(扇)杆件装配间隙(铝型材)	—	≤0.3
窗框(扇)杆件装配间隙(木型材)	—	≤0.5

6.2.3　玻璃与槽口配合

铝合金型材玻璃镶嵌构造应符合JGJ 113规定。

木型材玻璃镶嵌，当槽口采用密封胶密封时，配合间隙 a 不应小于1 mm(如图2所示)。

玻璃与槽口安装应缝隙均匀，用密封胶密封时，应涂饰平滑连续、不得外溢；用密封条密封时，应连续平滑、不得翘曲，接缝不应设在转角处。

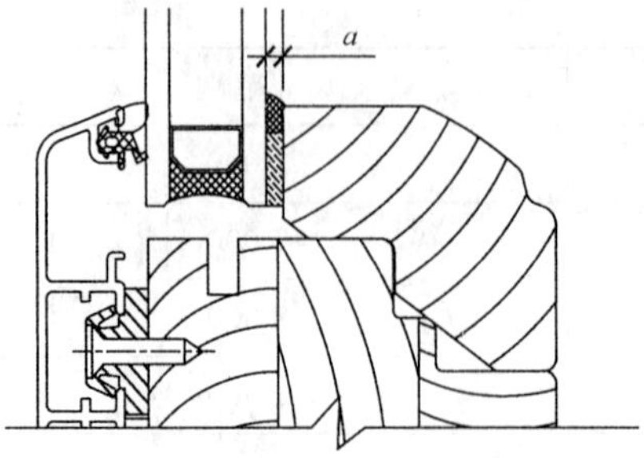

图 2 玻璃与木型材槽口间隙示意

6.3 装配

6.3.1 铝木构件连接

铝合金型材构件与木型材连接卡件的固定螺钉直径不应小于 3.5 mm。相邻连接卡件距离 b 不应大于 200 mm，连接卡件端头距离 a 不应大于 150 mm(如图 3 所示)，且每边连接卡件不应少于 3 个。

铝型材与木型材复合后应牢固可靠，型材应平整不应松动或翘曲。

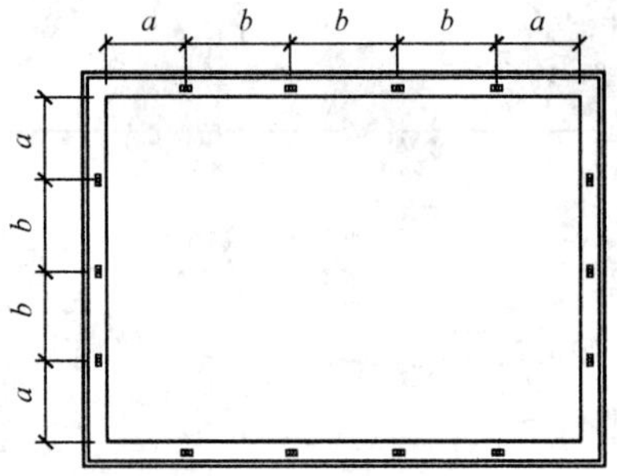

说明：

a——端头距离；

b——中间距离。

图 3 连接卡件安装位置

6.3.2 部件装配

门窗框、扇、杆件、五金配件等各部件装配应符合设计要求，装配牢固无松动。五金件配件安装位置正确，开启五金件应转动灵活、无卡滞。密封条安装位置应正确，连续、无翘曲。开启扇启闭灵活，无卡滞、无噪声，闭合后间隙均匀、无翘曲。

6.4 性能

6.4.1 抗风压性能

6.4.1.1 性能分级

门窗的抗风压性能分级及指标值 P_3 应符合表 9 规定。

表 9 抗风压性能分级

单位为千帕

分级	1	2	3	4	5
指标值	$1.0 \leqslant P_3 < 1.5$	$1.5 \leqslant P_3 < 2.0$	$2.0 \leqslant P_3 < 2.5$	$2.5 \leqslant P_3 < 3.0$	$3.0 \leqslant P_3 < 3.5$
分级	6	7	8	x. x	
指标值	$3.5 \leqslant P_3 < 4.0$	$4.0 \leqslant P_3 < 4.5$	$4.5 \leqslant P_3 < 5.0$	$P_3 \geqslant 5.0$	
注：x. x 表示用≥5.0 kPa 的具体值，取代分级代号。					

6.4.1.2 性能要求

门窗在各性能分级指标值风压作用下，主要受力杆件相对(面法线)挠度应符合表 10 规定，风压作用后门窗不应出现使用功能障碍和损坏。

表 10 门窗主要受力杆件相对面法线挠度要求

单位为毫米

支承玻璃种类	夹层玻璃	中空玻璃
相对挠度	$L/100$	$L/150$
相对挠度最大值	20	
注：L 为主要受力杆件的支承跨距。		

铝木复合门窗的结构形式多样，铝合金型材与木型材的组合比例不同，木型材属天然材料离散性较大，因此门窗在高层建筑或风压值较大的地区使用时，应以试件检测为准。门窗主要受力杆件计算可参照附录 B。

6.4.2 水密性能

6.4.2.1 性能分级

门窗的水密性分级及指标值 ΔP 应符合表 11 规定。

表 11 水密性能分级

单位为帕

分级	3	4	5	6
指标值	$250 \leqslant \Delta P < 350$	$350 \leqslant \Delta P < 500$	$500 \leqslant \Delta P < 700$	$\Delta P \geqslant 700$

6.4.2.2 性能要求

门窗试件在各性能分级指标值作用下，不应发生水从试件室外侧持续或反复渗入试件室内侧、发生喷溅或流出试件界面的严重渗漏现象。

6.4.3 气密性能

6.4.3.1 性能分级

门窗的气密性能分级及指标绝对值 q_1 和 q_2 应符合表 12 规定。

表 12 气密性能分级

分　级	5	6	7	8
单位开启缝长分级指标值 q_1/[m³/(m·h)]	$2.0 \geqslant q_1 > 1.5$	$1.5 \geqslant q_1 > 1.0$	$1.0 \geqslant q_1 > 0.5$	$q_1 \leqslant 0.5$
单位面积分级指标值 q_2/[m³/(m·h)]	$6.0 \geqslant q_2 > 4.5$	$4.5 \geqslant q_2 > 3.0$	$3.0 \geqslant q_2 > 1.5$	$q_2 \leqslant 1.5$

6.4.3.2 性能要求

门窗试件在标准状态下,压力差为 10 Pa 时的单位开启缝长空气渗透量 q_1 和单位面积空气渗透量 q_2 不应超过表 12 中各分级指相应指标值。

6.4.4 空气声隔声性能

6.4.4.1 性能指标

门窗以计权隔声量和交通噪声频谱修正量之和(R_w+C_{tr})作为分级指标。

6.4.4.2 性能要求

门窗的空气声隔声性能及分级指标值应符合表 13 规定。

表 13 空气声隔声性能分级

单位为分贝

分级	2	3	4	5	6
指标值	$25 \leqslant R_w+C_{tr} < 30$	$30 \leqslant R_w+C_{tr} < 35$	$35 \leqslant R_w+C_{tr} < 40$	$40 \leqslant R_w+C_{tr} < 45$	$R_w+C_{tr} \geqslant 45$

6.4.5 保温性能

6.4.5.1 性能指标

门窗保温性能指标以门窗的传热系数 K 值表示。

6.4.5.2 性能分级

门窗保温性能分级及指标 K 值分别应符合表 14 规定。

表 14 保温性能分级

单位为瓦每平方米开

分级	5	6	7	8	9	10
指标值	$3.0 > K \geqslant 2.5$	$2.5 > K \geqslant 2.0$	$2.0 > K \geqslant 1.6$	$1.6 > K \geqslant 1.3$	$1.3 > K \geqslant 1.1$	$K < 1.1$

6.4.6 遮阳性能

6.4.6.1 性能指标

门窗遮阳性能指标以遮阳系数 SC 表示。

6.4.6.2 **性能分级**

门窗遮阳性能分级及指标值 SC 应符合表 15 规定。

表 15 门窗遮阳性能分级

分级	2	3	4	5	6	7
指标值	$0.7 \geq SC > 0.6$	$0.6 \geq SC > 0.5$	$0.5 \geq SC > 0.4$	$0.4 \geq SC > 0.3$	$0.3 \geq SC > 0.2$	$SC \leq 0.2$

6.4.7 **采光性能**

外窗采光性能以透光折减系数 T_r 表示，其分级及指标值应符合表 16 规定。

表 16 外窗采光性能分级

分级	1	2	3	4	5
指标值	$0.20 \leq T_r < 0.30$	$0.30 \leq T_r < 0.40$	$0.40 \leq T_r < 0.50$	$0.50 \leq T_r < 0.60$	$T_r \geq 0.60$

6.4.8 **启闭力**

6.4.8.1 门窗应在不超过 50 N 的启闭力作用下，灵活开启和关闭。

6.4.8.2 带有自动关闭装置(闭门器、地弹簧)门、提升推拉门、折叠推拉门窗、无提升力平衡装置提拉窗等，启闭力性能指标由供需双方协商确定。

6.4.9 **反复启闭性能**

6.4.9.1 **性能指标**

门的反复启闭次数不应少于 10 万次，窗的反复启闭次数不应少于 1 万次。

6.4.9.2 **性能要求**

门窗在反复启闭性能试验后，应启闭无异常，使用无碍障。

6.4.10 **耐撞击性能**

门撞击后应符合下列要求：

a) 门框、扇无变形，连接处无松动现象；

b) 插销、门锁等附件应完整无损，启闭正常；

c) 玻璃无破损；

d) 门扇下垂应小于 2 mm。

6.4.11 **抗垂直荷载性能**

门扇在开启状态下施加 500 N 垂直静载 15 min，卸载 3 min 后残余下垂量小于 3 mm，启闭无异常，使用无障碍(适用于平开门、旋转门类)。

6.4.12 **抗静扭曲性能**

门扇在开启状态下施加 500 N 水平方向静荷载 5 min，卸载 3 min 后未出现明显变形，启闭无异常，使用无障碍(适用于平开门、旋转门类)。

7 试验方法

7.1 外观

在自然光线下,距试样 400 mm～500 mm 目测外观项目。

7.2 尺寸

采用钢卷尺、钢直尺、游标卡尺、深度尺、塞尺检验。

7.3 装配

采用钢直尺、游标卡尺检查。

7.4 性能

7.4.1 抗风压性能、水密性能、气密性能

按 GB/T 7106 的规定,以气密、水密、抗风压性能的顺序进行检测。

7.4.2 空气声隔声性能

按 GB/T 8485 的规定进行试验。

7.4.3 保温性能

按 GB/T 8484 的规定进行试验,或按 JGJ/T 151 规定,在冬季标准计算条件下计算门窗传热系数。

7.4.4 遮阳性能

在按 GB/T 2680 的规定实测门窗玻璃太阳光总透射比等参数基础上,按 JGJ/T 151 规定,在夏季标准计算条件下计算门窗遮阳系数 *SC* 值。

7.4.5 采光性能

按 GB/T 11976 的规定进行试验。

7.4.6 启闭力

按 GB/T 9158 的规定进行试验。

7.4.7 反复启闭性能

门窗反复启闭性能试验按 JG/T 192 的规定进行。

7.4.8 耐撞击性能

按 GB/T 14155 的规定进行整樘门的软重物体撞击试验,撞击门扇(拉)把手处或门扇中横梃处。

7.4.9 抗垂直荷载性能(平开旋转类门)

按 GB/T 29049 的规定进行整樘门的抗垂直荷载性能试验。

7.4.10 抗静扭曲性能(平开旋转类门)

按 GB/T 29530 的规定进行试验。

7.5 性能检验试件分组、数量及试验顺序

门窗性能检验试件分组、数量和试验顺序按表 17 规定。

表 17 门窗性能检验试件分组、数量及试验顺序

试件分组	第 1 组		第 2 组	
试验项目及顺序	空气声隔声性能	采光性能(外窗)	1. 气密性能 2. 水密性能 3. 抗风压性能	保温性能
试件数量/樘	3	1	3	1
试件合格/樘	3			1

8 检验规则

8.1 检验类别与项目

产品检验分为出厂检验和型式检验。

8.2 出厂检验

8.2.1 检验有效期

出厂检验应在型式检验合格的有效期内进行,否则检验结果无效。

8.2.2 检验项目

产品检验项目应符合表 18 规定。

表 18 出厂检验与型式检验项目

项目名称	出厂检验	型式检验		要求	试验方法
		门	窗		
外观	√	√	√	6.1	7.1
门窗框(扇)槽口高度偏差	√	√	√	6.2	7.2
门窗框(扇)槽口宽度偏差	√	√	√	6.2	7.2
门窗框(扇)槽口对边尺寸之差	√	√	√	6.2	7.2
门窗框(扇)对角线尺寸之差	√	√	√	6.2	7.2
门窗框与扇搭接宽度偏差	√	√	√	6.2	7.2
门窗框(扇)杆件接缝高低差	√	√	√	6.2	7.2
门窗框(扇)杆件装配间隙	√	√	√	6.2	7.2

表 18（续）

项目名称	出厂检验	型式检验		要求	试验方法
		门	窗		
玻璃与槽口配合	※	※	※	6.2	7.2
连接卡件间距及螺钉直径	※	※	※	6.3.1	7.3
抗风压性能	—	√	√	6.4.1	7.4.1
水密性能	—	√	√	6.4.2	7.4.1
气密性能	—	√	√	6.4.3	7.4.1
空气声隔声性能	—	√	√	6.4.4	7.4.2
保温性能	—	√	√	6.4.5	7.4.3
遮阳性能	—	√	√	6.4.6	7.4.4
采光性能	—	△	△	6.4.7	7.4.5
启闭力	—	√	√	6.4.8	7.4.6
反复启闭性能	—	√	√	6.4.9	7.4.7
耐撞击性能	—	√	—	6.4.10	7.4.8
抗垂直荷载性能	—	√	—	6.4.11	7.4.9
抗静扭曲性能	—	√	—	6.4.12	7.4.10
注：表中√表示需检测的项目，—表示不需检测的项目，※表示为生产过程检测的项目，△表示用户提出要求时的检测项目。					

8.2.3　**组批与抽样规则**

8.2.3.1　外观、框扇杆件接缝高低差和装配间隙为全数检验。

8.2.3.2　从每项工程中的不同品种、规格，分别随机抽取5%且不得少于3樘，进行出厂检验。

8.2.4　**判定规则与复检规则**

8.2.4.1　抽检产品检验结果全部符合本标准要求时，判定该批产品合格。

8.2.4.2　抽检产品检验结果如有多于1樘不符合本标准要求时，判定该批产品不合格。

8.2.4.3　抽检项目中如有1樘（不多于1樘）不合格，可再从该批产品中抽取双倍数量产品，对该不合格项进行重复检验。重复检验的结果全部达到本标准要求时判定该项目合格，复检项目全部合格，判定该批产品合格，否则判定该批产品不合格。

8.3　**型式检验**

8.3.1　**检验规则**

有下列情况之一时应进行型式检验：

a)　新产品或老产品与转厂生产的试制定型鉴定；

b)　正式生产后，当结构、材料、工艺有较大改变可能影响产品的性能时；

c)　正常生产时每两年检测一次；

d)　产品停产一年以上，再恢复生产时；

e) 发生重大质量事故时；

f) 出厂检验结果与上次型式检验有较大差异时；

g) 国家质量监督机构要求进行型式检验时。

8.3.2 检验项目

型式检验项目见表 18 规定。

8.3.3 组批规则和抽样方案

每两年内从不同品种、规格的出厂检验合格产品的检验批中，按表 17 规定的数量随机抽取，进行型式检验。

8.3.4 判定规则

8.3.4.1 抽检产品全部符合表 18 规定的型式检验项目要求，该产品型式检验合格。

8.3.4.2 外观、框扇杆件接缝高低差和装配间隙检验项目的判定和复检应符合 8.2.4 的规定。

8.3.4.3 性能检验项目中若有不合格项，可再从该批产品中抽取双倍试件对该不合格项进行重复检验，重复检验结果全部达到本标准要求时判定该项目合格，否则判定该批产品不合格。

9 产品标志、合格证书、使用说明书

9.1 产品标志

9.1.1 基本标志内容

铝木复合门窗产品标志应包括下列内容：

a) 产品名称或商标；

b) 产品执行的标准编号；

c) 制造商名称、生产日期或批号。

9.1.2 警示标志和说明

对门窗结构比较复杂、特殊开启方式、使用不当容易造成产品损坏或影响使用安全的产品，应设置简明有效的使用说明(包括文字及图示)或警示标志。

9.1.3 标志方法

按 9.1.1 要求的产品标志内容宜采用铝质、不锈钢标牌或其他材料标牌标示，标牌的印制应符合 GB/T 13306 的规定；门窗的产品标牌应固定在上框、中横框、窗扇梃侧面等适当部位(开启后可看到)。

产品使用警示标志和说明时应在门窗的执手等启闭装置附近粘贴醒目的警示说明标签。

9.2 产品合格证书

9.2.1 合格证书

每个出厂检验或交货批应有产品合格证书，产品合格证书的编制应符合 GB/T 14436 的规定。

9.2.2 合格证书内容

门窗产品合格证书应包括下列内容：

a) 产品名称、商标及标记(包括执行的产品标准编号)；

b) 产品型式检验的物理性能和力学性能参数值；
c) 产品批量(樘数、面积)，尺寸规格型号；
d) 门窗框扇铝合金型材表面处理种类、色泽、膜厚；
e) 玻璃及镀膜的品种、色泽及玻璃厚度；
f) 木材甲醛释放限量合格证书；
g) 门窗的生产日期、检验日期、出厂日期，检验员签名及制造商的质量检验印章；
h) 质量认证或节能性能标识等其他标志；
i) 制造商名称、地址及质量问题受理部门联系电话；
j) 用户名称及地址。

9.3 产品使用说明书

9.3.1 使用说明书要求

每批门窗出厂或交货时应有产品使用说明书。产品使用说明书的编制应符合 GB/T 9969 规定。

9.3.2 使用说明书内容

门窗产品使用说明书应包括产品说明、安装说明、使用说明和维护保养说明等主要方面。

10 包装、运输和贮存

10.1 包装

10.1.1 包装箱应有足够的强度，避免运输中门窗受损。

10.1.2 包装箱内的各类部件，避免发生相互碰撞、窜动。

10.1.3 产品装箱后，箱内应有装箱单和产品检验合格证。

10.2 运输

10.2.1 在运输过程中，应避免相互碰撞。

10.2.2 搬运过程中应轻拿轻放，不应摔、扔、碰击。

10.2.3 运输工具应有防雨措施。

10.3 贮存

10.3.1 产品应放置在通风、干燥的地方，防止雨水，不应与腐蚀性物质接触。

10.3.2 产品应竖直放置，放置角度应大于 70°，不应与地面直接接触，地面应垫高 70 mm。

附 录 A
（资料性附录）
木材及水性涂料

A.1 木材

A.1.1 翘曲度、直度要求

横向弦高与横向长度之比小于 0.3%，边缘直度小于 1.0 mm/m。

A.1.2 指接材、集成材外观要求

指接材、集成材应选用 LY/T 1787 规定的优等品，其外观质量要求应符合表 A.1 规定。

表 A.1 指接材、集成材外观质量要求

缺陷种类		计算方法	优等品	一等品	合格品
节子	活节[a]	最大单个长径/mm	10	30	不限
	死节[b]	最大单个长径/mm	不允许	2	5
		每平方米板面个数		2	3
腐朽		不大于木材面积/%	不允许	3	15
裂纹		最大单个长宽度/mm	不允许	50	100
		最大单个宽度/mm		0.3	2
虫眼		最大单个长径/mm	不允许	2	5
		每平方米板面个数		修补完好允许 3	修补完好允许 5
髓心		占材面宽度　不大于	不允许	不允许	5%
夹皮		最大单个长度/mm	不允许	10	30
		最大单个宽度/mm		2	5
		每平方米板面个数		3	5
变色		化学变色和真菌变色占材面积/%　不大于	不允许	3	5
树脂道		最大单个长度/mm	不允许	10	30
		最大单个宽度/mm		2	5
		每平方米板面个数		3	5
逆纹		不大于材面面积/%	不允许	5	不限
边板		不大于木条宽度	不允许	1/3	不限
指接缝隙		最大宽度/mm	不允许	0.2	0.3
		每平方米板面个数		3	5

表 A.1（续）

缺陷种类	计算方法	优等品	一等品	合格品
边角残损	最大厚度/mm	不允许	2	2
	最大宽度/mm		3	3
	最大长度/mm		50	50
	每平方米板面个数		1	1
修补	木材修补后，材色纹理要和周围的木材协调，修补部分不许有间隙、脱落、凹陷			

[a] 不应有开裂的活节；

[b] 不应有贯通的死结。

A.1.3 木材修补规定

木材属天然材质，在生产过程中发现缺陷，允许有部分修补，修补后应满足以下规定：

a) 死节、虫眼直径小于 3 mm，长度小于 35 mm 允许用腻子修补，直径大于 3 mm，长度大于 35 mm 用同一树种材修补；

b) 由加工引起的劈裂，宽度小于 3 mm，深度小于 3 mm，长度小于 8 mm 裂缝允许用腻子填平，超过的裂缝用同一树种材修补；

c) 树脂道外露，宽度小于 3 mm，长度小于 10 mm 树脂道外露，用同一树种材修补；

d) 补块应使用同一树种木材，木材的纹理、颜色应与原材料接近，修补后的木材应接缝严密，胶接牢固。腻子修补应牢固平整，颜色应与原木材接近。

A.2 水性涂料

水性涂料应满足以下规定：

a) 漆膜附着力应达到 1 级（划格间距为 2 mm），漆膜的湿膜厚度宜 200 μm～300 μm，干膜厚度宜 80 μm～120 μm；

b) 水性涂料的涂装应在木材含水率为 8%～15%，环境温度不低于 15 ℃，能够调节温度、湿度、无尘的喷房内进行；

c) 水性涂料应具备防腐防霉功能，相关要求参照现行国家标准 GB 50005 的相关规定；

d) 在容易孳生白蚁的地区应使用防虫剂，防虫剂应符合 LY/T 1635 的相关规定。

附 录 B
(资料性附录)
铝木复合门窗杆件设计计算方法

B.1 主要受力杆件计算

以铝合金型材为主要受力杆件的门窗(a 型),按铝合金型材结构受力设计。

以木型材为主要受力杆件的门窗(b 型),按木型材的结构受力设计。

木材的弹性模量 E 应按 B.1 取值。

表 B.1 木材的弹性模量

单位为牛顿每平方毫米

树种	东北落叶松、欧洲落叶松、橡木	红松、樟子松、云杉、楸木
E	10 000	9 000
注:表中未见树种可参照 GB 50005 内容。		

B.2 门窗杆件荷载计算

门窗杆件荷载计算,参照 JGJ 214—2010 附录 B 的规定。

ICS 91.060.50
P 32

中华人民共和国国家标准

GB/T 29734.2—2013

建筑用节能门窗 第2部分:铝塑复合门窗

Energy-saving windows and doors for buildings
—Part 2: Aluminum-plastic complex windows and doors

2013-11-27 发布　　2014-08-01 实施

中华人民共和国国家质量监督检验检疫总局
中国国家标准化管理委员会 发布

前　言

GB/T 29734《建筑用节能门窗》分为两个部分：

——第1部分：铝木复合门窗；

——第2部分：铝塑复合门窗。

本部分为GB/T 29734的第2部分。

本部分按照GB/T 1.1—2009给出的规则起草。

本部分由中华人民共和国住房和城乡建设部提出。

本部分由全国建筑幕墙门窗标准化技术委员会(SAC/TC 448)归口。

本部分起草单位：中国建筑科学研究院、广东省建筑科学研究院、中国建筑金属结构协会塑料门窗委员会、深圳市新山幕墙技术咨询有限公司、北京中新方建筑科技研究中心、广东坚朗五金制品股份有限公司、中国南玻集团股份有限公司、河南省建筑科学研究院有限公司、哈尔滨中大化学建材有限公司、湖北弘毅建筑装饰工程有限公司、北京诺托建筑材料有限公司、北京新立基真空玻璃技术有限公司、北京美驰建筑材料有限责任公司、秦皇岛欧泰克节能门窗有限公司、天津市建筑工程质量检测中心、重庆华厦门窗有限责任公司、长春市建筑节能检验中心、浙江省新世纪工程检测有限公司、宁波和邦检测研究有限公司、沈阳正典铝建筑系统有限公司、北京嘉寓门窗幕墙股份有限公司。

本部分主要起草人：王洪涛、石清、张士翔、闫雷光、杜继予、刘忠伟、杜万明、许武毅、杨彦芳、冯伟刚、王少重、河红、蒋毅、柴木多、金仁哲、江勇、张春林、栗涛、张荣喜、李叶、顾剑英、秦剑、杨向东、张志成、侯园园。

建筑用节能门窗
第2部分：铝塑复合门窗

1 范围

GB/T 29734 的本部分规定了铝塑复合门窗的术语和定义、分类、代号、规格和标记、材料、要求、试验方法、检验规则、标志、包装、运输和贮存。

本部分适用于采用铝塑复合型材加工制作的建筑用门窗。

2 规范性引用文件

下列文件对于本文件的应用是必不可少的。凡是注日期的引用文件，仅注日期的版本适用于本文件。凡是不注日期的引用文件，其最新版本(包括所有的修改单)适用于本文件。

GB/T 2680 建筑玻璃 可见光透射比、太阳光直接透射比、太阳能总透射比、紫外线透射比及有关窗玻璃参数的测定

GB 5237.1 铝合金建筑型材 第1部分：基材

GB 5237.2 铝合金建筑型材 第2部分：阳极氧化型材

GB 5237.3 铝合金建筑型材 第3部分：电泳涂漆型材

GB 5237.4 铝合金建筑型材 第4部分：粉末喷涂型材

GB 5237.5 铝合金建筑型材 第5部分：氟碳漆喷涂型材

GB 5237.6 铝合金建筑型材 第6部分：隔热型材

GB/T 5823 建筑门窗术语

GB/T 5824 建筑门窗洞口尺寸系列

GB/T 7106 建筑外门窗气密、水密、抗风压性能分级及其检测方法

GB/T 8484 建筑外门窗保温性能分级及其检测方法

GB/T 8485 建筑门窗空气声隔声性能分级及其检测方法

GB/T 8814 门、窗用未增塑聚氯乙烯(PVC-U)型材

GB 11614 平板玻璃

GB/T 11793 未增塑聚氯乙烯(PVC-U)塑料门窗力学性能及耐候性试验方法

GB/T 11944 中空玻璃

GB/T 11976 建筑外窗采光性能分级及检测方法

GB/T 12003 未增塑聚氯乙烯(PVC-U)塑料窗 外形尺寸的测定

GB/T 14154 塑料门 垂直荷载试验方法

GB/T 14155 整樘门 软重物体撞击试验

GB/T 22632 门扇 抗硬物撞击性能检测方法

GB/T 29739 门窗反复启闭耐久性试验方法

JC/T 1079 真空玻璃

JGJ 113 建筑玻璃应用技术规程

JGJ/T 151 建筑门窗玻璃幕墙热工计算规程

3 术语和定义

GB/T 5823、GB/T 5824 界定的以及下列术语和定义适用于本文件。

3.1

铝塑复合型材 aluminum-plastic complex profile

建筑铝合金型材与未增塑聚氯乙烯(PVC-U)塑料型材通过机械方法复合为一体并共同承担荷载作用的门窗用型材。

3.2

铝塑复合门窗 aluminum-plastic complex windows and doors

采用铝塑复合型材制作框、扇杆件结构的门、窗的总称。

3.3

主要受力杆件 major load-bearing frame member

门窗立面内承受并传递门窗自身重力及水平风荷载等作用力的中横框、中竖框、扇梃等主型材,以及组合门窗拼樘框型材。

[GB/T 8478—2008,定义 3.4]

4 分类、代号、规格和标记

4.1 分类和代号

4.1.1 窗按开启形式

窗按开启形式分类与代号见表 1。

表 1 窗按开启形式分类与代号

开启形式分类	固定窗	平开窗	推拉窗	悬窗			
				上悬窗	中悬窗	下悬窗	平开下悬窗
代号	G	P	T	SX	ZX	XX	PX
注:百叶窗代号为 Y、纱扇代号为 S。							

4.1.2 门按开启形式

门按开启形式分类与代号见表 2。

表 2 门按开启形式分类与代号

开启形式分类	平开门	平开下悬门	推拉门	推拉下悬门	折叠门
代号	P	PX	T	TX	Z
注:纱扇代号为 S。					

4.2 规格

门、窗的规格由门、窗的宽度构造尺寸(W)和高度构造尺寸(H)的千、百、十位数字,前后顺序排列的六位数字表示。例如，门窗的 W、H 分别为 1 150 mm 和 1 450 mm 时，其尺寸规格型号为 115145。

4.3 门、窗厚度（系列）

门、窗框厚度（系列）基本尺寸按门、窗框型材无拼接组合时的最大厚度公称尺寸确定。

4.4 标记方法与示例

4.4.1 标记方法

由铝塑窗（门）代号、开启形式代号、窗（门）框厚度、规格、性能标记代号、纱扇代号及标准代号组成。

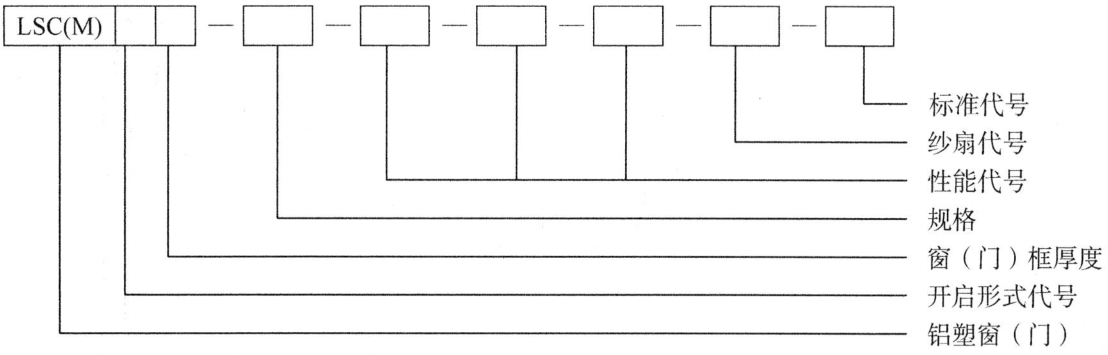

注 1： 性能代号标注顺序：抗风压、气密、水密、保温、隔声、采光、遮阳。

注 2： 当抗风压、水密、气密、保温、隔声、采光、遮阳性能无指标要求时不填写。

4.4.2 示例

示例 1：

铝塑复合平开窗，窗框厚度为 60 mm，规格型号为 150210，抗风压性能为 2.0 kPa，水密性能为 150 Pa，气密性能为 1.5 $m^3/(m \cdot h)$，保温性能 2.8 $W/(m^2 \cdot K)$，隔声性能为 30 dB，采光性能 0.4，遮阳性能 0.50，带纱扇窗。标记为：LSCP60-150210-$P_3$2.0-ΔP150-q_1（或 q_2）1.5-K2.8-R_W30-Tr0.4-SC0.5-S-GB/T 29734.2。

示例 2：

铝塑复合平开门，门框厚度 60 mm，规格型号为 150210，性能无指标要求时不填写，无纱扇时不填写。标记为：PLSM60-150210- GB/T 29734.2。

5 材料

5.1 铝塑复合型材

门、窗用铝塑复合型材应符合附录 A 的要求。

5.2 玻璃

应采用符合 GB 11614 规定的建筑级平板玻璃或以其为原片的各种加工玻璃。玻璃的品种、厚度和最大许用面积应符合 JGJ 113 有关规定。中空玻璃应符合 GB/T 11944 的要求。真空玻璃应符合 JC/T 1079 的要求。

5.3 密封及弹性材料

5.3.1 密封材料应满足国家现行相应标准要求，参见附录 B。门窗玻璃安装、杆件连接及附件装配所用密封胶应与所接触的各种材料相容，并与所需粘结基材具有良好粘结性。

5.3.2 密封胶条与型材不能有相溶性。

5.3.3 玻璃支承块、定位块等弹性材料应符合 JGJ 113 的规定。

5.4 五金件、附件、紧固件、增强型钢

5.4.1 五金件、附件、紧固件、增强型钢应满足国家现行相应标准的要求，参见附录 B。门窗框扇连接、锁固用功能性五金配件应满足整樘门、窗承载能力及反复启闭性能的要求。

5.4.2 门窗组装机械联接应采用不锈钢紧固件。不应使用铝及铝合金抽芯铆钉做门窗受力联接用紧固件。

6 要求

6.1 外观质量

门窗可视面应表面平整，不应有明显的色差、凹凸不平、严重的划伤、擦伤、碰伤等缺陷，不应有铝屑、毛刺、油污或其他污迹。连接处不应有外溢的胶粘剂。

6.2 尺寸允许偏差

门框、门扇外形尺寸允许偏差应符合表 3 要求，窗框、窗扇外形尺寸允许偏差应符合表 4 要求。

表 3 门框、门扇外形尺寸允许偏差

单位为毫米

项 目	尺寸范围	允许偏差
门宽度和高度构造内侧尺寸对边尺寸之差	—	≤3.0
宽度和高度	≤2 000	±2.0
	>2 000	±3.0
门框、门扇对角线尺寸之差	—	≤3.0

表 4 窗框、窗扇外形尺寸允许偏差

单位为毫米

项 目	尺寸范围	允许偏差
窗宽度和高度构造内侧尺寸对边尺寸之差	—	≤3.0
宽度和高度	≤1 500	±2.0
	>1 500	±2.5
窗框、窗扇对角线之差	—	≤3.0

6.3 装配质量

6.3.1 门窗框、门窗扇相邻构件装配间隙不应大于 0.3 mm；相邻二构件同一平面高低差不应大于 0.5 mm。

6.3.2 平开门窗、平开下悬门窗关闭时，门窗框、扇四周的配合间隙应满足设计要求，配合间隙允许偏差为±1.0 mm。

6.3.3 平开门窗、平开下悬门窗关闭时，搭接量应满足设计要求。窗扇与窗框搭接量允许偏差为

±1.0 mm,门扇与门框搭接量允许偏差为±2.0 mm。搭接量的实测值不应小于5.0 mm。

6.3.4 主要受力杆件的长度大于500 mm时,型材腔体中宜放置增强型钢,增强型钢壁厚不应小于1.5 mm。用于固定每根增强型钢的紧固件不应少于三个,其间距不应大于300 mm,距型材端头内角距离不应大于100 mm。固定后的增强型钢不应松动。

6.3.5 五金配件安装位置应正确,数量应齐全,能承受往复运动的配件在结构上应便于更换。五金配件承载能力应与扇重量和抗风压要求相匹配,门、窗扇的锁闭点不宜少于2个。当扇高大于1.2 m时,锁闭点不应少于3个。外平开窗扇的宽度不宜大于600 mm,高度不宜大于1 500 mm。

6.3.6 框梃、框组角、扇组角联接处应采用连接件组装,四周缝隙应有密封措施。

6.3.7 密封条装配后应均匀、牢固,接口严密,无脱槽、收缩、虚压等现象。

6.3.8 压条装配后应牢固。压条角部对接处的间隙不应大于1 mm。

6.3.9 玻璃的装配应符合JGJ 113的规定。

6.4 力学性能

平开窗、悬窗力学性能应符合表5的要求,推拉窗力学行能应符合表6的要求,平开门、平开下悬门及推拉下悬门力学性能应符合表7的要求,推拉门力学性能应符合表8的要求。

表5 平开窗、悬窗力学性能

项目	技术要求
锁紧器(执手)的启闭力	不大于80 N(力矩不大于10 N·m)
启闭力	平铰链不大于80 N,滑撑铰链不小于30 N不大于80 N
悬端吊重	在500 N作用力下残余变形不大于2 mm,试件不损坏仍保持使用功能
翘曲	在300 N作用力下,允许有不影响使用的残余变形,试件不损坏,仍保持使用功能
反复启闭	经不少于10 000次的开关试验,试件及五金件不损坏,其固定处及玻璃压条不松脱
大力关闭	经模拟7级风连续开关10次,试件不损坏,仍保持开关功能
窗撑试验	在200 N的作用下,窗扇不应位移,连接处型材不破裂

表6 推拉窗力学性能

项目	技术要求
启闭力	左右推拉窗:不大于100 N 上下推拉窗:不大于135 N
弯曲	在300 N作用力下,试件不损坏,允许有不影响使用的残余变形,仍保持使用功能
扭曲(没有凸出把手的推拉除外)	在200 N作用力下,试件不损坏,允许有不影响使用的残余变形
反复启闭	经不少于10 000次的开关试验,试件及五金件不损坏,其固定处及玻璃压条不松脱

表 7　平开门、平开下悬门及推拉下悬门力学性能

项目	技术要求
锁紧器(执手)的启闭力	不大于 100 N(力矩不大于 10 N·m)
启闭力	不大于 80 N
悬端吊重	在 500 N 作用力下残余变形不大于 2 mm 试件不损坏仍保持使用功能
翘曲	在 300 N 作用力下,允许有不影响使用的残余变形,试件不损坏,仍保持使用功能
反复启闭	经不少于 100 000 次的开关试验,试件及五金件不损坏,其固定处及剥离压条不松脱
大力关闭	经模拟 7 级风连续开关 10 次,试件不损坏,仍保持开关功能
垂直荷载强度	对门施加 30 kg 荷载,门扇卸荷后的下垂量不应大于 2 mm
软物撞击	试验后无破损,仍保持开关功能
硬物撞击	无破损
注 1:垂直荷载强度适用于平开门。 注 2:全玻璃门不检测软、硬物体撞击性能。	

表 8　推拉门力学性能

项目	技术要求
启闭力	不大于 100 N
弯曲	在 300 N 作用力下,试件不损坏,允许有不影响使用的残余变形,仍保持使用功能
扭曲	在 200 N 作用力下,试件不损坏,允许有不影响使用的残余变形
反复启闭	经不少于 100 000 次的开关试验,试件及五金件不损坏,其固定处及玻璃压条不松脱
软物撞击	试验后无破损,仍保持开关功能
硬物撞击	无破损
注 1:无凸出把手的推拉门不做扭曲试验。 注 2:全玻璃门不检测软、硬物体撞击性能。	

6.5　物理性能分级及指标

6.5.1　抗风压性能

以安全检测压力值(p_3)进行分级,分级应符合表 9 的规定。

表 9　抗风压性能分级

单位为千帕

分级	1	2	3	4	5	6	7	8	9
分级指标值 p_3	$1.0 \leqslant p_3 < 1.5$	$1.5 \leqslant p_3 < 2.0$	$2.0 \leqslant p_3 < 2.5$	$2.5 \leqslant p_3 < 3.0$	$3.0 \leqslant p_3 < 3.5$	$3.5 \leqslant p_3 < 4.0$	$4.0 \leqslant p_3 < 4.5$	$4.5 \leqslant p_3 < 5.0$	$p_3 \geqslant 5.0$
注:第 9 级应在分级后同时注明具体检测压力差值。									

6.5.2 气密性能

以单位缝长空气渗透量 q_1 和单位面积空气渗透量 q_2 进行分级，分级应符合表 10 规定。

表 10 气密性能分级

分级	4	5	6	7	8
单位开启缝长分级指标值 q_1($m^3/(m\cdot h)$)	$2.5 \geqslant q_1 > 2.0$	$2.0 \geqslant q_1 > 1.5$	$1.5 \geqslant q_1 > 1.0$	$1.0 \geqslant q_1 > 0.5$	$q_1 \leqslant 0.5$
单位面积分级指标值 q_2($m^3/(m^2\cdot h)$)	$7.5 \geqslant q_2 > 6.0$	$6.0 \geqslant q_2 > 4.5$	$4.5 \geqslant q_2 > 3.0$	$3.0 \geqslant q_2 > 1.5$	$q_2 \leqslant 1.5$

6.5.3 水密性能

以分级指标值 Δp 进行分级，分级应符合表 11 规定。

表 11 水密性能分级

单位为帕

分级	1	2	3	4	5	6
分级指标 Δp	$100 \leqslant \Delta p < 150$	$150 \leqslant \Delta p < 250$	$250 \leqslant \Delta p < 350$	$350 \leqslant \Delta p < 500$	$500 \leqslant \Delta p < 700$	$\Delta p \geqslant 700$
注：第 6 级应在分级后同时注明具体检测压力差值。						

6.5.4 保温性能

以分级指标值 K 进行分级，分级应符合表 12 规定。

表 12 保温性能分级

单位为瓦每平方米开

分级	4	5	6	7	8	9	10
分级指标值	$3.5 > K \geqslant 3.0$	$3.0 > K \geqslant 2.5$	$2.5 > K \geqslant 2.0$	$2.0 > K \geqslant 1.6$	$1.6 > K \geqslant 1.3$	$1.3 > K \geqslant 1.1$	$K < 1.1$

6.5.5 空气声隔声性能

分级指标值应符合表 13 规定。

表 13 门窗的空气声隔声性能分级

单位为分贝

分级	外门、外窗的分级指标值	内门、内窗的分级指标值
1	$20 \leqslant R_W + C_{tr} < 25$	$20 \leqslant R_W + C < 25$
2	$25 \leqslant R_W + C_{tr} < 30$	$25 \leqslant R_W + C < 30$
3	$30 \leqslant R_W + C_{tr} < 35$	$30 \leqslant R_W + C < 35$
4	$35 \leqslant R_W + C_{tr} < 40$	$35 \leqslant R_W + C < 40$
5	$40 \leqslant R_W + C_{tr} < 45$	$40 \leqslant R_W + C < 45$
6	$R_W + C_{tr} \geqslant 45$	$R_W + C \geqslant 45$
注：用于对建筑内机器、设备噪声源隔声的建筑内门窗，对中低频噪声宜用外门窗的指标值进行分级；对中高频噪声仍可采用内门窗的指标值进行分级。		

6.5.6 采光性能

分级指标值 T_r 按表 14 规定。

表 14 采光性能分级

分级	1	2	3	4	5
分级指标值 T_r	$0.20 \leqslant T_r < 0.30$	$0.30 \leqslant T_r < 0.40$	$0.40 \leqslant T_r < 0.50$	$0.50 \leqslant T_r < 0.60$	$T_r \geqslant 0.60$
注：T_r 值大于 0.60 时应给出具体值。					

6.5.7 遮阳性能

遮阳系数 SC 应采用 JGJ/T 151 规定的夏季标准计算条件，并按该规程计算所得值。分级指标值 SC 应符合表 15 规定。

表 15 遮阳性能分级

分级	1	2	3	4	5	6	7
分级指标值 SC	0.8≥SC ＞0.7	0.7≥SC ＞0.6	0.6≥SC ＞0.5	0.5≥SC＞0.4	0.4≥SC ＞0.3	0.3≥SC ＞0.2	SC≤0.2

7 试验方法

7.1 试件存放及试验环境

试验前门窗试样应在(23±5)℃的条件下存放 16 h 以上，并在该条件下进行检测。

7.2 外观质量

在自然光线下，距试样 400 mm～500 mm 目测外观项目。

7.3 尺寸允许偏差

测量方法应符合 GB/T 12003 的规定。

7.4 装配质量

7.4.1 门窗框、门窗扇相邻构件装配间隙、相邻二构件同一平面度

门窗框、门窗扇相邻构件装配间隙用精度为 0.1 mm 的塞尺测量。相邻两构件连接处同一平面高低差用精度为 0.02 mm 的深度尺进行测量。

7.4.2 门窗框、门窗扇配合间隙

用精度 0.1 mm 的塞尺检测门窗框、门窗扇相邻构件的装配间隙和门窗框、门窗扇的配合间隙。

7.4.3 搭接量

门、窗框与扇四周搭接量，其检测部位应在门、窗扇宽度和高度的中点，用精度为 0.02 mm 的量具检测。

7.4.4 紧固件、增强型钢

用钢卷尺检测紧固件的装配间距。用精度为0.02 mm的游标卡尺检测增强型钢壁厚。

7.4.5 五金配件安装

目测检查。

7.4.6 中梃联接处的密封

目测检查。

7.4.7 密封条、毛条装配

目测检查。

7.4.8 压条装配

用精度0.1 mm塞尺测量对接处的间隙,目测检查是否在一边使用了两根及两根以上压条,检查压条装配是否牢固。

7.5 力学性能

7.5.1 启闭力、锁紧器(执手)的启闭力、悬端吊重、翘曲、大力关闭、窗撑试验、弯曲、扭曲按GB/T 11793规定的方法检测。

7.5.2 反复启闭性能试验按GB/T 29739的规定检测。

7.5.3 垂直荷载强度按GB/T 14154规定的方法进行检验。门的软物撞击性能按GB/T 14155规定的方法进行检测。门的硬物撞击性能按GB/T 22632规定的试验方法检验。

7.6 物理性能检测

7.6.1 抗风压性能

按GB/T 7106的规定检测。

7.6.2 气密性能

按GB/T 7106的规定检测。

7.6.3 水密性能

按GB/T 7106的规定检测。

7.6.4 保温性能

保温性能按GB/T 8484规定的方法检测。

7.6.5 空气声隔声性能

空气声隔声性能按GB/T 8485规定的方法检测。

7.6.6 采光性能

采光性能按GB/T 11976规定的方法检测。

7.6.7 遮阳性能

在按 GB/T 2680 规定实测门窗单片玻璃太阳光光谱透射比、反射比等参数基础上，按 JGJ/T 151 规定，在夏季标准计算条件下计算门窗遮阳系数 SC 值。

8 检验规则

8.1 检验类别与项目

产品检验分为出厂检验和型式检验。

8.2 出厂检验

8.2.1 出厂检验项目见表 16 和表 17，按本部分规定的方法检测。

8.2.2 抽样方法：产品出厂前，应按每一批次、品种、规格随机抽样 5%且不应少于 3 樘。

8.2.3 判定规则：根据表 16 和表 17 规定的出厂检验项目，检验门窗的性能。当其中某项不合格时，应加倍抽样。对不合格的项目进行复验，如该项仍不合格时，则判定该批产品为不合格品。加倍抽样的样品经检验，若全部检测项目符合本部分规定的合格指标，则判定该批产品为合格品。

8.3 型式检验

从出厂检验合格的检验批中，按表 18 规定的数量随机抽取。

8.3.1 有下列情况之一时应进行型式检验：

a) 新产品或老产品转厂生产的试制定型鉴定；

b) 正式生产后，当结构、材料、工艺有较大改变而可能影响产品性能时；

c) 正常生产时，每两年检测一次；

d) 产品长期停产后，恢复生产时；

e) 出厂检验结果与上次型式检验有较大差异时；

f) 国家质量监督机构提出进行型式检验要求时。

8.3.2 型式检验项目见表 16 和表 17。

表 16 窗型式检验与出厂检验项目

项目	型式检验				出厂检验				要求	试验方法
	固定窗	平开窗	推拉窗	悬窗	固定窗	平开窗	推拉窗	悬窗		
外观质量	√	√	√	√	√	√	√	√	6.1	7.2
尺寸允许偏差	√	√	√	√	√	√	√	√	6.2	7.3
对角线尺寸之差	√	√	√	√	√	√	√	√	6.2	7.3
窗框、窗扇相邻构件装配间隙	√	√	√	√	√	√	√	√	6.3.1	7.4.1
相邻二构件同一平面度	√	√	√	√	√	√	√	√	6.3.1	7.4.1
窗框、窗扇配合间隙	—	√	√	√	—	√	—	√	6.3.2	7.4.2
窗框、窗扇搭接量	—	√	√	√	—	√	√	√	6.3.3	7.4.3
紧固件	√	√	√	√	√	√	√	√	6.3.4	7.4.4

表 16（续）

项目	型式检验				出厂检验				要求	试验方法
	固定窗	平开窗	推拉窗	悬窗	固定窗	平开窗	推拉窗	悬窗		
增强型钢壁厚[a]	√	√	√	√	√	√	√	√	6.3.4	7.4.4
五金配件装配	—	√	√	√	—	√	√	√	6.3.5	7.4.5
中梃联接处的密封	√	√	√	√	√	√	√	√	6.3.6	7.4.6
密封条、毛条装配	√	√	√	√	√	√	√	√	6.3.7	7.4.7
压条装配	√	√	√	√	√	√	√	√	6.3.8	7.4.8
锁紧器(执手)的启闭力	—	√	—	√	—	√	—	√	6.4	7.5.1
启闭力	—	√	√	√	—	√	√	√	6.4	7.5.1
悬端吊重(上悬窗、中悬窗、下悬窗除外)	—	√	—	√	—	—	—	—	6.4	7.5.1
翘曲	—	√	—	√	—	—	—	—	6.4	7.5.1
大力关闭	—	√	—	√	—	—	—	—	6.4	7.5.1
窗撑试验	—	√	—	√	—	—	—	—	6.4	7.5.1
弯曲	—	—	√	—	—	—	—	—	6.4	7.5.1
扭曲	—	—	√	—	—	—	—	—	6.4	7.5.1
反复启闭	—	√	√	√	—	—	—	—	6.4	7.5.2
抗风压性能	√	√	√	√	—	—	—	—	6.5.1	7.6.1
气密性能	√	√	√	√	—	—	—	—	6.5.2	7.6.2
水密性能	√	√	√	√	—	—	—	—	6.5.3	7.6.3
保温性能	√	√	√	√	—	—	—	—	6.5.4	7.6.4
空气声隔声性能	△	△	△	△	—	—	—	—	6.5.5	7.6.5
采光性能	△	△	△	△	—	—	—	—	6.5.6	7.6.6
遮阳性能	△	△	△	△	—	—	—	—	6.5.7	7.6.7
型材壁厚[a]	√	√	√	√	√	√	√	√	A.3.3	A.4.3

注：表中符号“√”表示需检测项目，符号“—”表示无需检测项目，符号“△”表示用户提出要求时的检测项目。

[a] 此项目检测应为生产过程检测。

表 17　门出厂检验与型式检验项目

项目	型式检验					出厂检验					要求	试验方法
	平开门	平开下悬门	推拉门	推拉下悬门	折叠门	平开门	平开下悬门	推拉门	推拉下悬门	折叠门		
外观质量	√	√	√	√	√	√	√	√	√	√	6.1	7.2
尺寸允许偏差	√	√	√	√	√	√	√	√	√	√	6.2	7.3
对角线尺寸	√	√	√	√	√	√	√	√	√	√	6.2	7.3

表 17（续）

项目	型式检验					出厂检验					要求	试验方法
	平开门	平开下悬门	推拉门	推拉下悬门	折叠门	平开门	平开下悬门	推拉门	推拉下悬门	折叠门		
门框、门扇相邻构件装配间隙	√	√	√	√	√	√	√	√	√	√	6.3.1	7.4.1
相邻二构件同一平面度	√	√	√	√	√	√	√	√	√	√	6.3.1	7.4.1
门框、门扇配合间隙	√	√	—	√	√	√	√	—	√	√	6.3.2	7.4.2
门框、门扇搭接量	√	√	√	√	√	√	√	√	√	√	6.3.3	7.4.3
紧固件	√	√	√	√	√	√	√	√	√	√	6.3.4	7.4.4
增强型钢壁厚[a]	√	√	√	√	√	√	√	√	√	√	6.3.4	7.4.4
五金件安装	√	√	√	√	√	√	√	√	√	√	6.3.5	7.4.5
中梃联接处的密封	√	√	√	√	√	√	√	√	√	√	6.3.6	7.4.6
密封条、毛条装配	√	√	√	√	√	√	√	√	√	√	6.3.7	7.4.7
压条装配	√	√	√	√	√	√	√	√	√	√	6.3.8	7.4.8
锁紧器(执手)的启闭力	√	√	—	√	√	√	√	—	√	—	6.4	7.5.1
启闭力	√	√	√	√	√	√	√	√	√	√	6.4	7.5.1
悬端吊重	√	√	—	—	√	—	—	—	—	—	6.4	7.5.1
翘曲	√	√	—	—	√	—	—	—	—	—	6.4	7.5.1
大力关闭	√	√	—	—	—	—	—	—	—	—	6.4	7.5.1
弯曲	—	—	√	√	—	—	—	—	—	—	6.4	7.5.1
扭曲	—	—	√	√	—	—	—	—	—	—	6.4	7.5.1
反复启闭	√	√	√	√	√	—	—	—	—	—	6.4	7.5.2
垂直荷载强度	√	—	—	—	—	—	—	—	—	—	6.4	7.5.3
软物撞击	√	√	√	√	√	—	—	—	—	—	6.4	7.5.3
硬物撞击	√	√	√	√	√	—	—	—	—	—	6.4	7.5.3
抗风压性能	√	√	√	√	√	—	—	—	—	—	6.5.1	7.6.1
气密性能	√	√	√	√	√	—	—	—	—	—	6.5.2	7.6.2
水密性能	√	√	√	√	√	—	—	—	—	—	6.5.3	7.6.3
保温性能	√	√	√	√	√	—	—	—	—	—	6.5.4	7.6.4
空气声隔声性能	△	△	△	△	△	—	—	—	—	—	6.5.5	7.6.5
遮阳性能	△	△	△	△	△	—	—	—	—	—	6.5.7	7.6.7
型材壁厚[a]	√	√	√	√	√	√	√	√	√	√	A.3.3	A.4.3

注 1：表中符号"√"表示需检测的项目，符号"—"表示无需检测的项目，符号"△"表示用户提出要求时的检测项目。

注 2：内门及无下框(无槛)外门不检测抗风压、气密、水密、保温性能。

[a] 此项目检测应为生产过程检测。

8.3.3 抽样方法:批量生产时,从出厂检验合格产品中随机抽取3樘进行型式检验。

8.3.4 检验试件分组、数量及试验顺序见表18。

表18 门窗性能检验试件分组、数量及试验顺序

试件分组	1				2
试验项目及顺序	隔声	采光	保温	1) 气密 2) 水密 3) 抗风压	力学性能
试件数量/樘	3	1	1	3	3
试件合计/樘	3				3

8.3.5 型式检验判定规则:根据表16、表17规定的型式检验项目,检验门窗的性能。当其中某项不合格时,应加倍抽样。对不合格项目进行复检,如该项目仍不合格,则判定产品为不合格品。经检验,若全部检验项目符合本部分规定的要求,则判定产品为合格品。

9 标志、包装、运输和贮存

9.1 标志

产品应有合格证和标识,合格证上应有如下内容:

a) 制造厂名或商标;

b) 产品名称;

c) 产品标记及执行的标准编号;

d) 生产日期。

9.2 包装

9.2.1 产品的外表面应用无腐蚀作用的软质材料包装,包装要牢固可靠。

9.2.2 产品出厂时,应附有产品清单及产品检验合格证。

9.3 运输

9.3.1 装运产品的运输工具,应有防雨措施并保持清洁。

9.3.2 在运输、装卸时,应保证产品不变形、不损坏。

9.4 贮存

9.4.1 产品应放在通风、防雨、干燥、清洁、平整的地方,不应与腐蚀物质接触。

9.4.2 产品贮存环境温度应低于50℃,距热源不应小于1m。

9.4.3 产品应用非金属垫块垫平,产品应立放,立放角不应小于70°,并有防倾倒措施。

附 录 A
（规范性附录）
铝塑复合型材技术要求及检测方法

A.1 分类

铝塑复合型材按从室外到室内铝、塑排列顺序分为：铝塑复合型材、铝塑铝复合型材两种。

A.2 使用环境

铝塑复合型材使用温度不应超过 70 ℃。

A.3 要求

A.3.1 材料要求

A.3.1.1 PVC-U 塑料基材应符合 GB/T 8814 的要求。

A.3.1.2 铝合金型材应符合 GB/T 5237.1～5237.5 的要求。

A.3.2 外观

产品表面应无明显凹凸、裂痕、杂质等缺陷，型材端部应清洁、无毛刺。

A.3.3 尺寸和偏差

主要受力杆件中，塑料型材壁厚不应小于 2.3 mm，允许偏差 $^{+0.2}_{0}$ mm；铝合金型材壁厚不应小于 1.4 mm，允许偏差 $^{+0.2}_{0}$ mm。

铝塑复合型材的宽度、厚度允许偏差为±0.3 mm。

A.3.4 直线偏差

长度为 1 m 的铝塑复合型材直线偏差应不大于 1 mm。

A.3.5 纵向抗剪特征值

铝塑复合型材通过齿状机械咬合结构复合时，铝塑复合型材在室温(23±2)℃、低温(－20±2)℃、高温(70±2)℃时的纵向抗剪特征值不应小于 24 N/mm。

A.3.6 横向抗拉特征值

铝塑复合型材通过齿状机械咬合结构复合时，铝塑复合型材在室温(23±2)℃、低温(－20±2)℃、高温(70±2)℃时的横向抗拉特征值不应小于 24 N/mm。

A.3.7 高温持久负荷性能

铝塑复合型材通过齿状机械咬合结构复合时，铝塑复合型材在温度(70±2)℃和(10±0.5)N/mm 横向拉伸连续载荷作用下经过 1 000h 后，低温(－20±2)℃、高温(70±2)℃时的横向抗拉特征值不应小于 24 N/mm。

A.4 试验方法

A.4.1 状态调节和试验环境

进行产品性能试验前，试样需在室温为(23±2)℃、相对湿度为(50±10)%的试验室内存放 48 h，试验环境温度为(23±2)℃。

A.4.2 外观

在自然光或一个等效的人工光源下进行目测，目测距离 400 mm ～500 mm。

A.4.3 尺寸和偏差

宽度、厚度和壁厚，用精度为 0.02 mm 的游标卡尺测量。宽度、厚度沿型材长度方向的两端和中间各测一点，取三点的算术平均值为检测结果。壁厚取型材可视面上间距不小于 15 mm 的任意两点测量，取最小值。

A.4.4 直线偏差

A.4.4.1 试样制备

从三根铝塑复合型材上各截取长度为($1\ 000^{+10}_{0}$)mm 的试样一个。

A.4.4.2 试验步骤

把试样的凹面放在三级以上的标准平台上。用精度至少为 0.1 mm 的塞尺测量型材和平台之间的最大间隙，然后再测量与第一次测量面垂直的面，取三个试样中 6 次测量的最大值。

A.4.5 纵向抗剪特征值、横向抗拉特征值、高温持久负荷性能

纵向抗剪特征值、横向抗拉特征值、高温持久负荷性能值依据 GB 5237.6 中规定的方法检测。

附 录 B
（资料性附录）
常用材料标准

B.1 玻璃

GB 11614—2009 平板玻璃
GB/T 11944—2012 中空玻璃
GB 15763.1—2009 建筑用安全玻璃 第1部分:防火玻璃
GB 15763.2—2005 建筑用安全玻璃 第2部分:钢化玻璃
GB 15763.3—2009 建筑用安全玻璃 第3部分:夹层玻璃
GB 15763.4—2009 建筑用安全玻璃 第4部分:均质钢化玻璃
GB/T 17841—2008 半钢化玻璃
GB/T 18915.1—2002 镀膜玻璃 第1部分：阳光控制镀膜玻璃
GB/T 18915.2—2002 镀膜玻璃 第2部分：低辐射镀膜玻璃
JC 433—1991(1996) 夹丝玻璃
JC/T 511—2002 压花玻璃
JG/T 255—2009 内置遮阳中空玻璃制品

B.2 密封材料

GB/T 5574—2008 工业用橡胶板
GB/T 14683—2003 硅酮建筑密封胶
GB 16776—2005 建筑用硅酮结构密封胶
GB/T 24498—2009 建筑门窗、幕墙用密封胶条
HG/T 3100—2004 硫化橡胶和热塑性橡胶 建筑用预成型密封垫的分类、要求和试验方法
JC/T 483—2006 聚硫建筑密封胶
JC/T 485—2007 建筑窗用弹性密封胶
JC/T 635—2011 建筑门窗密封毛条

B.3 五金配件

GB/T 24601—2009 建筑窗用内平开下悬五金系统
JG/T 124—2007 建筑门窗五金件 传动机构用执手
JG/T 125—2007 建筑门窗五金件 合页(铰链)
JG/T 126—2007 建筑门窗五金件 传动锁闭器
JG/T 127—2007 建筑门窗五金件 滑撑
JG/T 128—2007 建筑门窗五金件 撑挡
JG/T 129—2007 建筑门窗五金件 滑轮
JG/T 130—2007 建筑门窗五金件 单点锁闭器
JG/T 131—2000 聚氯乙烯(PVC)门窗增强型钢

JG/T 132—2000　聚氯乙烯(PVC)门窗固定片
JG/T 212—2007　建筑门窗五金件　通用要求
JG/T 213—2007　建筑门窗五金件　旋压执手
JG/T 214—2007　建筑门窗五金件　插销
JG/T 215—2007　建筑门窗五金件　多点锁闭器
QB/T 2475—2000　叶片插芯门锁
QB/T 2476—2000　球形门锁

B.4　连接件与紧固件

GB/T 15856.1—2002　十字槽盘头自钻自攻螺钉
GB/T 15856.2—2002　十字槽沉头自钻自攻螺钉
GB/T 3098.1—2000　紧固件机械性能　螺栓、螺钉和螺柱
GB/T 3098.2—2000　紧固件机械性能　螺母　粗牙螺纹
GB/T 3098.4—2000　紧固件机械性能　螺母　细牙螺纹
GB/T 3098.5—2000　紧固件机械性能　自攻螺钉
GB/T 3098.6—2000　紧固件机械性能　不锈钢螺栓、螺钉和螺柱
GB/T 3098.10—2000　紧固件机械性能　有色金属制造的螺栓、螺钉、螺柱和螺母
GB/T 3098.11—2002　紧固件机械性能　自钻自攻螺钉
GB/T 3098.15—2000　紧固件机械性能　不锈钢螺母
GB/T 3098.19—2004　紧固件机械性能　抽芯铆钉

B.5　窗纱

QB/T 4285—2012　窗纱

ICS 91.140
Q 76

中华人民共和国国家标准

GB/T 29735—2013

采暖空调用自力式流量控制阀

Self-operating flow control valve for heating and cooling system

2013-09-18 发布　　2014-06-01 实施

中华人民共和国国家质量监督检验检疫总局
中国国家标准化管理委员会　发布

前　言

本标准由中华人民共和国住房和城乡建设部提出。

本标准由全国暖通空调及净化设备标准化技术委员会(SAC/TC 143)归口。

本标准负责起草单位:中国建筑科学研究院。

本标准参加起草单位:建研爱康(北京)科技发展公司、山西建工申华暖通设备有限公司、毅智机电系统(北京)有限公司、欧文托普阀门系统(北京)有限公司、河北平衡阀门制造有限公司、河北同力自控阀门制造有限公司、丹佛斯(上海)自动控制有限公司、天津龙泰吉科技发展有限公司、北京天箭星节能科技有限公司、河北金桥平衡阀门有限公司、杭州春江阀门有限公司、浙江沃孚阀门有限公司、浙江沃尔达暖通科技有限公司、北京建工一建工程建设有限公司。

本标准主要起草人:杜朝敏、卜维平、冯铁栓、刘克勤、李军华、杨丹、刘健康、马利、张寒晶、陈振双、柳箭、迟晓光、柴为民、陈鸣、卓旦春、黄勃。

采暖空调用自力式流量控制阀

1 范围

本标准规定了采暖空调用自力式流量控制阀的术语和定义，分类和标记，基本规定，要求，试验方法，检验规则，以及标志、包装、运输和贮存等。

本标准适用于集中供热和集中空调循环水(或乙二醇溶液)系统中，无需系统外部动力驱动，能够依靠自身的机械结构，利用系统压差保持流量稳定的自力式流量控制阀(以下简称控制阀)。

2 规范性引用文件

下列文件对于本文件的应用是必不可少的。凡是注日期的引用文件，仅注日期的版本适用于本文件。凡不注日期的引用文件，其最新版本(包括所有的修改单)适用于本文件。

GB/T 1047 管道元件 DN(公称尺寸)的定义和选用

GB/T 1048 管道元件 PN(公称压力)的定义和选用

GB/T 1220 不锈钢棒

GB/T 1239.2—2009 冷卷圆柱螺旋弹簧技术条件 第2部分:压缩弹簧

GB/T 1414 普通螺纹 管路系列

GB/T 12220 通用阀门 标志

GB/T 12225 通用阀门 铜合金铸件技术条件

GB/T 12226 通用阀门 灰铸铁件技术条件

GB/T 12227 通用阀门 球墨铸铁件技术条件

GB/T 12229 通用阀门 碳素钢铸件技术条件

GB/T 13808 铜及铜合金挤制棒

GB/T 13927 工业阀门 压力试验

GB/T 17241.6 整体铸铁法兰

JB/T 10507 阀门用金属波纹管

3 术语和定义

下列术语和定义适用于本文件。

3.1

自力式流量控制阀 self-operating flow control valve

一种无需系统外部动力驱动，依靠自身的机械动作，能够在工作压差范围内保持流量稳定的控制阀。

3.2

工作压差 operating pressure differential

作用于控制阀两端，使控制阀能够正常实现流量控制功能的压差。

3.3

固定流量型 fixed flow type

在出厂前已按照客户的要求设定控制流量，出厂后不可再调整控制流量的控制阀类型。

3.4

可调流量型　adjustable flow type

可在工程现场对控制流量予以调整的控制阀类型。

4　分类和标记

4.1　分类

4.1.1　控制阀按照调节功能分为可调流量型和固定流量型。

4.1.2　控制阀按照连接方式分为螺纹连接型和法兰连接型。

4.2　规格

控制阀的规格用公称通径表示，公称通径系列应符合 GB/T 1047 的规定，分为 DN15、DN20、DN25、DN32、DN40、DN50、DN65、DN80、DN100、DN125、DN150、DN200、DN250、DN300 和 DN350。

4.3　标记

控制阀型号标记的构成如下：

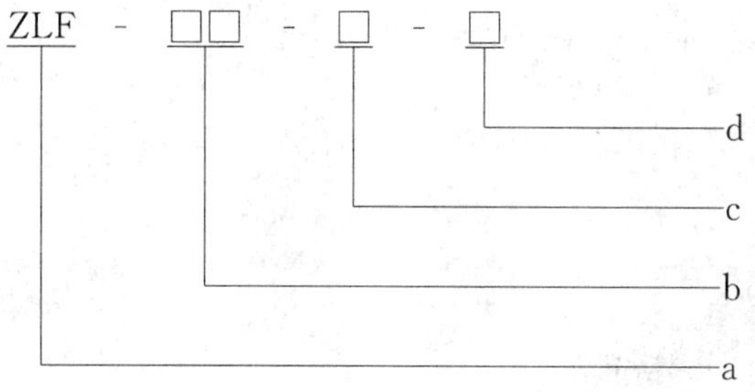

控制阀型号标记的含义如下：

a）控制阀型号标记的第一部分为名称段，用“自力、流量、阀”的汉语拼音大写字头 ZLF 表示；

b）控制阀型号标记的第二部分为分类段，用“可调”或“固定”的汉语拼音大写字头 K 或 G 表示调节功能；用“螺纹”或“法兰”的汉语拼音大写字头 L 或 F 表示连接方式；

c）控制阀型号标记的第三部分为规格段，用公称通径系列中的数字表示；

d）控制阀型号标记的第四部分为承压段，用公称压力等级中的数字表示。

示例 1：

ZLF-KL-40-16 表示可调流量，螺纹连接，规格为 DN40，承压 1.6 MPa 的自力式流量控制阀。

示例 2：

ZLF-GF-150-25 表示固定流量，法兰连接，规格为 DN150，承压 2.5 MPa 的自力式流量控制阀。

5　基本规定

5.1　参数

5.1.1　公称压力

控制阀的公称压力等级应符合 GB/T 1048 的规定，可分为 PN10、PN16 和 PN25 三档。

5.1.2　介质温度范围

控制阀的介质温度范围应由供方确定，应在产品的技术文件中明示。

5.1.3 工作压差范围

5.1.3.1 固定流量型控制阀的工作压差范围应由供方确定，应在产品的技术文件中明示。

5.1.3.2 可调流量型控制阀的工作压差范围应在产品的技术文件中明示，且不应小于表1的规定。

表1 可调流量型控制阀的最小工作压差范围

序号	规格	最小工作压差范围/MPa
1	DN15～DN25	0.02～0.20
2	DN32～DN100	0.03～0.30
3	DN125～DN350	0.04～0.40

5.1.4 控制流量值

各个规格固定流量型控制阀的控制流量值应由供方确定，应在产品的技术文件中明示。

5.1.5 控制流量范围

可调流量型控制阀的控制流量范围应在产品的技术文件中明示，且不应小于表2的规定。

表2 可调流量型控制阀的最小控制流量范围

序号	规格	最小控制流量范围/(m^3/h)
1	DN15	0.08～0.80
2	DN20	0.1～1.0
3	DN25	0.2～2.0
4	DN32	0.5～4.0
5	DN40	1～6
6	DN50	2～10
7	DN65	3～15
8	DN80	5～25
9	DN100	10～35
10	DN125	15～50
11	DN150	20～80
12	DN200	40～160
13	DN250	75～300
14	DN300	100～450
15	DN350	200～650

5.2 材料

5.2.1 控制阀阀体宜采用铜合金、灰铸铁、球墨铸铁或铸钢材料加工制造。控制阀的公称压力为PN25时，阀体应采用牌号不低于HT250的灰铸铁、球墨铸铁或铸钢材料加工制造。

5.2.2 阀芯和阀杆宜采用铜合金、黄铜棒或不锈钢棒材料加工制造。

5.2.3 当阀体、阀芯和阀杆采用铜合金材料时,其性能应符合 GB/T 12225 的规定;当采用灰铸铁材料时,其性能应符合 GB/T 12226 的规定;当采用球墨铸铁材料时,其性能应符合 GB/T 12227 的规定;当采用铸钢材料时,其性能应符合 GB/T 12229 的规定;当采用黄铜棒材料时,其性能应符合 GB/T 13808 的规定;当采用不锈钢棒材料时,其性能应符合 GB/T 1220 的规定。当采用其他材料时,其机械性能不应低于上述材料的机械性能指标。

5.2.4 密封元件宜采用三元乙丙橡胶(EPDM)、丁腈橡胶(NBR)、氟橡胶(FPM)。当介质温度低于 3 ℃ 时,控制阀密封元件应采用氟橡胶(FPM)。

5.2.5 感压元件应采用三元乙丙橡胶(EPDM)、金属波纹管,或其他适用材料。当采用金属波纹管时,应符合 JB/T 10507 的规定。

5.2.6 弹簧应采用不锈钢或铜合金材料,成品检验应符合 GB/T 1239.2—2009 的规定,其精度等级不应低于Ⅱ级。

5.2.7 塑料元件应采用 ABS 工程塑料或其他适用的工程塑料。

5.3 结构

5.3.1 控制阀的结构应保证安装、使用和维护方便,运行安全可靠。

5.3.2 法兰尺寸和密封面应符合 GB/T 17241.6 的规定。

5.3.3 螺纹尺寸应符合 GB/T 1414 的规定。

6 要求

6.1 外观

6.1.1 控制阀的阀体表面应平整光洁,无明显的砂眼、凹坑、鼓包、磕碰伤和锈蚀。油漆或喷塑涂层应厚度均匀,色泽一致,无起皮、龟裂、皱褶和气泡。

6.1.2 除不锈钢制和铜制件外,其他不适宜涂漆和喷塑的金属元件应进行电镀或氧化处理。

6.1.3 流量刻度盘的数字和刻度线应准确、清晰、不易褪色和脱落。

6.1.4 阀体上的公称通径、公称压力和流动方向等标志,以及其他文字和图形应准确、清晰、端正和牢固。

6.1.5 可调流量型控制阀的流量调节装置应反应灵敏、操作简便,不应有阻滞和卡死现象。

6.2 机械性能

6.2.1 阀体强度和密封性能

控制阀的阀体和密封部位在 1.5 倍的工作压力下,不得发生结构损伤和渗漏。

6.2.2 感压元件强度

控制阀的感压元件在工作压差范围从最小值到最大值往复变换 3 000 次后,不得发生塑性变形。

6.2.3 耐久性

控制阀在工作压差范围从最小值到最大值往复变换 3 000 次后,仍能满足流量控制精确性要求。

6.3 控制性能

6.3.1 流量控制精确性

控制阀在每个测试工况点的实测流量值与所有工况点的实测流量值的平均值的相对误差不应大

于 7%。

6.3.2 流量指示准确性

控制阀流量刻度盘指示的控制流量值与所有测试工况点的实测控制流量值的平均值的相对误差不应大于 5%。

7 试验方法

7.1 外观检查

外观检查采用目测和手工方式检查,检查结果应符合 6.1 的规定。

7.2 机械性能试验

7.2.1 阀体强度和密封性能试验

阀体强度和密封性能应按 GB/T 13927 的规定进行试验,试验结果应符合 6.2.1 的规定。

7.2.2 感压元件强度试验

将控制阀的控制流量设置在最小,阀门两端的压差从工作压差范围的最小值到最大值往复变换 3 000 次,试验时间控制在 72 h 之内,试验结果应符合 6.2.2 的规定。

7.2.3 耐久性试验

将控制阀的控制流量设置在最小,阀门两端的压差从工作压差范围的最小值到最大值往复变换 3 000 次,试验时间控制在 72 h 之内,试验结果应符合 6.2.3 的规定。

7.3 控制性能试验

7.3.1 试验装置和试验步骤

控制阀控制性能试验装置和试验步骤应符合附录 A 的规定。

7.3.2 流量控制精确性试验

7.3.2.1 固定流量型控制阀,在控制流量值下测试控制阀的控制流量相对误差。

7.3.2.2 可调流量型控制阀,将控制阀的流量刻度线分别调整到控制流量范围的最大值、最大最小值的平均值和最小值,并分别在这 3 个控制流量值下测试控制阀的控制流量相对误差。

7.3.2.3 在控制阀工作压差范围内从小到大均匀地取不少于 5 个的压差工况点,再从大到小取相同的压差工况点,在每个工况点上读取控制阀的控制流量值。

7.3.2.4 控制阀的控制流量相对误差按式(1)计算:

$$T_{QK(i)} = \frac{|Q_{s(i)} - Q_p|}{Q_p} \times 100\% \qquad \cdots\cdots(1)$$

式中:

$T_{QK(i)}$ ——各个工况点的控制流量相对误差;

$Q_{s(i)}$ ——各个工况点的实测控制流量值,单位为立方米每小时(m^3/h);

Q_p ——所有工况点的实测控制流量值的算术平均值,单位为立方米每小时(m^3/h)。

7.3.2.5 按式(1)计算的控制阀在各个工况点的控制流量相对误差值应符合 6.3.1 的规定。

7.3.3 流量指示准确性试验

7.3.3.1 控制阀按照7.3.2的规定进行试验后，将所取得的试验数据代入式(2)，计算控制阀的流量指示相对误差：

$$T_{QZ}=\frac{|Q_z-Q_p|}{Q_p}\times 100\% \quad \cdots\cdots(2)$$

式中：

T_{QZ}——控制阀的流量指示相对误差；

Q_z——控制阀的标称控制流量值或流量刻度盘指示的控制流量值，单位为立方米每小时(m^3/h)；

Q_p——所有工况点的实测控制流量值的算术平均值，单位为立方米每小时(m^3/h)。

7.3.3.2 按式(2)计算的控制阀的流量指示相对误差应符合6.3.2的规定。

8 检验规则

8.1 出厂检验

出厂检验项目应按表3的规定逐台进行检验。

表3 检验项目和条款

序号	检验项目	出厂检验	抽样检验	型式检验	要求	试验方法
1	外观	√	—	√	6.1	7.1
2	阀体强度和密封性能	√	—	√	6.2.1	7.2.1
3	感压元件强度	—	√	√	6.2.2	7.2.2
4	耐久性	—	√	√	6.2.3	7.2.3
5	流量控制精确性	—	√	√	6.3.1	7.3.2
6	流量指示准确性	√	—	√	6.3.2	7.3.3

8.2 抽样检验

8.2.1 出厂产品批量超过200台时，应进行抽样检验。检验样品应在出厂检验合格的产品中随机抽取，每次抽样不少于批量台数的1%，并且不同规格的产品不少于1台。

8.2.2 检验过程中，发现任何一项抽样检验指标不合格时，应在同批产品中加倍抽样，复检不合格项目，如果仍然不合格，则判定该批产品为不合格。

8.2.3 抽样检验项目应按表3的规定执行。

8.3 型式检验

8.3.1 有下列情况之一时，应进行型式检验：

a) 试制的新产品定型或老产品转厂时；

b) 产品结构和制造工艺，材料等更改对性能有影响时；

c) 产品停产超过一年后，恢复生产时；

d) 出厂检验结果与上次型式检验有较大差异时；

e) 正常生产时，超过两年未进行型式检验时；

f) 国家质量监督机构提出进行型式检验的要求时。

8.3.2 型式检验项目按表3的规定执行。

9 标志、说明书和合格证

9.1 标志

9.1.1 控制阀应在明显部位设置清晰和牢固的铭牌，铭牌应采用不锈钢、铜合金、铝合金或工程塑料等材料制造，铭牌上的内容应包括：

a) 生产企业的名称和商标；

b) 产品的名称和型号。

9.1.2 控制阀阀体上的明显部位应有永久性阀门标志，标志应符合 GB/T 12220 的规定。

9.2 说明书

9.2.1 控制阀包装箱内应附带产品说明书。

9.2.2 产品说明书的内容应包括：

a) 生产企业的名称和商标；

b) 产品的名称和型号；

c) 产品的适用范围；

d) 产品的基本结构和零部件材质；

e) 产品的技术参数；

f) 产品的选型计算方法；

g) 安装、使用、维护和保养说明；

h) 常见故障及排除方法。

9.3 合格证

9.3.1 控制阀包装箱内应附带产品合格证。

9.3.2 产品合格证的内容应包括：

a) 生产企业的名称和商标；

b) 产品的名称和型号；

c) 产品生产所执行的标准号；

d) 检验日期和检验合格标记。

10 包装、运输和贮存

10.1 包装

10.1.1 控制阀的包装箱应足够牢固，保证产品在正常的搬运和运输过程中不发生破损。

10.1.2 包装箱的外表面上应标明：

a) 产品的名称、规格和数量；

b) 产品的防护标志。

10.1.3 产品装入包装箱后，应使用包装带捆扎紧密。

10.2 运输

控制阀在运输过程中，应防止剧烈震动、碰撞和摔跌，防止雨淋、水浸和化学物品的侵蚀，不应抛掷。

10.3 贮存

控制阀及其配件应贮存在干燥通风无腐蚀性介质的库房内，并有入库登记。

附　录　A
（规范性附录）
控制阀控制性能试验方法

A.1　试验装置

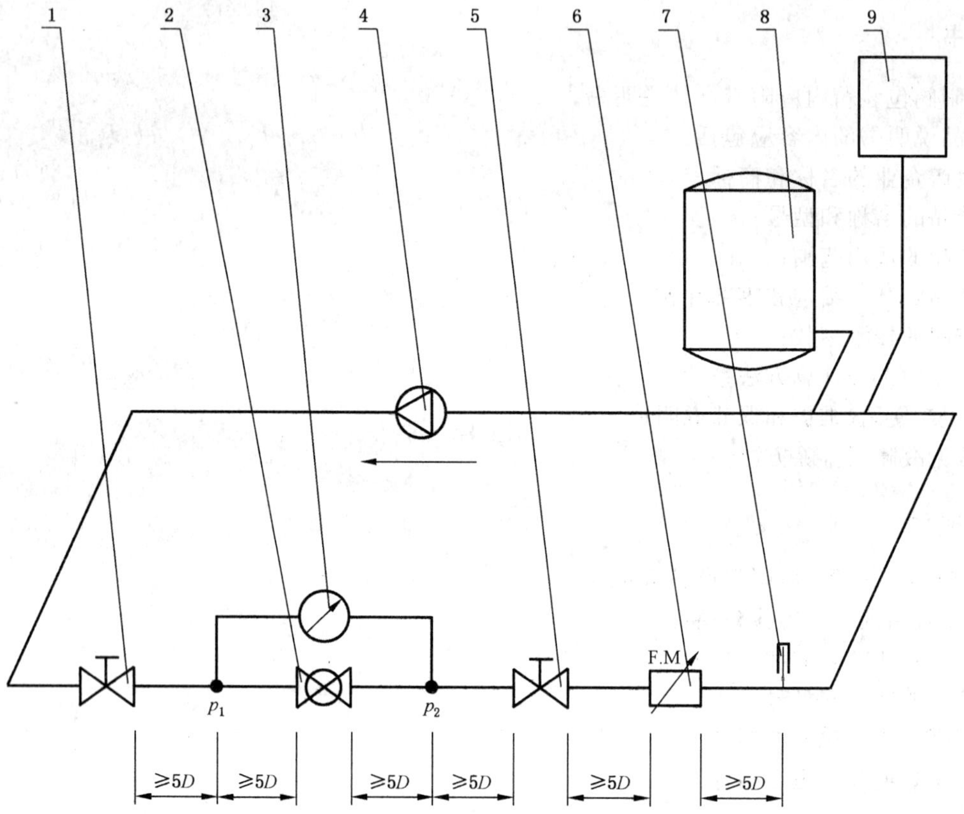

说明：

1——调节阀 A；

2——被试控制阀；

3——压差计；

4——循环泵；

5——调节阀 B；

6——流量计；

7——温度计；

8——稳压缸；

9——水箱；

D——进、出口连接管公称通径；

p_1、p_2——工作压力。

图 A.1　控制阀控制性能试验装置示意图

A.2 试验步骤

A.2.1 固定流量型控制阀，调整图 A.1 中的调节阀 A 和调节阀 B，使 p_1-p_2 从工作压差范围的最小值开始，到工作压差范围的最大值为止，从小到大均匀地取不少于 5 个的测试工况点，再从大到小取相同的测试工况点，并在每个工况点上读取控制阀的控制流量值。

A.2.2 可调流量型控制阀，将控制阀的流量刻度线分别调整到控制流量范围的最大值、最大最小值的平均值和最小值。并分别在这 3 个控制流量值下，调整图 A.1 中的调节阀 A 和调节阀 B，使 p_1-p_2 从工作压差范围的最小值开始，到工作压差范围的最大值为止，从小到大均匀地取不少于 5 个的测试工况点，再从大到小取相同的测试工况点，并在每个工况点上读取控制阀的控制流量值。

A.3 试验数据整理

将测试数据分别代入式(1)和式(2)，计算控制阀的控制流量相对误差和流量指示相对误差。

A.4 试验仪器

A.4.1 试验用的各类测量仪器应在计量检定有效期内。

A.4.2 测量仪器的准确度应符合表 A.1 的规定。

表 A.1 测量仪器的准确度

序号	测量参数	测量仪器	仪器准确度
1	压差	压差计	1.5 级以上
		压差变送器	2%
2	流量	流量计	1%
3	水温度	温度计	±0.3 ℃

A.5 试验条件

A.5.1 试验介质应为 5 ℃～40 ℃的水。

A.5.2 试验装置的供、回水压差应大于 0.36 MPa。

A.5.3 试验装置的介质循环流量应大于被测控制阀控制流量范围上限值的 1.2 倍。

ICS 91.140.30
Q 76

中华人民共和国国家标准

GB/T 29736—2013

空调设备用加湿器

Humidifiers for air conditioning equipment

2013-09-18 发布

2014-06-01 实施

中华人民共和国国家质量监督检验检疫总局
中国国家标准化管理委员会 发布

前　言

本标准按照 GB/T 1.1—2009 给出的规则起草。

本标准由中华人民共和国住房和城乡建设部提出。

本标准由全国暖通空调及净化设备标准化技术委员会(SAC/TC 143)归口。

本标准负责起草单位:中国建筑科学研究院。

本标准参加起草单位:沈阳建筑大学、东南大学、上海金嘉乐空气技术有限公司、北京金迈德利科技有限公司、北京福裕泰科贸有限公司、北京通达达科技责任有限公司、沃特美尔空气处理设备(北京)有限公司、北京嘉乐斯乐科技开发有限公司、北京盛世兄弟联合科技发展有限公司、上海博名空调设备有限公司、浙江佳为环境科技有限公司。

本标准主要起草人:王智超、冯国会、任来生、冯志新、蔡铁柱、张小松、郭世宇、杨华、朱永胜、曹阳、袁涛、陈立国、李志新、朱洪杰、徐满兴。

空调设备用加湿器

1 范围

本标准规定了空调设备用加湿器(简称加湿器)的术语和定义、分类与标记、结构和材料、要求、试验方法、检验规则以及标志、包装、运输和贮存等。

本标准适用于在舒适性、工艺性条件下的通风、空气调节和空气净化系统或设备中使用的加湿器。本标准不适用于携带式家用加湿器,医用蒸馏器和空气洗涤器。

2 规范性引用文件

下列文件对于本文件的应用是必不可少的。凡是注日期的引用文件,仅注日期的版本适用于本文件。凡是不注日期的引用文件,其最新版本(包括所有的修改单)适用于本文件。

GB/T 191 包装储运图示标志

GB/T 2423.3 电工电子产品环境试验 第2部分:试验方法 试验Cab:恒定湿热试验

GB 8624—2012 建筑材料及制品燃烧性能分级

GB/T 16803 采暖、通风、空调、净化设备 术语

GB/T 18883—2002 室内空气质量标准

JG/T 21—1999 空气冷却器和空气加热器性能试验方法

3 术语和定义

GB/T 16803 界定的以及下列术语和定义适用于本文件。

3.1

加湿器 humidifier

用来增加空气中水蒸气含量的设备。

3.2

蒸汽转蒸汽加湿器 steam-to-steam humidifier

将水通过与蒸汽换热器换热而蒸发的加湿器。

3.3

燃气式加湿器 gas heated humidifier

用燃气燃烧加热水,使其蒸发的加湿器。

3.4

湿膜加湿器 evaporator humidifier

空气流过布水的蒸发介质,使其表面的水蒸发的加湿器。

3.5

喷淋加湿器 air washer humidifier

将水直接喷淋到流动的空气中,使水蒸发的加湿器。

3.6

高压喷雾加湿器 high-pressure sprayer humidifier

由一定压力(大于 0.3 MPa 而小于 1.0 MPa)的水经喷嘴喷射使水雾化的加湿器。

3.7

高压微雾加湿器　high-pressure micro-mist sprayer humidifier

由一定压力(大于3 MPa)的水经喷嘴喷射使水雾化的加湿器。

3.8

气水混合加湿器　compressed air spray type humidifier

由压缩空气和水混合经喷嘴喷射使水雾化的加湿器。

3.9

加湿量　humidification capacity

加湿器在标准试验工况下运行时,单位时间内增加到空气中的水蒸气质量,单位kg/h。

3.10

单位加湿量的电耗　electric consumption per humidification capacity

加湿器在标准试验工况下运行时,产生单位加湿量所需的电耗,单位kWh/kg。

3.11

加湿效率　humidification efficiency

加湿器在标准试验工况下运行时,加湿量与所消耗的总水量(总蒸汽量)之比,单位%。

3.12

空气湿差法　air humidity difference test method

一种直接测定加湿器加湿量的方法,对通过加湿器前、后的空气参数及风量进行测量,用测出的风量与通过加湿器前、后的空气含湿量差的乘积来确定加湿量。

4　分类与标记

4.1　分类

4.1.1　按型式分类

加湿器按型式分类和表示代号应符合表1的规定。

表1　加湿器按型式分类和表示代号

分类	代号	分类	代号
干蒸汽加湿器	GZ	喷淋加湿器	PL
电热式加湿器(电阻式加湿器)	DR	高压喷雾加湿器	GP
电极式加湿器	DJ	高压微雾加湿器	GW
红外线加湿器	HW	气水混合加湿器	QS
蒸汽转蒸汽加湿器	ZZ	超声波加湿器	CS
燃气式加湿器	RQ	离心式加湿器	LX
湿膜加湿器	SM		

4.1.2　按额定加湿量分类

加湿器按规格分类和表示代号应符合表2的规定。

表 2　加湿器按额定加湿量分类和表示代号

分　　类	代　　号
额定加湿量 1.0 kg/h	1
2.0 kg/h	2
3.0 kg/h	3
⋮	⋮
以下类推	以下类推

4.2　标记

4.2.1　标记方式

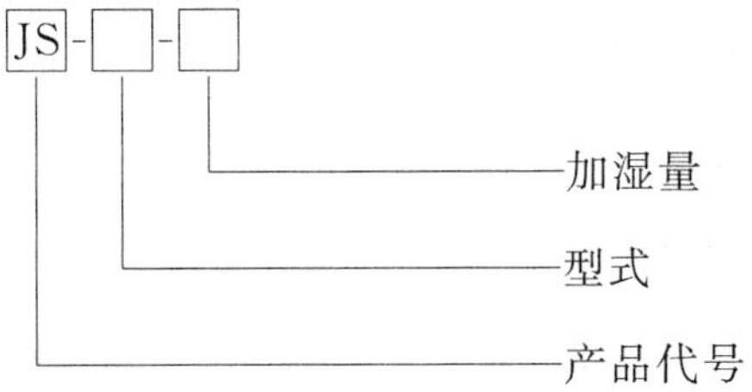

4.2.2　标记示例

离心式类型，额定加湿量 1.0 kg/h 的加湿器应表示为 JS-LX-1。

干蒸汽式类型，额定加湿量 10.0 kg/h 的加湿器应表示为 JS-GZQ-10。

5　结构和材料

5.1　加湿器单相额定电压不应超过 250 V，三相额定电压不应超过 480 V。

5.2　加湿器结构应满足下述要求：

a）加湿器应有足够的强度和刚度，所有钣金件、零配件等应有良好的防锈措施；

b）加湿器的隔热保温材料应具有无毒、无异味，吸湿性小，并符合建筑防火规范的要求，粘贴应平整牢固。

5.3　加湿器采用的材料不应出现锈蚀和霉变，并鼓励使用符合环保要求的新材料。

5.4　湿膜加湿器的蒸发介质宜满足下列要求：

a）蒸发介质具有抑菌功能；

b）蒸发介质具备一定吸水性；

c）加湿器静止或工作过程中，蒸发介质产生的有害气体或总挥发性有机物不应超过 GB/T 18883—2002 表 1 中规定的标准值；

d）蒸发介质的防火性能应达到 GB 8624—2012 规定的 B1 级或以上级别；

e）蒸发介质具备良好韧性，不易脆碎、变形；良好的拼装安全强度，无坍塌、散落的隐患；

f）蒸发介质的安装应便于拆卸维护。

5.5　各类加湿器宜安装节水装置。

6 要求

6.1 外观

加湿器外表面应无明显划伤、锈斑和压痕，表面光洁平整，喷涂层均匀，色调一致，无流痕、气泡和剥落。

6.2 试运转

加湿器应进行试运转试验，试验内容应符合以下要求：

a) 加湿器的供水控制器应能正常工作；

b) 加湿器的断水保护装置应能正常工作。

6.3 加湿量

加湿器的加湿量实测值不应低于额定值的 95%。

6.4 加湿效率

加湿器的加湿效率不应低于额定值的 95%，且不应小于表 3 的规定值。

表 3 各类加湿器加湿效率和单位加湿量的电耗的限值

加湿器类型	加湿效率 %	单位加湿量的电耗 kW·h/kg	加湿器类型	加湿效率 %	单位加湿量的电耗 kW·h/kg
干蒸汽	90	—	湿膜	80	—
电热式	80	0.75	喷淋	80	—
电极式	70	0.75	高压微雾	80	—
红外线	90	0.75	气水混合	90	0.20
蒸汽转蒸汽	80	—	超声波	90	—
燃气式	80	—	离心式	90	—

6.5 单位加湿量的电耗

加湿器的单位加湿量的电耗不应大于表 3 的规定值。

6.6 空气阻力

加湿器的实测空气阻力不应大于额定值的 110%。

6.7 绝缘电阻

加湿器的冷态对地绝缘电阻值不应小于 2 MΩ。

6.8 电气强度

加湿器在电气强度试验中应无击穿或闪络情况。

6.9 泄漏电流

加湿器的外露金属部分和电源线间的泄漏电流值不应大于1.5 mA。

6.10 接地电阻

加湿器在明显位置应有接地标识，接地端子和接地触点不应连接到中性接线端子，其外露金属部分和接地端子之间的电阻值不应大于0.1 Ω。

6.11 湿热试验

加湿器湿热试验应符合以下要求：

a） 机组带电部分与非带电部分之间绝缘电阻值不小于2 MΩ；

b） 对机组施加1 250 V电压1 min，应无击穿或闪络。

7 试验方法

7.1 试验条件

7.1.1 加湿器应按铭牌上的额定电压和额定频率进行试验。

7.1.2 加湿器的加湿量、加湿效率和饱和效率的试验装置应符合附录A的规定。

7.1.3 加湿器的试验工况应符合表4的规定，其中以空气干球温度为35.0 ℃，空气湿球温度21.4 ℃为标准工况。

表4 加湿器的标准试验工况

项目		工况参数		
空气流速/(m/s)		2.5±0.1		
空气温度/℃	干球温度	30.0±0.3	35.0±0.3	40.0±0.3
	湿球温度	18.0±0.3	21.4±0.3	25.0±0.3
蒸汽压力[a]/kPa		100±10		
供水温度/℃		12～18		
电源电压允许波动/%		±1		

[a] 该项仅用于干蒸汽加湿器。

7.1.4 对于电极式加湿器的试验，其试验用水的水质应满足表5的规定。

表5 电极式加湿器试验用水的水质要求

pH值	7.5±1
总硬度(以钙、镁离子的含量计算)/(mg/L)	250±25

7.1.5 空气干球、湿球温度的测量装置应符合附录B的规定。

7.1.6 试验用的各类测量仪器应有计量检定有效期内的证书，其准确度应符合表6的规定。

表 6　各类测量仪器的准确度

类别	测量仪表	测量项目	仪表准确度
温度测量	液体温度计、热电偶温度计、电阻温度计	空气干、湿球温度 水温	±0.1 ℃
		其他温度	±0.3 ℃
压力测量	压力测量仪表、气压表	空气动压、静压	±1 Pa
		水压、蒸汽压 大气压	±0.2 kPa
电气测量	功率表、电压表、电流表、频率表	功率、电压、电流和频率	0.5 级
时间测量	计时器	时间	±0.2 s
水量测量	各类流量计	水流量	被测值的±1.0%
重量	各类台秤	重量	被测值的±0.2%

7.2　外观

用目测法检查。

7.3　试运转试验

7.3.1　将加湿器与供水水源接通，供水温度为 12 ℃～18 ℃，运行 1 h，观测供水控制器的工作情况。

7.3.2　加湿器运行到正常工作状态，切断供水，继续运行到保护装置工作后，再接通供水到正常启动，连续上述 3 个循环。

7.4　加湿量试验

7.4.1　应按附录 A 给定的方法和表 4 规定的工况的进行试验，加湿量均以空气侧测量的结果为准。

7.4.2　当蒸汽喷管的长度大于 1 m 和数量多于 3 根时，可采用不同长度和数量的喷管作模拟试验来推算长度和数量增加后的加湿量。

7.4.3　蒸汽发生式加湿器按空气侧测得的加湿量和水侧消耗的水量之差不大于 5%，试验为有效。

7.5　加湿效率试验

7.5.1　供水式加湿器按附录 A 给定的方法，在测量加湿量的同时，测量总给水量，按 A.4.5 和 A.4.6 规定的方法计算。

7.5.2　蒸汽供给式加湿器按附录 A 给定的方法，在测量加湿量的同时，测量凝结水排除量，按 A.4.5 和 A.4.6 规定的方法计算。

7.6　单位加湿量的电耗试验

应按附录 A 给定的方法，在测量加湿量的同时，测量输入功率、电压、频率和电流，并按 A.4.7 规定的方法计算单位加湿量的电耗。

7.7 空气阻力试验

应按附录 A 给定的方法，在测量加湿量的同时，测量加湿器前、后的静压差。

7.8 绝缘电阻试验

在常温、常湿条件下，用 500 V 及以上绝缘电阻计测量加湿器带电部分和非带电金属部分之间的绝缘电阻。

7.9 电气强度试验

7.9.1 在机组带电部分和非带电金属部分之间施加额定频率和 1 500 V 交流电压，开始施加电压不应大于规定值的一半，然后快速升为全值，持续时间 1 min。

7.9.2 大批量生产时，可用 1 800 V 电压及 1 s 时间进行测量。

7.10 泄漏电流试验

对于单相器具施加 1.06 倍的额定电压，对于三相器具施加 1.06 倍的额定电压除以$\sqrt{3}$，在施加试验电压 5 s 内，测量机组外露的金属部分与电源线之间的泄漏电流。

7.11 接地电阻试验

用接地电阻仪测量机组外壳与接地端子之间的电阻。

7.12 湿热试验

按 GB/T 2423.3 规定的试验条件和方法，连续运行 48 h 后进行测量。

8 检验规则

8.1 检验分类

8.1.1 出厂检验

每台加湿器应按 8.2 中所规定的项目进行出厂检验。

8.1.2 型式检验

8.1.2.1 加湿器有下列情况之一时，应进行型式检验：

a) 试制的新产品定型或老产品转厂时；
b) 产品结构和制造工艺、材料等更改对性能有影响时；
c) 产品停产超过一年后，恢复生产时；
d) 出厂检验结果与上次型式检验有较大差异时；
e) 正常生产时，超过两年未进行型式检验时；
f) 国家质量监督机构提出进行型式检验的要求时。

8.1.2.2 型式试验的项目应符合 8.2 中的规定。

8.1.2.3 型式检验抽样方法

在制造厂提供的合格产品中抽取，同一批次不大于 20 台抽 1 台，大于 20 台抽 2 台。

8.2 检验项目

加湿器的检验项目应符合表 7 的规定。

表7 检验项目表

序号	检验项目	出厂检验	型式检验	要求	试验方法
1	外观	√	√	6.1	7.2
2	试运转	√	√	6.2	7.3
3	加湿量	√	√	6.3	7.4
4	加湿效率		√	6.4	7.5
5	单位加湿量的电耗		√	6.5	7.6
6	空气阻力		√	6.6	7.7
7	绝缘电阻		√	6.7	7.8
8	电气强度		√	6.8	7.9
9	泄漏电流		√	6.9	7.10
10	接地电阻		√	6.10	7.11
11	湿热试验		√	6.11	7.12

8.3 判定原则

8.3.1 对所抽取的一台样品，检验项目中有一项不合格，则判该样品为不合格品。

8.3.2 如果所抽取样品检验不合格，则按8.1.2.3规定加倍抽取。加倍抽取后检验均为合格，该批加湿器判为合格品；如检验有一台不合格，则该批加湿器判为不合格品。

9 标志、包装、运输和贮存

9.1 标志

每台加湿器应在明显部位设有标记，标签牢固固定于外框。若有需要还应标明气流方向，标志内容应包括：

a) 产品名称；

b) 标记；

c) 额定电压、功率；

d) 标准试验工况下的加湿量；

e) 制造厂名称、产品出厂年、月、日。

9.2 包装

9.2.1 包装应确实能保护加湿器在装卸、运输、搬运、存放过程免受外因引起的损伤和毁坏。

9.2.2 包装箱上应注明加湿器型号规格、数量、制造厂名，并按GB/T 191规定应用文字或图例标明“小心轻放”和“向上”。

9.3 运输

在加湿器运输过程中按包装箱上标志放置，并采取固定措施，堆放高度以不损坏或压坏加湿器为原则。

9.4 贮存

9.4.1 存放时应按包装箱体上的标志堆放，堆放高度以不损坏、压坏或造成倒塌危险为原则。

9.4.2 加湿器不应存放在潮湿或温湿度变化剧烈的地方，不应露天堆放。

附 录 A
(规范性附录)
空气湿差法

A.1 试验装置

A.1.1 试验装置布置

空气湿差法的试验装置由空气处理装置、空气干、湿球温度取样装置、加湿器试验段、空气混合器、空气流量测量装置和水量测量装置等组成,其布置如图 A.1 所示。

单位为毫米

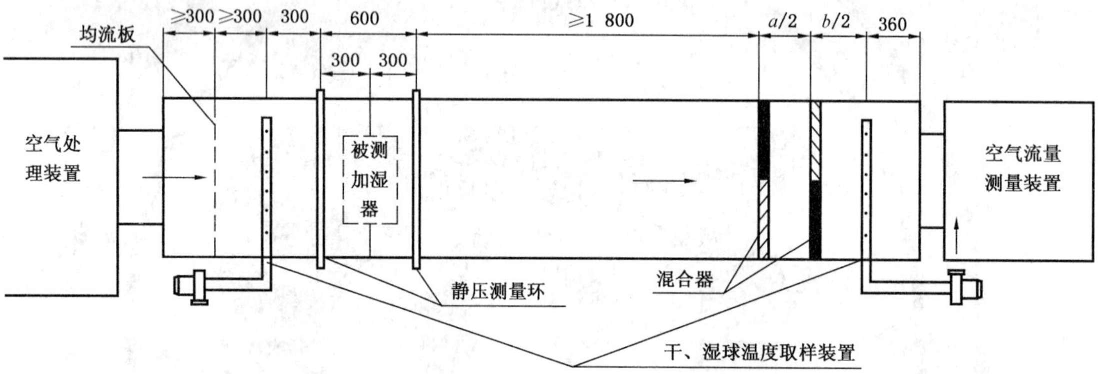

图 A.1 空气湿差法的试验装置布置图

A.1.2 空气处理装置

空气处理装置应能满足性能试验所要求的空气干、湿球温度范围及空气流速和压力的调节。

A.1.3 加湿器试验段

按加湿器在空调设备中的安装方式分蒸汽喷管在气流中安装和加湿器整体在气流中安装两种。

A.1.3.1 蒸汽喷管放置在气流中而蒸汽发生器放置在气流外的安装方式如图 A.2 所示,其蒸汽喷孔距离管壁应不小于 200 mm。

单位为毫米

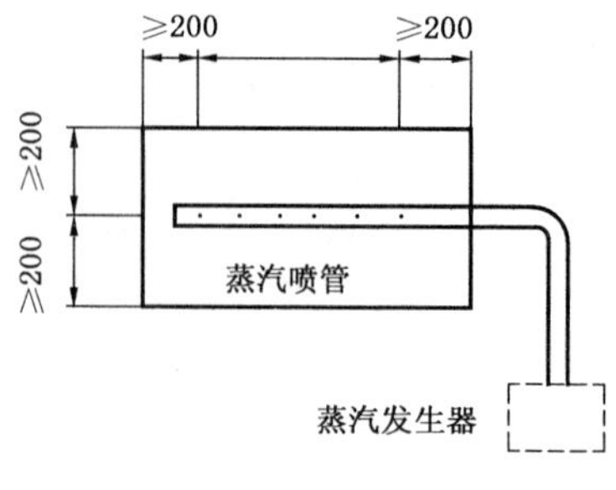

图 A.2 加湿器的安装方式

A.1.3.2 加湿器整体在气流中安装时,应按制造厂的有关要求进行安装,加湿器不应作任何变更。

A.1.3.3 加湿器试验段与其他装置相连接时,应采用对气流干扰最小的过渡配件或转角配件。

A.1.4 空气混合器

按 JG/T 21—1999 附录 B 给定的装置和要求。

A.2 试验步骤

A.2.1 调节空气处理装置的冷量、加热量和风量，使加湿器试验段中的空气干、湿球温度和空气流速、压力满足试验的要求。

A.2.2 当试验工况稳定后，连续进行 1 h 的试验，每 10 min 读数一次，连续 7 次。

A.2.3 加湿量按连续 7 次测量平均值计算。

A.3 数据记录

A.3.1 一般数据：

a) 试验日期；

b) 试验者；

c) 被测加湿器的制造厂厂名、型号、额定加湿量及功率。

A.3.2 测量参数：

N ——加湿器输入功率，单位为千瓦(kW)；

U ——加湿器工作电压，单位为伏特(V)；

I ——加湿器工作电流，单位为安培(A)；

f ——频率，单位为赫兹(Hz)；

t_{g1} ——加湿器前空气干球温度，单位为摄氏度(℃)；

t_{s1} ——加湿器前空气湿球温度，单位为摄氏度(℃)；

t_{g2} ——加湿器后空气干球温度，单位为摄氏度(℃)；

t_{s2} ——加湿器后空气湿球温度，单位为摄氏度(℃)；

p_s ——加湿器前试验段空气静压，单位为帕(Pa)；

Δp ——空气流量喷嘴前、后静压差，单位为帕(Pa)；

p ——大气压，单位为千帕(kPa)。

A.3.3 供水的加湿器还应记录下列参数：

h_1 ——加湿器补水箱初始读数，单位为毫米(mm)；

h_2 ——加湿器补水箱终读数，单位为毫米(mm)；

T_{h1}、T_{h2} ——测量 h_1、h_2 的时间，单位为小时、分或秒(h、min 或 s)；

p_w ——供水压力，单位为千帕(kPa)；

t_w ——供水温度，单位为摄氏度(℃)。

A.3.4 供蒸汽的加湿器还应记录下列参数：

W_{n1}、W_{n2}——加湿器排除凝结水的初、终质量，单位为千克(kg)；

T_{n1}、T_{n2} ——测量 W_{n1}、W_{n2} 的时间，单位为小时、分或秒(h、min 或 s)；

p_1 ——供给蒸汽压力，单位为千帕(kPa)。

A.4 试验结果计算

A.4.1 空气流量计算

按 JG/T 21—1999 附录 A 给定的公式计算。

A.4.2 空气含湿量计算

以测得的空气湿球温度近似为热力学湿球温度，用式(A.1)计算含湿量。

$$d = d_s - (1.005 + 1.84d_s)(t_g - t_s)/(2\,500 + 1.84t_g - 4.19t_s) \quad \cdots\cdots\cdots(A.1)$$

式中：

d ——空气含湿量，单位为千克每千克(kg/kg)；

d_s——湿球温度下的饱和含湿量，$d_s = 0.622e_{ws}/(p - e_{ws})$，单位为千克每千克(kg/kg)；

e_{ws}——湿球温度下的饱和水蒸气分压力，单位为百帕(hPa)。

e_{ws}的计算如式(A.2)所示：

$$\begin{aligned}\ln(100 \times e_{ws}) = & -5\,800.220\,6/T_s + 1.391\,499\,3 - 0.048\,602\,39T_s \\ & + 0.417\,647\,68 \times 10^{-4} \times T_s^2 - 0.144\,520\,93 \times 10^{-7} \times T_s^3 \\ & + 6.545\,967\,3\ln T_s \quad \cdots\cdots\cdots(A.2)\end{aligned}$$

式中：

$T_s = 273.15 + t_s$，单位为开(K)。

A.4.3 加湿量计算

加湿量按式(A.3)计算：

$$W = q(d_2 - d_1) \quad \cdots\cdots\cdots(A.3)$$

式中：

W ——空气加湿量，单位为千克每小时(kg/h)；

q ——空气流量，单位为千克每小时(kg/h)；

d_1、d_2 ——加湿前、后的空气含湿量，单位为千克每千克(kg/kg)。

A.4.4 加湿器供水量计算

加湿器供水量按式(A.4)计算：

$$W_s = K(h_1 - h_2)/(T_{h1} - T_{h2}) \quad \cdots\cdots\cdots(A.4)$$

式中：

W_s ——加湿器供水量，单位为千克每小时(kg/h)；

K ——补水箱标定系数，单位为千克每毫米(kg/mm)。

A.4.5 加湿器供汽量计算

加湿器供汽量按式(A.5)计算：

$$W_z = W + W_n \quad \cdots\cdots\cdots(A.5)$$

式中：

W_z ——加湿器供汽量，单位为千克每小时(kg/h)；

W ——由测量计算的空气加湿量，单位为千克每小时(kg/h)；

W_n ——被测加湿器排出的凝结水量，单位为千克每小时(kg/h)。

W_n 的计算如式(A.6)所示：

$$W_n = (W_{n2} - W_{n1})/(T_{n2} - T_{n1}) \quad \cdots\cdots\cdots(A.6)$$

A.4.6 加湿效率计算

加湿效率按式(A.7)计算：

$$\eta = W/W_s(\text{或 } W_z) \times 100\% \quad \cdots\cdots\cdots(A.7)$$

式中：

η——加湿效率。

A.4.7 单位加湿量的电耗计算

单位加湿量的电耗按式(A.8)计算：

$$E=N/W \qquad \text{(A.8)}$$

式中：

E——单位加湿量的电耗，单位为千瓦时每千克(kW·h/kg)。

A.4.8 饱和效率计算

饱和效率按式(A.9)计算：

$$\eta_b=(d_2-d_1)/(d_{max}-d_1)\times 100\% \qquad \text{(A.9)}$$

式中：

η_b ——饱和效率。

d_{max}——加湿前空气对应的饱和空气的含湿量，单位为千克每千克(kg/kg)。

附 录 B
（规范性附录）
空气干、湿球温度测量装置

B.1 装置的组成

空气干、湿球温度测量装置是用来测量流过该断面空气的平均温、湿度的，由采样管、干、湿球温度测量管和风机组成，如图 B.1 所示。

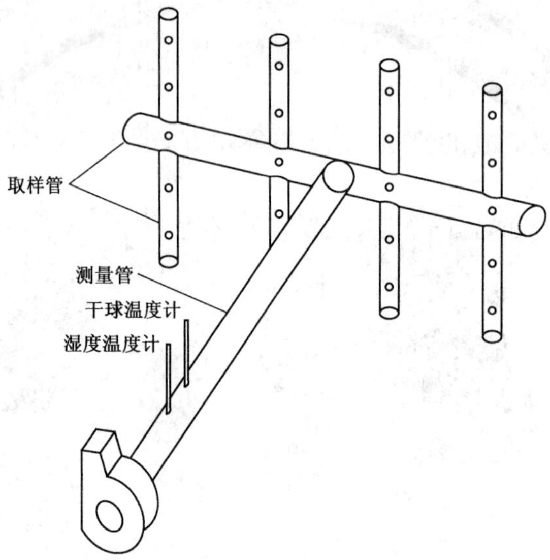

图 B.1 空气干、湿球温度取样装置

B.2 采样管

采样管设在加湿器试验段内，应使采样孔均布该断面，至少每 0.01 m^2 的断面有一采样孔。

B.3 干、湿球温度测量管

干、湿球温度测量管的当量直径不应小于 75 mm，干、湿球温度测量仪的感温元件应靠近，以便测量同一采样空气。干球温度计应设在湿球温度计的上游或某一旁侧，使干球温度的测量结果不会受到湿球温度计水分蒸发的影响。测量管外部应保温。

B.4 采样风机

采样风机应位于测温仪的下游，以防止风机产生热量影响温度计读数，其空气流量应能保证流过湿球温度计的风速为(5±1)m/s。

B.5 确定干、湿球温度差的规定

B.5.1 湿球纱布套应采用经过脱脂处理的专用纱布制作，纱布应紧贴感温元件，重叠1/4周。为防止热量从感温元件上部连接杆传入，纱布还应覆盖上部连接杆约2.5 cm。

B.5.2 纱布套应经常洗净或更换，润湿纱布用蒸馏水。

B.5.3 被测空气可能带水时，为防止感温线圈上积聚水分，应加防护罩。

ICS 91.060.50
P 32

中华人民共和国国家标准

GB/T 29737—2013

建筑门窗防沙尘性能分级及检测方法

Graduations and test method of sand and dust resistance performance for building external windows and doors

2013-09-18 发布　　　　2014-06-01 实施

中华人民共和国国家质量监督检验检疫总局
中国国家标准化管理委员会　发布

前　言

本标准按照 GB/T 1.1—2009 给出的规则起草。

本标准由中华人民共和国住房和城乡建设部提出。

本标准由全国建筑幕墙门窗标准化技术委员会(SAC/TC 448)归口。

本标准负责起草单位:中国建筑科学研究院、广东省建筑科学研究院、深圳市新山幕墙技术咨询有限公司、上海建科检验有限公司、北京工业大学、河南省建筑科学研究院有限公司、国家建筑材料测试中心、北京嘉寓门窗幕墙股份有限公司、广州铝质装饰工程有限公司、北京江河幕墙股份有限公司、北京金易格幕墙装饰工程有限责任公司、国家建筑材料工业建筑五金水暖产品质量监督检验测试中心、广东坚朗五金制品股份有限公司、郑州中原应用技术研究开发有限公司、广州市住邦建材发展有限公司、北京美驰建筑材料有限责任公司。

本标准主要起草人:王洪涛、刘彬、石民祥、杜继予、徐勤、孙诗兵、纪卫明、刘海波、张国锋、赵秋雨、陈光烁、姚远、邓贵智、杜万明、崔洪、吴献策、钟铁柱。

引　言

沙尘暴是常见的天气现象，指风将地面大量沙尘吹起，使空气混浊，水平能见度小于1 km的天气现象。沙尘暴会导致沙石、浮尘到处弥漫、空气浑浊，同时会造成室内空气严重污染。按照发生沙尘暴时的地面水平能见度可分为浮尘、扬沙、沙尘暴、强沙尘暴、特强沙尘暴五级。沙尘暴是一种强灾害性天气，可造成房屋倒塌、交通供电受阻或中断、火灾、人畜伤亡等危害；导致自然环境污染，破坏作物生长，给国民经济建设和人民生命财产安全造成严重损失。我国是世界上沙尘暴频发的国家之一，沙尘暴及强沙尘暴通常发生在我国华北北部地区，特强沙尘暴则多发在我国的西北部地区。

建筑门窗防沙尘性能不同于我国现行的GB/T 7106中所描述的建筑门窗气密性能。两者区别为门窗气密性能是评价建筑门窗阻止空气渗透的能力，采用10 Pa压差(风力3级)下空气渗透量作为评价指标；门窗防沙尘性能是在风速超过24 m/s(风力10级以上)的特强沙尘暴发生时，门窗阻止沙尘进入室内的能力。在正常使用状态下具有良好气密性能的建筑门窗不一定具有良好的防沙尘性能。本标准规定了建筑门窗在非常态风压作用下防沙尘性能的分级和检测方法。建筑门窗气密性能的检测及评定方法不能替代本标准中所规定的检测及评定方法。

建筑门窗防沙尘性能分级及检测方法

1 范围

本标准规定了建筑门窗防沙性能和防尘性能的术语和定义、分级、检测装置、检测准备、检测步骤、结果评定及检测报告。

本标准适用于建筑外门窗防沙尘性能的分级及实验室检测。检测对象只限于外门窗试件本身，不涉及外门窗与围护结构之间的连接部位。

2 规范性引用文件

下列文件对于本文件的应用是必不可少的。凡是注日期的引用文件，仅注日期的版本适用于本文件。凡是不注日期的引用文件，其最新版本(包括所有的修改单)适用于本文件。

GB/T 6921 大气飘尘浓度测定方法

GB/T 7106 建筑外门窗气密、水密、抗风压性能分级及检测方法

3 术语和定义

下列术语和定义适用于本文件。

3.1

防沙尘性能 sand and dust resistance performance

防沙性能和防尘性能的总称。

3.2

防沙性能 sand resistance performance

外门窗正常关闭状态时，在风沙作用下，阻止沙进入室内的能力。

3.3

防尘性能 dust resistance performance

外门窗正常关闭状态时，在风和扬尘作用下，阻止尘进入室内的能力。

4 分级

4.1 性能指标

4.1.1 采用压力差为 400 Pa 时，在 15 min 内通过外门窗单位开启缝隙长度进入室内沙的质量(M)作为防沙性能分级指标。

4.1.2 采用压力差为 400 Pa 时，在 15 min 内通过外门窗单位面积进入室内可吸入颗粒物的质量(C)做为防尘性能分级指标。

4.2 性能分级

4.2.1 建筑门窗防沙性能分级指标见表 1。

表 1 建筑门窗防沙性能分级

分级	1	2	3	4
分级指标值 M (g/m)	6.0≥M>4.5	4.5≥M>3.0	3.0≥M>1.5	M≤1.5

4.2.2 建筑门窗防尘性能分级指标见表 2。

表 2 建筑门窗防尘性能分级

分级	1	2	3	4	5	6
分级指标值 C mg/m^2	60.0≥C>50.0	50.0≥C>40.0	40.0≥C>30.0	30.0≥C>20.0	20.0≥C>10.0	C≤10.0

4.3 门窗防沙尘性能的选用参见附录 A。

5 检测装置

5.1 组成

检测装置由沙尘模拟箱、压力箱及测量系统组成，见图 1。

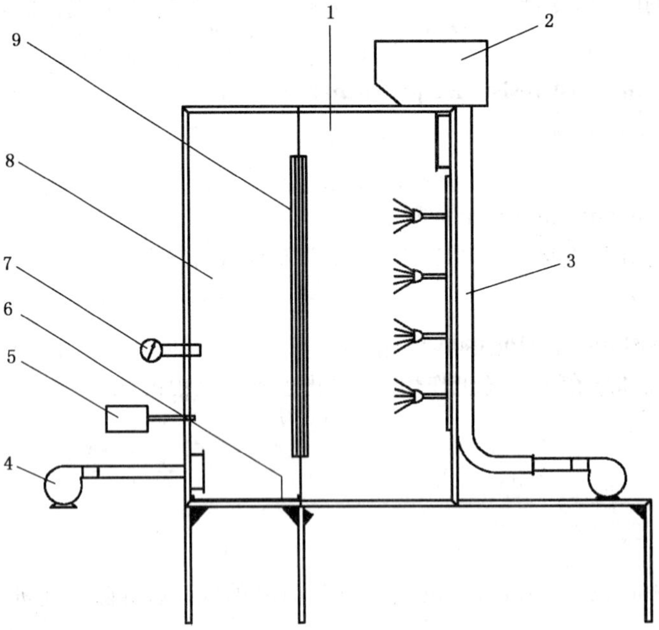

a) 防沙性能

图 1 防沙尘性能检测装置示意图

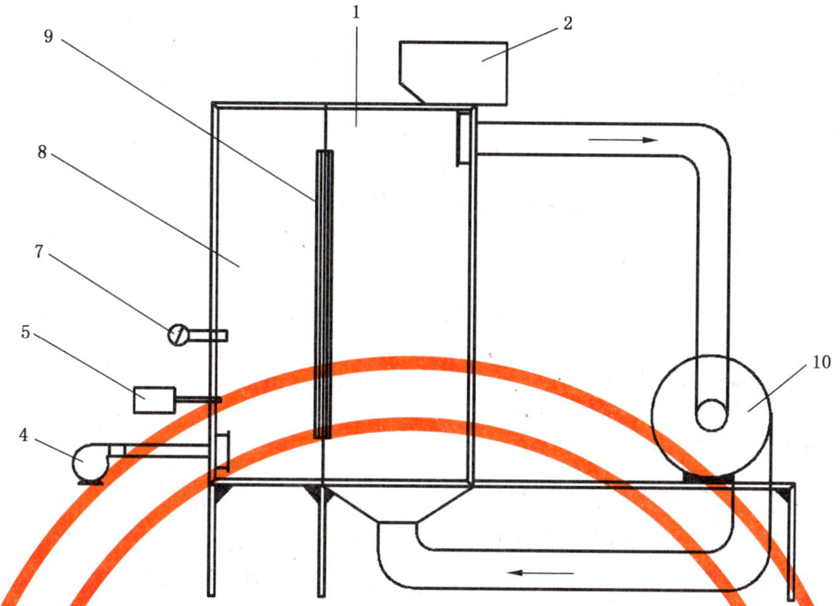

b) 防尘性能

说明：

1——沙尘模拟箱(室外侧)；
2——沙箱；
3——喷沙装置；
4——负压供风设备；
5——可吸入颗粒物浓度测量装置；
6——沙收集装置；
7——压差传感器；
8——压力箱(室内侧)；
9——试件；
10——扬尘装置。

图1(续)

5.2 沙尘模拟箱

沙尘模拟箱由箱体、沙箱、喷沙装置和扬尘装置组成，沙尘模拟箱内壁应光滑并作防静电处理。沙尘模拟箱应具备可向试件外表面均匀喷沙、在模拟箱内均匀扬尘的能力，喷沙装置的喷沙量及扬尘装置的扬尘量应满足试验过程要求。

5.3 压力箱

5.3.1 组成

压力箱由箱体、供风设备、压差传感器和沙收集装置组成。

5.3.2 箱体

应满足 GB/T 7106 对压力箱的要求，压力箱内壁应光滑并做防静电处理。

5.3.3 负压供风设备

供风设备应具备在试件两侧施加稳定的压力差，沙尘模拟箱压力高于压力箱为正压力差。供压和压力控制能力应满足试验要求。

5.3.4 压差传感器

压差传感器的两个探测点应在试件内外两侧就近布置，误差应小于示值的 2%。

5.3.5 沙收集装置

放置在压力箱底部，用于收集试验后通过试件进入压力箱内的沙的装置。

5.4 测量系统

5.4.1 组成

测量系统由可吸入颗粒物浓度测量仪器和沙质量测量仪器组成。

5.4.2 可吸入颗粒物浓度测量仪器

5.4.2.1 可采用激光 90°散射大气颗粒物监测仪检测或配有 10 μm 采样切割器的 β 射线大气气溶胶粒子监测仪。采样切割器的性能指标应符合 GB/T 6921 的有关规定。

5.4.2.2 线性测量范围为 0.5 mg/m^3～400 mg/m^3，线性误差不大于 2.5%。

5.4.3 沙质量测量仪器

采用精度不小于 0.01 g 的分析天平进行测量，量程不宜小于 100 g。

6 检测准备

6.1 试件

门窗试件应满足 GB/T 7106 的试件要求，取相同品种、规格的 3 樘试件进行检测。从室内侧测量试件的总面积 S 和可开启部分的缝长 l。

当有通风器时，应在通风器完全关闭状态下测试。

6.2 试验用沙

试验用沙是粒径为 25 μm～300 μm 干燥的非磨蚀性的细砂，使用前应在 80 ℃下烘干 2 h。

6.3 试验用尘

试验用尘是粒径不大于 10 μm 干燥的滑石粉，使用前应在 80 ℃下烘干 2 h 并在 1 h 内完成试验。

6.4 箱体准备

检测前，分别计算沙尘模拟箱(室外侧)容积 V_1 及压力箱(室内侧)容积 V_2。清洁压力箱(室内侧)和沙收集装置，实验室环境温度控制在 23 ℃±5 ℃，相对湿度不大于 50%。

6.5 试件安装

试件安装应满足 GB/T 7106 的规定，安装完毕后，扣紧沙尘模拟箱和压力箱。

7 检测步骤

7.1 检测顺序

单樘试件应按照防沙性能、防尘性能的顺序进行检测。重复 3 次，完成 3 樘试件检测。

7.2 防沙性能检测

7.2.1 检测前施加 3 个正压力脉冲，压力差绝对值为 500 Pa，加载速度约为 100 Pa/s。压力稳定作用时间为 3 s，泄压时间不少于 1 s。记录实验时温度及湿度。

7.2.2 持续施加压力差绝对值为 400 Pa 的正压(见图 2)，试验过程中保证压力稳定。

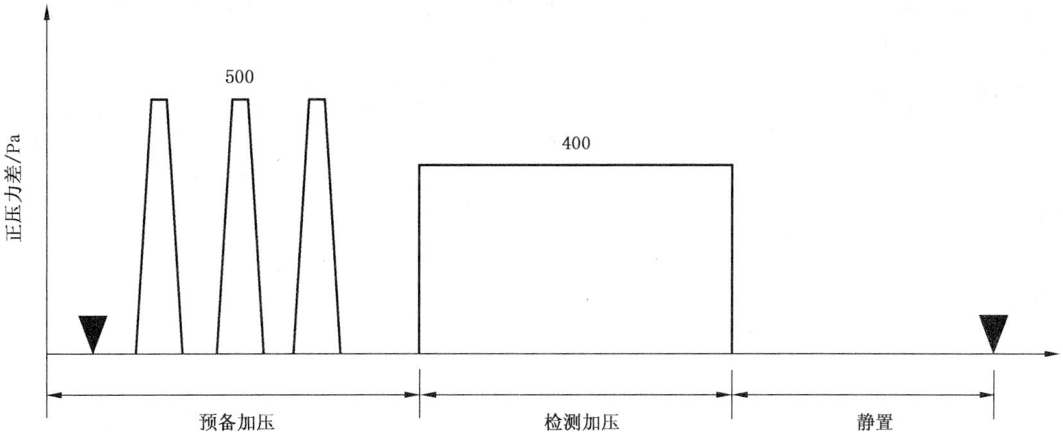

注：图中符号▼表示将试件的可开启部分开关不少于 5 次。

图 2 防沙性能检测加压顺序示意图

7.2.3 在稳定加压同时，对整个门窗试件均匀喷沙，喷沙量为 1.6 kg/(min·m²)。

7.2.4 持续喷沙 15 min 后，停止喷沙和加压。

7.2.5 静置 30 min 后，收集并测量沙收集装置内沙的质量 M'。

7.3 防尘性能检测

7.3.1 检测前施加 3 个正压力脉冲，压力差绝对值为 500 Pa，加载速度约为 100 Pa/s。压力稳定作用时间为 3 s，泄压时间不少于 1 s。记录实验时温度及湿度。

7.3.2 测量压力箱内可吸入颗粒物浓度初始值 C_0，C_0 不应大于 0.5 mg/m³。

7.3.3 持续施加压力差绝对值为 400 Pa 的正压(见图 3)，试验过程中保证压力稳定。

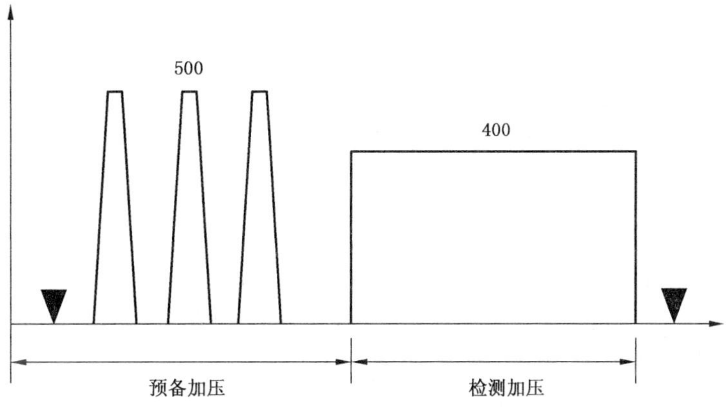

注：图中符号▼表示将试件的可开启部分开关不少于 5 次。

图 3 防尘性能检测加压顺序示意图

7.3.4 在稳定加压同时，通过循环气流对整个门窗试件均匀扬尘，扬尘总质量按式(1)计算：

$$m=0.2V_1 \tag{1}$$

式中：

m ——扬尘总质量，单位为千克(kg)；

V_1——沙尘模拟箱(室外侧)容积，单位为立方米(m^3)。

7.3.5 持续扬尘 5 min 后开始记录压力箱内可吸入颗粒物浓度值，每隔 10 s 记录一次，记录总时间为 15 min，计算平均浓度值 C_1。

7.3.6 数据记录完成后，停止扬尘和加压；可吸入颗粒物浓度增加量 C' 按式(2)计算：

$$C'=C_1-C_0 \tag{2}$$

8 结果评定

8.1 防沙性能

防沙性能分级指标值 M 按式(3)计算：

$$M=\frac{\overline{M'}}{l} \tag{3}$$

式中：

$\overline{M'}$——3 樘试件的 M' 的算术平均值，单位为克(g)；

l ——试件开启缝缝长，单位为米(m)。

8.2 防尘性能

防尘性能分级指标值 C 按式(4)计算：

$$C=\frac{\overline{C'}\times V_2}{S} \tag{4}$$

式中：

$\overline{C'}$——3 樘试件的 C' 的算术平均值，单位为毫克每立方米(mg/m^3)；

V_2——压力箱(室内侧)容积，单位为立方米(m^3)；

S ——试件面积，单位为平方米(m^2)。

8.3 评价方法

将 3 樘试件的 M 值或 C 值分别平均后对照表 1 确定各自所属级别。

9 检测报告

检测报告至少应包括下列内容(格式参见附录 B)：

a) 委托单位和生产单位；

b) 试件的名称、编号、规格；玻璃品种、厚度及镶嵌方法；型材的断面尺寸、截面形式即开启方式、开启尺寸规格、锚件的安装和间距、五金件的安装位置；

c) 明确注明密封条及密封方法、有无采用密封胶类材料填缝、有无通风器；

d) 检测项目、检测依据、检测设备、检测类别、检测时间和报告时间；

e) 检测结果及结论；

f) 检测人、审核人及批准人签名；

g) 检测单位。

附 录 A
（资料性附录）
门窗防沙尘性能的选用

根据不同地区防沙性能及防尘性能的具体要求，可参考下述分区选择具有不同防沙性能和防尘性能的建筑门窗：

a) 强沙尘暴天气频发地区，如：内蒙古、新疆、甘肃、西藏、陕西、青海、宁夏等西部省市，宜选用防沙性能 4 级、防尘性能 6 级以上的产品；

b) 沙尘暴天气频发地区，如：北京、天津、河北、山西、山东、辽宁等省市，宜选用防沙性能 3 级以上、防尘性能 5 级以上的产品；

c) 浮尘、扬沙天气偶发地区，如：吉林、黑龙江、安徽、江西、河南、湖北、湖南、重庆、四川、贵州、云南等省市，宜选用防沙性能 2 级以上、防尘性能 3 级以上的产品；

d) 沙尘天气极少发生地区，如：上海、江苏、浙江、福建、广东、广西、海南等省市和香港、澳门及台湾等地区，可不做具体要求。

附 录 B
（资料性附录）
建筑外门窗防沙尘性能检测报告

报告编号：　　　　　　　　　　　　　　　　　　　　　　　　共 页 第 页

委托单位				
地 址			电 话	
送样/抽样日期				
抽样地点				
工程名称				
生产单位				
试件	名称		状 态	
	商标		规格型号	
	玻璃		厚度及镶嵌方式	
	开启方式		开启缝长	
	通风器			
检测	项目		数 量	
	地点		日 期	
	依据			
	设备			
检测结论				
防沙性能：属国标 GB/T ×××××第　　级 防尘性能：属国标 GB/T ×××××第　　级 （检测报告专用章）				

批准：　　　　　　　　审核：　　　　　　　　主检：

报告日期：

ICS 91.060.10
P 32

中华人民共和国国家标准

GB/T 29738—2013

建筑幕墙和门窗抗风携碎物冲击性能分级及检测方法

Graduations and test method for performance of exterior windows and doors, curtain walls impacted by windborne debris in windstorm

2013-09-18 发布　　2014-06-01 实施

中华人民共和国国家质量监督检验检疫总局
中国国家标准化管理委员会　发布

前　言

本标准按照 GB/T 1.1—2009 给出的规则起草。

本标准由中华人民共和国住房和城乡建设部提出。

本标准由全国建筑幕墙门窗标准化技术委员会(SAC/TC 448)归口。

本标准负责起草单位:中国建筑科学研究院。

本标准参加起草单位:国家安全玻璃及石英玻璃质量监督检验中心、中国建筑标准设计研究院、广东省建筑科学研究院、北京工业大学、上海市建筑科学研究院(集团)有限公司、河南省建筑科学研究院有限公司、深圳市新山幕墙技术咨询有限公司、沈阳远大铝业工程有限公司、杭州之江有机硅化工有限公司、国家建筑材料工业建筑五金水暖产品质量监督检验测试中心、国家化学建筑材料测试中心(材料测试部)、江苏省建筑科学研究院有限公司、广东坚朗五金制品有限公司、大连实德集团有限公司、广州铝质装饰工程有限公司、威卢克斯(中国)有限公司、中山盛兴股份有限公司、浙江新世纪工程检测有限公司、宁波和邦检测研究有限公司。

本标准主要起草人:王洪涛、万成龙、臧曙光、顾泰昌、张作萍、孙诗兵、徐勤、刘新生、杜继予、王双军、刘明、邓贵智、胡孝义、陆震宇、白宝鲲、李广琦、范玉玲、谭国湘、郭成林、姜清海、俞捷、秦剑、张春林、韩智勇。

建筑幕墙和门窗抗风携碎物冲击性能分级及检测方法

1 范围

本标准规定了建筑幕墙、外门窗抗风携碎物冲击性能的术语和定义、分级、检测装置、试件、检测、结果评定及检测报告。

本标准适用于建筑幕墙、外门窗抗风携碎物冲击性能的分级及检测。检测对象只限于建筑幕墙、外门窗试件本身，不涉及建筑幕墙、外门窗与其他结构之间的连接部位。防风暴装置可参照使用。

2 规范性引用文件

下列文件对于本文件的应用是必不可少的。凡是注日期的引用文件，仅注日期的版本适用于本文件。凡是不注日期的引用文件，其最新版本(包括所有的修改单)适用于本文件。

GB/T 7106 建筑外门窗气密、水密、抗风压性能分级及检测方法

GB/T 15227 建筑幕墙气密、水密、抗风压性能检测方法

3 术语和定义

下列术语和定义适用于本文件。

3.1

风暴 windstorm

基本风速大于 32.7 m/s 的气流。

3.2

风携碎物 windborne debris

在风暴中由气流所携带的物体。

3.3

抗风携碎物冲击性能 resistance of windborne debris in windstorm

在风携碎物冲击及波动压力作用后，试件不发生超过规定破损的能力。

3.4

发射物 missile

用以冲击试件的钢珠或木块。

3.5

防风暴装置 windstorm protective system

安装、附着或固定于幕墙门窗系统，以防止或减弱其在风暴中遭受风携碎物破坏的装置。

4 分级

以发射物的质量和冲击速度作为分级指标，分为 5 级，指标值见表 1。

表 1 建筑幕墙和门窗抗风携碎物冲击性能分级

分级		1	2	3	4	5
发射物	材质	钢珠	木块	木块	木块	木块
	长度	—	0.53 m±0.05 m	1.25 m±0.05 m	2.42 m±0.05 m	2.42 m±0.05 m
质量		2 g±0.1 g	0.9 kg±0.1 kg	2.1 kg±0.1 kg	4.1 kg±0.1 kg	4.1 kg±0.1 kg
速度		39.6 m/s	15.3 m/s	12.2 m/s	15.3 m/s	24.4 m/s

5 检测装置

5.1 组成

检测装置由发射物、发射装置、测速装置和波动压力箱组成，参见 A.1 和 A.2。

5.2 发射物

5.2.1 分类

发射物分为钢珠和木块。

5.2.2 钢珠

钢珠的质量为 2 g±0.1 g，直径为 8 mm。

5.2.3 木块

木块为松木或软木，干密度为 500 kg/m³±25 kg/m³，断面高度为 38 mm±1 mm，宽度为 89 mm±1 mm。木块试件的一端称为冲击端，另一端称为末端；在距冲击端 300 mm 范围内应无木节、开裂、细裂缝或缺损等缺陷，末端应设置重量不超过 200 g 的圆形底板，圆形底板应具备一定强度，木块的质量和长度应包含底板。木块发射物示意图见图 1。

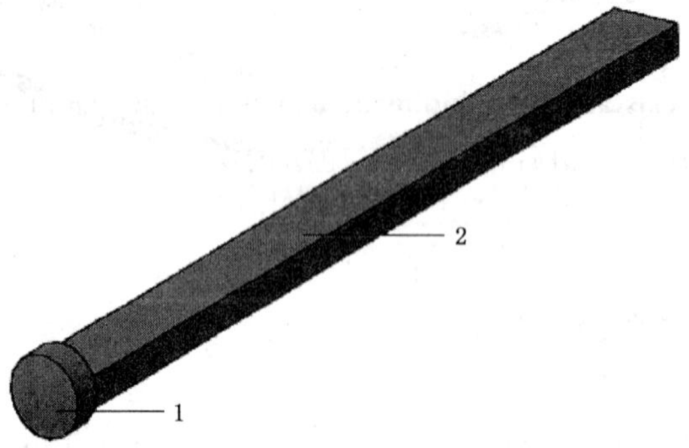

说明：

1——圆形底板；

2——木块。

图 1 木块发射物示意

5.3 发射装置

5.3.1 组成

发射装置应具备可按照规定的发射速度和方向,向规定的位置发射钢珠或木块的能力,分为钢珠发射装置和木块发射装置。

5.3.2 发射要求

发射物速度应满足如下要求:

a) 速度≤23 m/s 时,允许误差为±2%;

b) 速度>23 m/s 时,允许误差为±1%。

5.4 测速装置

测速装置的要求参见 A.3。

5.5 波动压力箱

应满足 GB/T 7106 及 GB/T 15227 对压力箱的要求。

6 试件

门窗试件应满足 GB/T 7106 的要求,且相同品种、规格试件取 3 樘;幕墙试件应满足 GB/T 15227 的要求,取 1 个典型单元,应包含 3 块相同尺寸面板、立柱、横梁等典型构件。

7 检测

7.1 检测程序

7.1.1 试件应在 15 ℃～35 ℃温度条件下存放至少 24 h。

7.1.2 设立警示设施以阻止与检测无关的人员进入检测区域。

7.1.3 冲击级别应参照附录 B 确定。

7.1.4 发射前 15 min 内称量并记录每一发射物的质量。

7.1.5 按图 A.1 和图 A.2 调整测速装置至发射管口的距离。发射管口与试件位置距离不小于 1.8 m,木块冲击检测时宜为发射物长度的 1.5 倍。

7.1.6 发射速度应在每次冲击检测前进行调整,步骤如下:

a) 用足够强度的板材安装在试件位置,设定并调整发射时的压力值进行预发射;

b) 当连续 3 次测得的冲击速度符合相应要求时,即可按调整后的压力值进行冲击检测。

7.1.7 将试件安装在压力箱洞口并密封处理,受冲击面应朝向压力箱外。

7.1.8 按 7.2 或 7.3 的规定进行冲击检测。

7.1.9 冲击检测完成后,没有穿透性开孔的试件按 7.4 的要求进行波动压力检测。

7.2 钢珠冲击检测

7.2.1 冲击位置

对幕墙试件面积最大、规格相同的 3 块玻璃面板和 3 樘门窗试件中面积最大、规格相同的玻璃面板进行冲击。以 10 个钢珠为一组冲击每个试件 3 个不同位置，如图 2 所示，10 个钢珠应同时冲击在以相应冲击点为圆心、直径 250 mm 的圆周范围内。

冲击点 1、2、5、6 分别位于试件的对角线上，距试件两边 275 mm 的位置；点 3 和 4 位于距 L_1 边 $L_2/2$、距 L_2 边 275 mm 处。点 7 和点 9 位于距离 L_1 边 275 mm、距 L_2 边 $L_1/2$ 处。点 8 为试件的中心。

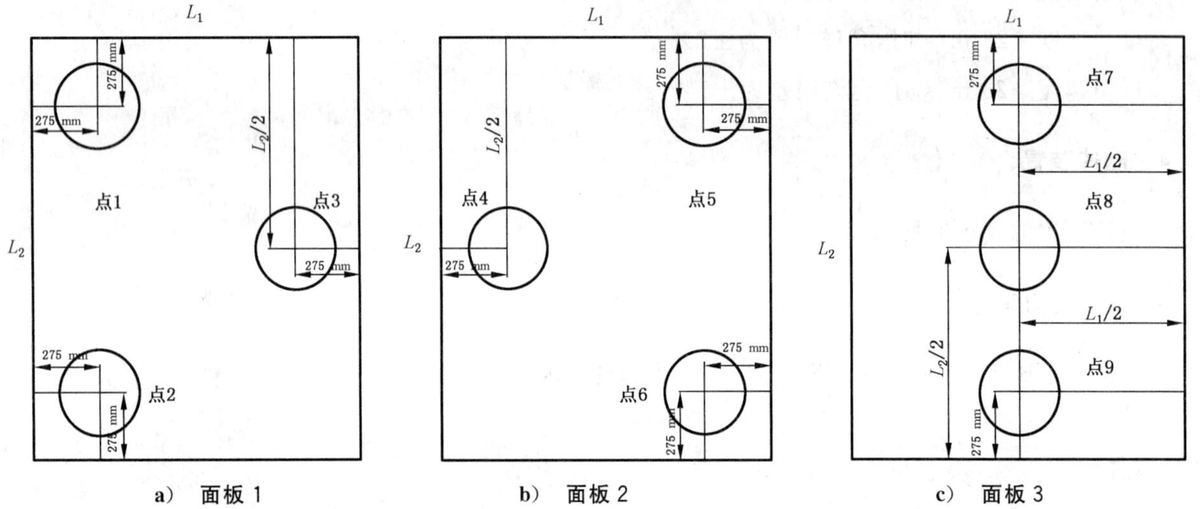

图 2 钢珠冲击位置

7.2.2 发射冲击角度

发射点与冲击点的直线连线，应位于以发射点为顶点，以目标冲击点处试件表面与水平平面交线在水平平面内的法线为轴线，所形成的顶角为 10°的圆锥的底面上，见图 3。

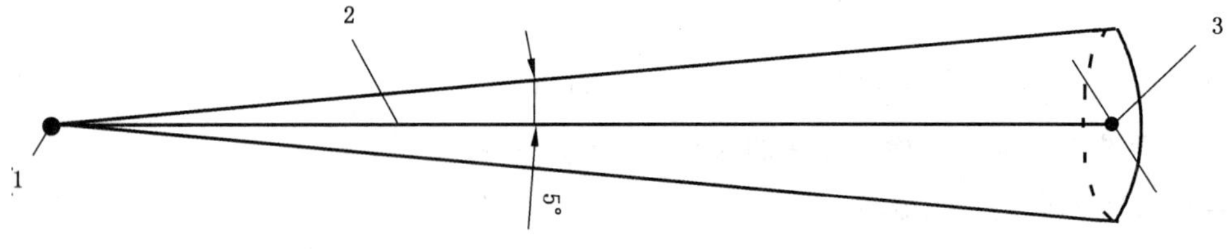

说明：

1——发射点；

2——目标冲击点处试件表面与水平平面交线在水平平面内的法线；

3——目标冲击点。

图 3 发射冲击角度

7.2.3 检测步骤

检测步骤如下：

a) 将钢珠放置于发射管中；

b） 使发射管末端对准试件冲击位置；

c） 打开控制阀门，发射钢珠；

d） 重复上述步骤，完成所有部位的检测；

e） 记录试件冲击后的破损、穿透等状况。

7.3 木块冲击检测

7.3.1 冲击构件选取

选取级别为2、3、4、5时，应对玻璃面板进行冲击检测；选取级别为4、5时，还应增加对试件杆件的冲击检测。

7.3.2 冲击位置

7.3.2.1 面板冲击位置

三个面板的冲击位置见图4。

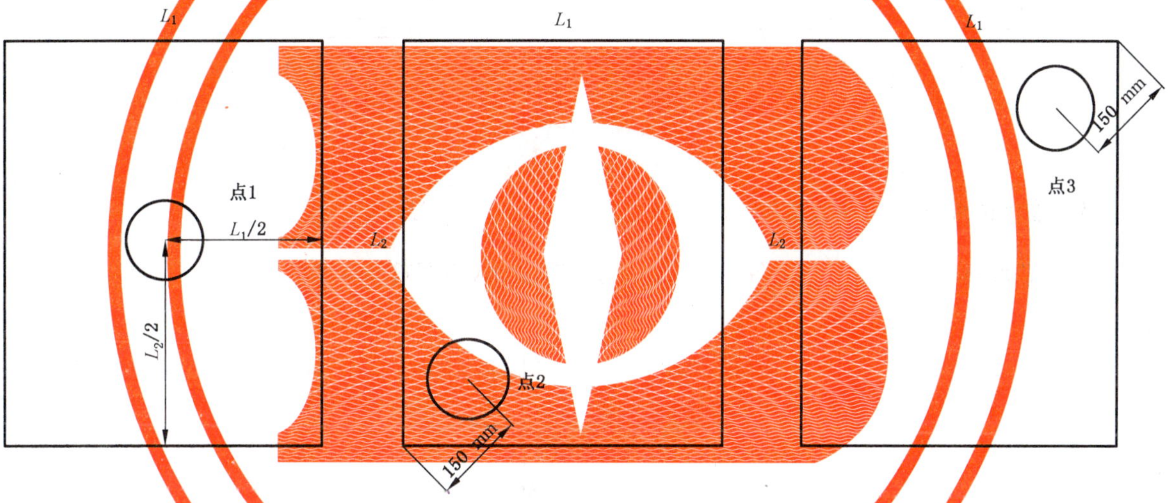

a） 面板1　　b） 面板2　　c） 面板3

注1：面板1的冲击位置是以冲击点1为圆心，半径为65 mm的圆内。冲击点1位于面板的中心点。

注2：面板2的冲击位置是以冲击点2为圆心，半径为65 mm的圆内。冲击点2位于面板的左下角对角线上，距离左下角150 mm处。

注3：面板3的冲击位置是以冲击点3为圆心，半径为65 mm的圆内。冲击点3位于面板的右上角对角线上，距离右上角150 mm处。

图4 面板冲击位置示意

7.3.2.2 门窗试件的杆件冲击位置

应选取门窗试件主受力杆件的中心位置检测，典型示例见图5。

a） 平开窗中竖框

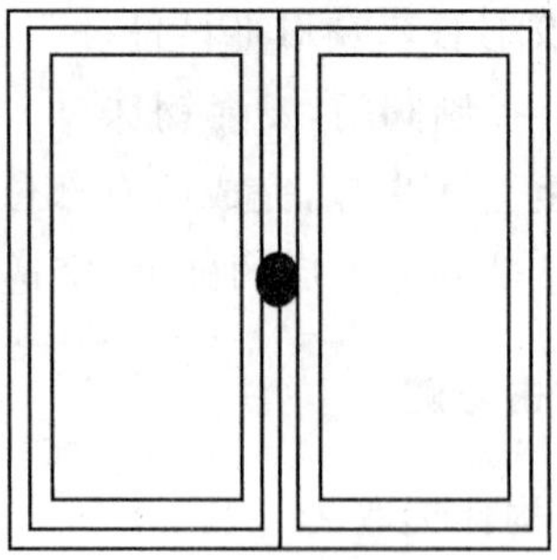

b） 组合边框

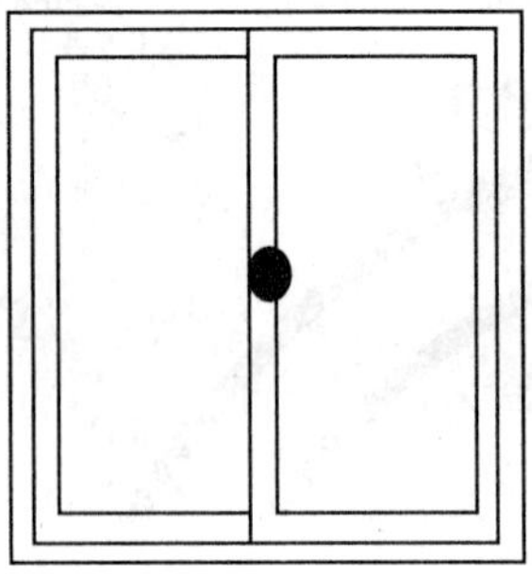

c） 推拉窗中梃

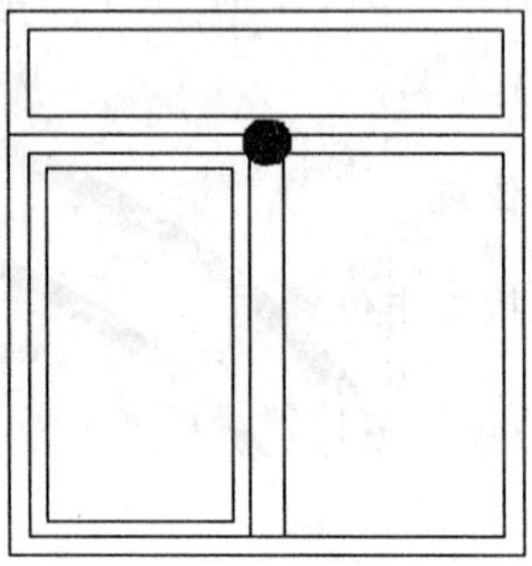

d） 带亮窗外窗的中横框

图 5　门窗试件的杆件冲击位置示例

7.3.2.3　幕墙试件杆件的冲击位置

应选取幕墙试件各典型受力杆件的中心位置检测，示例（明框玻璃幕墙）见图 6。

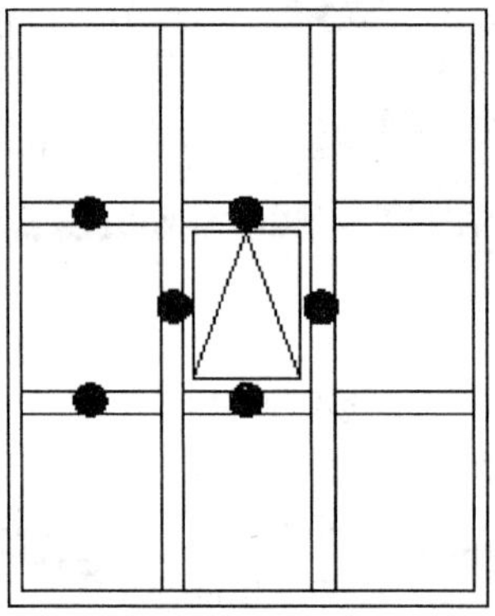

图 6　幕墙试件的杆件冲击位置示例

7.3.2.4　其他情况

其他情况包括：

a） 试件包含多重独立面板或防风暴装置时，应选取最靠近室内的面板进行冲击检测，且应冲击该面板的外侧表面。

b） 试件包含相同材料的固定和活动面板时，应选取活动面板进行冲击检测，且冲击的角部位置应靠近主锁闭点，另一角部冲击点取其相对位置。

c） 试件检测部位带有支撑物时，应选取附近的无支撑部分检测。

d） 防风暴装置具有可折叠部分时，则应选取摺间凹槽处检测。

e） 组合防风暴装置每层应分别冲击三次，位置见图 7。

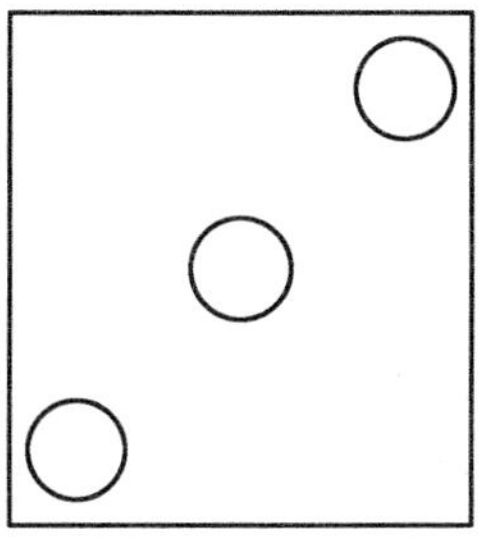

图7　组合防风暴装置的冲击位置示意

7.3.3　发射冲击角度

发射冲击角度要求同7.2.2。

7.3.4　检测步骤

检测步骤如下：

a）将木块发射物装入发射管；

b）打开控制阀门，发射木块；

c）重复上述步骤，完成所有部位的检测；

d）记录试件冲击后的破损、穿透等状况。

7.4　波动压力检测

7.4.1　波动压力检测荷载

波动压力检测荷载 P 为工程所在地的风荷载标准值的0.6倍，即 $P=0.6\ W_k$。

注：W_k 为风荷载标准值，根据GB 50009确定。

7.4.2　检测步骤

检测步骤如下：

a）设定系统的波动压力差；

b）执行波动压力差检测程序，见表2；

c）记录波动压力差检测各阶段中试件的变化情况。

表2　波动压力差检测程序

施压顺序	施压方向	静压差	循环周期数
1	正	0.2 P～0.5 P	3 500
2	正	0.0 P～0.6 P	300
3	正	0.5 P～0.8 P	600
4	正	0.3 P～1.0 P	100
5	负	0.3 P～1.0 P	50
6	负	0.5 P～0.8 P	1 050
7	负	0.0 P～0.6 P	50
8	负	0.2 P～0.5 P	3 350
周期	每个空气压循环过程在1 s～5 s之间，间隔小于1 s。		

8 结果评定

8.1 单个试件的合格评定

8.1.1 试件在选定级别的冲击荷载作用下，面板未产生损坏或有损坏但未形成穿透性开孔，杆件未变形或有变形但未损坏或脱落，开启部位功能正常，则可进行波动压力荷载检测，否则直接判定为不合格。

8.1.2 经受冲击荷载合格后的试件，在波动压力荷载作用后，不允许出现长度大于 130 mm 的裂缝，或出现直径大于 76 mm 的穿透性开孔，否则判定为不合格。

8.2 3 个试件的综合评定

试件在选定的分级指标下，所有 3 个试件全部达到 8.1 要求时，则该试件合格；若 2 个试件达到要求时，需追加 2 个试件，所追加试件全部符合要求时则判定为合格，否则判定为不合格；若 2 个试件未达到要求时，则判定为不合格。

9 检测报告

检测报告格式参见附录 C，报告至少应包括下列内容：

a) 委托和生产单位；

b) 试件名称、编号、规格、数量；玻璃的品种、结构及空气层厚度；型材的断面尺寸、框的位置、面板布置、窗扇或门扇尺寸和布置、锚件的安装和间距、五金件的安装位置、密封条及密封方法；

c) 检测项目、检测依据、检测设备、检测类别、检测时间和报告时间；

d) 发射物的尺寸与重量、发射物的速度及打击部位、检测用静压力值；

e) 检测结果及结论；

f) 检测人、审核人及批准人签名；

g) 检测单位。

附 录 A
（资料性附录）
检 测 装 置

A.1 钢珠冲击检测装置

钢珠冲击检测装置组成见图 A.1。压缩气体源可采用空气压缩机，发射装置采用空气炮方式，钢珠发射管应能同时发射 10 个钢珠，10 个钢珠应位于直径为 200 mm 的圆内，并可按规定方向冲击到试件的规定位置。

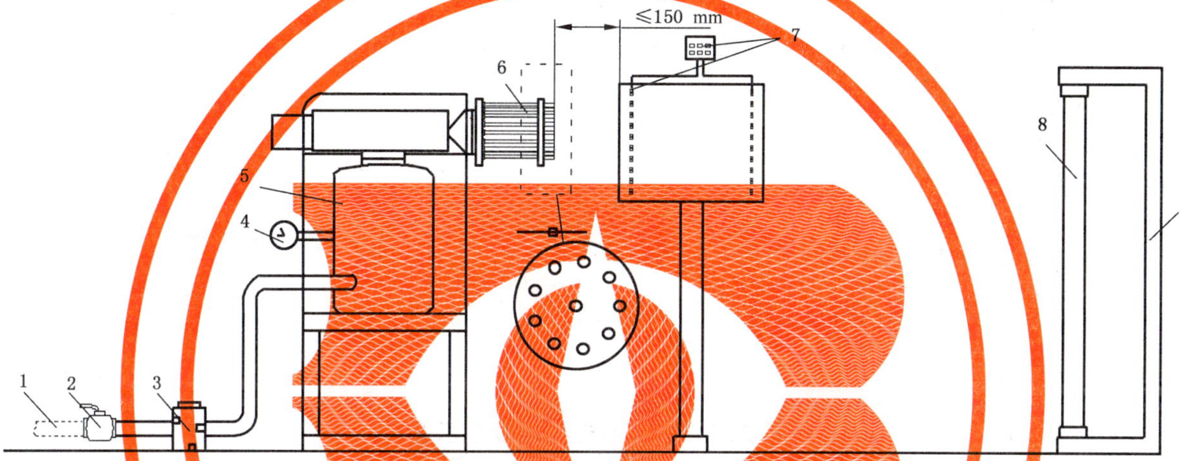

说明：

1——压缩气体源；

2——单向阀；

3——电磁阀；

4——压力表；

5——空气炮；

6——钢珠发射管；

7——光电感应测速器；

8——试件；

9——压力箱。

图 A.1 钢珠冲击检测装置示意

A.2 木块冲击检测装置

木块冲击检测装置见图 A.2。压缩气体源可采用空气压缩机，发射管可采用内径为 100 mm、壁厚为 6 mm～10 mm 的 PVC 塑料管，发射装置采用空气炮方式，可按规定方向将木块冲击到试件的规定位置。

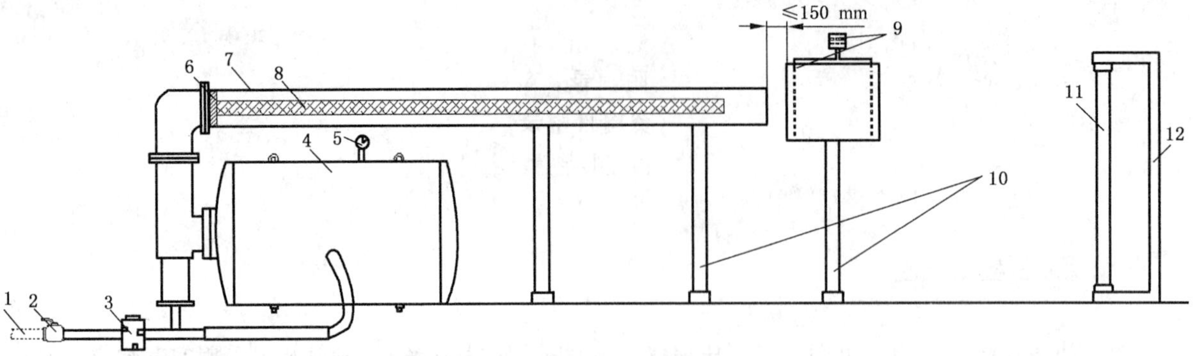

说明：

1——压缩气体源；

2——单向阀；

3——电磁阀；

4——空气炮；

5——压力表；

6——圆形底板；

7——发射管；

8——木块；

9——光电感应测速器；

10——支架；

11——试件；

12——压力箱。

图 A.2 木块冲击检测装置示意

A.3 测速装置

A.3.1 光电感应测速器

使用同一型号两个光电感应器，通过电子计时器记录发射物通过两个感应器的时间。电子记时器响应频率不少于 10 kHz，反应时间不超过 0.15 ms。发射物的速度为两个光电感应器间的距离除以电子记时器所计时间的计算值。

A.3.2 高速摄像机

采用高速摄像机可以替代 A.3.1 的方法，将摄像机置于适当的位置，在发射物上设置一参考线，在背景处设置清晰的长度标记，记录连续相邻两帧静态画面中参考线移动的距离，除以两帧的时间间隔可以计算出发射物的速度。如果采用每秒 500 帧的高速摄像机，所记录的位置变化为 27 mm，则发射物的速度为 13.5 m/s。

附 录 B
（资料性附录）
冲击级别的选定

冲击级别应根据工程所在地基本风速、建筑物防护级别和试件安装高度来确定，见表 B.1。

表 B.1 建筑幕墙和门窗抗风携碎物冲击级别的选定

建筑物防护类型	无防护		基本防护		居住建筑屋顶天窗		加强型防护	
试件的安装高度/m	≤10	>10	≤10	>10	≤10	>10	≤10	>10
32.7 m/s≤基本风速<50.0 m/s	—	—	3	1	1	1	4	4
50.0 m/s≤基本风速<55.0 m/s	—	—	3	1	1	1	4	4
55.0 m/s≤基本风速<60.0 m/s	—	—	3	1	2	1	4	4
60.0 m/s≤基本风速<65.0 m/s	—	—	4	1	3	1	4	5
基本风速≥65.0 m/s	—	—	4	1	4	1	4	5

注 1：建筑物防护类型划分为：

a) 无防护建筑物指在风暴中对人类生命具有低危险性的建筑物和结构，包括但不限于以下类别：农业设施、生产用温室、某些暂时性的设施或仓储设施。

b) 基本防护建筑物指 a)和 c)所列之外的建筑物。

c) 加强型防护建筑物指作为基础设施的建筑物和其他结构，包括但不限于以下类别：医院、其他应急健康医疗中心；监狱和拘留所；消防、急救、警局和急救车库；指定的应急避难所；商业中心和其他要求应急反应的场所；电站；其他有应急要求的公共设施；具有国防功能的建筑物和其他设施。

注 2：基本风速可参考 GB 50009 确定。

附 录 C
（资料性附录）
建筑幕墙和门窗抗风携碎物冲击性能检测报告

报告编号：　　　　　　　　　　　　　　　　　　　　共1页　第1页

<table>
<tr><td colspan="2">委托单位</td><td colspan="3"></td></tr>
<tr><td colspan="2">地　　址</td><td></td><td>电　　话</td><td></td></tr>
<tr><td colspan="2">送样/抽样日期</td><td colspan="3"></td></tr>
<tr><td colspan="2">抽样地点</td><td colspan="3"></td></tr>
<tr><td colspan="2">工程名称</td><td colspan="3"></td></tr>
<tr><td colspan="2">生产单位</td><td colspan="3"></td></tr>
<tr><td rowspan="2">试件</td><td>名称</td><td></td><td>状　　态</td><td></td></tr>
<tr><td>商标</td><td></td><td>规格型号</td><td></td></tr>
<tr><td rowspan="4">检测</td><td>项目</td><td></td><td>数　　量</td><td></td></tr>
<tr><td>地点</td><td></td><td>日　　期</td><td></td></tr>
<tr><td>依据</td><td colspan="3"></td></tr>
<tr><td>设备</td><td colspan="3"></td></tr>
<tr><td colspan="5">检测结论</td></tr>
<tr><td colspan="5">抗风携碎物冲击性能：属国标GB/T×××××第　　级

满足工程使用要求（当工程检测时注明）

（检测报告专用章）</td></tr>
</table>

批准：　　　　　　　　　　　　审核：　　　　　　　　　　　　主检：

报告日期：

参 考 文 献

[1] GB 50009—2012 建筑结构荷载规范

ICS 91.060.50
P 32

中华人民共和国国家标准

GB/T 29739—2013

门窗反复启闭耐久性试验方法

Test method of resistance to repeat opening and closing for windows and doors

(ISO 8274:2005, Windows and doors—Resistance to repeated opening and closing—Test method, MOD)

2013-09-18 发布 2014-06-01 实施

中华人民共和国国家质量监督检验检疫总局
中国国家标准化管理委员会 发布

前　言

本标准按照 GB/T 1.1—2009 给出的规则起草。

本标准使用重新起草法修改采用 ISO 8274:2005《门窗　反复启闭耐久性　试验方法》。

本标准与 ISO 8274:2005 相比技术性差异及原因如下：关于规范性引用文件，本标准用 GB/T 29048 代替 prEN 12046-1:1996，用 GB/T 29555《门的启闭力试验方法》代替 prEN 12046-2:1999，以适应我国的技术条件。

本标准与 ISO 8274:2005 相比，结构进行了调整，具体调整如下：

——ISO 8274:2005 第 5 章的悬置段调整为本标准 5.1，原 5.1 和 5.2 调整为 5.2 和 5.3；

——ISO 8274:2005 第 8 章的悬置段取消，其内容调整到本标准 8.1 和 8.2。

本标准由中华人民共和国住房和城乡建设部提出。

本标准由全国建筑幕墙门窗标准化技术委员会(SAC/TC 448)归口。

本标准负责起草单位：广东省建筑科学研究院。

本标准参加起草单位：中国建筑科学研究院、深圳市新山幕墙技术咨询有限公司、广州铝质装饰工程有限公司、广东坚朗五金制品股份有限公司、国家建筑材料工业建筑五金水暖产品质量监督检验测试中心、中国建筑材料检验认证中心、上海建科检验有限公司、广东合和建筑五金制品有限公司、中山盛兴股份有限公司、广东创高幕墙门窗工程有限公司、福建省南平铝业有限公司、深圳市深业泰然建设工程有限公司、深圳市华辉装饰工程有限公司、北京嘉寓门窗幕墙股份有限公司、威卢克斯(中国)有限公司、武汉鸿和岗科技有限公司。

本标准主要起草人：杨仕超、石民祥、张士翔、李炯、王洪涛、杜继予、谭国湘、杜万明、邓贵智、刘海波、徐勤、刘学林、姜清海、杨翠涓、谢光宇、粟曙、王海军、陈利、郭成林、李井冈。

引　言

本标准的试验方法提供了门窗机械耐久性信息，不涉及材料或其表面处理层在环境中的腐蚀或锈蚀耐久性。

门窗反复启闭耐久性试验方法

1 范围

本标准规定了经过一定次数的启闭循环后，门和窗的开启部分机械耐久性的试验方法。

本标准适用于在正常操作条件下各种材料和启闭系统的整樘门和整樘窗。

本标准试验涉及门窗框架、开启构件(包括所有辅助构件)和必要的五金配件，包括启闭装置。但不包括任何附加的固定配件，如：插销、撑挡，也不包括任何单独安装的限位装置。

本标准中的启闭循环包括铰链、撑杆、平衡装置和其他的机械装置等辅助构件的运动。

2 规范性引用文件

下列文件对于本文件的应用是必不可少的。凡是注日期的引用文件，仅注日期的版本适用于本文件。凡是不注日期的引用文件，其最新版本(包括所有的修改单)适用于本文件。

GB/T 29048 窗的启闭力试验方法

GB/T 29555 门的启闭力试验方法

3 术语和定义

下列术语和定义适用于本文件。

3.1

启闭循环 cycle

门、窗扇启闭过程中的全套动作，包括从门窗锁闭装置松开、门窗扇完全开启、关闭，到锁闭装置重新锁紧。

3.2

启闭装置 operating device

由五金配件组成的，供使用者操纵门、窗扇启闭和运动的装置。

3.3

操控设备 operating equipment

试验设备中用于操作启闭装置的部分。

3.4

参考速度 reference velocity

当门、窗扇做直线运动时，为门、窗扇运动的实际速度；当门、窗扇做旋转运动时，为门、窗扇与操控装置连接端的外边缘的线速度。单位为米每秒(m/s)。

3.5

停顿时间 rest time

动作方向的两次改变之间或两次启闭循环之间的停顿时间，单位为秒(s)。

3.6

基准点 datum points

距门窗扇各角点 50 mm 处的测量点。

4 试验原理

4.1 一般情况

4.1.1 概述

将试件的锁闭装置松开，将门、窗扇开启到指定位置后停止，再回到关闭位置，最后将锁闭装置关紧。按照指定次数进行反复启闭循环或直到试件发生损坏。每次循环的持续时间取决于启闭行程（行程取决于试件的启闭方式）、参考速度以及每次循环中的操作（见图1和图2）。

注：如果试件的启闭方式不止一种，例如，倾斜和旋转，则在同一试件上对每种方式分别进行完整的测试，先进行常用方式的测试；或两种启闭方式的测试在连续的循环过程中交替进行。

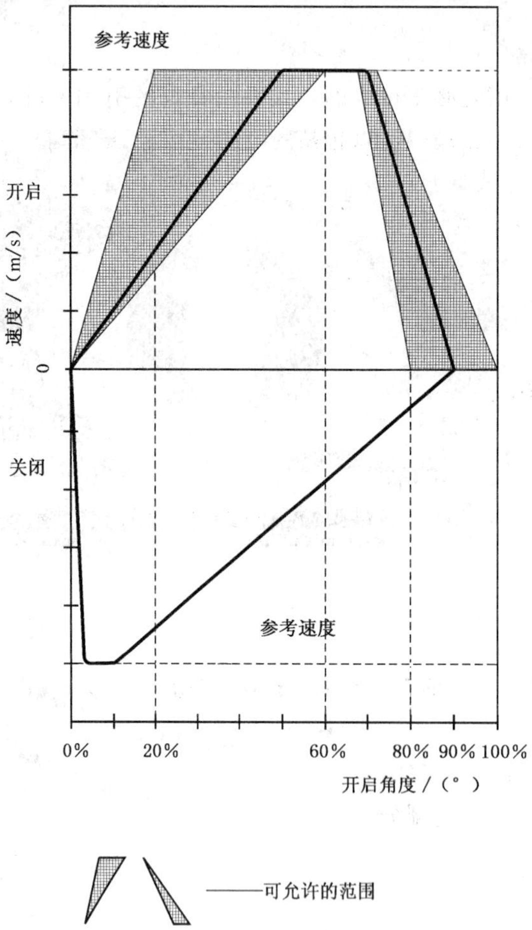

a） 不能自动关闭，无限位装置

图1 平开门/窗的试验周期

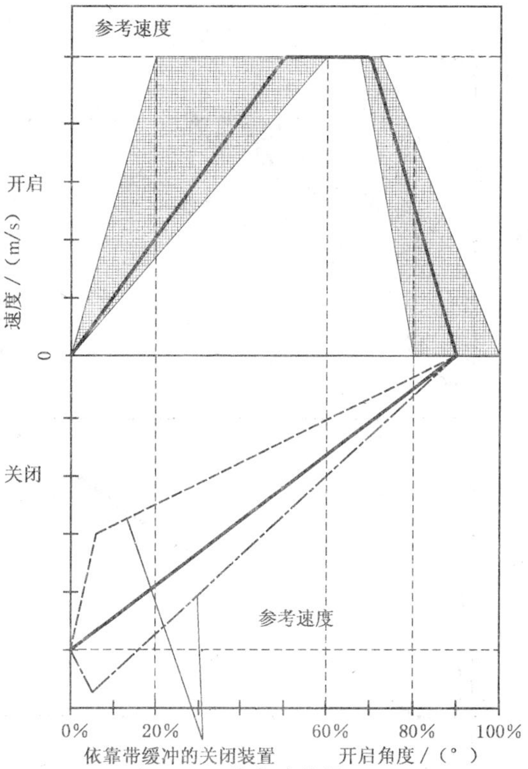

b） 能自动关闭

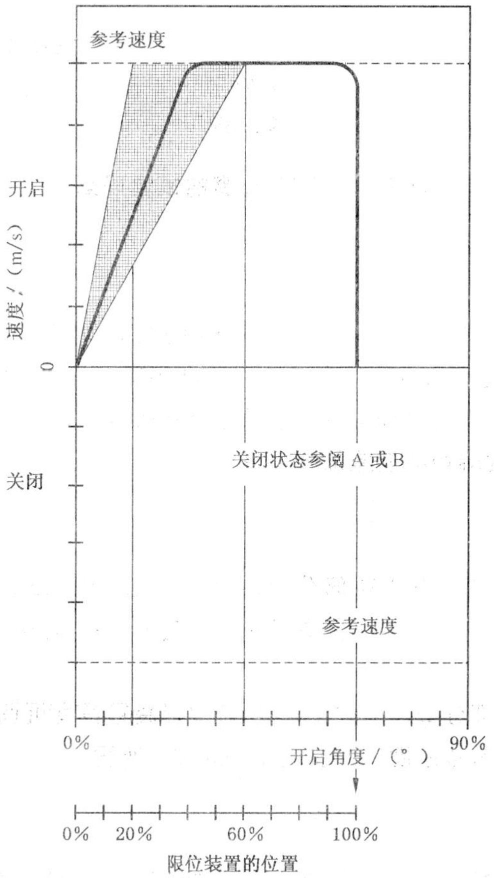

c） 有限位装置

图 1（续）

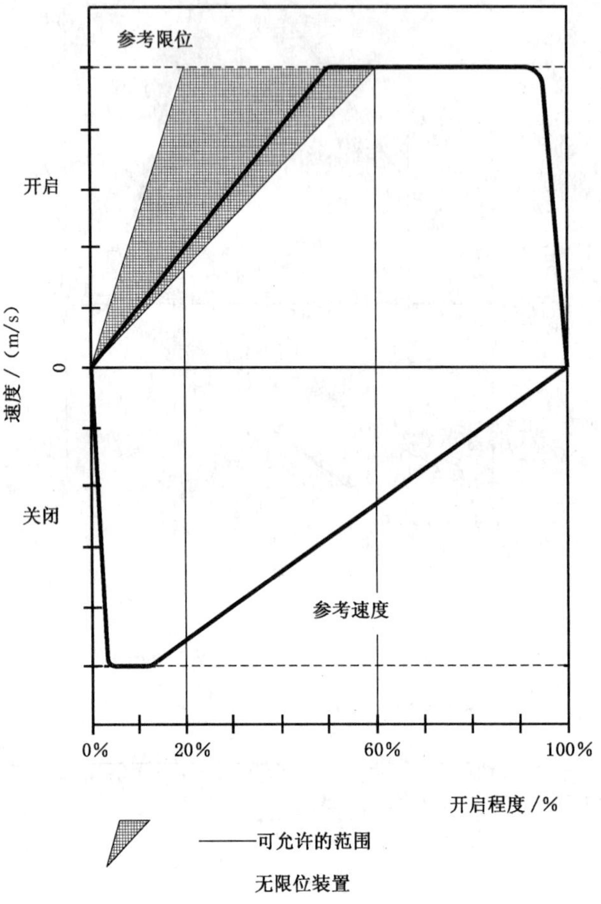

图 2 非平开门/窗的试验周期

4.1.2 行程

平开门、窗扇从关闭位置开启到开启角度为 90°±10°的位置;若限位装置允许的最大开启角度小于 90°,则开启到该位置。对于其他开启方式的门、窗扇,除非另有说明,否则应从关闭位置开启到完全开启位置。无论是哪种开启方式,开启行程均不应小于完全开启行程的 60%。

除非另有说明,否则行程两端均应能施加驱动力。

4.1.3 参考速度

如果门窗扇启闭为手动操作,当活动部分的质量不超过 400 kg 时,参考速度应为 0.5 m/s±0.05 m/s;若活动部分的质量超过 400 kg 时,参考速度应为 0.2 m/s±0.02 m/s。当有特殊要求时,参考速度应根据相关标准确定。

当门窗扇启闭动作全部或部分采用机械操作时,若驱动装置速度可调,应将参考速度调至规定的速度;若驱动装置速度不可调,则参考速度应为装置允许的实际速度。

4.1.4 锁闭器操作力

对于手动锁闭器,通过操控设备施加的操作力应比锁闭器的启闭力测定值高 50%±10%,锁闭器的启闭力依照 GB/T 29048 与 GB/T 29555 确定。

对于电动锁闭器(完全电动或部分电动),操作力应由锁闭器本身提供。

4.1.5 开启过程

门窗扇锁闭器由操控设备松开，门窗扇开启运动应尽可能连续，以便在开启角度 20°～60°范围内或行程的 20%～60%范围内达到参考速度，并保持此速度至行程结束。

4.1.6 开启位置停顿时间

手动启闭门窗扇在开启位置的停顿时间不应大于 4 s。电动门窗扇在开启位置的停顿时间应在试验前根据制造商提供的资料确定。

4.1.7 关闭过程

门窗扇从开启位置到关闭位置过程的运动状态按照与 4.1.4 规定相同的方式确定。手动启闭的门窗扇应以参考速度到达关闭位置。

若装置许可，电动启闭的门窗扇也应到达关闭位置。

到达门窗扇关闭位置后，如果锁闭器不能自动锁闭，则启闭装置应将锁闭器锁闭。

4.1.8 关闭位置停顿时间

在关闭位置的停顿时间与 4.1.5 规定的时间相同。

4.2 特殊情况

4.2.1 无逃生功能的双扇单向平开门

按本标准的操作要求先将先开扇打开到开启位置，随后开启后开扇。关闭操作则从后开扇开始(见图 3)。

若装有调节关闭顺序的装置，门扇应能通过该装置按正常顺序关闭。

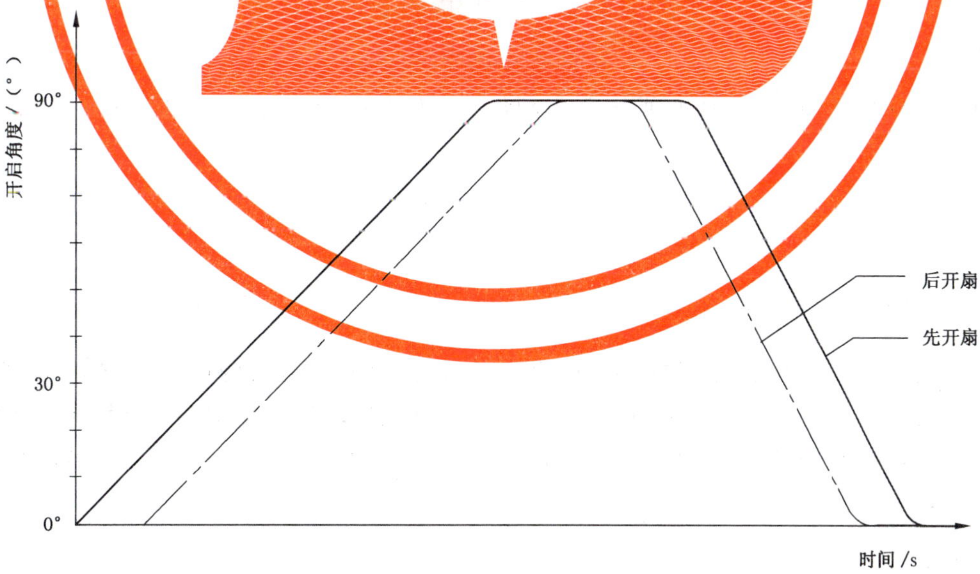

图 3 无逃生功能的双扇单向平开门操作顺序

4.2.2 带逃生功能的双扇单向平开门

先开扇和后开扇都有逃生装置时，后开扇启闭装置应先将后开扇开启到 90°±10°。先开扇在后开扇的作用下开启到至少 30°。关闭操作则从后开扇开始(见图 4)。

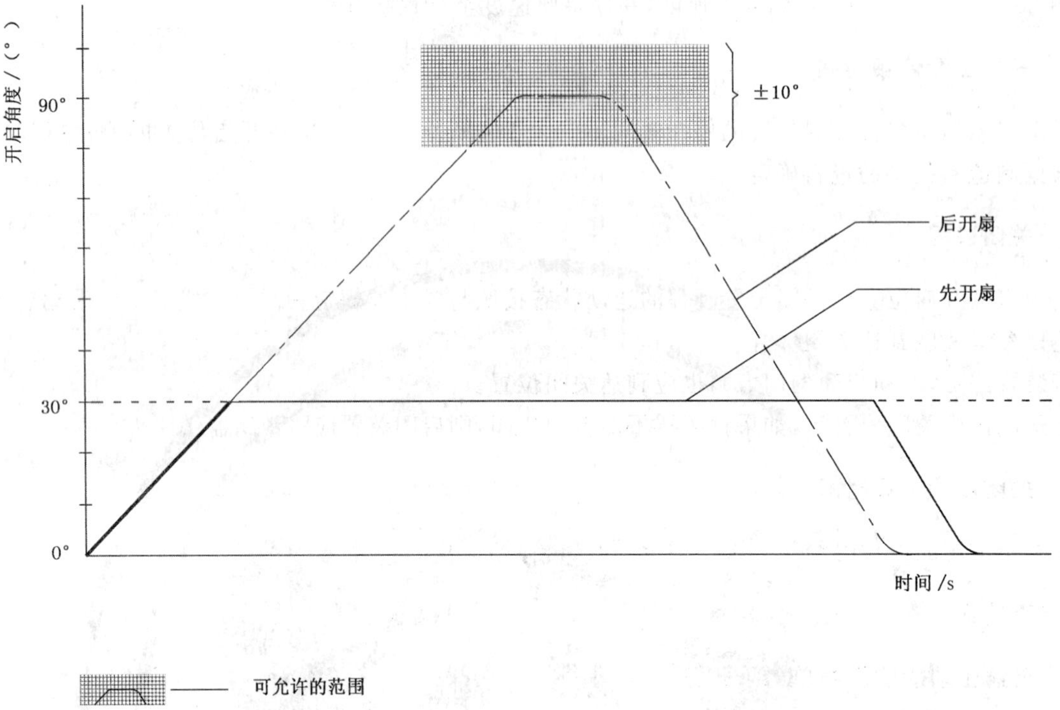

图 4　带逃生功能的双扇单向平开门操作顺序

4.2.3　双向平开门

双向平开门扇应进行两个方向的试验，可分别在每个方向单独进行，也可在两个相反方向连续循环进行。

5　试验设备

5.1　试验支撑装置

试验支撑装置应可调，以适应不同规格的试件。该支撑装置应具有足够的刚度，能承受门窗扇运动过程对其产生的荷载，不会出现影响试验结果的扭曲或弯曲变形以及造成门窗框、扇结合部位的损坏。

注：支撑装置具有足够的刚度，如在相对于试件平面任一方向的任一点施加 6 kN 荷载，所有承载构件的跨中挠度均不超过 2 mm。

5.2　操控设备

5.2.1　动力装置(液压装置、气动装置、电动装置、直线气缸或其他适当的机械装置)配置应满足如下要点：

a)　所采用的参考速度；

b)　门窗扇重量和摩擦力；

c)　用以产生动态力的荷载；

d) 试验持续时间；

e) 试件的启闭操作系统。

5.2.2 可调节的制动装置。

5.2.3 周期计数器。

5.2.4 能模拟实际操作的操控部件。

5.3 测量设备

5.3.1 质量测量工具，精度达到2%。

5.3.2 测力计和扭矩测量仪，精度达到2%。

5.3.3 卷尺，精度为0.5 mm。

5.3.4 千分尺或游标卡尺，精度为0.1 mm。

6 试验准备

试件应在温度15 ℃～30 ℃，相对湿度25%～75%的无损环境下存放和试验。除非另有说明，试件应该按照其接收时的状态进行试验。

试件应按照门窗制造商提供的说明书安装玻璃，以供测试。

应在试验开始前称量门窗扇的重量。

试件在试验环境中的固定安装方式(固定装置的类型、数量和位置)应尽量与实际使用中的情况一致。这些固定装置不能妨碍与测试相关的门窗扇或五金件的运转。

注1：若门、窗设计为连结在一起，或作为墙体或分隔系统的一部分，在试验时以适合试验框架的组合结构方式进行安装。

操控设备应在正常操作位置运行，并尽可能承重在试验支撑装置上。操控设备应平衡，以确保操控点上恒定负荷的增加在启闭过程的任何位置都不超过门窗活动扇重量的5%。

注2：除非启闭装置的执手具备安全功能，否则拆除以便于操控设备的运行。

试验开始前，应根据说明书对试件进行调节和注油润滑。

任何摩擦生热(冷却)的处理均应按照试验室和制造商之间达成的协议来执行。

注3：用于降压的压缩空气冷却嘴和由于降压产生的旋转水滴，用于运动部件的冷却，否则它们可能会因超长时间的试验(相较产品每日正常使用的时间来说)而过热。

7 试验步骤

7.1 预备操作

按照第6章安装试件，在进行初始测量之前，手动或自动完成5次门窗扇启闭循环。

7.2 初始测量

测量以下参数：

a) 操控设备施加在门窗扇上的恒定荷载，单位为牛顿，精度达到2%；

b) 门窗扇的行程，单位为角度或毫米；

c) 框、扇基准点间的距离，以度量试验中有可能发生的磨损；

d) 启闭操作力，根据GB/T 29048和GB/T 29555测量。

7.3 试验

调准启闭停止位置，以确定行程。

根据启闭装置的操作方式、参考速度以及驱动装置在指定范围内到达的位置、停顿时间、行程等调节驱动装置。

周期计数器清零，启闭循环程序开始。

按照指定的循环次数将试验过程均分为4个阶段，或者根据制造商加润滑油的需要将试验过程分为更多阶段，在每个阶段末将试验暂停以便检查试件。如有要求，在调整启闭装置或者注油润滑后，试验应在规定的条件下重新开始，直至下一次暂停。

当试验过程中试件发生损坏或指定的循环次数完成时，试验终止。

7.4 最终测量

再次测量7.2中b)、c)、d)项的参数。

8 结果表示

记录以下数据：

a) 完成的启闭循环次数；

b) 门窗扇的行程；

c) 根据7.2c)测量的框、扇基准点间的距离；

d) 试验前后测量的启闭力；

e) 启闭力变化率按式(1)计算：

$$V=(\frac{P_e}{P_i}-1)\times 100\% \quad \cdots\cdots(1)$$

式中：

V ——启闭力变化率，%；

P_e——试验后的启闭力；

P_i——试验前的启闭力。

9 试验报告

试验报告应包括如下内容：

a) 试验室或其他试验场地的名称和地址；

b) 本标准的标准号、标准名称及颁布日期；

c) 唯一的报告编号、报告总页数及每页页码；

d) 委托方的名称及地址；

e) 试件接收日期、试验日期；

f) 试验方法细节及与本标准之间的任何差异；

g) 门、窗试件一致性的所有必要的细节描述；

h) 门、窗试件类型、尺寸、材料、形状及结构等所有相关情况，以及制造商提供的与试件一致的图纸；

i) 试件的五金配件及装配、固定情况；

j) 试件门窗扇的重量；

k) 启闭装置作用于门窗扇上的恒定荷载；

l) 锁闭系统是否还可用；

m) 润滑次数及试验中试件调整情况；

n) 试验室的存放与测试条件；

o) 启闭力变化率；

p) 观察到的试验过程中出现的磨损或失效的细节情况。

ICS 91.080.10
P 26

中华人民共和国国家标准

GB/T 29740—2013

拆装式轻钢结构活动房

Assembled temporary houses with light-weight steel framing

2013-09-18 发布　　　　2014-06-01 实施

中华人民共和国国家质量监督检验检疫总局
中国国家标准化管理委员会　发布

前　　言

本标准按照 GB/T 1.1—2009 给出的规则起草。

本标准由中华人民共和国住房和城乡建设部提出。

本标准由全国建筑构配件标准化技术委员会(SAC/TC 454)归口。

本标准负责起草单位:成都市产品质量监督检验院。

本标准参加起草单位:雅致集成房屋股份有限公司、北京诚栋国际营地集成房屋有限公司、佛山市南海耀达建材有限公司、成都市恒鑫活动房发展有限公司、成都市建设工程施工安全监督站。

本标准主要起草人:罗意、张永泽、罗云松、赵军勇、徐泽樟、金胜财、张惠忠、林施颖、段训丰、张少娟、汪春锐、黄荔、陈陵、梁丽华、陈家利。

引　　言

本标准未包含建筑结构体系设计的内容，涉及拆装式轻钢活动房的设计、防火、施工安装、工程验收、使用及维护、拆除和回收等内容参见JGJ/T 188—2009《施工现场临时建筑物技术规范》。

拆装式轻钢结构活动房

1 范围

本标准规定了拆装式轻钢结构活动房(以下简称活动房)的术语和定义,分类和标记,一般要求,要求,试验方法,检验规则,标志、产品说明书及包装、运输、贮存。

本标准适用于一层或二层、檐口高度不超过6.5 m、设计使用年限不超过5年的拆装式轻钢结构活动房。

2 规范性引用文件

下列文件对于本文件的应用是必不可少的。凡是注日期的引用文件,仅注日期的版本适用于本文件。凡是不注日期的引用文件,其最新版本(包括所有的修改单)适用于本文件。

GB/T 700 碳素结构钢
GB/T 701 低碳钢热轧圆盘条
GB/T 706 热轧型钢
GB/T 1804—2000 一般公差 未注公差的线性和角度尺寸的公差
GB/T 3098.1—2010 紧固件机械性能 螺栓、螺钉和螺柱
GB/T 3098.2—2000 紧固件机械性能 螺母 粗牙螺纹
GB/T 5267.1 紧固件 电镀层
GB/T 5267.3 紧固件 热浸镀锌层
GB/T 6725 冷弯型钢
GB/T 8478—2008 铝合金门窗
GB 8624—2012 建筑材料及制品燃烧性能分级
GB/T 9286 色漆和清漆 漆膜的划格试验
GB/T 9846.3 胶合板 第3部分:普通胶合板通用技术条件
GB/T 12618.1 开口型平圆头抽芯铆钉 10、11级
GB/T 12754 彩色涂层钢板及钢带
GB/T 12755 建筑用压型钢板
GB/T 13123 竹编胶合板
GB/T 13793 直缝电焊钢管
GB/T 15856.5 六角凸缘自钻自攻螺钉
GB 17888.3 机械安全 进入机器的固定设施 第3部分:楼梯、阶梯和护栏
GB 18101 难燃胶合板
GB/T 23932—2009 建筑用金属面绝热夹芯板
GB 50083 建筑结构设计术语和符号标准
GB 50325 民用建筑工程室内环境污染控制规范
JG/T 140—2005 未增塑聚氯乙烯(PVC-U)塑料窗
JG 160 混凝土用膨胀型、扩孔型建筑锚栓
JG/T 3041—1997 平开、推拉彩色涂层钢板门窗
YB/T 4159 热轧花纹钢板和钢带

3 术语和定义

GB/T 50083界定的以及下列术语和定义适用于本文件。

3.1

拆装式轻钢结构活动房 assembled temporary houses with light-weight steel framing

承重梁柱结构采用冷弯薄壁型钢，外围护结构采用彩钢夹芯板或其他新型轻质墙板构成，构件为工厂预制，现场组装，可多次重复利用的临时性轻钢结构房屋。代号为CQH。

4 分类和标记

4.1 分类

活动房按层数分为一层代号Ⅰ、二层代号Ⅱ。

4.2 标记

4.2.1 标记代号如图1所示。

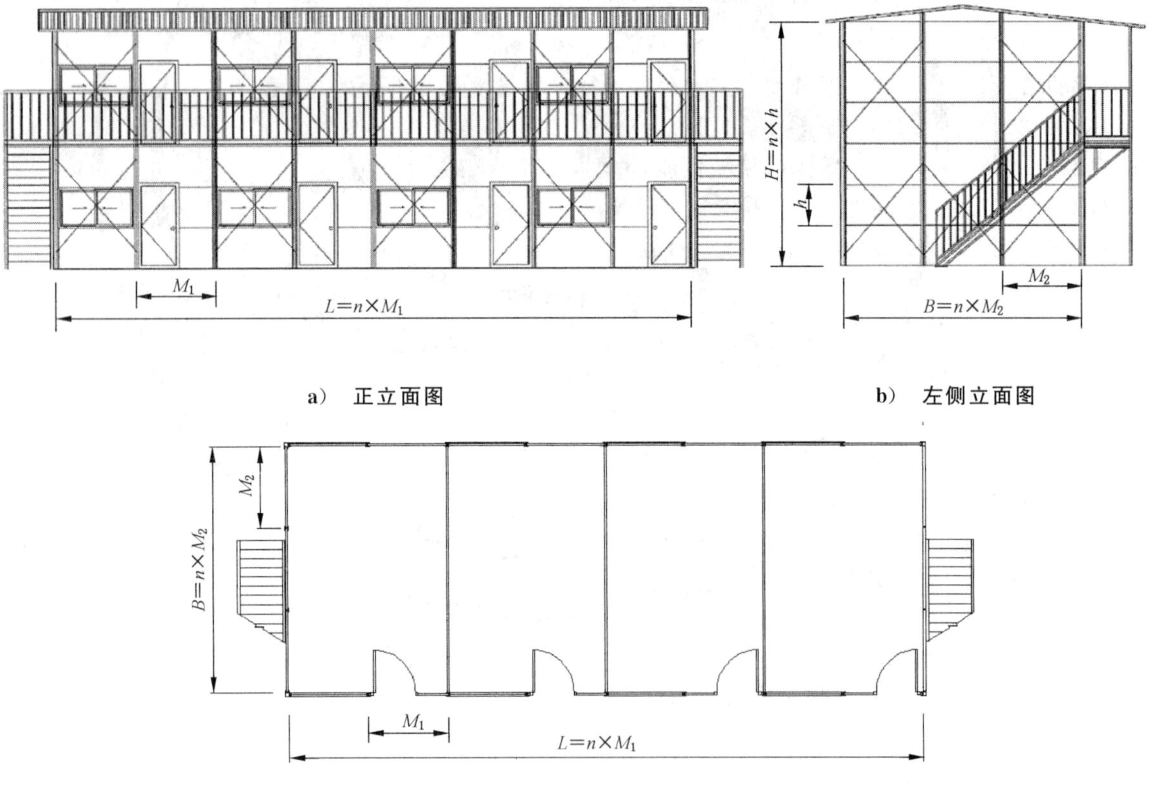

a) 正立面图　　b) 左侧立面图

c) 平面图

说明：

M_1——长度方向立柱轴线间距；

M_2——进深方向立柱轴线间距；

h ——单块墙板高度。

图1 活动房标记代号示意图

4.2.2 活动房标记由活动房代号、层数代号、长度代号×进深代号×高度代号组成，如下所示，其后加括号标明立柱轴线间距和单个墙板高度值。

CQH—□—□×□×□

- 高度代号 $n\times h$（h 为单块墙板高度，mm）
- 进深代号 $n\times M_2$（M_2 为进深方向立柱轴线间距，mm）
- 长度代号 $n\times M_1$（M_1 为长度方向立柱轴线间距，mm）
- 层数代号
- 拆装式轻钢活动房代号

示例：

长度方向有 10 个柱距 M_1，进深方向有 4 个柱距 M_2，高度方向有 6 块墙板的二层拆装式轻钢结构活动房，标记为：CQH－Ⅱ－$10M_1\times 4M_2\times 6h$（$M_1=M_2=1\ 820$ mm，$h=950$ mm）。

5 一般要求

5.1 一层活动房高度不应超过 5.5 m，二层活动房高度不应超过 6.5 m，进深不宜超过 9.1 m。

5.2 活动房的立柱轴线间距不宜超过 1 820 mm。

5.3 活动房室内环境污染控制应满足 GB 50325 的规定。

5.4 结构用钢材应符合 GB/T 700、GB/T 701、GB/T 706、GB/T 6725 的要求，其机械性能不应低于 Q235 钢。焊接用钢材应采用 Q235-B 钢。钢管应符合 GB/T 13793 的要求。楼梯踏步和楼道用花纹钢板应符合 YB/T 4159 的要求。

5.5 彩钢夹芯板的金属面应符合 GB/T 12754 或 GB/T 12755 的要求，芯材应采用难燃或不燃材料。

5.6 普通胶合板应符合 GB/T 9846.3 的要求，难燃胶合板应符合 GB 18101 的要求，竹编胶合板应符合 GB/T 13123 的要求。其他材质的楼板应符合国家现行相应标准的要求。

5.7 活动房采用的膨胀锚栓应符合 JG 160 的要求；普通紧固件性能等级不应低于 GB/T 3098.1—2010、GB/T 3098.2—2000 中 4.8 级的要求；紧固件均应镀锌，镀锌层应符合 GB/T 5267.1 或 GB/T 5267.3 的要求；自钻自攻螺钉应符合 GB/T 15856.5 的要求；抽芯铆钉应符合 GB/T 12618.1 的要求。

5.8 拆装式活动房构件拆装过程应符合环保要求。

5.9 活动房主要承重构件累计使用年限不宜超过 15 年。

5.10 活动房构件每次重装使用前应按要求检查修补和涂装。

6 要求

6.1 构件

6.1.1 承重钢构件

6.1.1.1 一层房的立柱、梁、屋面檩条实测壁厚不应小于 1.4 mm。二层房的立柱、楼面梁的实测壁厚不应小于 1.6 mm。柱间支撑杆直径不应小于 Φ 8 mm。楼梯踏步板和楼道用钢板厚度不应小于 2.5 mm。

6.1.1.2 钢构件规格及长度尺寸偏差、孔间距偏差按 GB/T 1804—2000 中公差等级粗糙 c 级要求；孔径精度 H12，孔边应平整，无毛刺、裂纹等缺陷。

6.1.1.3 构件连接板尺寸允许偏差±3.0 mm；板上的同组孔间距允许偏差±1.0 mm，其余偏差按 GB/T 1804—2000 中公差等级最粗Ⅴ级要求。

6.1.1.4 楼梯、楼道宽不应小于 900 mm，楼梯踏步板和楼道用钢板厚度不应小于 2.5 mm，且应防滑，楼梯踏步宽度不应小于 220 mm，踏步高度不应大于 175 mm，扶手高度不应低于 900 mm，栏杆净高不应低于 1 050 mm。

6.1.1.5 楼梯踏步板和楼道用钢板应防滑，公共建筑类用活动房栏杆不应有儿童易攀爬的水平杆，其垂直杆件间净空不应大于 110 mm。栏杆侧面临空时，应设置防止物件滑落的防护板，防护板高不应低于 100 mm。

6.1.1.6 钢梯踏板挠度和护栏强度应符合 GB 17888.3 规定。

6.1.1.7 钢构件焊接应牢固。焊缝平滑，不应有咬边、根部收缩、弧坑裂纹、表面夹渣、气孔、虚焊、漏焊等现象，焊接件不应错位。

6.1.1.8 钢构件防腐处理应包括去污、除锈和喷漆，经防腐处理后的钢构件不应有色差、流挂、起皱、针孔、气泡、脱落、脏物黏附、漏涂等现象；涂层应均匀一致，涂层厚度不低于 50 μm；划格试验应不低于 2 级。

6.1.2 屋面板、雨篷

6.1.2.1 屋面板、雨篷采用双面彩钢夹芯板时，其室外金属面基板厚度不应小于 0.35 mm，室内金属面基板厚度不应小于 0.25 mm。夹芯板厚度不应小于 15 mm。尺寸、外观质量应符合 GB/T 23932—2009 的规定。

6.1.2.2 聚苯乙烯夹芯板的芯材密度不应小于 12 kg/m^3；硬质聚氨酯夹芯板的芯材密度不应小于 30 kg/m^3；玻璃棉夹芯板的芯材密度不应小于 50 kg/m^3；岩棉夹芯板的芯材密度不应小于 100 kg/m^3，粘结强度应符合 GB/T 23932—2009 的规定。

6.1.2.3 屋面板、雨篷采用单面压型钢板聚氨酯复合板时，其金属面基板厚度不应小于 0.35 mm，无压型钢板的一面应覆盖防火保护层。

6.1.2.4 压型钢板作雨篷时基板厚度不应小于 0.35 mm，外观质量、尺寸偏差应符合 GB/T 12755 的规定。

6.1.2.5 屋面板、雨篷的芯材燃烧性能等级不应低于 GB 8624—2012 中 B_1 级的规定。

6.1.3 墙板

6.1.3.1 彩钢夹芯板厚度不应小于 50 mm，金属面基板厚度不应小于 0.30 mm，外观质量、尺寸偏差应符合 GB/T 23932—2009 的规定。

6.1.3.2 聚苯乙烯夹芯板的芯材密度不应小于 12 kg/m^3；硬质聚氨酯夹芯板的芯材密度不应小于 30 kg/m^3；玻璃棉夹芯板的芯材密度不应小于 50 kg/m^3；岩棉夹芯板的芯材密度不应小于 100 kg/m^3；粘结强度应符合 GB/T 23932—2009 的规定。

6.1.3.3 彩钢夹芯板的抗弯挠度为 $L_0/150$（支座距离 L_0 为 1 600 mm）。

6.1.3.4 其他材质的墙板外观质量应符合相关标准的要求。抗弯挠度为 $L_0/150$（支座距离 L_0 为 1 600 mm）。

6.1.3.5 墙板芯材的燃烧性能等级不应低于 GB 8624—2012 中 B_1 级的规定。

6.1.4 楼板

6.1.4.1 楼板采用胶合板时，板厚不应小于 15 mm；板面平整度不应大于 2 mm；两对角线差不应大于 4 mm。当采用木框架加板组合结构或其他材料时，板面平整度不应大于 2 mm；两对角线差不应大于 4 mm。其他材质的楼板应符合国家现行相关标准的规定。

6.1.4.2 楼板在规定荷载条件下的挠度不应超过楼板梁支撑位置方向长度的 $L_0/150$（如图 2 所示）。

6.1.4.3 楼板的燃烧性能等级不应低于 GB 8624—2012 中 B_2 级的规定。

6.1.5 门、窗

6.1.5.1 彩色涂层钢板门、窗的材料、外型尺寸、搭接量、连接和外观应符合 JG/T 3041—1997 中的

Ⅱ级规定。

6.1.5.2 铝合金推拉窗的主型材最小壁厚不小于 1.2 mm，其他材料、外观、尺寸、装配质量、构造应符合 GB/T 8478—2008 中第 5 章的规定。

6.1.5.3 塑料推拉窗主型材最小壁厚不小于 2.2 mm，其他材料和窗的装配应符合 JG/T 140—2005 中第 6 章的规定。

6.1.5.4 其他类型的门窗材料、外观、尺寸、装配质量、构造应符合国家现行相关标准的规定。

6.2 组装

6.2.1 活动房板面颜色应整体协调。

6.2.2 屋面板、雨篷采用单面彩钢聚氨酯复合板时，应加装石膏板天花板等作为必要的防火措施。

6.2.3 门窗开关应灵活，锁扣应牢固。推拉窗扇应有防脱落装置。

6.2.4 各连接件紧固件应处于拧紧状态，无漏装。未拧紧的紧固件不应大于被检部位紧固件数的 5%。

6.2.5 楼板应固定平整、牢固。

6.2.6 活动房屋面、门窗不应出现渗漏现象。

6.2.7 活动房与基础、屋面板与承重结构应有可靠的连接，连接件应有防水措施。

6.2.8 二层房屋雨篷水平投影宽度应大于走廊宽度 150 mm。

6.2.9 外墙面柱间支撑由 2 根交叉杆组成一组，应均衡的布置，每 3 根立柱间至少安装一组，二层房屋的一层、二层均应对应安装(见图 1)。柱间支撑应处于张紧状态。

6.2.10 构件组装允许偏差应符合表 1 的规定。

表 1 构件组装允许偏差

单位为毫米

序号	项目	允许偏差
1	立柱中心线对定位轴线的偏移	≤8.0
2	立柱弯曲矢高	H/1 000，且≤15.0
3	立柱轴线垂直度	H/1 000，且≤10.0
4	底导梁水平度	L/1 000，且≤10.0
5	底导梁两对角线长度差	L/200，且≤20.0
6	楼板安装	楼板表面平整，固定牢固，相邻两板高低差≤2.0
7	门、窗框两对角线长度差	≤3.0
8	门、窗框正、侧面垂直度	≤3.0
9	门、窗框水平度	≤3.0

7 试验方法

7.1 构件

7.1.1 承重钢构件

7.1.1.1 承重构件壁厚、柱间支撑杆径

承重构件壁厚用精度 0.001 mm 的超声波测厚仪在距离边部不小于 20 mm 处测量，测量 3 个部位，取 3 次测量结果平均值为结果值。柱间支撑杆径用精度为 0.02 mm 的游标卡尺测量。

7.1.1.2 钢构件孔径、孔间距

用精度为 0.02 mm 的游标卡尺、钢卷尺或钢板尺测量。

7.1.1.3 构件连接板尺寸、孔间距

用精度为 0.02 mm 的游标卡尺、钢卷尺或钢板尺测量。

7.1.1.4 楼梯、楼道、扶手、栏杆

用钢卷尺或钢板尺测量。

7.1.1.5 钢梯踏板挠度和护栏强度

按 GB 17888.3 规定的方法进行。

7.1.1.6 焊接质量

在自然光或等效光源下距离 0.5 m 目测检查。

7.1.1.7 涂饰质量

涂饰外观在自然光或等效光源下距离 0.5 m 目测；涂层附着力按 GB/T 9286 的规定进行；涂层厚度用涂层测厚仪测量。

7.1.2 屋面板、雨篷

7.1.2.1 彩钢夹芯板的外观质量在光线明亮的情况下，距试件 1.0 m 目测检查。尺寸用精度为 0.02 mm 的游标卡尺、钢卷尺或钢板尺测量。

7.1.2.2 芯材密度、粘结强度检验按 GB/T 23932—2009 的规定进行。

7.1.2.3 单面压型钢板聚氨酯复合板的外观质量在光线明亮的情况下，距试件 1.0 m 目测检查。尺寸用精度为 0.02 mm 的游标卡尺、钢卷尺或钢板尺测量。

7.1.2.4 压型钢板制作的雨篷检验应按 GB/T 12755 规定的方法进行。

7.1.2.5 屋面板、雨篷的芯材燃烧性能等级应按照 GB 8624—2012 规定的方法进行。

7.1.3 墙板

7.1.3.1 彩钢夹芯板的外观质量、尺寸偏差应按 GB/T 23932—2009 中第 7 章规定的方法进行。

7.1.3.2 芯材密度、粘结强度检验按 GB/T 23932—2009 的规定进行。

7.1.3.3 彩钢夹芯板的抗弯挠度按 GB/T 23932—2009 中第 7 章规定的方法进行。(支座距离 L_0 为 1 600 mm)试验均布荷载不应小于 0.5 kN/m^2。

7.1.3.4 其他材质的墙板的外观质量应按相关标准，尺寸偏差、抗弯挠度(支座距离 L_0 为 1 600 mm)应按 GB/T 23932—2009 中第 7 章规定的方法进行。

7.1.3.5 墙板芯材的燃烧性能等级应按照 GB 8624—2012 规定的方法进行。

7.1.4 楼板

7.1.4.1 外观质量

普通胶合板应按 GB/T 9846.3、难燃胶合板应按 GB/T 18101、竹编胶合板应按 GB/T 13123 规定的方法进行。尺寸用精度为 0.02 mm 游标卡尺、钢卷尺或钢板尺检测，平整度用 1 m 钢板尺和塞尺测量。

7.1.4.2 楼板在规定的荷载条件下的挠度试验

取楼板成品3件。在试验室放置24 h后进行试验。将试件简支(楼板梁支撑位置)在与楼板长度一致两个平行的支座上,一端为铰支座,另一端为滚动支座。支座中心距板端为50 mm。按图2所示在试件中部安装百分表;空载2 min,记录初始读数;试验荷载按2 kN/m^2,加载至与楼板长度一致的承压板(承压板重计入荷载)上,静置10 min后记录百分表的位移量即为挠度值;取3块试件的算术平均值作为测定结果,修约至0.01 mm。

单位为毫米

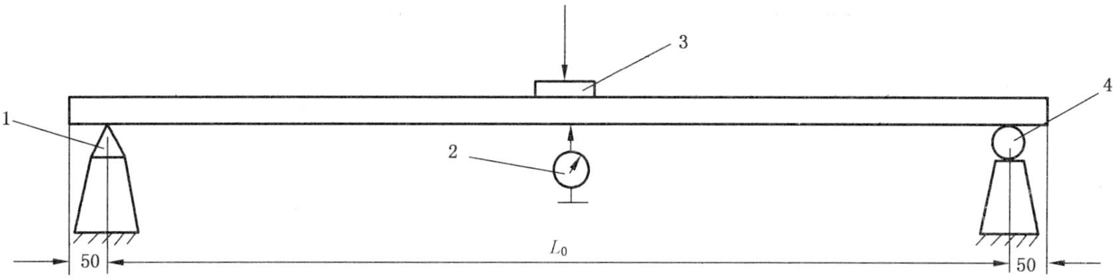

说明:

1——铰支座(角钢);

2——百分表;

3——承压板(宽100 mm,厚4.5 mm~6 mm钢板);

4——滚动支座(钢管)。

图2 集中荷载测试楼板挠度示意图

7.1.4.3 楼板的燃烧性能等级应按照GB 8624—2012规定的方法进行。

7.1.5 门窗

7.1.5.1 彩色涂层钢板门、窗的材料、外型尺寸、搭接量、连接和外观应按JG/T 3041—1997中附录B的规定进行。

7.1.5.2 铝合金窗的材料、外观、尺寸、装配质量、构造应按GB/T 8478—2008中第6章的规定进行。

7.1.5.3 塑料窗的材料、外观、尺寸、装配要求应按JG/T 140—2005中第7章的规定进行。

7.1.5.4 其他类型的门窗应按国家现行相关标准的规定进行。

7.2 组装检验

7.2.1 在自然光下目视检查整体颜色和外观。

7.2.2 单面彩钢聚氨酯复合板作屋面板时,检查天花板有无采用防火措施。

7.2.3 目测手感法检查门窗开关是否灵活,锁扣是否牢固,推拉窗扇是否有防脱落装置。

7.2.4 紧固件拧紧状态检查:对已拧紧的螺栓,用扭力扳手将螺栓头部(或螺母)向拧紧方向缓而均匀地加力;必要时,用活动扳手将与其联接的螺母(或螺栓头部)夹紧,以防松动。当扭力扳手发出响声时,记录其数值。公称直径M10的拧紧力矩值在(26~31)N·m、M12的拧紧力矩在(45~53)N·m、M14的拧紧力矩在(71~85)N·m范围内的为拧紧状态。

7.2.5 在楼板上走动观查楼板安装是否固定平整、牢固。

7.2.6 房屋渗漏试验以(100±20)L/(m^2·h)的喷水量,距房屋不小于2 m,与侧壁成45°均匀喷淋,历时30 min,室内屋顶、门窗均不应漏水。

7.2.7 检查屋面紧固件是否带防水垫圈,搭接处是否有密封带。

7.2.8 二层房屋雨篷水平投影宽度用吊线和钢尺检测。

7.2.9 手拉、转动柱间支撑以确定是否处于张紧状态。

7.2.10 构件组装允许偏差检验方法按表2的规定。

表2 构件组装允许偏差检验

序号	项目	方法
1	立柱中心线对定位轴线的偏移	用吊线和钢尺检测
2	立柱弯曲矢高	用经纬仪或拉线和钢尺检测
3	立柱轴线垂直度	用经纬仪或吊线和钢尺检测
4	底导梁水平度	用水准仪检测
5	底导梁两对角线长度差	用拉线和钢尺检测
6	楼板安装	感官和用2 m靠尺和楔形塞尺检测
7	门、窗框两对角线长度差	用钢尺测量内对角线
8	门、窗框正、侧面垂直度	用1 m垂直检测尺检测
9	门、窗框水平度	用1 m水平检测尺和0.5 mm塞尺检测

8 检验规则

8.1 出厂检验

活动房构件的出厂检验项目见表3,检验合格并签发合格证方能出厂。

8.2 型式检验

有下列情况之一时应进行型式检验:

a) 新产品试制定型鉴定;
b) 产品结构、材料、工艺有较大改变可能影响产品性能时;
c) 正常生产时每两年检测一次;
d) 发生重大质量事故时;
e) 检验结果与上次型式试验有较大差异时;
f) 国家质量监督机构要求进行型式检验时。

8.3 检验项目

出厂检验、型式检验项目见表3。

表 3 检验项目

序号	项目名称			技术要求	试验方法	不合格项类	型式检验	出厂检验
1	承重钢构件	承重构件壁厚、柱间支撑杆径		6.1.1.1	7.1.1.1	A	√	√
2		孔径、孔间距		6.1.1.2	7.1.1.2	C	√	√
3		构件连接板尺寸、孔间距		6.1.1.3	7.1.1.3	C	√	√
4		楼梯、楼道、扶手、栏杆		6.1.1.4	7.1.1.4	A	√	√
5		防滑、公共安全		6.1.1.5	7.1.1.4	A	√	√
6		踏板挠度和护栏强度		6.1.1.6	7.1.1.5	A	√	—
7		焊接		6.1.1.7	7.1.1.6	C	√	√
8		构件防腐	外观	6.1.1.8	7.1.1.7	C	√	√
9			涂层划格试验			B	√	—
10			涂层厚度			B	√	√
11	屋面板、雨篷	彩钢夹芯板外观、尺寸偏差		6.1.2.1	7.1.2.1	C	√	√
12		芯材密度、粘结强度		6.1.2.2	7.1.2.2	B	√	—
13		单面彩钢复合板外观、尺寸偏差		6.1.2.3	7.1.2.3	C	√	√
14		压型钢板雨篷		6.1.2.4	7.1.2.4	C	√	√
15		屋面板、雨篷的芯材燃烧性能等级		6.1.2.5	7.1.2.5	A	√	—
16	墙板	彩钢夹芯板外观、尺寸偏差		6.1.3.1	7.1.3.1	C	√	√
17		芯材密度、粘结强度		6.1.3.2	7.1.3.2	B	√	—
18		彩钢夹芯板抗弯挠度		6.1.3.3	7.1.3.3	B	√	—
19		其他材料墙板		6.1.3.4	7.1.3.4	C	√	√
20		墙板芯材的燃烧性能等级		6.1.3.5	7.1.3.5	A	√	—
21	楼板	外观、尺寸、平整度、对角线差		6.1.4.1	7.1.4.1	C	√	√
22		挠度试验		6.1.4.2	7.1.4.2	B	√	—
23		楼板的燃烧性能等级		6.1.4.3	7.1.4.3	A	√	—
24	门	彩色涂层钢板门		6.1.5.1	7.1.5.1	B	√	√
		其他类型的门		6.1.5.4	7.1.5.4	B	√	√
25	窗	钢窗/彩色涂层钢板窗		6.1.5.1	7.1.5.1	C	√	√
		铝合金窗		6.1.5.2	7.1.5.2	C	√	√
		塑料窗		6.1.5.3	7.1.5.3	C	√	√
		其他类型的窗		6.1.5.4	7.1.5.4	C	√	√
26	组装	活动房板面颜色整体协调		6.2.1	7.2.1	C	√	—
27		单面彩钢复合板作屋面板时的防火措施		6.2.2	7.2.2	A	√	—
28		门窗开关灵活，锁扣牢固。推拉窗扇必须有防脱落装置		6.2.3	7.2.3	B	√	—

表 3（续）

序号	项目名称		技术要求	试验方法	不合格项类	型式检验	出厂检验
29	组装	各连接件、紧固件应处于拧紧状态，无漏装	6.2.4	7.2.4	A	√	—
30		楼板固定平整、牢固	6.2.5	7.2.5	B	√	—
31		活动房屋面、门窗不应出现漏水现象	6.2.6	7.2.6	B	√	—
32		屋面板与支承构件有可靠的连接，连接件有防水密封措施	6.2.7	7.2.7	B	√	—
33		二层房屋雨篷水平投影宽度应大于走廊宽度 150 mm	6.2.8	7.2.8	B	√	—
34		柱间支撑应处于张紧状态	6.2.9	7.2.9	B	√	—
35	组装允差	立柱中心线对定位轴线的偏移	6.2.10	7.2.10	C	√	—
36		立柱弯曲矢高					
37		立柱轴线垂直度					
38		底导梁水平度					
39		底导梁两对角线长度差					
40		楼板安装					
41		门、窗框两对角线长度差					
42		门、窗框正、侧面垂直度					
43		门、窗框水平度					

8.4 交付检验

交付检验项目参见附录 A。

8.5 组批及判定规则

8.5.1 以相同材料、相同规格、相同工艺生产的构件作为检验批。出厂检验的样品应从组批中随机抽样 2%，且不应少于 3 件；型式检验的整体样品应从出厂检验合格的构件中随机抽取以组装成一栋活动房，型式检验的构件样品应从出厂检验合格的检验批中随机抽取 3 件。

8.5.2 出厂检验的项目若出现不合格项，应加倍抽样对不合格项进行复验，复验合格，判该批构件合格，复验不合格则判该批构件不合格。

8.5.3 型式检验按表 3 规定的检验项目进行合格与否的判定，有下列情况之一时，判定产品不合格：

a) 有一项 A 类不合格；

b) 有三项 B 类不合格；

c) 有五项 C 类不合格；

d) 有两项 B 类和三项 C 类不合格。

8.5.4 交收检验若出现不合格项允许调整和更换。

9 标志、产品说明书

9.1 产品标志

9.1.1 每栋活动房组装完毕后应有标牌，标牌应包括下列内容：

a) 产品名称；
b) 型号规格；
c) 产品执行标准编号；
d) 出厂编号、出厂日期(年、月)；
e) 生产企业名称或商标；
f) 生产企业详细地址。

9.1.2 包装成捆的活动房的主要构件应有标签，标签应有下列内容：

a) 产品名称；
b) 钢材牌号及质量等级/型号规格；
c) 件数；
d) 产品执行标准编号；
e) 出厂编号、出厂日期(年、月)；
f) 生产企业名称或商标；
g) 生产企业详细地址。

9.1.3 活动房应附有产品使用说明书，说明书应有下列内容：

a) 活动房的设计荷载(风荷载、楼面荷载)、抗震设防烈度、安全及防火要求、使用功能等应予以说明；
b) 梁、柱材料材质规格、墙板、楼板、屋面板等主材的型号规格及燃烧性能等级(参见附录 B)；
c) 按一层、二层分别给出说明地基基础及预埋件要求和图示；
d) 主要安装工艺说明，拆卸和堆放、运输、维修与保管说明；
e) 应写明与火源接触的房间必须进行防火处理，其房间上层不应做办公用房或居住用房；
f) 应明确水、暖、电等设备的安装要求；
g) 严格按规定使用，不应随意改变使用功能，楼面使用荷载不应超过设计值，说明书应包含对用户的警示说明；
h) 特殊地理气候条件要求的防雷及抗风措施等。

10 包装、运输、贮存

10.1 构件包装应按类别和规格分类打包成捆并悬挂标签，表面质量要求较高的构件应做保护处理，小件、紧固件装箱应附装箱单，其他部件应符合运输部门的有关规定。

10.2 应选用合适的运输方式，有条件应选用集装箱运输；构件在运输和贮存时摆放平顺，均匀布置垫木或采用其他保措施护，并且要有防水、防污染、防构件变形的措施；其他零部件的运输和贮存应符合运输部门的有关规定。

附　录　A
（资料性附录）
交付检验

活动房组装完毕交付时，应进行交付检验。交付检验的项目为6.2所有条目及原材料和构件质量合格证明文件。交付检验的项目也可由供需双方协商确定。

附　录　B
（资料性附录）
主要材料清单

主要材料清单内容按表 B.1 的规定。

表 B.1　主要材料清单

<table>
<tr><th>序号</th><th>项目</th><th>内容</th><th colspan="8">内容填写示例</th></tr>
<tr><td>1</td><td>型号规格</td><td>产品型号规格</td><td colspan="8">例：CQH-Ⅱ-10M_1×4M_2×6h(M_1=1 820 mm,M_2=1 400 mm,h=950 mm)
例：CQH-Ⅰ-18M_1×6M_2×4h(M_1=M_2=1 820 mm,h=950 mm)</td></tr>
<tr><td rowspan="6">2</td><td rowspan="6">钢结构件材质、规格及防腐措施</td><td rowspan="6">1. 立柱/楼面梁/顶导梁/底导梁/边梁/屋面檩条/楼梯
2. 金属保护层
3. 表面涂层
4. 执行标准</td><td rowspan="6">例</td><td>钢构件</td><td>立柱</td><td>楼面梁</td><td>顶导梁</td><td>底导梁</td><td>边梁</td><td>…</td></tr>
<tr><td>规格</td><td>8＃C 型钢</td><td>……</td><td>……</td><td>……</td><td>……</td><td>…</td></tr>
<tr><td>材质</td><td>Q235B</td><td>……</td><td>……</td><td>……</td><td>……</td><td>…</td></tr>
<tr><td>金属保护层</td><td>热镀锌</td><td>……</td><td>……</td><td>……</td><td>……</td><td>…</td></tr>
<tr><td>表面涂层</td><td>醇酸漆</td><td>……</td><td>……</td><td>……</td><td>……</td><td>…</td></tr>
<tr><td>执行标准</td><td>GB/T 6725</td><td>……</td><td>……</td><td>……</td><td>……</td><td>…</td></tr>
<tr><td>3</td><td>墙板</td><td>1. 墙板厚度及名称
2. 彩钢板厚度
3. 金属面涂层
4. 夹芯板芯材
5. 执行标准</td><td colspan="8">例：50 mm 厚金属面硬质 PU 夹芯板/50 mm 厚金属面 EPS 夹芯板
例：金属面厚度 0.30 mm
例：聚酯/硅改性聚酯/高耐久性聚酯/聚偏氟乙烯/或其他涂层
例：阻燃型 EPS，密度 12 kg/m^3
参照 GB/T 23932—2009</td></tr>
<tr><td>4</td><td>楼板</td><td>1. 楼板厚度及名称
2. 执行标准</td><td colspan="8">例：18 mm 厚难燃胶合板 E1/18 mm 厚普通胶合板 E1/18 mm 厚竹编胶合板 E1/GB/T 18101—2000/GB/T 9846.3—2004/GB/T 13123—2003</td></tr>
<tr><td>5</td><td>楼道板</td><td>1. 楼道板厚度及名称
2. 执行标准</td><td colspan="8">例：2.5 mm 镀锌花纹钢板/16 mm 防滑竹胶板
YB/T 4159—2007/GB/T 13123—2003</td></tr>
<tr><td>6</td><td>屋面板、雨篷</td><td>1. 名称
2. 彩钢夹芯板
3. 金属面涂层
4. 夹芯板芯材
5. 执行标准</td><td colspan="8">例：50 mm 厚金属面 EPS 夹芯板/单层金属面聚氨酯复合板/压型钢板
例：外 0.35 mm/内 0.25 mm 镀锌板；外 0.35 mm/内 0.25 mm 镀锌铝钢板
例：外用聚酯/硅改性聚酯/高耐久性聚酯/聚偏氟乙烯/或其他涂层
例：阻燃型 EPS，密度 12 kg/m^3
例：GB/T 23932—2009/GB/T 12755—2008</td></tr>
<tr><td>7</td><td>门/窗</td><td>1. 名称
2. 尺寸
3. 执行标准</td><td colspan="8">例：彩色涂层钢板门窗/铝合金窗/塑料窗
例：门 2008　　窗 1809
例：JG/T 3041—1997/GB/T 8478—2008/JG/T 140—2005</td></tr>
<tr><td>8</td><td>柱间支撑</td><td>1. 名称
2. 尺寸
3. 执行标准</td><td colspan="8">例：柱间支撑
例：Φ8 mm
例：GB/T 701—2008</td></tr>
</table>

表 B.1（续）

序号	项目	内容	内容填写示例
9	紧固件	1. 钢结构连接 2. 膨胀螺栓 3. 薄板连接 4. 执行标准	例:4.8 级 M12×40 普通螺栓镀锌 GB/T 3098.1—2010,5 级 M12 螺母镀锌 GB/T 3098.2—2000 例:NP-M12×60　JG 160—2004 例:ST5.5×20 自钻自攻螺钉　镀锌　带防水密封胶垫 GB/T 15856.5
10	主要材料燃烧性能等级	1. 屋面板、雨篷 2. 墙板 3. 楼板	例:屋面板、雨篷芯材燃烧性能 B_1 级 例:墙板芯材燃烧性能 B_1 级 例:楼板燃烧性能 B_2 级
11	其他		

ICS 13.100
H 09

中华人民共和国国家标准

GB 29741—2013

铝电解安全生产规范

Safety specification for aluminium electrolysis

2013-09-18 发布

2014-07-01 实施

中华人民共和国国家质量监督检验检疫总局
中国国家标准化管理委员会 发布

前 言

本标准第3章和第4章为强制性的，其余为推荐性的。

本标准按照GB/T 1.1—2009给出的规则起草。

本标准由国家安全生产监督管理总局提出。

本标准由全国安全生产标准化技术委员会(SAC/TC 288)和全国有色金属标准化技术委员会(SAC/TC 243)归口。

本标准起草单位：中电投宁夏青铜峡能源铝业集团有限公司、山东南山铝业股份有限公司、云南铝业股份有限公司、中国有色金属工业标准计量质量研究所、中国铝业股份有限公司。

本标准主要起草人：牛庆仁、吴连成、詹磊、潘志远、陈泓钧、张建宇、俞成斌、郭中华、车立志、陈京晖、张辉、马志军、杨福光、李玉莲。

铝电解安全生产规范

1 范围

本标准规定了铝电解安全生产的基本安全要求、工序及设备设施安全作业要求及其他要求。

本标准适用于铝电解企业的设计、施工、验收、生产、维护、检修中的安全生产管理。

2 规范性引用文件

下列文件对于本文件的应用是必不可少的。凡是注日期的引用文件,仅注日期的版本适用于本文件。凡是不注日期的引用文件,其最新版本(包括所有的修改单)适用于本文件。

GB 3095 环境空气质量标准

GB 4053.1 固定式钢梯及平台安全要求 第1部分:钢直梯

GB 4053.2 固定式钢梯及平台安全要求 第2部分:钢斜梯

GB 4053.3 固定式钢梯及平台安全要求 第3部分:工业防护栏杆及钢平台

GB 4387 工业企业厂内铁路、道路运输安全规程

GB 5082 起重吊运指挥信号

GB 6067.1 起重机械安全规程 第1部分:总则

GB 8978 污水综合排放标准

GB 12348 工业企业厂界环境噪声排放标准

GB 15630 消防安全标志设置要求

GB 16297 大气污染物综合排放标准

GB 50034 建筑照明设计标准

GBZ 1 工业企业设计卫生标准

AQ/T 9002 生产经营单位安全生产事故应急预案编制导则

3 基本安全要求

3.1 基本规定

3.1.1 设计

3.1.1.1 铝电解企业新建、改建及扩建项目的安全设施,应与主体工程同时设计、同时施工、同时投入生产和使用。

3.1.1.2 铝电解企业初步设计中需包含安全专篇。安全专篇中应对消防、泄漏、交通、设备、生产、作业等活动中涉及人身、设备、设施、环境和安全等方面的因素进行分析评估,提出有效的控制措施及达到的控制目标。

3.1.1.3 设计应做到技术先进、经济合理、安全可靠,实现生产与安全的统一、经济效益与社会效益的统一。

3.1.1.4 设计应优先选用安全条件好的工艺与设备,提高机械化与自动化水平,降低操作者的劳动强度,减少人身危害因素。

3.1.1.5 对引进国外技术项目的设计或引进国外设备配套项目的设计，应该符合国家有关安全生产的法律法规。

3.1.1.6 厂房设计应考虑良好的通风散热、防洪防雪、采光照明等外部环境条件。

3.1.2 厂址

3.1.2.1 厂址应全面考虑周围环境，整体规划和选定生产区、生活区、水源地及“三废”排(堆)放点。

3.1.2.2 厂址应具备良好的工程地质和水文地质条件，应避开断层、滑坡、泥石流、淤泥层、地下河道、塌陷、岩溶、膨胀土地区等不良地质地段及地下水位高且有侵蚀性的地区，并按地震烈度等级标准设防。

3.1.2.3 厂址不应布置在下列地区：

a) 具有开采价值的矿床上；

b) 爆破危险区和采矿陷落及最终错动区；

c) 大型水库、油库、发电站、重要的桥梁、隧道、交通枢纽、机场、电台、电视台、军事基地、战略目标，以及生活饮用水源地等防护区域之内；

d) 城市园林区、疗养区、风景区、重要文化古迹和考古区。

3.1.2.4 厂址标高应高出最高防洪水位(包括波浪侵袭及壅水位高)0.5 m以上，地处海岸边的应高于最高潮水位1 m以上。如无法达到，应该设置有效防护措施。

3.1.2.5 厂区边缘与居住区之间，应设置卫生防护带或绿化带距离，在此距离内，不应设置居住用房屋。

3.1.3 厂区

3.1.3.1 厂区及厂房的布局应符合项目设计方案。

3.1.3.2 厂区布置应考虑物料流向，保证物料顺畅运行，同时应缩短物流距离。

3.1.3.3 车间与各辅助车间(设施)，应布置在生产流程的顺行线上。

3.1.3.4 根据生产流程和作业特点，合理布置车间工艺装备、生产设施和操作区域，确保生产安全。

3.1.4 厂房、建(构)筑物

3.1.4.1 厂房热源点周围的建(构)筑物、设备设施等应建立有效的隔热防护措施。

3.1.4.2 厂房结构应考虑风、雨、雪、雷、电、积尘等动(静)载荷及其他因素影响。

3.1.4.3 电解厂房四周应设置防坠护栏杆，厂房合理布置人车分流通道、消防梯、检修梯及其他高空作业设施。

3.1.4.4 厂房地坪应设置宽度不小于1.5 m的人行安全通道，通道应有明显的标志线；主厂房及其他中、重级工作类型桥式起重机的厂房，应设置双侧贯通的起重机安全走道，轻级工作起重机厂房，应设单侧贯通的安全通道，通道宽度应不小于0.8 m。

3.1.4.5 厂房四周道路与厂内主干道相连，在主要道路及交叉路口，应设消防栓。

3.1.4.6 厂房设置的安全出口不应少于2个，门应向外开放，工作期间不应上锁。疏散通道应有明显逃生标志，疏散通道的楼梯最小宽度不少于1.1 m，确实达不到1.1 m的，应有第二条逃生通道。

3.1.4.7 厂房(车间)紧急出入口、通道、走廊、楼梯等，应设应急照明，其设计应符合GB 50034的规定。

3.1.4.8 桥式起重机司机室与电源滑线，原则上应相对布置；若两者位于同一侧，则应有安全防护措施。

3.1.4.9 在生产作业区域或有关建筑物危险部位设置标准的安全标志。

3.1.4.10 厂房、烟囱等高大建筑物及易燃、易爆等危险设施，应按国家标准安装避雷装置。

3.1.4.11 建(构)筑物的建设，符合土建规范。

3.1.4.12 设备与建(构)筑物之间,留有满足生产、检修需要的安全距离。移动车辆与建(构)筑物之间,应有0.8 m以上的安全距离。

3.1.4.13 受高温辐射的建(构)筑物,应有防护措施。所有高温作业场所,均应设置通风降温设施。

3.1.4.14 厂房内梯子应采用不大于45°的斜梯(特殊情况允许采用60°斜梯或直爬梯),梯子设置应符合GB 4053.1和GB 4053.2的规定。

3.1.4.15 操作位置高度超过1.5 m的作业区,应设固定式或移动式平台,平台负荷应满足工艺设计要求。高于1.5 m的平台,宽于0.25 m的平台缝隙,深于1 m的敞口沟、坑、池,其周边应设置符合GB 4053.3规定的安全栏杆,不能设置栏杆的,其上口应高出地坪0.3 m以上。平台、走廊、梯子应防滑。

3.1.4.16 主控室、电气间、电缆隧道、可燃介质的液压站等易发生火灾的建(构)筑物,应设火灾报警装置,应设置消防水系统与消防通道,并设置警示标志。

3.1.4.17 控制室、电气室的门均应向外开启。主控室应按隔音要求设计,应设置紧急出口。易积水的坑、槽、沟应有排水措施。密闭的深坑、池、沟应设置换气设施,保证维护人员的安全。

3.1.4.18 仓库内除了固定的照明外,不准设置移动式照明灯具。甲、乙类物品库房和丙类液体库房的电气装置,应符合国家现行的有关爆炸危险场所的电气安全规定。储存丙类固体物品的库房,不准使用碘钨灯和超过60 W以上的白炽灯等高温照明灯具。当使用日光灯等低温照明灯具和其他防燃型照明灯具时,应当对镇流器采取隔热、散热等防火保护措施,确保安全。

3.1.5 设备

3.1.5.1 设备选型应符合项目设计方案,不使用国家规定淘汰的工艺装备。

3.1.5.2 机械设备的防护、保险、信号等装置无缺陷;裸露的齿轮、轴及高度在2 m以下的链传动、传动带应有防护罩。

3.1.5.3 机器设备的金属外壳、底座、传动装置,金属电线管、配电盘以及配电装置的金属构件,遮栏和电缆线的金属外包皮等,均应采用保护接地或接零。

3.1.5.4 易燃易爆和粉尘散发量较大的场所,设备应选用防尘防爆型。在多导电粉尘、潮湿或高温区的场所,设备选型以及电缆敷设应考虑其特殊的环境条件,配电设备防护等级不低于IP54,高温区采用耐高温阻燃型电缆,架空电缆不能跨越高温区域,电气设备、开关、插座不应安装在可燃材料上。每层厂房应设立电源开关箱,使用自动空气开关。

3.1.5.5 特种设备需由专业厂家生产、安装、维修。经专业资质机构检验合格,取得安全使用证或安全标志后,方可投入使用,在使用过程中应定期检验。建立压力容器的安全管理制度及管理台账。

3.1.5.6 铝电解、阳极、铸造吊运熔融金属应使用冶金起重机,经专业资质机构检验合格,取得安全使用证或安全标志后,方可投入使用,在使用过程中应定期检验。

3.2 施工

3.2.1 施工应遵照设计进行,如果确实需要变更,应经过原设计单位书面同意。

3.2.2 隐蔽工程应经过建设单位、监理单位和施工单位三方共同检查验收,经验收合格,方可进行隐蔽。

3.2.3 建设单位依法对工程建设项目的勘察、设计、施工、监理以及与工程建设有关的重要设备、材料等的采购进行招标确定。

3.2.4 参建各方依法对建设工程的安全、质量负责。执行《中华人民共和国安全生产法》、《建设工程质量管理条例》等相关国家法律法规、标准及有关规定。

3.2.5 工程开工前,建设单位组织设计单位对经审查修改后的施工图纸向参建工程的监理、项目管理、施工等单位进行图纸的技术交底。

3.2.6 按照合同约定，由建设单位采购的设备、材料（或由施工单位采购）等相关物料，均应符合设计文件和合同要求。

3.2.7 根据国家相关法律法规、行业标准、设计文件及建设工程承包合同的要求，参建各方应履行工程建设的安全责任、质量责任。

3.2.8 建设单位应明确安全、工程质量等目标，严格投资管理，合理安排工程建设周期，做实工程开工前期工作。

3.2.9 建设单位应成立安全管理机构，定期组织相关专业人员对施工现场进行安全检查，并督促整改缺陷。施工单位对各自作业区域的安全承担责任。

3.2.10 施工单位应建立健全质量保证体系、质量检查制度，严格质量标准，加强工序质量控制（含材料）；项目管理单位、监理单位、质量监督单位应加强对进场材料、设备、施工工序、半成品、成品（构件）及其他相关过程进行质量检查或监督，以确保工程质量。

3.3 验收

3.3.1 建筑工程竣工经验收合格后，方可交付使用；未经验收或者验收不合格的，不应交付使用。

3.3.2 对规模较大、较复杂的建设项目，竣工验收程序分为初步验收、专项验收、竣工验收和移交固定资产。规模较小的项目可适当简化。

3.3.3 建设项目完成后，施工单位按国家规定整理文件、技术资料，向建设单位提出交工报告，建设单位组织监理、设计、施工、使用单位进行初验。

3.3.4 项目法人应及时向当地行业质量监督管理部门申请，在初步验收时对工程施工和设备安装质量进行检查和评定。

3.3.5 初步验收和专项验收结束，有关问题得到整改后，项目法人（建设单位）向主管部门提出竣工验收申请，由主管部门组织验收。

3.3.6 竣工验收会议通过的竣工验收鉴定书由项目竣工验收主持单位以正式文件形式印送各有关部门和单位。

3.3.7 建设项目安全设施竣工后，应当委托具有相应资质的中介机构进行安全验收评价。

3.3.8 施工完毕，施工单位应将竣工说明书、竣工图及变更说明书，交付使用单位存档。建设单位应当严格按照国家有关档案管理的规定，及时收集、整理建设项目各环节的文件资料，建立健全建设项目档案，并在建设工程竣工验收后移交相关部门。

3.3.9 交付竣工验收的建筑工程，应符合规定的建筑工程质量标准，有完整的工程技术经济资料和经签署的工程保修书，并具备国家规定的其他竣工条件。

3.4 生产

3.4.1 在电解槽上进行操作时，应站在风格板或槽罩上。在槽罩上作业时，应先将槽罩放稳，确认槽罩拉筋固定牢靠、无松动。收边作业时，应使用脚踏板。

3.4.2 不应坐在槽罩、槽沿板及立柱母线短路口上休息。

3.4.3 不应将金属工具靠立于电解立柱母线、槽控机、气控柜旁。

3.4.4 电解测量作业时发生效应或对地电压异常时，应停止作业，待效应熄灭或异常对地电压排除后，方可继续作业。

3.4.5 定期对电解槽控机进行吸灰并检查其绝缘情况，防止控制失效。

3.4.6 换极作业时不应站在阳极、壳面上。新阳极换极前应进行预热。

3.4.7 发生阳极效应时，不允许进行测量、换极、出铝、抬母线作业。

3.5 维修、保养

3.5.1 按照安全作业规程操作。现场应进行安全确认，设置安全监护人员，布置安全警界线、安全警示等明显警示标志。维修区域应有良好的照明与通风条件。

3.5.2 交叉作业区域，应建立有效的安全保护措施，并由专人统一指挥。

3.5.3 坑、沟、池等区域应设置盖板或防护栏等防坠落设施。临时开挖的坑、沟或在通道上设置的警戒线等障碍物，应采取安全防护措施及设立明显的安全警示标志和警示灯。

3.5.4 使用行灯电压不应大于 36 V、进入潮湿密闭容器内作业不应大于 12 V。

3.5.5 高空作业应有安全防护，如设置围栏、安全网等。作业前，需检查登高工具和悬挂锚点，确保牢固可靠；作业中不应抛送工具或零件。高空作业用具(包括安全网)和锚点应定期检查、评估，确认有效。如风力超过 6 级、暴风雨等恶劣气候条件下，应停止户外高空作业。患有严重心脏病、高血压、贫血症、癫痫症等人员不应从事高空作业。

3.5.6 受压管道、压力容器等设施不应重力敲打。

3.5.7 拆卸料仓、压力管道及人孔时，应将气、料、风放尽，拆卸时不应垂直面对法兰，卸螺帽由下而上，防止物料喷出伤人。

3.5.8 进入储料仓进行检查作业时，停止进料、出料作业，同时仓外应有人监护。检查人员应系安全带，佩戴安全照明工具和对外联络设备。

3.5.9 使用专用设备及工器具时，应严格遵守相关安全规程。

3.5.10 作业中，不应用手试摸滑动面、转动部位或用手指试探螺孔。

3.5.11 维护检修设备作业前，应关闭设备能源开关，确保在零能源状态下工作，现场设备中应悬挂安全警示牌；作业中，应至少一人监护；送电时，应告知相关人员。应避免带电作业，如确需带电作业，则应采取有效的安全措施。

3.5.12 定期检查各设备电气线路，确保无裸露和破损，预防触电事故。

3.5.13 在邻近带电部分进行电器维修作业时，应保持可靠安全距离和设置安全措施。

3.5.14 设备试车前，应检查电源接法，确保正确，各部分的手柄、行程开关、撞块等确保灵敏可靠，传动系统的安全防护装置应齐全，确认具备条件后，方可开车运转。

3.5.15 严格执行电气作业安全规定：不应用湿手检查电气设备和按设备启动按钮；不应用水冲洗电机、开关盒；不应将盛水容器放在电器开关箱上；不应在操作室内堆放杂物、工具；不应在进行电气检修工作时停电后及施工前未验电、放电而直接作业。

3.5.16 作业工具的绝缘性能应保持良好，使用电动工具，应有良好的接地保护装置，使用手提电动工具应戴好绝缘手套。

3.5.17 电焊机电源应使用漏电保护装置，外壳应接零保护，不应在雨天露天进行电焊作业。不应用厂房金属框架或生产管网代替二次回路线。电焊作业应戴电焊手套、穿绝缘鞋、戴防护镜。在容器内进行电焊作业应设专人监护。

3.5.18 气焊作业，乙炔瓶、氧气瓶存放间距应大于 5 m。不应用钢丝绳直接捆绑、吊运氧气、乙炔气瓶。气瓶不应在夏季炎热阳光下暴晒。乙炔瓶不应卧放使用。

3.5.19 电气焊作业现场与易燃易爆及化学品距离应大于 10 m。氧气瓶、乙炔瓶与易燃易爆品不应混放。不应在氧气瓶、乙炔瓶存放地 10 m 内吸烟。

3.5.20 定期检查各地段照明设施有无缺、损，如有应及时更换或联系维修。

3.5.21 进入烟道进行检查作业时，检查人员应穿戴特殊防护用品，应系安全带，佩带安全照明工具和对外联络设备，同时，烟道外应有人监控。

3.5.22 外来施工单位应取得安全作业许可和安全用电手续并经主管部门审批，方可进入单位现场施工。

3.6 安全管理

3.6.1 遵守《中华人民共和国安全生产法》及相关法律法规，夯实安全生产基础，完善安全生产管理体系，落实安全生产责任制。

3.6.2 企业主要负责人是企业的安全生产第一责任人，对安全生产负全面责任，各级主要负责人对本部门的安全生产负责，各级机构对其管理范围的安全生产负责。

3.6.3 企业应建立和健全本单位安全生产管理机构，配备专(兼)职安全生产管理人员，不断加强安全生产工作。

3.6.4 企业生产经营主要负责人、安全生产管理人员都应具有安全生产资格证。

3.6.5 企业应根据安全生产管理要求，建立健全安全生产岗位责任制和岗位安全技术操作规程。

3.6.6 企业应经常性地对员工进行安全法律法规、安全生产规范和劳动保护等安全教育培训，经考试合格后方可上岗。

3.6.7 新工人入厂，应分别接受厂、车间、班组的安全培训，经考评合格后，方可上岗。

3.6.8 调换工种和脱岗六个月以上重新上岗的人员，应事先进行岗位安全培训，并经考试合格方可上岗。

3.6.9 外来参观或学习人员进入生产现场前，应接受必要的安全教育，并由专人带领。

3.6.10 企业应为员工提供符合国家标准或行业标准的劳动保护用品，员工在作业过程中，应正确佩戴和使用。

3.6.11 发生生产安全事故，企业应按照国家有关规定报告并按相应原则调查处理。

3.6.12 企业应推动先进适用性技术在安全生产工作中的推广应用，提高安全管理技术水平。

3.6.13 采用新工艺、新技术、新材料或者新设备投运前，应进行安全风险评估，完善安全生产管理制度，并对相关人员进行相应安全生产培训，经考核合格后方可上岗。

3.6.14 特种作业人员应按照国家有关规定经专门的安全培训机构培训，取得特种作业操作资格证书，方可上岗作业。

3.6.15 重大危险源应登记建档、告知相关人员，定期进行检测、评估和适时监控，并应制定应急预案，定期演练，正确使用安全标志。

3.7 个人劳动防护

3.7.1 上岗后，作业人员劳动防护用品应穿戴齐全、规范，确保有效。

3.7.2 进入电解厂房不应穿潮湿、带铁钉鞋，应佩戴防护眼镜。

3.7.3 金属焊接与切割、电工作业应穿绝缘鞋，高空作业时，不应穿硬底鞋。

3.7.4 人员进入含尘、有害气体作业现场，应佩戴好防护眼镜及呼吸器或防护口罩。

3.7.5 人员进入高噪音作业区域，应戴好防护耳塞。

3.7.6 铸造、换极、出铝、熄效应等接触高温熔体的作业人员，应穿阻燃工作服、佩戴隔热面罩，不允许穿化纤工作服。工作中劳保品着火时，应立即就地扑灭或脱下扑灭，不应用水浇身。

3.7.7 距基准面 1.5 m 以上高处作业时，规范使用安全带或安全绳。

3.7.8 劳动防护用品(尤其是绝缘护品)应保证干燥。

3.8 行为规定

3.8.1 酒后不应上岗。

3.8.2 厂房通道上不应坐卧休息或放置各种物料。

3.8.3 非生产车辆不应进入厂房，汽油车辆不应驶入电解厂房。

3.8.4 不应在吊车、电葫芦吊物下方穿行、逗留等。

3.8.5 禁火区域不应吸烟或携带火种进入。在禁火区域作业，应办理动火作业审批手续。在重点防火区域进行检修、维护设备时，应使用防爆工具。

3.8.6 未经许可，不能随意启动他人负责的机器设备及安全装置。

3.8.7 不应随便动用、跨越、毁坏各种安全防护设施和安全警示标志。

4 工序及设备设施安全作业要求

4.1 铝电解

4.1.1 一般要求

4.1.1.1 在电解厂房内使用铁制工具时，应注意磁场影响。工具使用前应充分预热，用完后应放回指定位置。

4.1.1.2 应建立高温熔体防爆炸的安全管理。原料应经过预热干燥后方可使用，潮湿物品不应投掷到电解槽内。

4.1.1.3 天车吊运物品时，应检查确认吊具完好，捆束牢靠后方可进行。指挥和配合作业的人员站位应安全、可靠。

4.1.1.4 定期检查电解槽、母线、地面、厂房、其他建筑物之间绝缘状况，确保无导电物体连接，避免发生安全事故。

4.1.1.5 不应坐在槽罩、槽沿板及立柱母线短路口上。

4.1.1.6 不应将金属工具靠立于立柱母线、槽控机、气控柜旁。

4.1.2 测量作业

4.1.2.1 测量作业应严格遵守相关作业规程。

4.1.2.2 测量时，注意防止工器具同时接触两槽。

4.1.2.3 测量或从槽内取试料时，应注意防止烫伤。

4.1.2.4 作业时发生效应时应停止作业，待效应熄灭后方可继续作业。

4.1.2.5 入槽作业工器具使用前应充分预热，用完后应放回指定位置。

4.1.2.6 阴极钢棒温度、侧壁温度、炉底钢板温度的测量、测试中应做好安全防护措施，防止电解槽漏槽烫人等其他安全事故。

4.1.2.7 作业中应注意周围环境的异常声响，防止高空坠物伤人。

4.1.3 槽控机操作

4.1.3.1 操作人员应严格按规程操作，做到正确使用，认真维护。

4.1.3.2 操作时，应先确认操作项目，再进行相应的操作。

4.1.3.3 操作槽控机按钮时，应轻按轻放，不应野蛮操作；操作完毕后，应将槽控机按钮恢复到使用前的工作状态。

4.1.3.4 开、关槽控机时，应按照正常的开、关机步骤执行。

4.1.3.5 如发生阳极升/降失控现象，应迅速切断动力电源，并启动相关应急预案。

4.1.3.6 操作槽控机完毕后，应及时关好箱门，以防灰尘进入。

4.1.3.7 定期对槽控机进行吸灰并检查其绝缘情况，防止控制失效。

4.1.3.8 除专业维护人员外，任何人不应拆动槽控机内外元器件及线路。

4.1.3.9 电解槽启动、更换阳极、边部加工时，应对槽控机进行合适的隔热遮挡防护，以免电解槽的高温辐射造成显示面板的损坏和其他元器件的老化失效。

4.1.4 换极作业

4.1.4.1 在残极提出、新极未装好之前，操作人员不应站在槽沿板上，防止发生操作人员意外掉入槽中的恶性事故。

4.1.4.2 在残极脱离电解质液面后或新极坐入电解质之前，作业人员应防止阳极脱落带出液体电解质。

4.1.4.3 换极过程中使用工具时，应注意防止用力过猛，导致摔伤或碰伤等。

4.1.4.4 操作卡尺划线时一定应事先检查阳极卡具是否会掉落，不应迎面站在卡具的下方，不应将脚伸入阳极底掌下面，防止烫伤、砸伤、压伤等事故的发生。

4.1.4.5 进行卡具松紧作业时应先盖好槽罩，不应站在阳极上进行松紧卡具作业。

4.1.4.6 新极装入后进行收边作业时，不应站在阳极、壳面上作业。处理热块应佩戴防护眼镜或防护面罩。不应用潮湿的物料进行收边作业。

4.1.4.7 新阳极应进行预热，不允许未经预热的阳极直接进入电解液中。

4.1.5 抬母线作业

4.1.5.1 在吊运、放置母线提升机时，应有专人指挥天车作业。确保母线提升框架水平放置在需要抬母线的电解槽上。

4.1.5.2 抬母线前，应确认电解槽状态，电解槽处于效应等待期间不应进行抬母线作业。

4.1.5.3 抬母线作业前，应确保母线提升机各机构正常有效。

4.1.5.4 进行抬母线作业时，操作工应确认槽罩完好，防止坠落。

4.1.5.5 抬母线作业时，先打开抱紧装置、后打开夹紧装置，方可松开小盒卡具。

4.1.5.6 工作中若发生阳极效应，则应立即停止作业，待效应熄灭并确认后，方可继续进行抬母线作业。

4.1.5.7 抬母线作业结束后，提升机应摆放于指定位置。天车通行区域应保证无人进行其他作业。

4.1.5.8 夹具张开时，不应用手触摸夹具。

4.1.5.9 吊运母线提升机时，应与电解槽保持安全距离，吊运、升降母线框架时，应保证吊钩在上限位。

4.1.5.10 在抬母线前，用副钩单动按钮调整水平，直到提升母线作业前，严禁再动该按钮。

4.1.5.11 抬完母线吊放框架时，应有专人指挥，在不明确其指示和信号时，严禁任意操作。

4.1.6 熄灭阳极效应作业

4.1.6.1 电解槽发生效应时，应先将电解槽出铝端炉门打开，操作打击头，打开结壳；人工扩开出铝口，便于插入效应棒。

4.1.6.2 手持效应棒插入(必要时与烟道端同时进行)至阳极底掌下。注意观察槽控机的显示电压及指针电压表电压。

4.1.6.3 在向电解槽插入或拔出效应棒时，不应将身体正对电解槽，以防电解质或铝液溅出烫伤。

4.1.6.4 阳极效应熄灭后，应及时调整槽电压。

4.1.6.5 长效应后，应立即巡视、测量侧壁、阴极钢棒，炉底钢板情况，对异常部位及时处理。并测量全槽电流分布，检查阳极情况，对异常极及时调整，监控好电压。

4.1.7 通电、启动、停槽作业

4.1.7.1 通电、启动、停槽应指定专人负责与供电部门联系，并指挥现场的通电、停槽工作。

4.1.7.2 接到通电或停槽指令后，立即对通电或停槽的电解槽进行检查，有异常情况的应及时报告现场负责人。

4.1.7.3 通电作业应认真测量短路口的绝缘情况，绝缘等级不能低于 2 MΩ。

4.1.7.4 通电操作不应事先松开短路口螺栓，防止断路爆炸事故发生。

4.1.7.5 启动前紧固卡具，槽控箱专人负责，检查强制按钮，观察阴极窗口防止漏铝。

4.1.7.6 往电解槽内灌注铝液或电解质时，操作应慢、准、稳，防止溅出伤人。

4.1.7.7 阳极升降确保畅通，升阳极速度应与灌注电解质速度相一致，防止飞溅伤人。

4.1.7.8 停槽时，在吸出电解质降阳极时应有专人负责，防止阳极与电解质脱离。

4.1.7.9 停槽时，如果用大勺舀铝，舀铝液时应站稳，倾倒铝液时，应慢而平稳，防止铝液飞溅伤人。

4.1.7.10 停槽作业完成后，应确认短路口螺杆紧固，压降在工艺要求安全电压范围内，防止送电时发生恶性事故。

4.1.8 出铝作业

4.1.8.1 出铝作业前应确认槽状态，电解槽处于效应等待期间不允许进行出铝作业。

4.1.8.2 作业前应检查确认出铝抬包各部件完好，各装置运转正常，铝包内无杂物。

4.1.8.3 出铝前，应先按下出铝键，与计算机联系，进行出铝程序控制，以免发生电解质脱离阳极造成断路事故。

4.1.8.4 新使用或间断使用的铝包应预热后方可使用，不应使用受潮冷包；修补过的铝包应作标识，以提醒使用人员观察，注意安全。

4.1.8.5 预热后的铝包不能用潮湿工具、物件进行除灰。

4.1.8.6 出铝时，控制阀打开应缓慢，以防铝水溅出烫伤；出铝过程中，注意铝包不应与阳极及槽上部接触。

4.1.8.7 出铝时，作业人员应在距观察口侧面 15 cm 以外进行观察，防止烫伤事故。

4.1.8.8 铝液盛装不能过满，应低于铝包口 20 cm 左右，以免运输时溅出。

4.1.8.9 出铝抬包在装车时，应确保吸出管处于车辆尾部中心线位置。

4.1.8.10 出铝抬包在运输过程中应符合 GB 4387。

4.1.8.11 出铝工在出铝作业时若发现包体外侧异常发热，应立即停止使用。

4.1.8.12 出铝过程中，若吸铝管被堵，用铁钎处理时，应防止铝液、电解质倒流烫伤。

4.1.8.13 出铝时，若发生阳极效应，应立即停止出铝，并将吸铝管抽出，待效应熄灭、电压稳定后方可继续出铝。

4.1.8.14 出完铝后，取下观察口上的盖板再拔出风管吊出铝包，待吸铝管内铝液流完，方可吊运。

4.1.8.15 移动铝包时，吸出管口需距地面 30 cm 以上，出铝工应与天车工配合，注意行人和车辆。

4.1.8.16 出铝工扶包时，手应扶在手柄上，脚不应伸到出铝包的正下方。

4.1.8.17 出铝完毕摆放抬包时，操作者应站在减速器侧边，不能站在对面，按规定放在包架上，不应将吸铝管朝通道一侧。

4.1.9 清包作业

4.1.9.1 抬包应冷却后方可进行清理。

4.1.9.2 清包作业前应将抬包放平稳，扎紧风管，紧固风镐连接头，安装防脱装置。

4.1.9.3 清包时，应把抬包吊耳放置在吸铝管一端，防止包架倾倒伤人。作业时应有专人监护。

4.1.9.4 操作过程中，用力应适当，动作应准、稳，并随时注意风镐连接部位，避免脱落伤人。

4.1.9.5 清理吸铝管时，应先检查吸铝管是否有裂纹，防止断裂伤人；清理时应扶稳包盘，与天车工相互配合，避免抬包在空中摇摆；应防止风镐、铁钎滑落伤人。

4.1.9.6 完成清包后，抬包应摆放平稳，抬包吊耳用卡子卡稳；并对吸铝管连接螺栓进行紧固；吸铝管有裂纹时应立即更换，避免吸出管断裂伤人。

4.1.10 地沟作业

4.1.10.1 进入地沟作业前应通知当班作业长，作业时应有人监护，不应一人进入地沟。

4.1.10.2 夜间进入地沟时应携带好照明设施。

4.1.10.3 在地沟测量时应通知地上作业人员，并在相应区域(地上、地下)设立警示标志。

4.1.10.4 穿越槽底母线时当心碰头。

4.1.10.5 不应在地沟使用过长金属工具，防止短接。

4.1.10.6 在地沟通行时应避开炉门口位置，防止电解质伤人，通过炉门口时动作应迅速。

4.1.10.7 外来人员不应进入地沟。

4.1.10.8 地沟作业身体不能背靠母线墩休息，身体不能同时接触母线墩和母线。工作服潮湿应风干后方可进行地沟清理作业。

4.1.11 普通天车作业

按照 GB 6067.1 和 GB 5082 的规定执行。

4.1.12 多功能天车作业

4.1.12.1 执行普通天车安全作业规程。

4.1.12.2 开车前，确认各机构在上限位方可动车。

4.1.12.3 运行中应紧握操作手柄，随时按铃鸣警和认真观察各指示灯是否正常，注意防止驾驶室、吊具和吊物相互碰撞或碰伤人。

4.1.12.4 不挂阳极纵向或横向运行条件下，打壳机头应旋转到与天车移动方向一致的位置。吊阳极纵向或横向运动条件下，应把吊装的阳极旋转到与天车移动方向一致的位置，保持打壳机头斜向45°角。

4.1.12.5 驾驶室在槽间横向运行时，应使天车的中心与厂房横梁中心标记重合。

4.1.12.6 天车起动运行时，应由低速到高速，不允许一起动就拉到高速档，需要停车时，应事先拉低速档，由快变慢停在停车位，不应直接从高速档拉到停止位置和利用倒车方法停车。

4.1.12.7 非作业需要，驾驶室不应移动至过道上方运行。

4.1.12.8 更换阳极时，应用低速档，应事先把挂吊阳极的卡具装置下降到导杆上方暂时停止，观察确认卡销与导杆销孔对正后，方可下降卡具装置，以免撞坏卡头和导杆。

4.1.12.9 不应用高速强力往来调整卡销和销孔间隙，以免损坏天车和电解槽。

4.1.12.10 上紧卡具后应把吊具或阳极提升机升到上限位后方可开动天车。

4.1.12.11 完成阳极更换后，应把卡具装置升到上限位置。

4.1.12.12 从槽中更换出来的残极炭块应按指定位置放稳。

4.1.12.13 吊运出铝包在通道运行时，应确认吸管与天车移动方向一致，方可运行。

4.1.12.14 不应在行驶中的出铝车上起吊、下放出铝抬包。

4.1.12.15 在两台天车吊运槽壳框架时，应听从地面人员统一指挥，两台天车应协调作业。

4.2 净化

4.2.1 一般要求

4.2.1.1 天井处上下应悬挂醒目的警示牌，通过天井处需绕行。在天井口处使用电动葫芦吊物时，应在天井口处地面设警戒，以免物件掉落伤人。

4.2.1.2 启、停罗茨鼓风机时，应确认放空阀为打开状态。罗茨鼓风机启、停时，应确认气力提升机的储料箱是空的。

4.2.1.3 在进入布袋室前，应关闭出口阀门，打开入孔，放入新鲜空气，作业人员进入布袋室前，应将工作服口袋内物品清理干净，布袋室内严禁烟火，检查布袋时不应用利器敲打。

4.2.1.4 恶劣天气不应上仓顶。

4.2.2 贮运送料作业

4.2.2.1 操作前应检查各部件正常、各控制系统确保完好后方可运行，系统在运行过程中不应进行检修。

4.2.2.2 单体设备试车全部结束后，将整个系统所属设备全部投入自动运行状态，并巡视设备及物料输送管运行正常。

4.2.2.3 检查除尘器布袋或更换布袋时，应有人监护，应系好安全带，谨防从高空坠落。

4.2.2.4 每班应清理筛网上的脏物，装袋堆放；保证浓相储运系统正常运行。

4.2.2.5 定期检查和清理压力罐各电磁阀、气缸、物料切断阀、手动阀处的脏物，保证各阀门灵活可靠。

4.2.2.6 定期给气动三联件润滑，并检查密封圈有无破损。

4.2.2.7 检查或更换除尘器布袋时，应有人监控。除尘器压盖应平放，不应斜靠在防护栏杆上，以防被风刮倒伤人。

4.2.2.8 定期检查斗式提升机的进出料口，保证畅通无阻且不漏料，阀门灵活可靠。

4.2.2.9 应清理筛网脏物，装袋堆放；紧固清渣口，保证正常运行。

4.2.2.10 系统运行时，检查各管联接处螺栓紧固，管道各弯头处、变径处、法兰处的联接情况密封良好，保证无漏料，无破损。

4.2.2.11 应保证传动系统工作良好，润滑良好，并无较严重磨损。

4.2.2.12 供料人员在检查电解槽供料情况时，应严格遵守电解车间相关规程。

4.2.2.13 打料巡视过程中不应赤手触摸空气配管、阀架、手动蝶阀、溜槽测压口、槽罩等。

4.2.2.14 检查下料流管、料箱时，应戴好绝缘手套。

4.2.2.15 检查槽上部料箱时应有两人以上进行作业，检查完毕应及时装好紧固螺杆，保证料箱的密封性，以免造成漏料。

4.2.2.16 风机启动前应先检查各部件正常，螺杆、底座紧固，进出口阀开度合适，控制按钮灵活。

4.2.2.17 向电解槽供料前，应检查溜槽手动蝶阀在规定刻度，风机出口压力在规定范围内，安全阀完好。

4.2.2.18 确认料箱料量时，不应使用金属工具，应使用干燥木棒。

4.2.2.19 巡视溜槽时，不应攀爬防护栏杆；上、下溜槽钢架平台直爬梯时，应随手将盖子盖上；雨天，不应攀爬直爬梯。雨季打雷时，不应上溜槽钢架平台进行巡视，可在中间仓进行观察；巡视时，应注意格子板，防止踩空，溜槽上使用的工具应妥善放置。

4.2.3 换布袋作业

4.2.3.1 换圆布袋作业的要求如下：

a) 清理大布袋时，应提前通知运行班，在允许情况下，方可进行布袋清理。

b) 清理布袋时，不应吸烟，不应用利器敲打布袋，只能用压缩空气清理。

c) 在人孔关闭前，应清点工具物品，确认没有物品遗留在布袋中，方可关闭人孔。

4.2.3.2 换菱形大布袋作业的要求如下：

a) 操作电动葫芦时应有专人协调指挥，不应歪拉斜吊。起吊单元体框架、单元体大盖时，吊架挂钩应挂牢，待人员离开 0.5 m 后方可吊运，以免将人挤伤、碰伤。

b) 提升单元体布袋框架时，不能急上急下，以免碰伤人或扭曲框架，致使框架变形。

c) 吊架起吊行走时，应高于气缸，以防将气缸碰坏。

d) 提升后的框架，应摆放平稳，支脚不应搭空，以防倾倒伤人。拆卸工具、备件应远离打开的单元体开口处，不应随意乱扔。

e) 如需切断压缩空气，应通知当班值班长，不应一次停两台除尘器的压缩空气。

f) 检查布袋时，需将除尘器单元体的压缩空气关闭。

g) 更换胶条时，应使用特制的吊框，放置和抬走时应有专人指挥，更换的胶条、破布袋应堆放在指定地点，不应乱扔或掉入灰斗中。

h) 打开除尘器盖进入单元体空洞应执行锁死程序和限制性区域程序。

i) 工作完毕电葫芦应停放在清灰室处，钩头位于低处。

j) 检查完单元体布袋后，紧固单元体压盖。

4.2.3.3 进入菱形大布袋内部风道的要求如下：

a) 进行风道作业前应准备好两条以上安全带及通讯、照明等工具。

b) 执行锁死程序或看护，执行限制性区域程序。

c) 揭人孔盖时，不应一手提一手托(揭不开时，打开两个单元体上盖，并将单元体气缸锁紧到上位)。

d) 电动或手动关闭需要检查的除尘器出口阀并锁死。

e) 进入人孔检查时，将人孔盖揭开，试感人孔负压不大时，挂好安全带并用长绳在人孔外面系牢。

f) 检查工作结束时，确认风道内无人、无遗留工具时，方可盖好人孔盖。

g) 盖好人孔盖、盖好单元体上盖后，打开除尘器出口阀。

4.3 铸造

4.3.1 入铝作业

4.3.1.1 开口包使用前应认真检查吊具、包梁、卡具、减速机、抬包吊耳、抬包底座及其零部件是否安全可靠。

4.3.1.2 新砌的开口包使用前应经过 8 h 以上烘烤，烘烤温度不能低于 300 ℃，彻底除去水分和潮气。

4.3.1.3 在吊运过程中，抬包应平稳地放在开口包底座上，包梁的卡具应卡到位，防止翻包。

4.3.1.4 捞渣作业时，使用的工器具应预热干燥，防止爆炸。

4.3.1.5 操作者不可站在抬包底座、开口包沿、抬包减速机上进行作业。捞渣时，人应站在捞渣平台上进行作业。

4.3.1.6 手摇倒包时应把抬包扶正、扶稳，防止洒铝烫伤。自动倒包时，将抬包扶稳挂好后人应远离作业区 3 m 以外。

4.3.1.7 不应向抬包内加入带有水分、潮气、油垢的固体铝及其他物品，防止爆炸伤人。

4.3.1.8 非作业人员不应在作业区域内行走或停留。

4.3.1.9 清理前炉时应确保站稳才能进行清理，以防从前炉上摔下。

4.3.1.10 抽铝前应对虹吸管及前炉炉膛进行充分预热。

4.3.1.11 由专人指挥铝水车进入指定位置后，操作人员应使用专用工具打开包盖，并把虹吸管点动插入台包内。

4.3.1.12 通过电动葫芦操作铝包时应点动进行。

4.3.1.13 虹吸管工作时周围不应站人或通过，如需在前炉取样时，取样人员只能等虹吸管升起后方可取样。

4.3.1.14 铝水抽完后虹吸管应上升到最高位置，以便铝水车能安全撤离。

4.3.1.15 虹吸管不能正常工作，不应从虹吸管底端进行观察，以防烫伤。

4.3.1.16 使用过程中应经常观察虹吸各装置是否正常。

4.3.1.17 工作完毕清理现场时应等虹吸管下降到地面放稳后才能进行。

4.3.2 混合炉操作

4.3.2.1 一般要求

新砌筑或大修后的混合炉应经验收合格后方可使用。

4.3.2.2 电炉操作要求如下：

a) 倒包、搅拌、打渣、倒灰时，应配戴好口罩和眼罩方可作业。
b) 混合炉使用前应先检查电器系统是否正常，若有故障，应及时排除故障后方可使用。
c) 炉前及四周工作场地应保持整齐、清洁、干燥，各种材料、工具应放到指定地点。
d) 使用前应检查入铝口是否畅通。
e) 使用前应检查炉眼是否堵好，是否有松动现象，防止铝液渗漏。
f) 炉眼应指定专人负责操作，发现异常现象应及时处理。
g) 进行混合炉炉膛作业（维修、清理等），应切断电源。
h) 入铝液时应时刻观察铝液面上升情况，防止铝液溢出炉膛。铸锭时应保持入铝口畅通，并控制好流量。
i) 打开炉眼时，应戴好大面罩。
j) 混合炉工作时，其他人员不应在炉周围休息或做与工作无关的事。
k) 确需向入料后的炉内加固体物料时，应用专用工具将物料缓慢推入，防止铝液飞溅。不应两人同时向炉内投料，投料时不准用手握住铝锭前端。

4.3.2.3 天然气炉操作要求如下：

a) 检查混合炉炉门升降装置、虹吸电葫芦升降装置、混合炉点火装置是否正常，如果有异常应及时维修处理。
b) 点火前检查燃气是否有泄露，如果泄露立即关闭主管道阀门，并立即通知专业维修人员处理。
c) 通过触摸屏或其他方式调整炉温、料温、进气量，使之达到生产要求，不应空炉高温运行。
d) 通过控制柜按钮开关打开或关闭炉门，炉前不应站人。
e) 混合炉报警时，应对照报警列表排除（紧急情况下可按下急停按钮，待异常消除后复位），如果操作人员无法排除故障，应立即联系维修人员处理。
f) 熔炉扒渣、废品回炉时，应确保炉门提升到一定高度，保证叉车、扒渣车不碰坏炉门。
g) 经常检查熔炉炉眼和溜槽接口，确保不跑炉眼，溜槽接口不漏铝。
h) 每班次铸造结束后，清理出铝口，确保出铝口畅通。
i) 炉内入铝时应留出余量，入料位距上炉沿不小于 10 cm。
j) 对管道设施定期巡查，及时维修保养。
k) 定期检查天然气总管压力是否符合规定值，若低于规定值压力，应及时与相关人员联系并关闭阀门，停气熄火。
l) 随时检查阀门、密封垫有无天然气泄漏现象，如有泄漏，需及时停气、停炉处理。
m) 检查天然气与助燃风调节器螺母紧固。
n) 检修、维修天然气管路、各种阀门、接口时，应使用专用工器具，并有人监护。

4.3.3 铝锭铸造作业

4.3.3.1 浇铸前应检查铸造机、堆垛机、混合炉和供水系统正常。

4.3.3.2 浇铸前应将溜槽、分配器、渣铲等进行预热。

4.3.3.3 铸模使用间歇超过 8 h 或新换铸模以及阴雨天气，使用前铸模应先预热。

4.3.3.4 浇铸时，应在每个铸模都工作一次后，方可给水冷却。

4.3.3.5 打渣时，渣铲应轻磕，防止飞溅出的铝渣伤人。

4.3.3.6 更换打号字头时，应在打印机锤停止工作后方能进行。

4.3.3.7 搬运铝锭堆垛时，应轻放，小心铝锭滑落砸伤。

4.3.3.8 混合炉堵眼时，严禁将炉眼和塞子头浇湿，以防爆炸。

4.3.3.9 铝锭堆放高度不应超过2盘，堆放应垂直、平稳、整齐、安全可靠。

4.3.4 打捆作业

4.3.4.1 工作前应检查风动打捆机、手动打捆机、风管、风压正常。

4.3.4.2 在搬运铝锭和使用打捆机打捆时，放置应慢、稳、准，作业过程中小心身体被砸伤、挤伤、刮伤。

4.3.4.3 对于还没有冷却的铝锭，不应裸手进行搬动和打捆。

4.3.4.4 应注意作业现场区域运行的各种车辆所发出的信号。

4.3.4.5 严禁在悬空的吊物下作业，控制好所使用的工器具，防止飞溅、弹出、滑落伤人。

5 其他要求

5.1 消防

厂区内应按GB 15630设置消防设施和消防通道。设置消防设施的地点，应有明显的标志牌，并符合相应的法律法规。

5.2 厂内交通运输安全

各企业在严格执行GB 4387的同时，可根据企业铁路、道路实际状况，制定更加具体有效的厂内交通运输安全规程或管理制度。

5.3 动力系统

动力系统主要为铝电解企业提供水、电、气、风、天然气等能源，各企业应参照国家或行业相关标准、设备使用说明书，结合本企业的实际情况，制定企业的安全操作规程。

5.4 环境与卫生

应符合GBZ 1、GB 3095、GB 12348、GB 8978、GB 16297的规定。

5.5 风险评价

企业可参照附录A进行各作业条件的风险评价，确定风险等级，并参照附录B制定危险源辨识、风险评价和风险控制调查表。

5.6 应急预案

5.6.1 铝电解企业应按照AQ/T 9002的要求，结合企业的具体情况，制定切实可行的事故应急预案，至少应包括以下应急预案：

a) 火灾事故应急预案；

b) 重大设备事故应急预案；

c) 破坏性地震抢险救援应急预案；

d) 厂内重大交通事故抢险救援预案；

e) 天然气泄露、爆炸、火灾事故应急预案；

f) 人员伤害紧急救治应急预案；

g) 电解槽漏炉事故应急预案；

h) 电解槽直流电停电事故应急预案；

i) 电解槽交流电停电事故应急预案；

j) 电解槽停风事故应急预案；

k) 电解槽停料事故应急预案；

l) 电解槽压槽事故应急预案；

m) 电解槽抬槽事故应急预案；

n) 电解槽阴极母线熔断应急预案；

o) 动力锅炉爆炸事故应急预案；

p) 铸造车间天然气泄漏应急预案；

q) 铝液漏铝爆炸事故救援预案；

r) 触电、电击伤害救援应急预案；

s) 整流柜爆炸、电解系列停电事故应急预案；

t) 整流机组变压器、动力变压器火灾事故应急预案。

注：以上预案由企业自行制定。

5.6.2 企业应在当地消防部门的密切配合和指导下组建专职或兼职消防组织，并定期进行避灾及事故抢救演练。

附　录　A
（资料性附录）
作业条件风险评价方法（LEC 法）

A.1　危险性分值

危险性分值按式（A.1）计算：

$$D=L\cdot E\cdot C \qquad \cdots\cdots(A.1)$$

式中：

D——作业条件的危险性分值；
L——事故或危险事件发生的可能性分值；
E——暴露于危险环境的频率分值；
C——发生事故或危险事件的可能结果分值。

A.2　发生事故或危险事件的可能性

A.2.1　事故或危险事件发生的可能性与其实际发生的概率相关。若用概率来表示时，绝对不可能发生的概率为 0；而必然发生的事件，其概率为 1。但在考察一个系统的危险性时，绝对不可能发生事故是不确切的，即概率为 0 的情况不确切。所以，将实际上不可能发生的情况作为“打分”的参考点，定其分数值为 0.1。

A.2.2　在实际生产条件中，事故或危险事件发生的可能性范围非常广泛，因而人为地将完全出乎意料之外、极少可能发生的情况规定为 1；能预料将来某个时候会发生事故的分值规定为 10；在这两者之间再根据可能性的大小相应地确定几个中间值，如将“不常见，但仍然可能”的分值定为 3，“相当可能发生”的分值规定为 6。同样，在 0.1 与 1 之间也插入了与某种可能性对应的分值。于是，将事故或危险事件发生可能性的分值从实际上不可能的事件为 0.1，经过完全意外有极少可能的分值 1，确定到完全会被预料到的分值 10 为止（见表 A.1）。

表 A.1　事故或危险事件发生可能性分值

分数值	事故发生的可能性
10	完全可以预料
6	相当可能
3	可能，但不经常
1	可能性小，完全意外
0.5	很不可能
0.2	极不可能
0.1	实际不可能

A.3　暴露于危险环境的频率

作业人员暴露于危险作业条件的次数越多、时间越长，则受到伤害的可能性也就越大。为此，K·J·

格雷厄姆和G·F·金尼规定了连续出现在潜在危险环境的暴露频率分值为10，一年仅出现几次非常稀少的暴露频率分值为1。以10和1为参考点，再在其区间根据在潜在危险作业条件中暴露情况进行划分，并对应地确定其分值。例如，每月暴露一次的分值定为2，每周一次或偶然暴露的分值为3。当然，根本不暴露的分值应为0，但这种情况实际上是不存在的，是没有意义的，因此毋须列出。关于暴露于潜在危险环境的分值见表A.2。

表A.2 暴露于潜在危险环境的频率分值

分数值	频繁程度	分数值	频繁程度
10	连续暴露	2	每月一次暴露
6	每天工作时间内暴露	1	每年几次暴露
3	每周一次	0.1	非常罕见地暴露

A.4 发生事故或危险事件的可能结果

造成事故或危险事故的人身伤害或物质损失可在很大范围内变化，以工伤事故而言，可以从轻微伤害到许多人死亡，其范围非常宽广。因此，K·J·格雷厄姆和G·F·金尼需要救护的轻微伤害的可能结果，它的分值规定为1，以此为一个基准点；而将造成许多人死亡的可能结果规定为分值100，作为另一个参考点。在两个参考点1～100之间，插入相应的中间值，列出表A.3所示的可能结果的分值。

表A.3 发生事故或危险事件可能结果的分值

分数值	频繁程度	分数值	频繁程度
100	大灾难，许多人死亡	7	严重，重伤
40	灾难，数人死亡	3	不可容许，致残
15	非常严重，一人死亡	1	引人注目，不利于职业健康安全要求

A.5 危险程度的评定

根据危险性分值，按表A.4评定危险程度。

表A.4 危险程度的评定

*D*值	危险程度	风险等级
＞320	极其危险，不能继续作业	1
＞160～320	高度危险，需立即整改	2
＞70～160	显著危险，需要整改	3
20～70	一般危险，需要注意	4
＜20	稍有危险，可以接受	5

a) 危险性分值在20以下的环境属低危险性，一般可以被人们接受，这样的危险性比骑自行车通过拥挤的马路去上班之类的日常生活活动的危险性还要低；

b) 危险性分值在20～70时,则应加以注意;

c) 危险性分值70～160的情况时,则有明显的危险,应采取措施进行整改;

d) 危险性分值在160～320的作业条件属高度危险的作业条件,应立即采取措施进行整改;

e) 危险性分值在320以上时,则表示该作业条件极其危险,应该立即停止作业直到作业条件得到改善为止。

附　录　B
（资料性附录）
危险源辨识、风险评价和风险控制调查表

危险源辨识、风险评价和风险控制调查表见表B.1。

表B.1　危险源辨识、风险评价和风险控制调查表

序号	作业场所或类别	作业活动	危险因素	可能导致的事故	可能伤及的人员	风险评价					措施控制
						L	E	C	D	风险等级	
1	电解车间	电解作业	劳保品穿戴不齐全	烫伤	电解工						
2		电解作业	工器具潮湿	烫伤、触电	电解工						
3		电解作业	吸阳极效应不当	烫伤	电解工						
4		电解作业	净化工槽上作业不插安全警示旗	人身伤害	净化工、电解工						
5		电解作业	检查冒烟冒火打炉门槽罩不戴护目镜	烫伤、触电	电解工						
6		电解作业	电解质箱翻倒	烫伤、触电	电解工						
7		电解作业	打壳头或取料时不踩木板	烫伤、触电	电解工						
8		电解作业	用非干燥物接触带电体或违章触摸金属物体	触电	现场作业人员						
9		电解作业	熄效应时取下的槽罩挂在旁边的槽罩上	机械伤害	电解工						
10		电解作业	漏槽	烫伤	现场作业人员						
11		电解作业	打火眼时身体对准火眼	烫伤	电解工						
12		电解作业	从相邻电解槽间通过	触电	现场作业人员						
13		电解作业	出铝降电压过快	压槽烫伤	电解工						

表 B.1（续）

序号	作业场所或类别	作业活动	危险因素	可能导致的事故	可能伤及的人员	风险评价					措施控制
						L	E	C	D	风险等级	
14	电解车间	电解作业	导电体与电解槽接触造成短路	触电	电解工						
15		电解作业	电解槽电流未降到安全电压	触电、设备事故	现场作业人员						
16		电解作业	电解槽有漏电现象	触电	现场作业人员						
17		电解作业	地面不平	摔扭伤	现场人员						
18		电解作业	加工大面	烫伤	电解工						
19		电解作业	清理残极不当	砸伤	电解工						
20		电解作业	更换阳极不当	烫伤、砸伤	电解工						
21		电解作业	电气设备带效应操作	触电	电解工						
22		电解作业	跑电解质	烫伤	电解工						
23		电解作业	氟化物排放	职业病	现场作业人员						
24		电解作业	高温热辐射	中暑	现场作业人员						
25		电解作业	厂房内有粉尘	尘肺病	现场作业人员						
26		电解作业	噪声	听力下降	现场作业人员						
27		电解作业	清理现场时突发电弧	电弧灼伤	现场作业人员						
28		电解作业	电磁辐射	人身伤害	现场作业人员						
29		电解作业	脚滑入出铝缝	烫伤	电解工						
30		出铝作业	劳保品穿戴不齐全	烫伤	出铝工						
31		出铝作业	工器具潮湿未预热	烫伤	出铝工						
32		出铝作业	出铝包未烘干	烫伤	现场作业人员						
33		出铝作业	出铝时突发效应	触电	出铝工						
34		出铝作业	出铝包与阳极槽体母线盖板接触	触电	出铝工						

表 B.1（续）

序号	作业场所或类别	作业活动	危险因素	可能导致的事故	可能伤及的人员	风险评价					措施控制
						L	E	C	D	风险等级	
35	电解车间	出铝作业	与天车配合不当	起重伤害、烫伤	现场作业人员						
36		出铝作业	真空包铝液过满溢出	烫伤	现场作业人员						
37		抬母线作业	劳保品穿戴不齐全	机起重害	综合工						
38		抬母线作业	阳极框架吊具失灵	起重伤害	现场作业人员						
39		抬母线作业	提升机失控	起重伤害	现场作业人员						
40		抬母线作业	与天车配合不当	起重伤害	现场作业人员						
41		抬母线作业	天车钢丝绳吊勾损坏严重限位失灵	起重伤害	现场作业人员						
42		抬母线作业	槽卡具存在缺陷	机械伤害	综合工						
43		抬母线作业	卡具未拧紧	机械伤害	综合工						
44		抬母线作业	提升阳极时来效应	触电	综合工						
45		清理抬包作业	抬包吊架损坏	起重伤害	清包工						
46		清理抬包作业	使用损坏或有缺陷的工具	起重伤害	清包工						
47		清理抬包作业	清理方法不当	起重伤害	清包工						
48		清理抬包作业	与天车工具车吊装配合不当	起重伤害	清包工						
49		清理抬包作业	天车钢丝绳吊钩损坏、限位失灵	起重伤害	清包工						
50		清理抬包作业	现场混乱	起重伤害	清包工						
51		清理抬包作业	风管接头脱开	物体打击	清包工						
52		清理抬包作业	劳保品穿戴不齐全	烫伤、物体打击	清包工						
53		测量作业	劳保品穿戴不齐全	烫伤、触电	电解工						
54		测量作业	工具效应杆潮湿	烫伤、触电	电解工						
55		测量作业	防护用品和工具的绝缘损坏或失效	烫伤、触电	电解工						

表 B.1（续）

序号	作业场所或类别	作业活动	危险因素	可能导致的事故	可能伤及的人员	风险评价					措施控制
						L	E	C	D	风险等级	
56	电解车间	测量作业	电解槽来效应	烫伤、触电	电解工						
57		测量作业	违反测量安全作业规程	烫伤、触电	电解工						
58		测量作业	劳保品穿戴不齐全	烫伤、触电	电解工						
59		停槽作业	劳保品穿戴不齐全	触电、烫伤	现场作业人员						
60		停槽作业	联系失误	触电、烫伤	现场作业人员						
61		停槽作业	工具乱放	触电、烫伤	现场作业人员						
62		停槽作业	未按规程吸铝液和电解质	触电、烫伤	现场作业人员						
63		停槽作业	短路口绝缘拆装方法不当	触电、烫伤	现场作业人员						
64		停槽作业	提升阳极失控	触电、烫伤	现场作业人员						
65		停槽作业	违反停槽作业规程	触电、烫伤	现场作业人员						
66		打渣作业	劳保品穿戴不齐全	灼烫	电解工						
67		打渣作业	野蛮作业	灼烫	电解工						
68		打渣作业	疲劳作业	灼烫	电解工						
69		打渣作业	工具铸模潮湿	爆炸	电解工						
70		打渣作业	身体条件不适合高温作业要求	中暑	电解工						
71		打渣作业	违章操作	灼烫	电解工						
72		打渣作业	环境粉尘大	尘肺病	电解工						
73		打渣作业	未戴护目镜	物体打击	电解工						
74		电解槽维护	未挂检修标牌	设备人身伤害	综合维修工						
75		电解槽维护	槽上检修时发生效应	触电	综合维修工						
76		电解槽维护	未按规定停电断风	人身伤害触电	综合维修工						

表 B.1（续）

序号	作业场所或类别	作业活动	危险因素	可能导致的事故	可能伤及的人员	风险评价					措施控制
						L	*E*	*C*	*D*	风险等级	
77	电解车间	电解槽维护	未按规定更换软风管	触电	综合维修工						
78		电解槽维护	未按规定更换绝缘管	触电	综合维修工						
79		电解槽维护	与天车工配合手势不清楚	触电	综合维修工						
80		电解槽维护	攀爬阳极提升长短轴	触电	综合维修工						
81		电解槽维护	使用电动工具未装隔离变	人身、设备事故	综合维修工						
82		电解槽维护	使用不良吊装带吊运	人身、设备事故	综合维修工						
83		电解槽维护	未按规定上下电解槽	高处坠落	综合维修工						
84		电解槽维护	电解区域作业不当	触电	综合维修工						
85		电解质破碎作业	劳保品穿戴不齐全	机械伤害、触电	作业人员						
86		电解质破碎作业	吊具钢丝绳损坏	机械伤害、触电	作业人员						
87		电解质破碎作业	设备防护装置损坏失灵	起重伤害	作业人员						
88		电解质破碎作业	电源开关绝缘破坏	机械伤害、触电	作业人员						
89		电解质破碎作业	粉尘	尘肺病	作业人员						
90		电解质破碎作业	噪声	听力下降	作业人员						
91	净化作业现场	净化作业	劳保品穿戴不齐全	物体打击	净化工						
92		净化作业	电场接地不良	触电	净化工						
93		净化作业	电场维修作业	人员伤害	净化工						
94		净化作业	电场放电频繁，密封不严	火灾	净化工						
95		净化作业	净化风管漏排	灼伤	净化工						
96		净化作业	加热器漏油	火灾	净化工						
97		净化作业	启动排烟机失误	机械伤害	净化工						

表 B.1（续）

序号	作业场所或类别	作业活动	危险因素	可能导致的事故	可能伤及的人员	风险评价					措施控制
						L	E	C	D	风险等级	
98	净化作业现场	净化作业	溜槽上工作绝缘防护不当	触电	净化工						
99		净化作业	爬梯式平台积水冰	高空坠落	净化工						
100		净化作业	爬梯或平台护栏损坏	高空坠落	净化工						
101		净化作业	带压拆卸压力罐附件	机械伤害	净化工						
102		净化作业	高空坠落	人员伤害	净化工						
103		净化作业	粉尘及烟气	尘肺病	净化工						
104		净化作业	噪声	听力下降	净化工						
105		除尘检修作业	劳保品穿戴不齐全	机械伤害触电	净化工、维修工						
106		除尘检修作业	未关闭所检修除尘器出口阀	机械伤害	净化工、维修工						
107		除尘检修作业	进入除尘器未系安全带	机械伤害	净化工、维修工						
108		除尘检修作业	除尘器内作业防护措施不当	机械伤害	净化工、维修工						
109		除尘检修作业	拆装气缸时配合不当	机械伤害	净化工、维修工						
110		除尘检修作业	粉尘	尘肺病	净化工、维修工						
111		除尘检修作业	高空坠落	人员伤害	净化工、维修工						
112		除尘检修作业	劳保品穿戴不齐全	机械伤害、触电	净化工、维修工						
113		除尘检修作业	未关闭所检修除尘器出口阀	机械伤害	净化工、维修工						
114		除尘检修作业	进入除尘器未系安全带	机械伤害	净化工、维修工						
115		除尘检修作业	除尘器内作业防护措施不当	机械伤害	净化工、维修工						
116	残极清理现场	残极清理破碎作业	劳保品穿戴不齐全	物体打击、烫伤	残极清理工						
117		残极清理破碎作业	大锤存在缺陷	物体打击	残极清理工						
118		残极清理破碎作业	赤手处理一些设备故障	机械伤害、砸伤	残极清理工						

表 B.1（续）

序号	作业场所或类别	作业活动	危险因素	可能导致的事故	可能伤及的人员	风险评价					措施控制
						L	*E*	*C*	*D*	风险等级	
119	残极清理现场	残极清理破碎作业	不戴口罩、不戴防护眼镜	人身伤害、职业病	残极清理工						
120		残极清理破碎作业	清理完的密封箱筛网倾斜摆放	机械伤害、砸伤	残极清理工						
121		残极清理破碎作业	清理工袖口，衣服不扣钮扣	人身伤害	残极清理工						
122		残极清理破碎作业	现场工具摆放杂乱	挤压、砸伤	残极清理工						
123		残极清理破碎作业	残极清理工坐在托盘上休息	挤压、砸伤	残极清理工						
124		残极清理破碎作业	天车工精力不集中	机械伤害	残极清理工						
125		残极清理破碎作业	吊具存在缺陷	砸伤	残极清理工						
126		残极清理破碎作业	清理设备内堵料未断主电源	机械伤害	残极清理工						
127		残极清理破碎作业	违章指挥天车	机械伤害	残极清理工						
128		残极清理破碎作业	粉尘	尘肺病	残极清理工						
129		残极清理破碎作业	噪声	听力下降	残极清理工						
130	熔炼铸造作业现场	熔铝配料作业	劳保品穿戴不齐全	烫伤	铸造工						
131		熔铝配料作业	加包配料操作不当	烫伤	铸造工						
132		熔铝配料作业	倒包太快铝液飞溅	烫伤	铸造工						
133		熔铝配料作业	混合炉倒包不停电	触电	铸造工						
134		熔铝配料作业	新敞口包烘烤温度不够	爆炸	现场作业人员						
135		熔铝配料作业	天燃气泄漏	火灾爆炸	现场作业人员						
136		熔铝配料作业	身体条件不适合高温作业要求	人员伤害	铸造工						
137		熔铝铸造作业	与天车配合不当	烫伤	现场作业人员						
138		熔铝铸造作业	铝锭渣块潮湿	爆炸烫伤	铸造工						
139		熔铝铸造作业	工具潮湿	爆炸烫伤	铸造工						

表 B.1（续）

序号	作业场所或类别	作业活动	危险因素	可能导致的事故	可能伤及的人员	风险评价					措施控制
						L	E	C	D	风险等级	
140	熔炼铸造作业现场	熔铝铸造作业	天然气设施出现缺陷故障损坏	爆炸	铸造工						
141		熔铝铸造作业	设备保护接地失效	触电	铸造工						
142		熔铝铸造作业	锤头脱落	物体打击	铸造工						
143		熔铝铸造作业	砂箱铸件坠落	伤害	铸造工						
144		熔铝铸造作业	金属溅出	烫伤	铸造工						
145		熔铝铸造作业	引气不及时	爆炸烫伤	铸造工						
146		熔铝铸造作业	铁水包坠落倾覆	伤害烫伤	铸造工						
147		熔铝铸造作业	浇铸时，砂箱泄漏	烫伤	铸造工						
148		熔铝铸造作业	粉尘及烟气	尘肺病	铸造工						
149		熔铝铸造作业	噪声	听力下降	铸造工						
150		熔铝铸造作业	漏炉	爆炸火灾	铸造工						
151		熔炼作业现场	炉料滑落	人身伤害	中频炉工						
152		熔炼作业现场	高温金属液飞溅	烫伤	中频炉工						
153		熔炼作业现场	加入潮湿或密闭空腔炉料	爆炸烫伤	中频炉工						
154		熔炼作业现场	炉内金属液凝固再熔化	爆炸烫伤	中频炉工						
155		熔炼作业现场	电磁吊吸料突然断电	人身伤害	中频炉工						
156		熔炼作业现场	水芯电缆破损	触电	中频炉工						
157		熔炼作业现场	中频感应电炉电磁辐射	职业病	中频炉工						
158		熔炼作业现场	劳保品穿戴不全	烫伤	中频炉工						
159		熔炼作业现场	剩余金属液处理不当	烫伤	中频炉工						
160		熔炼作业现场	工具潮湿	爆炸烫伤	中频炉工						

表 B.1（续）

序号	作业场所或类别	作业活动	危险因素	可能导致的事故	可能伤及的人员	风险评价					措施控制
						L	E	C	D	风险等级	
161	熔炼铸造作业现场	熔炼作业现场	漏炉	爆炸火灾	中频炉工						
162		堆垛打捆作业	劳保品穿戴不齐全	砸伤挤伤	铸造工						
163		堆垛打捆作业	坠落物体	砸伤挤伤	铸造工						
164		堆垛打捆作业	排锭不及时	机械伤害	铸造工						
165		堆垛打捆作业	操作不当	砸伤挤伤	铸造工						
166		堆垛打捆作业	堆垛不稳超高	砸伤挤伤	铸造工						
167		堆垛打捆作业	与运输车辆碰撞	车辆伤害	铸造工						
168		堆垛打捆作业	噪声	听力下降	铸造工						
169		堆垛打捆作业	粉尘及烟气	尘肺病	铸造工						
170		堆垛打捆作业	未戴护目镜	蹦伤眼球	铸造工						
171	贮运供料作业现场	贮运供料作业	天车工精力不集中、违章作业	机械伤害	作业人员						
172		贮运供料作业	卸料时将篷布揭到警戒区内	人身伤害	作业人员						
173		贮运供料作业	骑车进入氧化铝库	人身伤害	作业人员						
174		贮运供料作业	拉废大袋氧袋人员在警示区内行走	人身伤害	作业人员						
175		贮运供料作业	劳保品穿戴不齐全	碰伤砸伤	作业人员						
176		贮运供料作业	平台或爬梯护栏损坏	高处坠落	作业人员						
177		贮运供料作业	装卸工与吊装操作工配合不当	机械伤害	作业人员						
178		贮运供料作业	挂包工未按规定上下包垛	高处坠落	作业人员						
179		贮运供料作业	料包垛不符合规定	物体打击	作业人员						
180		贮运供料作业	粉尘	尘肺病	作业人员						

表 B.1（续）

序号	作业场所或类别	作业活动	危险因素	可能导致的事故	可能伤及的人员	风险评价					措施控制
						L	E	C	D	风险等级	
181	维修作业现场	停送电作业	操作者未培训无证上岗	触电、设备损坏	相关作业人员						
182		停送电作业	身体条件不符合本工种要求	触电、设备损坏	作业人员						
183		停送电作业	劳保品穿戴不齐全	触电、设备损坏	作业人员						
184		停送电作业	停电时操作票填写错误	触电、设备损坏	相关作业人员						
185		停送电作业	安全监护确认不到位	触电、设备损坏	相关作业人员						
186		停送电作业	安措漏项	触电、设备损坏	相关作业人员						
187		停送电作业	工器具绝缘不良或损坏	触电、设备损坏	相关作业人员						
188		停送电作业	停送电操作发生误操作	触电、设备损坏	相关作业人员						
189		电气焊作业	身体条件不符合本工种要求	人身伤害	作业人员						
190		电气焊作业	气瓶使用时剧烈振动碰撞	爆炸	作业人员						
191		电气焊作业	气瓶靠近热源	爆炸	作业人员						
192		电气焊作业	气瓶间距不符合要求	爆炸	作业人员						
193		电气焊作业	氧气乙炔带破损老化	火灾爆炸	作业人员						
194		电气焊作业	氧气乙炔表损坏	爆炸	作业人员						
195		电气焊作业	焊接带压容器措施不当	爆炸、中毒	作业人员						
196		电气焊作业	高处作业不系安全带	高处坠落	作业人员						
197		电气焊作业	没有按照动火工作票执行	爆炸、中毒	作业人员						
198		电气焊作业	现场安全监护不到位	火灾、爆炸	作业人员						
199		电气焊作业	未严格落实限制性区域管理制度	火灾、爆炸	作业人员						
200		电气焊作业	操作区域附近有易燃易爆物	火灾爆炸	作业人员						
201		电气焊作业	焊接时无防火措施	火灾	作业人员						

表 B.1（续）

序号	作业场所或类别	作业活动	危险因素	可能导致的事故	可能伤及的人员	风险评价					措施控制
						L	*E*	*C*	*D*	风险等级	
202	维修作业现场	电气焊作业	易燃易爆区动火	火灾、爆炸	作业人员						
203		电气焊作业	气瓶安全阀失灵	火灾、爆炸	作业人员						
204		电气焊作业	撞击安全距离不够	火灾、爆炸	作业人员						
205		电气焊作业	没有安装回火防止器	爆炸	作业人员						
206		电气焊作业	粉尘及烟气	尘肺病	作业人员						
207		电气焊作业	焊光	视力下降	作业人员						
208		维修作业	工具破损	机械伤害	作业人员						
209		维修作业	无接地保护	触电	作业人员						
210		维修作业	跨越设备或设施	机械伤害	作业人员						
211		维修作业	劳保用品穿戴不规范、不齐全	人身伤害	作业人员						
212		维修作业	作业前未检查工具或设备	人身伤害	作业人员						
213		维修作业	作业现场无专人协调指挥	人身伤害	作业人员						
214		维修作业	检修或处理故障未将设备电源断开	触电、机械伤害	作业人员						
215		维修作业	注意力分散、聊天、打电话、打闹	人身伤害	作业人员						
216		维修作业	使用有缺陷用具、工具或设备	人身伤害	作业人员						
217		维修作业	员工未在安全通道内行走	人身伤害	作业人员						
218		维修作业	忽视规定，凭老经验随意进行作业	人身伤害	作业人员						
219		维修作业	上下楼梯不扶栏杆	人身伤害	作业人员						
220		维修作业	随意将设备的防护装置取下	人身伤害	作业人员						
221		维修作业	漏电保护器失灵	触电	作业人员						
222		维修作业	高处作业不系安全带	高处坠落	作业人员						

表 B.1（续）

序号	作业场所或类别	作业活动	危险因素	可能导致的事故	可能伤及的人员	风险评价					措施控制
						L	E	C	D	风险等级	
223	维修作业现场	维修作业	没有严格执行锁死程序	设备、人身伤害	作业人员						
224		维修作业	未严格执行限制性区域管理制度	人身伤害	作业人员						
225		维修作业	现场安全监护不到位	人身、设备事	作业人员						
226		维修作业	水管道损坏或破裂	设备损坏	作业人员						
227		维修作业	槽控机外壳带电	触电	作业人员						
228		维修作业	电线破损老化	触电	作业人员						
229		维修作业	作业现场潮湿	触电	作业人员						
230		维修作业	槽控机主板、辅板电源损坏	设备损坏	作业人员						
231		维修作业	交叉作业时高处落物	物体打击	作业人员						
232		维修作业	粉尘及烟气	尘肺病	作业人员						
233		维修作业	噪声	听力下降	作业人员						
234	厂区	厂内运输	交通事故	人身伤害	现场人员						
235	压力管道、设备	违章动火	爆炸	人身伤害	现场操作人员						
236		燃气泄露	泄漏	中毒	现场人员						
237	电气设备	各部门	漏电	人员触电	操作人员						

ICS 13.100
H 09

中华人民共和国国家标准

GB 29742—2013

镁及镁合金冶炼安全生产规范

Safety specification for magnesium and magnesium alloys production

2013-09-18 发布 2014-07-01 实施

中华人民共和国国家质量监督检验检疫总局
中国国家标准化管理委员会 发布

前　言

本标准 4.2、4.3.2、4.3.3、4.4.3、5.2、5.3.1、5.3.2、5.4 和 5.5 内容为强制性的，其余为推荐性的。

本标准按照 GB/T 1.1—2009 给出的规则起草。

本标准由国家安全生产监督管理总局提出。

本标准由全国安全生产标准化技术委员会(SAC/TC 288)和全国有色金属标准化技术委员会(SAC/TC 243)归口。

本标准起草单位：宁夏华亿镁业股份有限公司、山西广灵精华化工集团有限公司、河南宇航金属材料有限公司、山西银光华盛镁业股份有限公司、中国有色金属工业标准计量质量研究所。

本标准主要起草人：王秀荣、拓万兰、李庆荣、仝重强、杨海波、孙金凤、李琦、文钰、陶卫建、孙前、仝重贵。

镁及镁合金冶炼安全生产规范

1 范围

本标准规定了镁及镁合金冶炼安全生产的基本安全要求、设备设施安全作业要求以及事故应急措施等。

本标准适用于镁及镁合金冶炼企业的设计、施工、验收、生产、维护、检修和管理等。

2 规范性引用文件

下列文件对于本文件的应用是必不可少的。凡是注日期的引用文件，仅注日期的版本适用于本文件。凡是不注日期的引用文件，其最新版本(包括所有的修改单)适用于本文件。

GB 2893 安全色
GB 2894 安全标志及其使用导则
GB 3095 环境空气质量标准
GB 4387 工业企业厂内铁路、道路运输安全规程
GB 5083 生产设备安全卫生设计总则
GB 6222 工业企业煤气安全规程
GB/T 11651 个体防护装备选用规范
GB/T 12331 有毒作业分级
GB 12348 工业企业厂界环境噪声排放标准
GB/T 12801 生产过程安全卫生要求总则
GB/T 13869 用电安全导则
GB 15630 消防安全标志设置要求
GB 18218 危险化学品重大危险源辨识
GB/T 28001 职业健康安全管理体系 要求
GB/T 28002 职业健康安全管理体系 实施指南
GB 50016 建筑设计防火规范
GB 50034 建筑照明设计标准
GB 50140 建筑灭火器配置设计规范
GB 50187 工业企业总平面设计规范
GBZ 2 工作场所有害因素职业接触限值
AQ/T 9002—2006 生产经营单位安全生产事故应急预案编制导则

3 术语和定义

GB/T 28001、AQ/T 9002—2006 界定的以及下列术语和定义适用于本文件。

3.1

煅烧 calcining

把白云石加热到 1 200 ℃左右，使碳酸钙碳酸镁($CaCO_3 \cdot MgCO_3$)分解为氧化钙和氧化镁(CaO 和

MgO)的工艺过程。

3.2

煅白 calcined dolomite

煅烧的产物。

3.3

球团料 globular material

煅白与硅铁、萤石按一定比例混合,经粉磨后压制成的特定形状的中间产品。

3.4

盘窑 keep rotating kiln

回转窑运转过程中遇突然停电时,为了使窑体保持转动状态,防止窑体在高温下变形而采用的应急措施。

3.5

还原 reduction

装入还原罐中的球团料在一定的温度和真空条件下,结晶出粗镁的过程。

3.6

粗镁(结晶镁) thick magnesium (crystallized magnesium)

还原过程中产生的镁蒸汽经冷凝器冷凝后的产物。

3.7

精炼 refining

粗镁加热熔化后,除去氧化物和杂质,并使其满足内部纯净度及其他特定要求的工艺过程。

3.8

合金化 alloying

在一定温度下,将中间合金和(或)其他原料按一定的比例添加在镁液中,形成满足一定化学成分和性能要求的镁合金的工艺过程。

3.9

浇铸 casting

将符合要求的熔体注入模具中,凝固后形成铸锭的过程。

4 基本安全要求

4.1 安全管理

4.1.1 企业应贯彻执行《中华人民共和国安全生产法》、《中华人民共和国消防法》及相关的法律法规,加强安全生产管理,建立、健全安全生产责任制度,完善安全生产条件,确保安全生产。

4.1.2 企业法人应按 GB/T 12331、GB 18218、GB/T 28001 和 GBZ 2 的有关规定对本企业的爆炸、火灾、中毒因素等重大危险源及职业危害因素进行辨识、评审,确定危险危害因素的类型、危害程度,针对其制定有效的管理控制措施。管理者应和安全组织机构成员进行安全检查,及时消除安全隐患。专用设备应由专人操作。

4.1.3 企业应结合生产特点,制定本企业安全措施实施细则和安全检查表,并按安全检查表认真进行检查。企业每月至少检查一次,车间每周至少检查一次。企业应认真做好安全生产教育,普及安全知识和安全法规,使员工了解本企业安全生产特点。应对员工进行专业技术和安全生产知识培训,经考核合格后方可上岗。

4.1.4 新员工应按规定接受“三级安全教育”,经考核合格后方可上岗。

4.1.5 采用新工艺、新技术、新材料、新设备或者岗位转换时,应对员工进行专门的安全教育和培训,使其掌握相关安全技术特性。

4.1.6 企业应进行安全生产科学技术研究和安全生产先进技术的推广应用,提高安全生产水平。

4.1.7 不应使用国家明令淘汰、禁止使用的危及生产安全的工艺及设备。

4.1.8 企业应按 GB/T 28001、GB/T 28002 和 GB 18218 的要求,对主要危险源作出安全警示标识,对重大危险源作出明显标识并登记建档,进行定期检测、评估、监控。

4.1.9 企业应按照《中华人民共和国安全生产法》的规定制定有针对性、可操作性强的事故应急救援预案,按事故应急预案定期或不定期组织演练和评审,及时修订预案,并应在当地消防部门指导下,定期对全体员工进行消防演练。

4.1.10 特种作业人员应按照国家有关规定经专门的安全作业培训,取得特种作业资格证书后上岗。

4.1.11 企业应按照 GB 2893、GB 2894 和 GB 15630 正确设置、使用安全色和安全标志。

4.1.12 企业应按照 GB/T 13869 的有关规定安全用电。

4.2 个体防护

4.2.1 生产人员应按 GB/T 11651 的有关规定,使用劳动保护用品。操作人员在进行作业以前,应按上述要求穿戴防护用品,未穿戴防护用品的人员不允许靠近作业区域,不允许操作设备。

4.2.2 高温作业场所操作人员应使用全棉制品的劳动保护服,不应贴身穿戴化纤制品衣物。

4.2.3 在镁及镁合金精炼、浇铸操作时,应配戴防护面罩。

4.2.4 进入炉料粉磨生产现场人员应配戴防护眼镜及防尘口罩。

4.3 厂房及建(构)筑物

4.3.1 厂址选择、厂区及车间布置、厂房及建(构)筑物应按 GB 50187、GB/T 12801、GB 50016、GB 50034等标准的规定进行设计建设。

4.3.2 车间应具有良好的通风条件。熔化炉、铸造设备上方不应设置存在滴漏水隐患的设施,如通风装置、天窗、水管等。所有安全设施,未经主管部门批准,不应拆除或挪作他用。

4.3.3 车间不应使用自动喷淋装置,若本身已有的,应将阀门锁死并将其中水排尽。

4.3.4 精炼车间应为单层建筑,应使用耐腐蚀不可燃材料。

4.4 消防设施

4.4.1 厂房及建(构)筑物应按《中华人民共和国消防法》、GB 50016、GB 50140 的规定配备消防设施。

4.4.2 生产现场应配备适用的灭火剂,如粉状二号熔剂、生产用覆盖剂、干砂、石棉板或石棉布等。

4.4.3 镁及镁合金燃烧时不应使用水、泡沫灭火器、四氯化碳灭火器、二氧化碳灭火器灭火。精炼车间应使用 D 级灭火器。

4.5 生产设备设施

4.5.1 企业的生产设备应按 GB 5083 进行设计制造,并符合 GBZ 2、GB 12348、GB 3095 的要求。

4.5.2 生产现场设备设施要按照国家有关规定设置安全防护装置,不应擅自拆除和损坏。

4.5.3 生产车辆要遵守 GB 4387 的规定,进入生产现场时要注意周围设备设施和人员情况,要限速行驶,不应争道抢行。非生产车辆不应进入生产现场。

5 设备设施安全作业要求

5.1 燃气作业

5.1.1 煤气作业

煤气站的建设及煤气生产、净化、设备与管道附属设施、操作与检修、应急处理按操作规程及GB 6222的有关规定执行。

5.1.2 天然气作业

使用天然气作业时应按照相应的操作规程进行。

5.1.3 焦炉煤气作业

使用焦炉煤气作业时应按照相应的操作规程进行。

5.1.4 半焦炉煤气作业

使用半焦炉煤气作业时应按照相应的操作规程进行。

5.1.5 发生炉煤气作业

发生炉煤气作业时应按照相应的操作规程进行。

5.2 炉料工序作业

5.2.1 上料

白云石送入料仓时按相关操作规程进行。

5.2.2 回转窑

5.2.2.1 回转窑点火，应按点火程序操作，检查各仪表是否灵敏，管道阀门是否漏气，确认窑体周围无人员及障碍时，方可点火。如点火不成功，应快速关闭燃气阀门，用空气置换，然后再按点火程序重新点火。

5.2.2.2 停电时应快速关闭燃气阀门，切断燃气来源，组织人工或备用发电机进行盘窑。来电后按5.2.2.1执行。

5.2.2.3 回转窑运行时应经常检查窑体的状况，发现窑体局部发红应及时停窑，并组织维修。窑体局部出现严重变形时，应停止使用。进入窑内工作应遵守下列规定：

a) 排空窑内物料；
b) 切断电源；
c) 配电盘上挂检修牌；
d) 窑外设专人监护；
e) 待窑内温度降到60 ℃以下。

5.2.2.4 回转窑停车时应提前与燃气站协调关闭燃气阀门，在窑体温度降到100 ℃以下时关停主电机。

5.2.3 竖窑

5.2.3.1 没有足够的助燃空气，燃料不允许进入窑内，以防爆炸。

5.2.3.2 竖窑点火,应按点火程序操作,检查各仪表是否灵敏,管道阀门是否漏气,确定窑体周围无其他人员时方可点火。如点火不成功,应快速关闭燃气阀门,用空气置换,然后再按点火程序重新点火。

5.2.3.3 在停窑和没有压力时,检测口和进入门不应关闭。在停窑和泄压前,不应打开任何检查孔。

5.2.3.4 竖窑停车时应提前与燃气站协调关闭燃气阀门。

5.2.4 提升机

5.2.4.1 开车前应检查所有的紧固件和环链,确保无松动现象。

5.2.4.2 提升机应在无负荷下起动,再均匀加料,避免物料堵塞。

5.2.4.3 提升机在工作中应完全关闭所有检视门。发生故障时,应立即停止运转,在相关的部位挂警示牌,再进行故障消除。

5.2.4.4 提升机工作时,不应对运动部件进行清理或维修。

5.2.4.5 提升机应在物料全部卸完后停车,无特殊情况,不应负载停机。

5.2.5 球磨机

5.2.5.1 第一次试转或长期停磨后,在启动前,应向中空轴颈上加少许机械润滑油,并用人工盘磨一周,确定无卡碰现象后才能用电机启动。

5.2.5.2 启动球磨机前,应清除球磨机周围有碍运转的杂物,确保设备用电、设备润滑及冷却系统完好。检查确认球磨机内及周围无人,并和有关工作岗位取得联系,当得到允许启动的回答信号,才能启动球磨机。

5.2.5.3 注意事项:

a) 球磨机启动后方可喂料,不应饱磨或空磨运行。

b) 不应从运行的磨机下方通过或传递物件。

c) 经常检查主轴承的油面高度。

d) 冬季停磨时,应将主轴承球面瓦内的冷却水排净。

e) 长期停磨时,应把钢球取出,以避免筒体弯曲。

5.2.6 压球机

5.2.6.1 开机前,首先清理压球机周围的杂物,检查各种紧固件,确保无松动、脱落。应按照压球机启动程序操作。

5.2.6.2 应保证送料均匀,确保设备安全运行。

5.2.6.3 停机前,应将压球机料仓内的料排空,不应先停机后停料。

5.2.6.4 发现异物进入应先停机再进行处理,处理时应挂警示牌。

5.2.7 破碎机

5.2.7.1 开机前,首先清理破碎机周围的杂物,检查各种紧固件,确保无松动、脱落。应按照破碎机启动程序操作。

5.2.7.2 停机前应将破碎机内的物料排空。

5.2.7.3 运行时应注意:

a) 机器运转时回转面内不应站人。

b) 破碎物料直径不应大于破碎机进料口的 0.85 倍,如发生卡料现象,应停机处理。

c) 机器产生异常声音时,应立即停机检查修理。

5.3 还原工序作业

5.3.1 炉前

5.3.1.1 打开还原罐盖时操作人员不应站在还原罐的正对面，以防镁液流出和钾钠氧化燃烧飞溅灼伤，提盖时要快提轻放，取出结晶器时要协调配合，取出过程不应单人操作。

5.3.1.2 出渣时，首先确保出渣工具及渣箱干燥。人工出渣时应避免还原渣和工具引起的人员烧伤。机械出渣时，避免人员密集，应按照出渣设备的操作规程进行。

5.3.1.3 出渣完毕，将工具按照规定摆放到指定的位置；将场地残留镁收集好，运送还原渣时避免人员灼伤。

5.3.1.4 还原罐打压应在指定区域进行，压力控制在0.25 MPa以内，罐口处不允许人员经过。

5.3.1.5 不应将燃烧或潮湿的粗镁存入粗镁库。

5.3.2 燃气还原炉

5.3.2.1 燃气还原炉点火，应按点火程序操作，检查各仪表是否灵敏，管道阀门是否漏气，确认周围无人员及障碍时，方可点火。如点火不成功，应快速关闭燃气阀门，用空气置换，然后再按点火程序重新点火。

5.3.2.2 停炉前应先关闭燃气阀门。

5.3.3 蒸汽锅炉

蒸汽锅炉的安全操作按蒸汽锅炉安全技术监察规程的有关规定执行。

5.3.4 压镁机

5.3.4.1 开车前应确保设备的安全防护装置和液压箱的油位正常。

5.3.4.2 工作时，不应站在机器正前方。

5.3.4.3 如果结晶筒放斜或卡在模子里，应用专用工具取出。

5.4 精炼工序作业

5.4.1 粗镁库

粗镁应当存放在干燥环境，应避免与熔剂及其他氯化物和腐蚀性物料存放在一起。

5.4.2 坩埚

5.4.2.1 应使用复合型坩埚。

5.4.2.2 应建立坩埚使用档案。

5.4.2.3 使用前应检查坩埚各部位的质量情况，确认达到使用条件。

5.4.2.4 指定专人记录坩埚使用次数和使用情况（温度、氧化程度等），应定期将坩埚按固定的方向依次转动，作好定期检修和更换。

5.4.3 精炼炉

5.4.3.1 精炼炉点火应按点火程序操作，检查各仪表是否灵敏，管道阀门是否漏气，确定窑体周围无其他人员时方可点火。如点火不成功，应快速关闭燃气阀门，用空气置换，然后再按点火程序重新点火。

5.4.3.2 精炼炉停炉前应先关闭燃气阀门。

5.4.4 熔炼

5.4.4.1 加料宜适量，液面应低于坩埚口 20 cm 以下，确保在搅拌时不飞溅。
5.4.4.2 在熔化过程中，应有专人看护以便全面掌握物料熔化情况，并适量撒入熔剂防止燃烧。不应横搭或搭料疏松，以防熔化时塌陷，引起镁液飞溅。
5.4.4.3 按工艺规程操作，不应超温作业。
5.4.4.4 精炼时将搅拌器缓慢伸入到熔体 4/5 深处，均匀搅拌，搅拌速度不宜太快，翻滚浪花不宜过大，以免溅出伤人和引起燃烧氧化。
5.4.4.5 注意观察坩埚周围及烟囱的烟气情况，若出现白色烟雾，应高度重视，检查坩埚是否出现漏液现象，视泄漏情况进行积极抢救，以避免过大损失，应首先确保人身安全。

5.4.5 浇铸

5.4.5.1 应将模具清理干净并预热，保持浇铸现场干燥。
5.4.5.2 浇铸时速度不宜太快。

5.4.6 酸洗作业

5.4.6.1 作业人员应按要求穿戴好防护用品，将酸(硫酸、硝酸)缓慢注入水中，并不断搅拌。
5.4.6.2 将铸锭缓慢的放入洗液或取出，不应用手直接触摸未经清水洗涤的铸锭。
5.4.6.3 洗涤废液应经过处理达到排放标准。

5.4.7 注意事项

5.4.7.1 灭火时不应使用水、泡沫灭火器、二氧化碳灭火器、四氯化碳灭火器扑救，生产中局部燃烧时用熔剂、硫磺；发生熔炼坩埚大面积泄漏应按坩埚泄漏、爆炸事故应急预案进行。应在车间内规定位置放置应急用干砂箱和灭火专用熔剂。
5.4.7.2 不应用手直接接触未冷却的产品，不应从坩埚和精炼渣箱上方通过。
5.4.7.3 不应将潮湿或未经预热的粗镁、镁锭、中间合金、其他原料及各种工具直接放入熔体(镁液、合金液、未冷却的精炼渣)中。

5.5 合金化

添加中间合金及其他原料时应预热，在确保干燥后方可加入镁液中。其他要求同 5.4.4。

5.6 包装、运输、贮存

5.6.1 除非需方另有要求，否则镁锭及镁合金锭的包装方式由供方决定，包装方式需充分考虑装运设备的能力。包装物应具备抗破损能力。
5.6.2 镁锭和镁合金锭不属危险品，应按常规运输方式运输，但运输中应有防水措施。
5.6.3 贮存中应防雨、防潮、通风、防腐蚀和保持清洁，不应与氧化剂、酸性物质共同贮存。

5.7 风险评价

企业可参照附录 A 进行各作业条件的风险评价，确定风险等级，并参照附录 B 制定危险源辨识、风险评价和风险控制调查表。

6 事故应急措施

6.1 企业应按 AQ/T 9002—2006 的要求，结合企业具体情况，制定应急预案，并报主管部门备案。应急预案至少应包括：

a） 火灾事故应急预案；

b） 重大设备事故应急预案；

c） 破坏性地震抢险救援应急预案；

d） 厂内重大交通事故抢险救援预案；

e） 燃气泄漏、爆炸事故应急预案；

f） 人员伤害紧急救治应急预案；

g） 坩埚泄漏、爆炸事故应急预案；

h） 煤气中毒应急预案进行。

注：以上预案由企业自行制定。

6.2 企业应在当地消防部门的密切配合和指导下组建专、兼职消防组织，并定期进行避灾及事故抢救演练。

附 录 A
（资料性附录）
作业条件风险评价方法(LEC 法)

A.1 危险性分值

危险性分值按式(A.1)计算：

$$D=L\cdot E\cdot C \qquad \cdots\cdots\cdots\cdots\cdots\cdots(\text{A.1})$$

式中：

D——作业条件的危险性分值；

L——事故或危险事件发生的可能性分值；

E——暴露于危险环境的频率分值；

C——发生事故或危险事件的可能结果分值。

A.2 发生事故或危险事件的可能性

A.2.1 事故或危险事件发生的可能性与其实际发生的概率相关。若用概率来表示时，绝对不可能发生的概率为0；而必然发生的事件，其概率为1。但在考察一个系统的危险性时，绝对不可能发生事故是不确切的，即概率为0的情况不确切。所以，将实际上不可能发生的情况作为"打分"的参考点，定其分数值为0.1。

A.2.2 在实际生产条件中，事故或危险事件发生的可能性范围非常广泛，因而人为地将完全出乎意料之外、极少可能发生的情况规定为1；能预料将来某个时候会发生事故的分值规定为10；在这两者之间再根据可能性的大小相应地确定几个中间值，如将"不常见，但仍然可能"的分值定为3，"相当可能发生"的分值规定为6。同样，在0.1与1之间也插入了与某种可能性对应的分值。于是，将事故或危险事件发生可能性的分值从实际上不可能的事件为0.1，经过完全意外有极少可能的分值1，确定到完全会被预料到的分值10为止(见表A.1)。

表 A.1 事故或危险事件发生可能性分值

分数值	事故发生的可能性
10	完全可以预料
6	相当可能
3	可能，但不经常
1	可能性小，完全意外
0.5	很不可能
0.2	极不可能
0.1	实际不可能

A.3 暴露于危险环境的频率

作业人员暴露于危险作业条件的次数越多、时间越长，则受到伤害的可能性也就越大。为此，K·J·

格雷厄姆和G·F·金尼规定了连续出现在潜在危险环境的暴露频率分值为10,一年仅出现几次非常稀少的暴露频率分值为1。以10和1为参考点,再在其区间根据在潜在危险作业条件中暴露情况进行划分,并对应地确定其分值。例如,每月暴露一次的分值定为2,每周一次或偶然暴露的分值为3。当然,根本不暴露的分值应为0,但这种情况实际上是不存在的,是没有意义的,因此毋须列出。关于暴露于潜在危险环境的分值见表A.2。

表A.2 暴露于潜在危险环境的频率分值

分数值	频繁程度	分数值	频繁程度
10	连续暴露	2	每月一次暴露
6	每天工作时间内暴露	1	每年几次暴露
3	每周一次	0.1	非常罕见地暴露

A.4 发生事故或危险事件的可能结果

造成事故或危险事故的人身伤害或物质损失可在很大范围内变化,以工伤事故而言,可以从轻微伤害到许多人死亡,其范围非常宽广。因此,K·J·格雷厄姆和G·F·金尼需要救护的轻微伤害的可能结果,它的分值规定为1,以此为一个基准点;而将造成许多人死亡的可能结果规定为分值100,作为另一个参考点。在两个参考点1~100之间,插入相应的中间值,列出表A.3所示的可能结果的分值。

表A.3 发生事故或危险事件可能结果的分值

分数值	频繁程度	分数值	频繁程度
100	大灾难,许多人死亡	7	严重,重伤
40	灾难,数人死亡	3	不可容许,致残
15	非常严重,一人死亡	1	引人注目,不利于职业健康安全要求

A.5 危险程度的评定

根据危险性分值,按表A.4评定危险程度。

表A.4 危险程度的评定

D值	危险程度	风险等级
>320	极其危险,不能继续作业	1
>160~320	高度危险,需立即整改	2
>70~160	显著危险,需要整改	3
20~70	一般危险,需要注意	4
<20	稍有危险,可以接受	5

a) 危险性分值在20以下的环境属低危险性,一般可以被人们接受,这样的危险性比骑自行车通过拥挤的马路去上班之类的日常生活活动的危险性还要低。

b) 危险性分值在 20～70 时，则需要加以注意。

c) 危险性分值 70～160 的情况时，则有明显的危险，需要采取措施进行整改。

d) 危险性分值在 160～320 的作业条件属高度危险的作业条件，必须立即采取措施进行整改。

e) 危险性分值在 320 分以上时，则表示该作业条件极其危险，应该立即停止作业直到作业条件得到改善为止。

附 录 B
（资料性附录）
危险源辨识、风险评价和风险控制调查表

危险源辨识、风险评价和风险控制调查表见表 B.1。

表 B.1 危险源辨识、风险评价和风险控制调查表

序号	作业场所或类别	作业活动	危险因素	可能导致的事故	可能伤及的人员	风险评价				风险等级	措施控制
						L	E	C	D		
1	炉料车间	压球操作间	发现异物进入,不停机就进行处理	人身伤害	维修工或操作工						
2		压球操作间	紧固件脱落	机械伤害	操作工						
3		压球操作间	机械传动部分保护罩脱落	机械伤害	操作工						
4		压球操作间	处理故障时没有放置警示牌	机械伤害	维修工或操作工						
5		压球操作间	坠落	摔伤	现场人员						
6		压球操作间	不按规定穿戴防护服,佩戴防护罩	职业病(尘肺)	接桶工						
7		压球操作间	高温	中暑	接桶工						
8		硅破操作间	粉尘吸入	职业病(尘肺)	硅破工						
9		硅破操作间	紧固件脱落	机械伤害	硅破工						
10		硅破操作间	卡料时直接用手处理	机械伤害	硅破工						
11		煤磨操作间	粉尘浓度高,遇明火爆炸	人员伤亡	煤磨工						
12		煤磨操作间	粉尘吸入	职业病(尘肺)	煤磨工						
13		煤磨操作间	煤粉燃烧	火灾	现场人员						
14		煤磨操作间	机械伤害	机械伤害	磨机工						
15		煤磨操作间	机械传动部分保护罩脱落	机械伤害	操作工						
16		微机操作	粉尘吸入	职业病(尘肺)	微机配料员						

表 B.1（续）

序号	作业场所或类别	作业活动	危险因素	可能导致的事故	可能伤及的人员	风险评价 L	E	C	D	风险等级	措施控制
17	炉料车间	微机操作	机械伤害	人身伤害	微机配料员						
18		回转窑操作	高温	中暑	煅烧工、维修工						
19		回转窑操作	粉尘	职业病	煅烧工						
20		回转窑操作	机械伤害	机械伤害	煅烧工						
21		回转窑操作	高空坠落	摔伤	煅烧工、维修工						
22		回转窑操作	身体接触工作中回转窑	烫伤	煅烧工、维修工						
23		回转窑操作	点火爆炸	人身伤害	现场人员						
24		运输作业	交通事故	车辆伤害，人身伤害	接桶工						
25		设备维修	残留煤气遇明火	爆炸	维修工						
26		设备维修	粉尘	尘肺	维修工						
27		设备维修	残留煤气	煤气中毒	维修工						
28		设备维修	维修时没有挂警示牌，或无人看守，其他人合闸送电	机械伤害、电击伤害	维修工						
29	还原车间	炉前作业	粉尘	尘肺	炉前工、真空工						
30		炉前作业	触碰或踩到烧红的扒渣工具	烫伤，工器具伤害	炉前工、真空工						
31		炉前作业	高温	中暑	炉前工、真空工						
32		炉前作业	钾钠爆炸	人身伤害	炉前工、真空工						
33		炉前作业	抬结晶筒不小心	砸伤、烫伤	炉前工						
34		炉前作业	机械扒渣	机械伤害、烫伤	现场人员						
35		蓄热室维修	残留煤气遇明火	爆炸，人身伤害	维修工、现场人员						
36		蓄热室维修	残留煤气超量	CO 中毒	维修工						
37		蓄热室维修	高温	中暑	维修工						

表 B.1（续）

序号	作业场所或类别	作业活动	危险因素	可能导致的事故	可能伤及的人员	风险评价				风险等级	措施控制
						L	E	C	D		
38	还原车间	炉温操作	爆炸	人身伤害	调温工						
39		炉温操作	CO 中毒	中毒	调温工						
40		真空操作	烫伤	烫伤	真空工						
41		真空操作	高温	中暑	真空工						
42		设备维修	机械伤害	人身伤害	维修工						
43		设备维修	高温	中暑、烫伤	维修工						
44		设备维修	CO 气体浓度超标	中毒	维修工						
45		压镁操作	粗镁及结晶筒砸伤、烫伤	烫伤、砸伤	操作工						
46		余热锅炉	烫伤	烫伤	现场操作人员						
47		余热锅炉	机械伤害	机械伤害	现场人员						
48		余热锅炉	爆炸	人身伤害	现场人员						
49	厂区	循环水池	人员进(掉)入循环水池	溺水	任何人						
50		厂内运输	交通事故	人身伤害	现场人员						
51	精炼车间	炉面作业	搅拌引起镁液飞溅	烫伤	炉面操作人员						
52		炉面作业	溶化塌陷引起的镁液飞溅	烫伤	操作人员						
53		炉面作业	加料量过多引起镁液飞溅	烫伤、火灾、爆炸	操作人员						
54		炉面作业	坩埚泄漏	火灾、爆炸、设备损坏	现场人员						
55		炉面作业	燃气泄漏	中毒、窒息	现场人员						
56		炉面作业	燃气泄露遇明火	火灾、爆炸	现场人员						
57		炉面作业	高温	中暑	操作人员						
58		炉面作业	原料未预热烘干	爆炸	现场人员						

表 B.1(续)

序号	作业场所或类别	作业活动	危险因素	可能导致的事故	可能伤及的人员	风险评价				风险等级	措施控制
						L	*E*	*C*	*D*		
59	精炼车间	炉面作业	搅拌工具未进行预热烘干	爆炸	现场人员						
60		炉面作业	镁液飞溅遇水	爆炸	现场人员						
61		炉面作业	屋顶漏雨	爆炸	现场人员						
62		炉面作业	没按要求穿戴劳保用品	烫伤、高温中暑、砸伤	操作人员						
63		炉面作业	加料、捞渣	烫伤	操作人员						
64		浇铸作业	模具未预热	飞溅、爆炸	操作人员						
65		浇铸作业	触碰到浇铸机器或模具	烫伤	操作人员						
66		浇铸作业	有害气体浓度超标	诱发职业病	现场人员						
67		天车	漏电	触电	现场操作人员						
68		天车	起吊时限位、抱闸失灵	起重伤害	现场人员						
69		天车	吊具、钢丝绳损坏	起重伤害	现场人员						
70		天车	吊挂不牢	起重伤害	现场人员						
71		天车	天车工误操作	起重伤害	现场人员						
72		天车	出现设备故障继续使用	起重伤害	现场人员						
73		天车	日常维护时滑倒	高处坠落	天车工或维修工						
74		叉车作业	行驶中,发生突发情况,处理不当引发交通事故	车辆伤害	驾驶员及行人						
75		叉车作业	操作失误	车辆伤害	驾驶员及现场人员						
76		叉车作业	起步、倒车、转弯时,未鸣笛	车辆伤害	现场人员						
77		叉车作业	体力负荷超限	车辆伤害	驾驶员及行人						
78		叉车作业	镁锭堆放不齐	其他伤害(砸伤)	现场人员						
79		粗镁存储	燃烧	火灾、烧伤	现场人员						

表 B.1（续）

序号	作业场所或类别	作业活动	危险因素	可能导致的事故	可能伤及的人员	风险评价				风险等级	措施控制
						L	E	C	D		
80	精炼车间	炉温操作	爆炸、CO 中毒	中毒、人身伤害	现场人员						
81		设备检修	高空坠落	摔伤	维修工						
82		设备检修	机械伤害	机械伤害	维修工						
83		设备检修	爆炸、中毒	人身伤害	维修工						
84	煤气管道、设备	违章动火	爆炸	人身伤害	现场操作人员						
85		燃气泄露	泄漏	中毒	现场人员						
86	电气设备	各部门	漏电	人员触电	操作人员						
87	高空作业	违章作业	高空坠落	人身伤害	现场操作人员						
88	煤气炉操作	违章操作	煤气泄漏、爆炸、CO 中毒	人身伤害	现场人员						

ICS 03.220.20
R 16

中华人民共和国国家标准

GB 29743—2013

机动车发动机冷却液

Motor vehicle engine coolant

2013-09-18 发布　　　　　　　　2014-05-01 实施

中华人民共和国国家质量监督检验检疫总局
中国国家标准化管理委员会　发布

前　言

本标准的第4章、第5章及第6章为强制性，其余为推荐性。

本标准按照GB/T 1.1—2009给出的规则起草。

本标准参考ASTM D3306-11《轿车及轻负荷发动机用二元醇型冷却液规范》和ASTM D6210-10《重负荷发动机用全配方二元醇型冷却液规范》编制。

本标准由中华人民共和国交通运输部提出。

本标准由全国汽车维修标准化技术委员会(SAC/TC 247)归口。

本标准起草单位：交通运输部公路科学研究院、南京汽车集团有限公司汽车工程研究院、天津市产品质量监督检测技术研究院、北京航空航天大学、统一(壳牌)石油化工有限公司、蓝星清洗股份有限公司北京分公司、辽宁润迪精细化工有限公司、山东鑫海汽车配件有限公司、张家港盈科化工有限公司、青岛康普顿石油化学有限公司。

本标准主要起草人：张旸、焦健、应蓓、杨佳玲、唐林、张宗科、边晖、张凯蛟、谭希光、王双田、刘金龙、刘中强、杜文军、白剑利、邹建波、陈士奎、张毅、王强。

机动车发动机冷却液

1 范围

本标准规定了机动车发动机冷却液(以下简称冷却液)的术语和定义、产品分类、技术要求和试验方法、检验规则、标志和包装、运输和贮存等。

本标准适用于轻负荷发动机用二元醇型和其他类型冷却液,以及重负荷发动机用含亚硝酸盐、钼酸盐组分的二元醇型冷却液。

2 规范性引用文件

下列文件对于本文件的应用是必不可少的。凡是注日期的引用文件,仅注日期的版本适用于本文件。凡是不注日期的引用文件,其最新版本(包括所有的修改单)适用于本文件。

GB/T 3673 酞菁绿 G

GB/T 6682 分析实验室用水规格和试验方法

GB/T 14571.2 工业用乙二醇中二乙二醇和三乙二醇含量的测定 气相色谱法

HJ/T 84 水质 无机阴离子的测定 离子色谱法

NB/SH/T 0828 发动机冷却液中硅与其他元素含量的测定 电感耦合等离子体原子发射光谱法

SH/T 0065 发动机冷却液或防锈剂试验样品的取样及其水溶液的配制

SH/T 0066 发动机冷却液泡沫倾向测定法(玻璃器皿法)

SH/T 0067 发动机冷却液和防锈剂灰分含量测定法

SH/T 0068 发动机冷却液及其浓缩液密度或相对密度测定法(密度计法)

SH/T 0069 发动机防冻剂、防锈剂和冷却液 pH 值测定法

SH/T 0084 冷却系统化学溶液对汽车上有机涂料影响的试验方法

SH/T 0085 发动机冷却液腐蚀测定法(玻璃器皿法)

SH/T 0086 发动机冷却液的浓缩液中水含量测定法(卡尔·费休法)

SH/T 0087 发动机冷却液铝泵气穴腐蚀特性试验法

SH/T 0088 发动机冷却液模拟使用腐蚀测定法

SH/T 0089 发动机冷却液沸点测定法

SH/T 0090 发动机冷却液冰点测定法

SH/T 0091 发动机冷却液和防锈剂储备碱度测定法

SH 0164 石油产品包装、贮运及交货验收规则

SH/T 0620 发动机冷却液对传热状态下的铸铝合金腐蚀测定法

SH/T 0621 发动机冷却液氯含量测定法

3 术语和定义

下列术语和定义适用于本文件。

3.1

机动车发动机冷却液　motor vehicle engine coolant

以防冻剂、缓蚀剂等原料复配而成的，用于机动车发动机冷却系统中，具有冷却、防腐、防冻等作用的功能性液体。

3.2

轻负荷发动机　light-duty engine

长期在比额定功率低得多的条件下运转的发动机。

3.3

重负荷发动机　heavy-duty engine

长期在额定功率或接近额定功率的条件下运转的发动机。重负荷发动机大多采用湿式缸套设计。

3.4

乙二醇型机动车发动机冷却液　ethylene glycol base motor vehicle engine coolant

以乙二醇作为防冻剂的机动车发动机冷却液。

3.5

丙二醇型机动车发动机冷却液　propylene glycol base motor vehicle engine coolant

以1,2-丙二醇作为防冻剂的机动车发动机冷却液。

3.6

其他类型机动车发动机冷却液　other bases motor vehicle engine coolant

以除乙二醇、1,2-丙二醇之外的原料作为防冻剂，具有特定冰点数值的机动车发动机冷却液，或冰点在−15 ℃以上的机动车发动机冷却液，直接用于发动机冷却系统。

3.7

机动车发动机冷却液浓缩液　motor vehicle engine coolant concentrate

水分含量不大于5%的机动车发动机冷却液。

3.8

机动车发动机冷却液稀释液　motor vehicle engine coolant predilute

直接用于发动机冷却系统，具有特定冰点数值的机动车发动机冷却液。

3.9

标注值　stated value

产品包装上明示标注的质量指标。

4　产品分类

冷却液按发动机使用负荷大小可分为轻负荷冷却液和重负荷冷却液两类，按主要原材料可分为乙二醇型、丙二醇型和其他类型三类。

轻负荷冷却液分类及型号见表1。

表1　轻负荷冷却液分类代号及型号

产品分类		代号	型号
乙二醇型	浓缩液	LEC-Ⅰ	—
	稀释液	LEC-Ⅱ	LEC-Ⅱ-15、LEC-Ⅱ-20、LEC-Ⅱ-25、LEC-Ⅱ-30、LEC-Ⅱ-35、LEC-Ⅱ-40、LEC-Ⅱ-45、LEC-Ⅱ-50

表 1（续）

产品分类		代号	型号
丙二醇型	浓缩液	LPC-Ⅰ	—
	稀释液	LPC-Ⅱ	LPC-Ⅱ-15、LPC-Ⅱ-20、LPC-Ⅱ-25、LPC-Ⅱ-30、LPC-Ⅱ-35、LPC-Ⅱ-40、LPC-Ⅱ-45、LPC-Ⅱ-50
其他类型		LOC	依据冰点标注值

重负荷冷却液分类及型号见表 2。

表 2　重负荷冷却液分类代号及型号

产品分类		代号	型号
乙二醇型	浓缩液	HEC-Ⅰ	—
	稀释液	HEC-Ⅱ	HEC-Ⅱ-15、HEC-Ⅱ-20、HEC-Ⅱ-25、HEC-Ⅱ-30、HEC-Ⅱ-35、HEC-Ⅱ-40、HEC-Ⅱ-45、HEC-Ⅱ-50
丙二醇型	浓缩液	HPC-Ⅰ	—
	稀释液	HPC-Ⅱ	HPC-Ⅱ-15、HPC-Ⅱ-20、HPC-Ⅱ-25、HPC-Ⅱ-30、HPC-Ⅱ-35、HPC-Ⅱ-40、HPC-Ⅱ-45、HPC-Ⅱ-50

5　技术要求和试验方法

5.1　通用要求

冷却液的通用要求及试验方法见表 3。

表 3　冷却液通用要求

项目	要求	试验方法
外观[a]	无沉淀及悬浮物、清亮透明液体	目测
颜色	有醒目颜色	目测
气味	无刺激性异味	嗅觉
[a] 浓缩液允许有少量的沉淀，稀释后应清亮透明。		

5.2　理化性能

5.2.1　乙二醇型冷却液的理化性能要求及试验方法见表 4。

表 4　乙二醇型冷却液理化性能要求

项目	要求									试验方法
	LEC-Ⅰ HEC-Ⅰ	LEC-Ⅱ-15 HEC-Ⅱ-15	LEC-Ⅱ-20 HEC-Ⅱ-20	LEC-Ⅱ-25 HEC-Ⅱ-25	LEC-Ⅱ-30 HEC-Ⅱ-30	LEC-Ⅱ-35 HEC-Ⅱ-35	LEC-Ⅱ-40 HEC-Ⅱ-40	LEC-Ⅱ-45 HEC-Ⅱ-45	LEC-Ⅱ-50 HEC-Ⅱ-50	
其他二元醇含量(质量分数)[a]/%	≤15	—								GB/T 14571.2
密度(20.0 ℃) g/cm³	1.108～1.144	≥1.036	≥1.044	≥1.050	≥1.055	≥1.060	≥1.065	≥1.070	≥1.076	SH/T 0068
冰点/℃ 原液	—	≤-15.0	≤-20.0	≤-25.0	≤-30.0	≤-35.0	≤-40.0	≤-45.0	≤-50.0	SH/T 0090
冰点/℃ 50%体积稀释液	≤-36.4	—								
沸点/℃ 原液	≥163.0	≥105.5	≥106.0	≥106.5	≥107.0	≥107.5	≥108.0	≥108.5	≥109.0	SH/T 0089
沸点/℃ 50%体积稀释液	≥108.0	—								
灰分(质量分数)/%	≤5.0	≤2.5					≤3.0			SH/T 0067
pH值 原液	—	7.5～11.0								SH/T 0069
pH值 50%体积稀释液	7.5～11.0	—								
氯含量/(mg/kg)	≤60									SH/T 0621
水分(质量分数)/%	≤5.0	—								SH/T 0086
储备碱度/mL	报告值									SH/T 0091
对汽车有机涂料的影响	无影响									SH/T 0084

[a] 其他二元醇包含:二乙二醇、三乙二醇、四乙二醇、丙二醇、二丙二醇、三丙二醇和1,3-丙二醇等。

5.2.2　丙二醇型冷却液的理化性能要求及试验方法见表5。

表 5　丙二醇型冷却液理化性能要求

项目	要求									试验方法
	LPC-Ⅰ HPC-Ⅰ	LPC-Ⅱ-15 HPC-Ⅱ-15	LPC-Ⅱ-20 HPC-Ⅱ-20	LPC-Ⅱ-25 HPC-Ⅱ-25	LPC-Ⅱ-30 HPC-Ⅱ-30	LPC-Ⅱ-35 HPC-Ⅱ-35	LPC-Ⅱ-40 HPC-Ⅱ-40	LPC-Ⅱ-45 HPC-Ⅱ-45	LPC-Ⅱ-50 HPC-Ⅱ-50	
其他二元醇含量(质量分数)[a]/%	≤1	—								GB/T 14571.2
密度(20.0 ℃) g/cm³	1.028～1.063	≥1.015	≥1.018	≥1.020	≥1.022	≥1.024	≥1.025	≥1.027	≥1.028	SH/T 0068

表 5（续）

项目		要求									试验方法
		LPC-Ⅰ HPC-Ⅰ	LPC-Ⅱ-15 HPC-Ⅱ-15	LPC-Ⅱ-20 HPC-Ⅱ-20	LPC-Ⅱ-25 HPC-Ⅱ-25	LPC-Ⅱ-30 HPC-Ⅱ-30	LPC-Ⅱ-35 HPC-Ⅱ-35	LPC-Ⅱ-40 HPC-Ⅱ-40	LPC-Ⅱ-45 HPC-Ⅱ-45	LPC-Ⅱ-50 HPC-Ⅱ-50	
冰点/℃	原液	—	≤−15.0	≤−20.0	≤−25.0	≤−30.0	≤−35.0	≤−40.0	≤−45.0	≤−50.0	SH/T 0090
	50%体积稀释液	≤−31.0	—								
沸点/℃	原液	≥152.0	≥102.0	≥102.5	≥103.0	≥103.5	≥104.0	≥104.5	≥105.0	≥105.5	SH/T 0089
	50%体积稀释液	≥104.0	—								
灰分(质量分数)/%		≤5.0	≤2.5				≤3.0				SH/T 0067
pH值	原液	—	7.5～11.0								SH/T 0069
	50%体积稀释液	7.5～11.0	—								
氯含量/(mg/kg)		≤60									SH/T 0621
水分(质量分数)/%		≤5.0	—								SH/T 0086
储备碱度/mL		报告值									SH/T 0091
对汽车有机涂料的影响		无影响									SH/T 0084

[a] 其他二元醇包含：乙二醇、二乙二醇、三乙二醇、四乙二醇、二丙二醇、三丙二醇和1,3-丙二醇等。

5.2.3 其他类型冷却液的理化性能要求及试验方法见表6。

表 6 其他类型冷却液理化性能要求

项目	要求 LOC	试验方法
冰点/℃	≤标注值	SH/T 0090
沸点/℃	≥102.0	SH/T 0089
灰分(质量分数)/%	≤3.0	SH/T 0067
pH值	7.5～11.0	SH/T 0069
氯含量/(mg/kg)	≤60	SH/T 0621
储备碱度/mL	报告值	SH/T 0091
对汽车有机涂料的影响	无影响	SH/T 0084

5.2.4 重负荷冷却液的化学组分要求及试验方法见表7。

表7 重负荷冷却液化学组分要求

项目		单组分要求	双组分要求	试验方法[a]
亚硝酸盐(以 NO_2 计)含量/(mg/kg)		≥1 200	—	HJ/T 84
亚硝酸盐(以 NO_2 计)和钼酸盐(以 MoO_4 计)	总量/(mg/kg)	—	≥780	HJ/T 84 NB/SH/T 0828
	单组分含量/(mg/kg)	—	≥300	
[a] 浓缩液应稀释成冰点－15 ℃的溶液进行试验。				

5.3 使用性能

冷却液的使用性能要求及试验方法见表8。

表8 冷却液使用性能要求

项目			要 求	试验方法[a]
玻璃器皿腐蚀 (88 ℃±2 ℃, 336 h±2 h)	质量变化 mg/试片	紫铜	±10	SH/T 0085
		黄铜	±10	
		钢	±10	
		铸铁	±10	
		焊锡	±30	
		铸铝	±30	
模拟使用腐蚀 (88 ℃±3 ℃, 1 064 h±2 h)	质量变化 mg/试片	紫铜	±20	SH/T 0088
		黄铜	±20	
		钢	±20	
		铸铁	±20	
		焊锡	±60	
		铸铝	±60	
泡沫倾向	泡沫体积/mL		≤150	SH/T 0066[b]
	泡沫消失时间/s		≤5.0	
铸铝合金传热腐蚀(135 ℃±1 ℃,168 h±2 h)质量变化/(mg/cm^2)			±1.0	SH/T 0620
铝泵气穴腐蚀(113 ℃±1 ℃,103 kPa±3 kPa,100 h)/级			≥8	SH/T 0087
[a] 试验溶液按附录A配制。 [b] 泡沫倾向试验用参比液按附录B配制。				

6 检验规则

6.1 检验分类

6.1.1 型式检验

型式检验项目为第5章规定的所有检验项目。在下列情况下应进行型式检验:

——新产品投产或产品定型鉴定时；
——原材料、工艺等发生变化时；
——出厂检验或周期检验结果与上次型式检验结果有较大差异时；
——产品转厂生产时；
——两年进行一次型式检验。

6.1.2 出厂检验

6.1.2.1 出厂批次检验

出厂批次检验项目包括：外观、颜色、气味、冰点、沸点、pH 值、密度、储备碱度、泡沫倾向。

6.1.2.2 出厂周期检验

主要原材料和添加剂无变化时，每年还应至少进行两次出厂周期检验。

出厂周期检验项目应包括：出厂批次检验项目以及灰分、氯含量、对汽车有机涂料的影响、水分、玻璃器皿腐蚀。

6.2 组批

在原材料、工艺不变的条件下，每生产一釜或连续生产多釜混合均匀的产品为一个批次。

6.3 取样

取样按 SH/T 0065 进行，每批产品取样量需满足检验和留样要求，或是从包装好的产品中随机抽取样品作为检验和留样用。

7 标志和包装

冷却液按 SH 0164 的规定进行标志和包装，应包括：

a) 产品名称及分类代号；
b) 冰点；
c) 生产企业名称及地址；
d) 生产日期及批号；
e) 产品使用方法等；
f) 包装上应有“不可饮用”的醒目标记及相关的使用注意事项等。

8 运输和贮存

冷却液应贮存放置在阴暗、通风的地方，避免阳光直射，其运输应符合 SH 0164 的规定。

附 录 A
（规范性附录）
冷却液使用性能试验溶液的配制方法

A.1 试剂

A.1.1 硫酸钠（Na_2SO_4）：化学纯。
A.1.2 氯化钠（NaCl）：化学纯。
A.1.3 碳酸氢钠（$NaHCO_3$）：化学纯。
A.1.4 水：符合 GB/T 6682 规定的三级水要求。

A.2 总体要求

总体要求见表 A.1。

表 A.1 试验溶液的总体要求

试验项目	试验溶液组分要求	
	二元醇浓度(体积分数)/%	钠盐浓度
玻璃器皿腐蚀	33	含硫酸根离子、氯离子和碳酸氢根离子各 100 mg/kg
模拟使用腐蚀	44	含硫酸根离子、氯离子和碳酸氢根离子各 100 mg/kg
泡沫倾向	33	—
铸铝合金传热腐蚀	25	含氯化钠 220 mg/kg
铝泵气穴腐蚀	17	含硫酸根离子、氯离子和碳酸氢根离子各 100 mg/kg

A.3 浓缩液的试验溶液配制

浓缩液的试验溶液配制依据表 A.1，具体见表 A.2。

表 A.2 浓缩液的试验溶液配制

试验项目	配制比例(体积分数)	钠盐加入量/每升试验溶液
玻璃器皿腐蚀	33%样品 + 67%水	硫酸钠 99 mg，氯化钠 110 mg，碳酸氢钠 92 mg
模拟使用腐蚀	44%样品 + 56%水	硫酸钠 83 mg，氯化钠 92 mg，碳酸氢钠 77 mg
泡沫倾向	33%样品 + 67%水	—
铸铝合金传热腐蚀	25%样品 + 75%水	氯化钠 165 mg
铝泵气穴腐蚀	17%样品 + 83%水	硫酸钠 123 mg，氯化钠 37 mg，碳酸氢钠 115 mg

A.4 稀释液的试验溶液配制

稀释液的试验溶液配制依据表 A.1。对于二元醇浓度达不到配制要求的产品，以及轻负荷发动机用其他类型冷却液产品采用 100%样品进行试验，钠盐加入量同表 A.2。

附 录 B
（规范性附录）
冷却液泡沫倾向试验用参比液的配制方法

B.1 目的

本参比液用于确定泡沫倾向试验中所用玻璃器皿、试验仪器等是否残留消泡剂。

B.2 试剂

B.2.1 乙二醇（$C_2H_6O_2$）：分析纯。
B.2.2 二乙二醇（$C_4H_{10}O_3$）：又称一缩二乙二醇，分析纯。
B.2.3 四硼酸钠（$Na_2B_4O_7 \cdot 5H_2O$）：分析纯。
B.2.4 磷酸钠（$Na_3PO_4 \cdot 12H_2O$）：分析纯。
B.2.5 巯基苯并噻唑钠溶液（NaMBT）：50%质量分数水溶液。
B.2.6 水：符合 GB/T 6682 规定的三级水要求。
B.2.7 染料：酞菁绿 G，符合 GB/T 3673 要求。

B.3 参比液浓缩液的配制

参比液浓缩液按照表 B.1 要求进行配制。

表 B.1 浓缩液配制组分及比例

组 分	质量分数/%
乙二醇	89.86
二乙二醇	5.00
四硼酸钠	3.06
磷酸钠	0.30
巯基苯并噻唑钠溶液	0.40
水	1.38

B.4 参比液配制步骤

B.4.1 按表 B.1 要求称重各组分。
B.4.2 将乙二醇和二乙二醇混合均匀后，依次加入四硼酸钠、磷酸钠、巯基苯并噻唑钠，搅拌使其完全溶解。
B.4.3 在浓缩液中按 1.0 g/L 的比例加入染料，搅拌均匀后，按 SH/T 0086 测量其含水量。
B.4.4 将浓缩液加水稀释至水含量为 4.00%±0.20%的参比液。

B.5 使用和贮存

B.5.1 参比液用遮光塑料容器或塑料内衬金属罐储存。

B.5.2 参比液放置于避光阴凉处。

B.5.3 参比液需摇匀后取样,取样后立即密封。

ICS 03.220.20
R 07

中华人民共和国国家标准

GB/T 29744—2013

道路交通信息服务　道路编码规则

Road traffic information service—Coding rules for road

2013-09-18 发布　　2014-03-01 实施

中华人民共和国国家质量监督检验检疫总局
中国国家标准化管理委员会　发布

前　言

本标准按照 GB/T 1.1—2009 给出的规则起草。

本标准由全国智能运输系统标准化技术委员会(SAC/TC 268)提出并归口。

本标准起草单位:交通运输部公路科学研究院、北京四维图新科技有限公司、高德软件有限公司、北京灵图软件技术有限公司、北京长地万方科技有限公司、北京市公安局公安交通管理局科技信息通信处、北京中交国通智能交通系统技术有限公司。

本标准主要起草人:齐彤岩、鲍枫、陶海俊、姜德荣、李宏利、杨琪、梁玉庆、张林、董振宁、张剑飞、赵琳、陈艳武、宋杨、张孝娟。

道路交通信息服务　道路编码规则

1　范围

本标准规定了道路交通信息服务中所涉及的道路选取规则、道路分割原则、路段编码结构、参考点编码方法及路段编码规则。

本标准适用于道路交通信息采集、处理、发布及应用服务。

2　规范性引用文件

下列文件对于本文件的应用是必不可少的。凡是注日期的引用文件，仅注日期的版本适用于本文件。凡是不注日期的引用文件，其最新版本(包括所有的修改单)适用于本文件。

GB/T 2260　中华人民共和国行政区划代码

GB/T 20612.3—2006　交通及出行者信息(TTI)经交通报文编码的TTI报文　第3部分：LERT-C定位参考

GB/T 29108　道路交通信息服务　术语

3　术语和定义

GB/T 29108界定的术语和定义适用于本文件。

4　编码原则

4.1　编码应具有唯一性。

4.2　编码结构应具有稳定性，能满足编码增量更新的需求。

5　编码道路确定原则

原则上，所有道路都可以选择，但是考虑到目前能采集到的交通信息点还不全面，可按以下原则优先选取编码道路：

——所有选定的道路的集合应该能够覆盖主要的道路网络；

——城市内的道路应优先选取快速路、主干道、次干道和重要的支路；

——城际间道路选取高速公路、国省道；

——其他应考虑的编码道路，如可采集到交通信息的道路。

6　道路分割原则

道路由参考点分割成路段。

参考点按下列原则选取：

——道路的平面交叉点；

——立交桥；
——环岛；
——道路等级或名称的变化点；
——收费站；
——公路的里程桩；
——其他地形标志点，具体类型可参考 GB/T 20612.3—2006 附录 A 中的表 A.3。

7 路段编码方法

7.1 路段编码结构

路段编码由三部分组成，码结构见图 1。

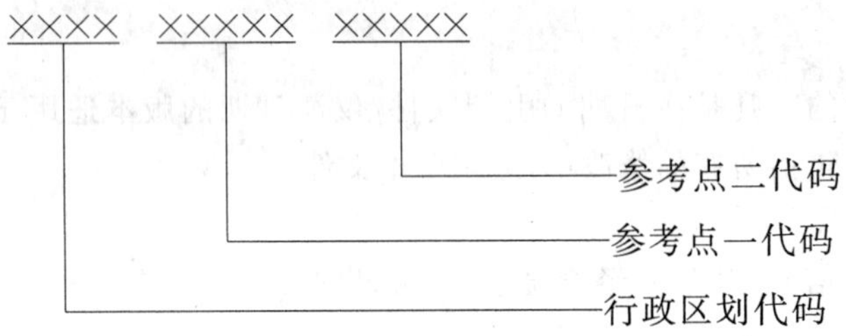

图 1 路段编码结构

编码结构由 14 位数字字符组成：
——第一到第四位为行政区划代码，为四位字符，编码规则应符合 GB/T 2260 前两位表示所在省份，后两位表示所在城市；
——参考点一为五位字符，参考点编码方法见 7.2。参考点一到参考点二的方向为交通流方向。加示例。

7.2 路段编码规则

路段编码规则如下：
——路段编码时双向通行道路路段的两个方向应分别编码；
——主辅路道路分开编码；
——单向通行道路只对可通行方向编号。

7.3 参考点编码

7.3.1 概述

参考点编码分为两种：基本参考位置编码和辅助参考位置编码。其中基本参考位置可发布某一道路的交通信息；辅助参考位置(比如服务区、停车场等)可发布不依附于道路的交通信息。

7.3.2 参考点选取

——可选取影响交通流变化的位置点作为基本参考点，如主辅路出入口、立交桥、匝道、道路交叉口等；
——可选取发布交通相关信息的位置点作为辅助参考点，如收费站、加油站、停车场、服务区等；
——同一位置可同时使用以上两种参考点描述。

7.3.3 参考点编码规则

参考点编码规则如下：

——平面或立体交叉口不同道路的基本参考点需要分别编码；

——主路和辅路上的参考点要分别编码；

——参考点编码从未分配的最小编号开始进行；

——同一道路上的参考点编号应尽可能地连续。

7.3.4 参考点编码值域

参考点位置代码的值域在 1～5 535 之间，不足五位在前面补“0”。

ICS 03.220.20;35.240.60
R 85

中华人民共和国国家标准

GB/T 29745—2013

公共停车场(库)信息联网通用技术要求

Public parking lots information interconnection general technique requirements

2013-09-18 发布 2014-03-01 实施

中华人民共和国国家质量监督检验检疫总局
中国国家标准化管理委员会 发布

前　言

本标准按照 GB/T 1.1—2009 给出的规则起草。

本标准由全国智能运输系统标准化技术委员会(SAC/TC 268)提出并归口。

本标准起草单位:上海市城市综合交通规划研究所、上海市交通运输和港口管理局、交通运输部公路科学研究院、深圳市凯达尔科技实业有限公司、上海出行者信息科技发展有限公司、上海公用事业自动化工程有限公司、北京中交国通智能交通系统技术有限公司。

本标准主要起草人:朱昊、刘涛、薛美根、施勇、鲍枫、王琪琳、焦伟赟、李波、陈巳康、陈良贵、陈敏丰、华剑春。

公共停车场(库)信息联网通用技术要求

1 范围

本标准规定了停车信息联网的术语和定义、联网方式、基本要求、功能要求、性能要求及验收办法。

本标准适用于与停车信息平台联网的停车场的信息采集、传输,停车信息平台的数据存储。

2 规范性引用文件

下列文件对于本文件的应用是必不可少的。凡是注日期的引用文件,仅注日期的版本适用于本文件。凡是不注日期的引用文件,其最新版本(包括所有的修改单)适用于本文件。

GB 4208 外壳防护等级(IP 代码)

3 术语和定义

下列术语和定义适用于本文件。

3.1

公共停车场(库) public parking lot

根据规划建造的以及公共建筑配套建造的经营性机动车停放场所。

3.2

停车信息平台 parking information platform

面向停车信息服务和交通综合信息服务数据支持,用于整合停车信息资源,按照一定的标准规范完成停车数据的接入、存储、处理、交换、分发等功能的信息集成系统。

3.3

停车场收费管理系统 parking lot charge and management system

利用信息技术,对停车场中的车辆按照预先设定标准进行收费、对停车场进出口车道、停车场内部车位实行信息化管理功能的系统。

3.4

进入车辆数 the amount of entered vehicles

在采集周期内进入停车场的车辆总数。

3.5

驶离车辆数 the amount of left vehicles

在采集周期内驶离停车场的车辆总数。

3.6

空车位数 the amount of vacant parking spaces

当前时刻可用于公众服务的空车位数。

4 联网方式

4.1 停车信息联网基本框架

停车信息平台采集或汇集停车场信息,对停车场信息进行存储、处理、统计分析、转发,通过手机、网站、电话、车载导航等多种方式为公众、停车场经营者、政府决策者提供信息服务。基本框架见图1。

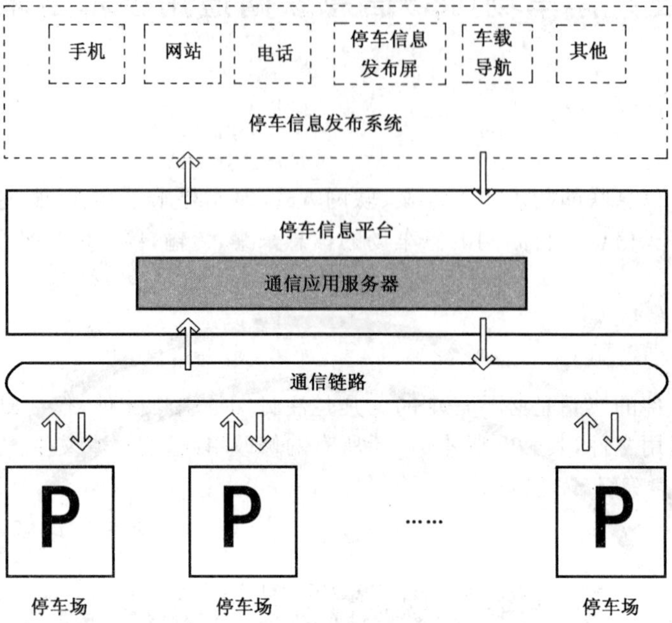

图1 停车信息联网基本框架

4.2 停车场信息采集方式

4.2.1 间接停车信息采集方式

间接停车信息采集方式指从停车场收费管理系统采集车位信息的采集方式,停车信息采集设备的车位采集器从停车场收费管理系统的数据交换接口接收停车信息,通过通讯模块将采集到的停车信息发送到停车信息平台通信应用服务器。其网络拓扑图参见附录A的图A.1。

4.2.2 直接停车信息采集方式

直接停车信息采集方式指利用车辆检测器采集车位信息的采集方式,在停车场进出口安装车辆检测器,采集停车场进出车辆数,计算停车场空车位数,通讯模块将采集到的停车信息发送到停车信息平台。其网络拓扑图参见附录A的图A.2。

5 数据采集

5.1 采集设备功能

停车信息采集设备基本功能为采集空车位信息,对停车信息进行简单处理后发送到停车信息平台通讯应用服务器。

5.2 采集内容

停车信息采集设备采集的内容包括采集周期内停车场进入车辆数、停车场驶离车辆数和空车位数,见表1。

表1 停车信息采集设备采集内容

字段名称	字段类型(字节长度)	可否为空
停车场进入车辆数	整型(4)	NOT NULL
停车场驶离车辆数	整型(4)	NOT NULL
空车位数	整型(4)	NOT NULL

5.3 采集精度

停车信息采集设备数据采集准确率大于95%。

5.4 设备管理

5.4.1 基本管理功能

5.4.1.1 基本参数设置

定时发送数据时间间隔:采集设备定时发送停车信息的时间间隔。

即时发送数据阈值:空车位小于设定阈值时,当有车辆进出停车场即时发送。

设备编号:根据实际应用情况对所有停车信息采集设备进行统一编址,不分出入口。

5.4.1.2 远程复位

停车信息采集设备接收来自通信应用服务器的复位指令,设备重启。

5.4.1.3 显示

停车信息采集设备应配备显示模块,显示空车位数。

5.4.2 直接停车信息采集设备附加功能

5.4.2.1 空车位数初始化设置

采集设备在首次启用、设备维修、停电或由于其他原因停用后恢复时,可由人工实时输入停车场空车位数统计数据,并即时发送到停车信息平台通信应用服务器。

5.4.2.2 空车位数调整

采集设备可以通过外接键盘手工设置空车位数或用停车信息平台通信应用服务器远程设置空车位数。

5.4.2.3 车位数强制满功能

停车场业主由于需要临时关闭对外服务,可对本停车场空车位数进行强制设0,待停车场开启对外服务后再恢复正常采集功能。关闭和开启对外服务时,应将关闭和开启对外服务的信息发送到停车信息平台。

5.4.2.4 数据保存、重发功能

停车信息采集设备在通讯链路因故中断时,设备利用其嵌入的存储器对进出车辆数进行保存,并累计此后进出停车场车辆数直到通讯链路恢复,通信链路恢复后,通信模块将中断时保存的数据和恢复时

的数据发送到停车信息平台通信应用服务器。

5.4.2.5 校时功能

停车信息采集设备可自动从通信应用服务器获取系统时间，校准自身时钟。

5.4.2.6 故障自诊断和报警

停车信息采集设备应具有定时自检功能，发现自身故障后，如果通信模块正常，自动向停车信息平台通信应用服务器发送故障信息，并同时在本地报警。

5.5 设备性能

停车信息采集设备应采用防雨、防尘措施，外壳的防护等级应按 GB 4208 的规定不低于 IP54 级。

6 数据发送

6.1 数据发送方式

通讯模块将车位采集器采集到的停车信息发送到停车信息平台通信应用服务器，并等待回复确认。通讯模块发送停车信息采用两种方式，具体如下：

——定时发送：停车信息采集设备按照一定时间间隔定时发送数据，时间间隔可设置；

——空车位数小于设定阈值即时发送：如果空车位数小于设定阈值，当有车辆进出停车场时，停车信息采集设备即时发送停车信息。

6.2 数据发送内容

数据发送内容见表 2。

表 2 数据发送内容

字段名称	字段类型(字节长度)	可否为空
设备编号	字符串(15)	NOT NULL
停车场进入车辆数	整型(4)	NOT NULL
停车场驶离车辆数	整型(4)	NOT NULL
空车位数	整型(4)	NOT NULL

6.3 无线通讯要求

如果通讯模块采用无线的传输数据，通讯模块应符合下面的要求：

——支持实时在线；

——支持静态 IP 主机发现方式；

——传输协议使用 TCP/IP 协议。

6.4 通讯模块参数设置

对于直接停车信息采集设备，可通过外接键盘输入停车信息平台 IP 地址及端口号；或采用在线更新 IP 地址和端口号的机制，从通信应用服务器发送 IP 地址到停车信息采集设备，数据中含有启动时间，数据成功发送后，设备运行到启动时间后自动更改 IP 地址和端口号。

6.5 停车信息平台通信应用服务器

停车信息平台通信应用服务器在互联网中具有独立的 IP 地址。

6.6 联网通信协议

联网通信协议可参考附录 B。

7 平台数据管理

7.1 停车场信息登记

纳入停车信息平台的停车场应在停车信息平台登记停车场信息，见表 3。

表 3 停车场登记信息

字段名称	字段类型(字节长度)	可否为空	说明
停车场名称	字符串(50)	NOT NULL	
停车场编号	字符串(10)	NOT NULL	
停车场类型编号	整型(4)	NOT NULL	根据各城市停车场分类设定
停车场地址	字符串(80)	NOT NULL	
所属单位	字符串(80)	NOT NULL	
联系人名称	字符串(80)	NOT NULL	
联系电话	整型(12)	NOT NULL	
收费标准	字符串(100)	NOT NULL	
总车位数	整型(4)	NOT NULL	
专用车位总数	整型(4)	NOT NULL	
当前空车位数	整型(4)	NOT NULL	
停车场进口数	整型(4)	NOT NULL	
停车场出口数	整型(4)	NOT NULL	
停车场登记日期	日期(4)	NOT NULL	
车位更新时间	时间(8)	NOT NULL	

7.2 停车信息采集设备登记

停车信息采集设备需要在停车信息平台登记停车信息采集设备的基础信息，见表 4。

表 4 停车信息采集设备登记信息

字段名称	字段类型(字节长度)	可否为空
采集设备编号	字符串(15)	NOT NULL
采集设备名称	字符串(50)	NOT NULL
所属停车场编号	字符串(10)	NOT NULL

表 4 (续)

字段名称	字段类型(字节长度)	可否为空
通讯模块号	字符串(15)	NOT NULL
设备类型	整型(4)	NOT NULL
连接状态	整型(4)	NOT NULL
工作状态	整型(4)	NOT NULL
工作温度	整型(4)	NOT NULL
上传时间间隔	整型(4)	NOT NULL
即时上传数据阈值	整型(4)	NOT NULL
重连时间间隔	整型(4)	NOT NULL
重连次数	整型(4)	NOT NULL

7.3 停车信息采集设备接入合法性校验

停车信息采集设备与停车信息平台建立连接时，首先应发送模块号注册指令，停车信息平台根据数据库中登记的采集设备信息，检验该终端设备是否合法，模块号是设备的唯一标识，只有模块号合法时系统才接受该设备的接入请求。

7.4 停车信息采集设备的数据上传

停车信息采集设备成功与停车信息平台通信应用服务器建立连接后，将自动向停车信息平台发送停车信息，停车信息平台通信应用服务器接收停车信息采集设备上传的信息后，向停车信息采集设备发送成功接收的应答指令。

7.5 数据存储格式

停车信息平台成功接收停车信息采集设备上传的停车信息后，按表 5 格式存入数据库。

表 5 停车信息数据存储格式

字段名称	字段类型(字节长度)	可否为空	说明
通讯模块号	字符串(15)	NOT NULL	
所属停车场编号	字符串(10)	NOT NULL	
原空车位数	整型(4)	NOT NULL	原空车位为上一条记录的新空车位数
停车场进入车辆数	整型(4)	NOT NULL	
停车场驶离车辆数	整型(4)	NOT NULL	
停车场空车位数	整型(4)	NOT NULL	
数据上传时间	时间(8)	NOT NULL	
数据上传日期	日期(4)	NOT NOLL	

附 录 A
（资料性附录）
停车场信息联网拓扑图

A.1 间接停车信息采集方式

间接停车信息采集方式见图 A.1。

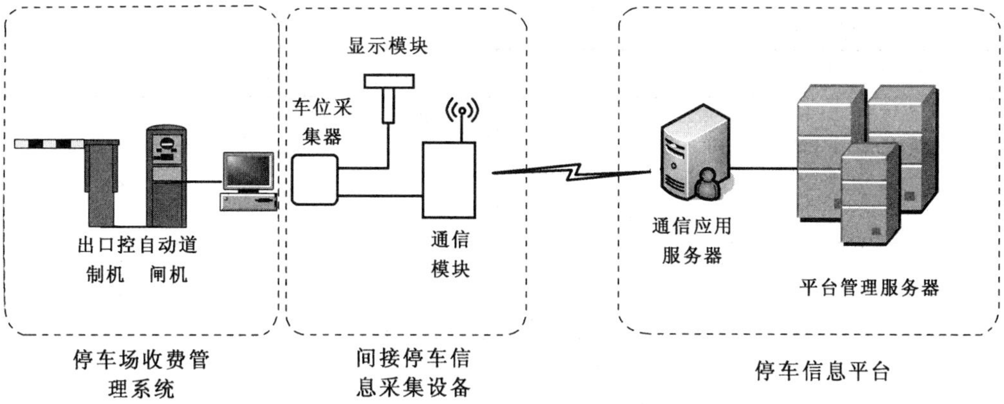

图 A.1 间接停车信息采集方式

A.2 直接停车信息采集方式

直接停车信息采集方式见 A.2。

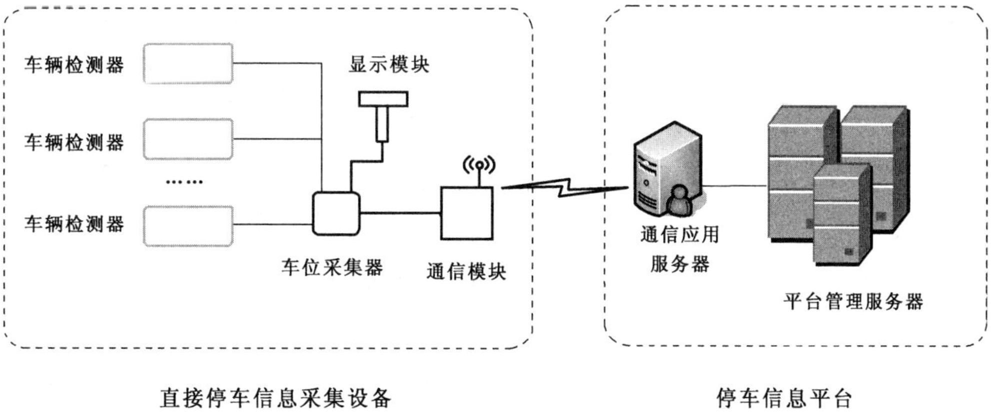

图 A.2 直接停车信息采集方式

附 录 B
（资料性附录）
停车场信息采集通信协议

B.1 帧格式定义

帧格式定义见表B.1。

表B.1 通讯帧格式示意

序号	值	含义
0	“!”	帧头:本帧通讯的帧头标识
1	“0”～“9”	数据长度百位
2	“0”～“9”	数据长度十位
3	“0”～“9”	数据长度个位
4	“～”	组内分割符
5～19		终端设备地址
20	“、”	各组数据之间分割符
21	C1	第一控制字:定义本帧通讯的第一功能
22～L1		第一组数据:本组使用的数据
L1+1	“、”	各组数据之间分割符
L1+2	C2	第二控制字:定义本帧通讯的第二功能
L1+3～L2		第二组数据:本组使用的数据
		…
Ln	“、”	各组数据之间分割符
Ln+1	Cn	第四控制字:定义本帧通讯的第四功能
n3+3～n4		第四组数据:本组使用的数据
n4+1	“、”	各组数据之间分割符
n4+2	C5	第五控制字:定义本帧通讯的第五功能
n4+3～n5		第五组数据:本组使用的数据
n5+1	“、”	各组数据之间分割符
n5+2	“Y”/“Z”	通讯标志字:由发起方发送到接收方的通讯帧,标志字为“Y”;由接收方对发起方发送的通讯帧,标志字为“Z”
n5+3	“0”～“9”	发起方发出的通讯帧携带通讯序号,当收到接收方应答的通讯帧携带的序号与之相等时,表明通讯成功。发起方将通讯序号加1,作为发送下一通讯帧时的通讯序号。通讯序号从“0”～“9”循环使用
n5+4	0x0D	回车:有效数据结束
n5+5	0x0A	换行:本帧通讯的帧尾标识

表 B.1 的说明如下：

- 每帧数据的最大长度为 254 字节；
- 每帧数据从帧头“!”开始，以帧尾 0x0D 0x0A 结束；
- 在帧头后为本帧的 3 字节数据长度，高位在前，低位在后，用 ASCII 码表示，数据长度为本帧数据包括帧头、帧尾在内的所有数据的字节数；
- 其后为 15 字节终端设备地址，ASCII 码表示；
- 每帧通讯包含一个以上功能组，每个功能组包含一个控制字以及相应的数据项。控制字用 ASCII 码字母（“A”～“Z”）表示，数据项用 ASCII 码表示：数字（“0”～“9”）、字母（“A”～“Z”、“a”～“z”）和符号（“+”“-”等）等。其中“!”、“`”和“～”为保留符号，不得在数据项中使用；
- 功能组以 ASCII 码“`”(0x60) 为组头，用来分割各功能组；
- 如果功能组内的数据还需要细分成小组，则小组之间可用 ASCII 字符“～”(0x7E) 分割。

各控制字定义见表 B.2。

表 B.2　各控制字定义

序号	控制字	含义
1	“A”	终端请求建立通讯链路
2	“B”	保留
3	“C”	停车信息采集设备向通信应用服务器上传空车位数（附带当前工作状态字（“F”））
4	“D”	暂未定义
5	“E”	暂未定义
6	“F”	通信应用服务器向终端请求当前工作状态字
7	“G”	暂未定义
8	“H”	暂未定义
9	“I”	暂未定义
10	“J”	暂未定义
11	“K”	暂未定义
12	“L”	暂未定义
13	“M”	暂未定义
14	“N”	暂未定义
15	“O”	保留
16	“P”	通信应用服务器设置采集设备的上传数据的时间间隔和阈值
17	“Q”	保留
18	“R”	通信应用服务器复位终端设备
19	“S”	保留
20	“T”	通信应用服务器时间控制字
21	“U”	保留
22	“V”	暂未定义
23	“W”	暂未定义

表 B.2(续)

序号	控制字	含义
24	“X”	暂未定义
25	“Y”	发起方向接收方发送本帧通讯的帧通讯序号,接收方收到本帧通讯后,将本帧通讯的帧通讯序号与上次收到的帧的帧通讯序号进行比较,如果相等说明发起方是重发上一帧的通讯,否则为发送新的通讯帧
26	“Z”	接收方向发起方回传帧通讯序号:接收方将收到的帧通讯序号回传给发起方,用以表明收到本帧通讯

B.2 终端请求建立通讯链路

终端请求建立通讯链路数据格式和终端请求建立通讯链路数据应答格式分别见表 B.3 和表 B.4。

表 B.3 终端请求建立通讯链路数据格式

帧头	长度	组内分隔符	终端地址	功能组头	控制字	终端类型	功能组头	通讯标志	通讯序号	帧尾
“!”	3 字节	“~”	15 字节	“、”	“A”	1 字节	“、”	“Y”	1 字节	0x0D 0x0A

表 B.4 终端请求建立通讯链路数据应答格式

帧头	长度	组内分隔符	终端地址	功能组头	控制字	时钟	功能组头	通讯标志	通讯序号	帧尾
“!”	3 字节	“~”	15 字节	“、”	“T”	14 字节	“、”	“Z”	1 字节	0x0D 0x0A

在表 B.4 中,时钟格式为:“Year1”“Year0”“Month1”“Month0”“Date1”“Date0”“~”“Week0”“Hour1”“Hour0”“Minute1”“Minute0”“Second1”“Second0”为服务器的当前系统时间:年、月、日、周、时、分、秒。用 ASCII 码表示。其中星期用“1”~“7”表示,星期日为“7”。

B.3 停车信息采集设备向通信应用服务器上传空车位数

停车信息采集设备向通信应用服务器上传空车位数数据格式和停车信息采集设备向通信应用服务器上传空车位数数据应答格式分别见表 B.5 和表 B.6。

表 B.5 停车信息采集设备向通信应用服务器上传空车位数数据格式

帧头	长度	组内分隔符	设备地址	功能组头	控制字	空车位数	组内分隔符	进场车位数
“!”	3 字节	“~”	15 字节	“、”	“C”	5 字节	“~”	4 字节

组内分隔符	出场车位数	功能组头	设备状态	功能组头	通讯标志	通讯序号	帧尾
“~”	4 字节	“、”	n 字节	“、”	“Y”	1 字节	0x0D 0x0A

在表 B.5 中，空车位数用五字节 ASCII 码表示，包括一字节符号位，为“＋”(0x2B)时代表该停车场还有剩余空车位，为“－”(0x2D)时代表进入该停车场的车的数量超过总的车位数，后四字节分别表示空车位数的千位、百位、十位、个位，不足 4 字节时，高字节用“0”补齐。

进场车辆数和出场车辆数用四字节 ASCII 码表示：四字节分别表示空车位数的千位、百位、十位、个位，不足 4 字节时，高字节用“0”补齐。

表 B.6　停车信息采集设备向通信应用服务器上传空车位数数据应答格式

帧头	长度	组内分隔符	设备地址	功能组头	通讯标志	通讯序号	帧尾
“!”	3 字节	“～”	15 字节	“、”	“Z”	1 字节	0x0D 0x0A

B.4　通信应用服务器向停车信息采集设备请求当前工作状态

通信应用服务器向停车信息采集设备请求当前工作状态数据格式和通信应用服务器向停车信息采集设备请求当前工作状态数据应答格式分别见表 B.7 和表 B.8。

表 B.7　通信应用服务器向停车信息采集设备请求当前工作状态数据格式

帧头	长度	组内分隔符	终端地址	功能组头	控制字	功能组头	通讯标志	通讯序号	帧尾
“!”	3 字节	“～”	15 字节	“、”	“F”	“、”	“Y”	1 字节	0x0D 0x0A

表 B.8　通信应用服务器向停车信息采集设备请求当前工作状态数据应答格式

帧头	长度	组内分隔符	终端地址	功能组头	控制字	终端工作状态	功能组头	通讯标志	通讯序号	帧尾
“!”	3 字节	“～”	15 字节	“、”	“F”	5 字节	“、”	“Z”	1 字节	0x0D 0x0A

B.5　通信应用服务器设置停车信息采集设备的上传数据的定时时间间隔和阈值

通信应用服务器设置停车信息采集设备的上传数据的定时时间间隔和阈值格式和通信应用服务器设置停车信息采集设备的上传数据的定时时间间隔和阈值格式应答格式分别见表 B.9 和表 B.10。

表 B.9　通信应用服务器设置停车信息采集设备的上传数据的定时时间间隔和阈值格式

帧头	长度	组内分隔符	终端地址	功能组头	控制字	时间间隔	组内分隔符	阈值	功能组头	通讯标志	通讯序号	帧尾
“!”	3 字节	“～”	15 字节	“、”	“P”	4 字节	“～”	2 字节	“、”	“Y”	1 字节	0x0D 0x0A

在表 B.9 中，时间间隔为上传数据定时等待时间间隔，用四字节 ASCII 码数字(“0” ～ “9”)表示，单位为秒(s)，代表的数值范围为 0 s～9 999 s。阈值用两字节 ASCII 码数字(“0” ～ “9”)表示，单位为个，代表的数值范围为 0 个～99 个。

表 B.10 通信应用服务器设置停车信息采集设备的上传数据的定时时间间隔和阈值格式应答格式

帧头	长度	组内分隔符	终端地址	功能组头	控制字	时间间隔	组内分隔符	阈值	功能组头	通讯标志	通讯序号	帧尾
“!”	3字节	“～”	15字节	“、”	“P”	4字节	“～”	2字节	“、”	“Z”	1字节	0x0D 0x0A

B.6 通信应用服务器复位停车信息采集设备

通信应用服务器复位停车信息采集设备格式和通信应用服务器复位停车信息采集设备应答格式分别见表B.11和表B.12。

表 B.11 通信应用服务器复位停车信息采集设备格式

帧头	长度	组内分隔符	终端地址	功能组头	控制字	确认字	功能组头	通讯标志	通讯序号	帧尾
“!”	3字节	“～”	15字节	“、”	“R”	“r”	“、”	“Y”	1字节	0x0D 0x0A

其中：“r”为确认，以防误操作。

表 B.12 通信应用服务器复位停车信息采集设备应答格式

帧头	长度	组内分隔符	终端地址	功能组头	控制字	功能组头	通讯标志	通讯序号	帧尾
“!”	3字节	“～”	15字节	“、”	“R”	“、”	“Z”	1字节	0x0D 0x0A

ICS 35.240.60;03.220.20
R 07

中华人民共和国国家标准

GB/T 29746—2013

实时交通信息服务数据结构

Data structure of real time traffic information services

2013-09-18 发布　　　　2014-03-01 实施

中华人民共和国国家质量监督检验检疫总局
中国国家标准化管理委员会　发布

前　言

本标准按照 GB/T 1.1—2009 给出的规则起草。

本标准由全国智能运输系统标准化技术委员会(SAC/TC 268)提出并归口。

本标准起草单位：杭州妙影微电子有限公司、中国标准化研究院、杭州市公安局交通警察支队、交通运输部公路科学研究院、北京中交国通智能交通系统技术有限公司。

本标准主要起草人：吴旭华、施振浩、郑东波、蔡铭、董天阳、周为钢、唐晓东、刘颖、郭向霞、陈天洲、杨琪、焦伟赟。

实时交通信息服务数据结构

1 范围

本标准规定了城市实时交通信息服务的数据传输应用框架以及数据结构。

本标准适用于交通信息发布中心和应用终端。

2 规范性引用文件

下列文件对于本文件的应用是必不可少的。凡是注日期的引用文件,仅注日期的版本适用于本文件。凡是不注日期的引用文件,其最新版本(包括所有的修改单)适用于本文件。

GB/T 7408 数据项和交换格式 信息交换 日期和时间的表示法

GB/T 19392 汽车 GPS 导航系统通用规范

GB/T 29107 道路交通信息服务 交通状况描述

GB/T 29100 道路交通信息服务 交通事件分类与编码

3 术语

下列术语和定义适用于本文件。

3.1

路段 road section

连接两个相邻路口的道路。路段的起点和终点均为路口。

3.2

路段通行方向 road section direction

从路段的起点至路段的终点,和/或路段的终点至路段的起点间车辆行驶方向,一般包括 3 种类型:上行、下行和双向。

从路段的起点至路段的终点车辆行驶方向,为上行;从路段的终点至路段的起点车辆行驶方向,为下行;一个路段既能上行,又能下行,为双向。

3.3

转向 turn

在空间关系和交通规则约束规定下,由一个路段通行到另外一个相邻路段,或调头。

3.4

卫星导航定位系统 Navigation Satellite System

由空间段、地面控制段和用户段三部分组成,为全球用户提供实时的三维位置、速度和时间信息。卫星导航定位系统的位置点包括经度、纬度和高度,能精确表示目标物体在地球上的地理位置。

注:本标准采用卫星导航定位系统空间位置点的经度和纬度,以标识交通组织、道路故障等交通事件发生的具体位置。

[GB/T 19391—2003 中 2.2]

4 缩略语

下列缩略语适用于本文件。

GPRS　通用分组无线服务技术　General Packet Radio Service

WIFI　无线相容认证　Wireless Fidelity

3G　第三代移动通信技术　3rd-Generation

5 应用框架

实时交通服务信息的采集、处理、发布和无线传输的应用框架见图1，包括采集模块、处理模块、发布模块、无线传输接口和终端接收五个部分。

采集模块完成了实时交通信息的收集和预处理，并由处理模块根据实时交通服务信息的数据结构进行信息处理，并将其递交给交通信息发布模块。

发布模块则按照实时交通服务信息无线传输的数据结构和接口进行信息的打包，并提供给通信系统进行无线传输。

无线传输接口部分定义了实时交通服务信息的数据结构，包括消息管理、道路通行状态信息、交通路况信息、交通事件信息和停车场信息，支持无线数字电视、3G、GPRS、WIFI、调频副载波等多种形式的实时交通服务信息的无线传输。

不同类型的应用终端实时接收交通服务信息，以掌握准确的各类实时交通信息。

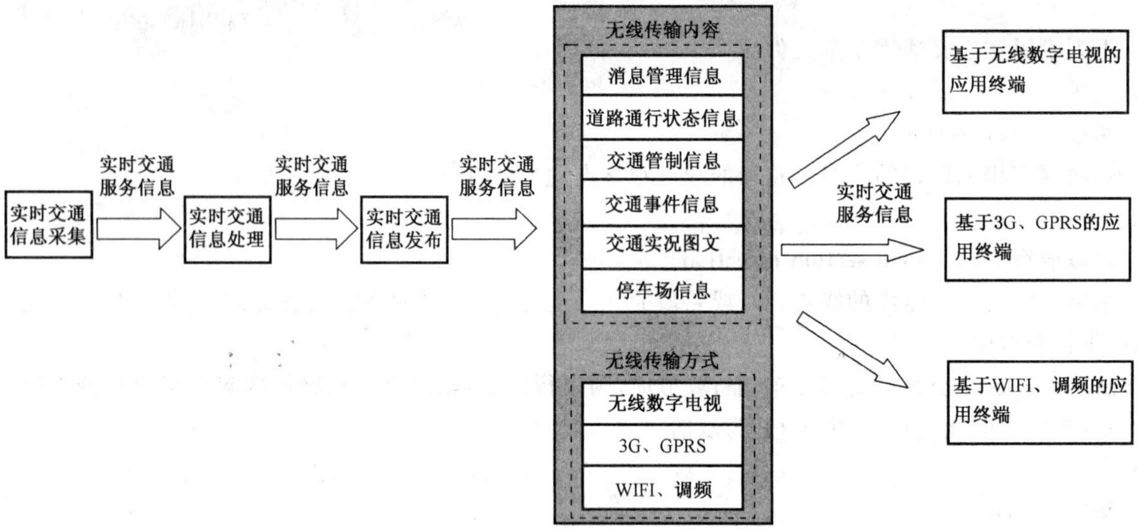

图1　应用框架

6 数据结构定义

6.1 数据结构基本框架

实时交通服务信息的数据结构给出了无线数字电视、3G、GPRS、WIFI等多种形式的实时交通服务信息无线传输的数据格式。实时交通服务信息包括消息管理信息、道路通行状态信息、交通管制信息、交通事件信息、交通实况图片和停车场信息。

数据结构基本框架见图2。

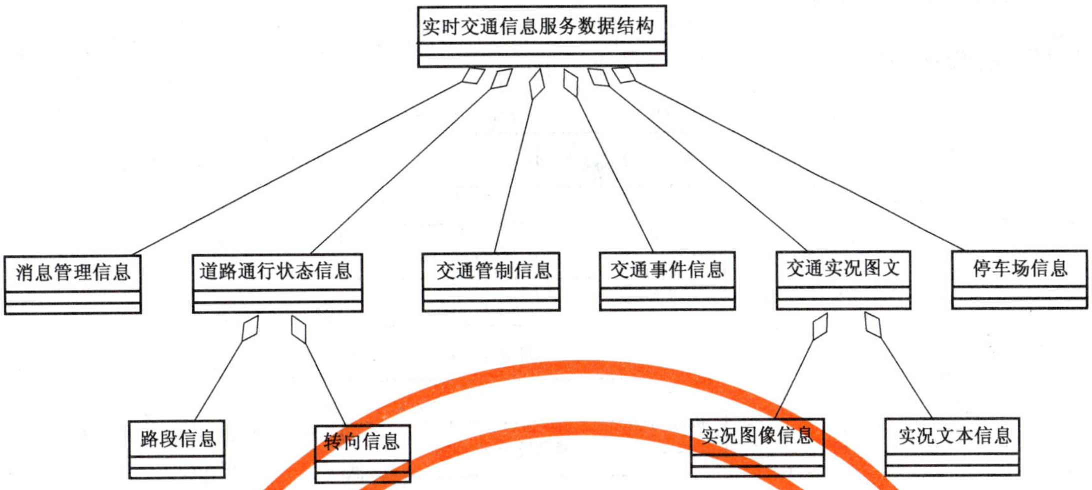

图 2　数据结构基本框架

6.2　数据结构内容

6.2.1　数据结构内容示意图

6.2.1.1　数据结构总图

实时交通服务信息的数据结构图表示该数据项在数据结构内容出现的次数：

——0..1——可选且出现 1 次；

——0..n——可选且可出现多次；

——1..1——必选且出现 1 次；

——1..n——必选且可出现多次。

实时交通服务信息数据结构总图见图 3。

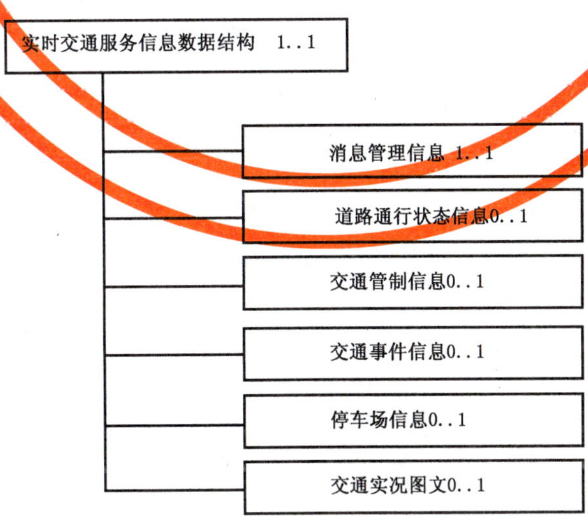

图 3　实时交通服务信息数据结构总图

6.2.1.2 **消息管理信息结构**

消息管理信息结构见图4。

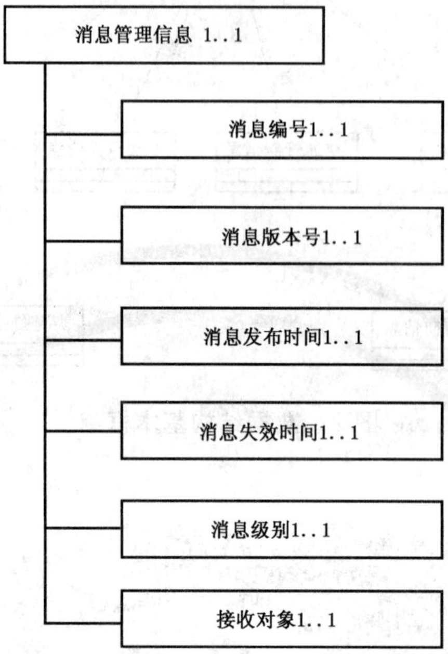

图4 消息管理信息结构图

6.2.1.3 **道路通行状态信息结构**

道路通行状态信息结构见图5。

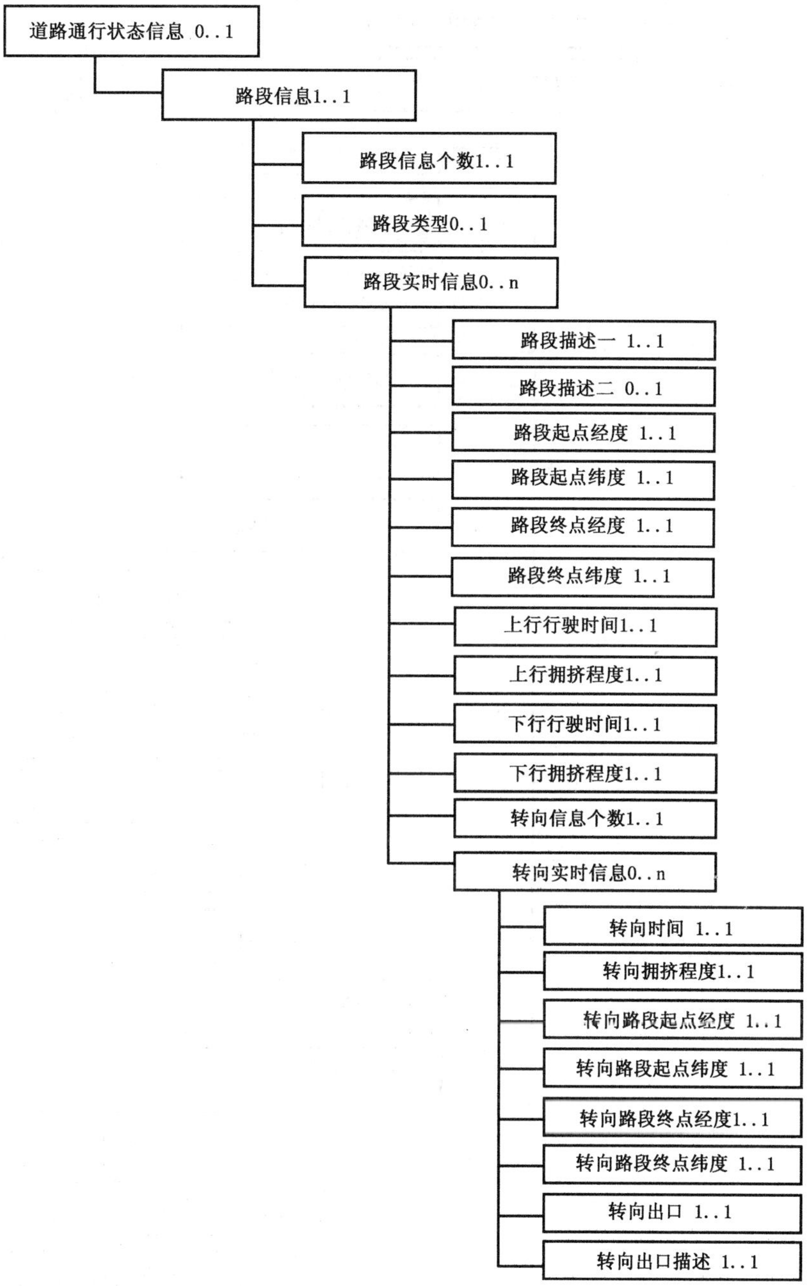

图 5 道路通行状态信息结构图

6.2.1.4 交通管制信息结构

交通管制信息结构见图 6。

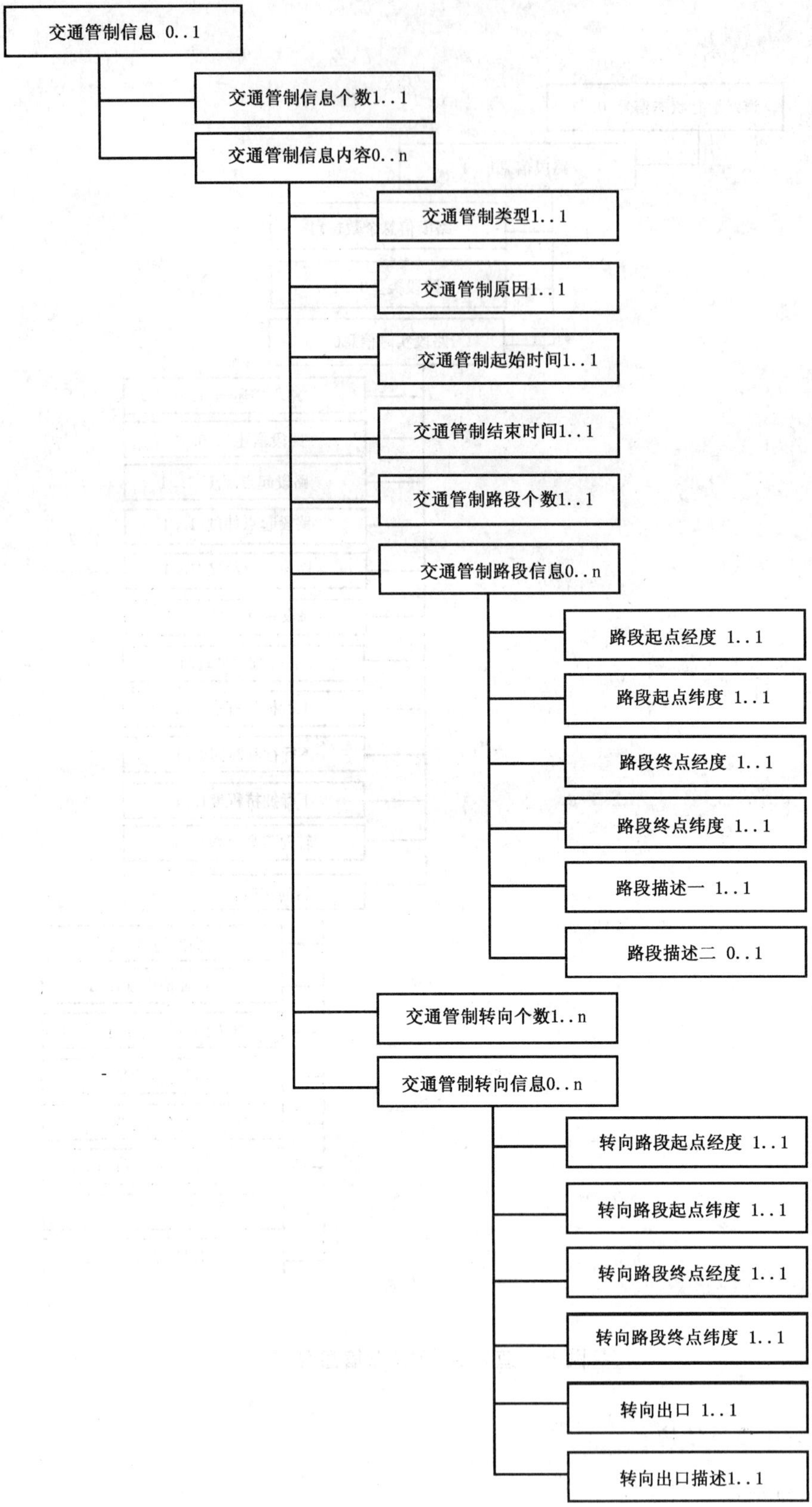

图 6　交通管制信息结构图

6.2.1.5 交通事件信息结构

交通事件信息结构见图7。

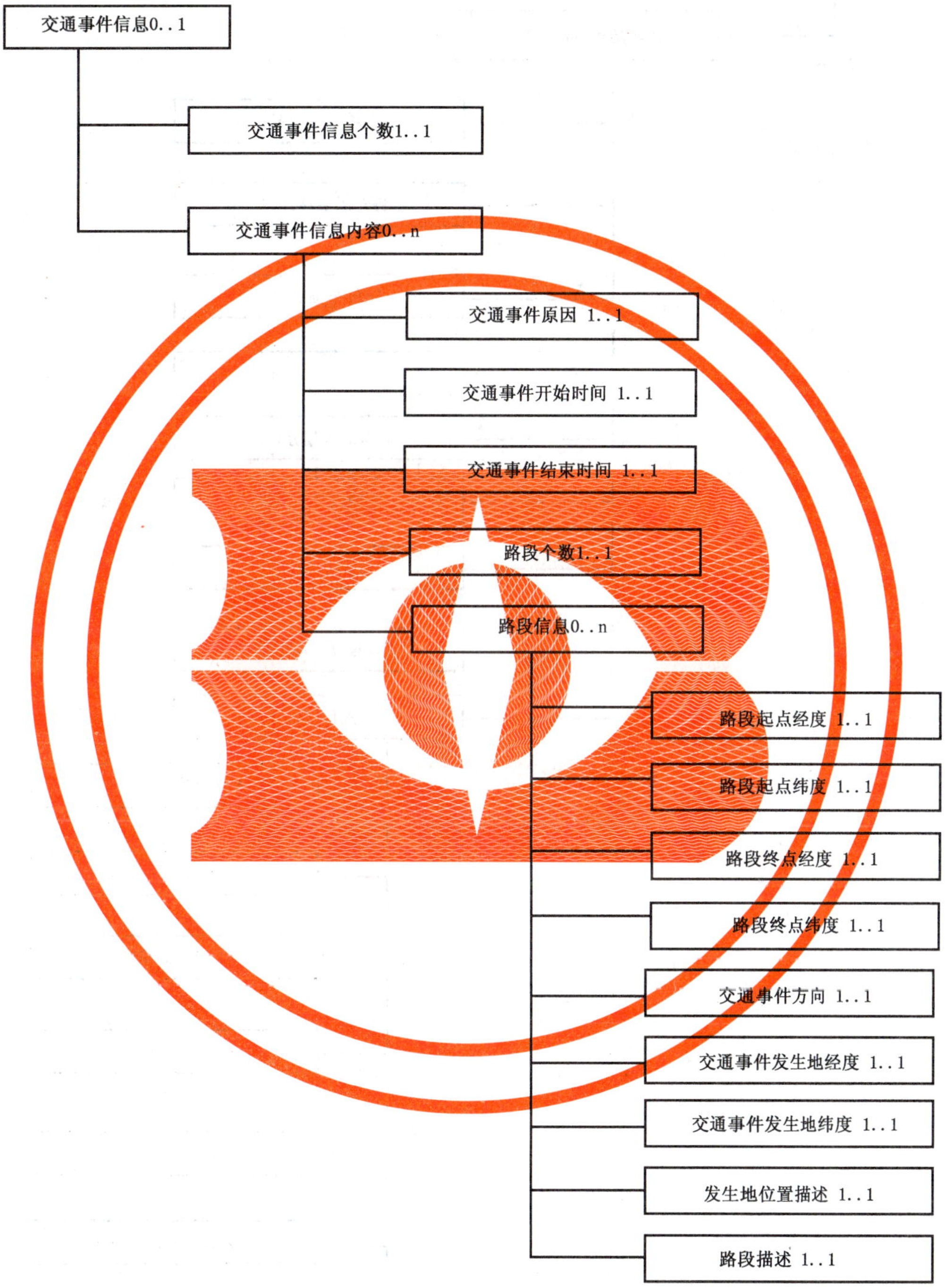

图7 交通事件信息结构图

6.2.1.6 停车场信息结构

停车场信息结构见图8。

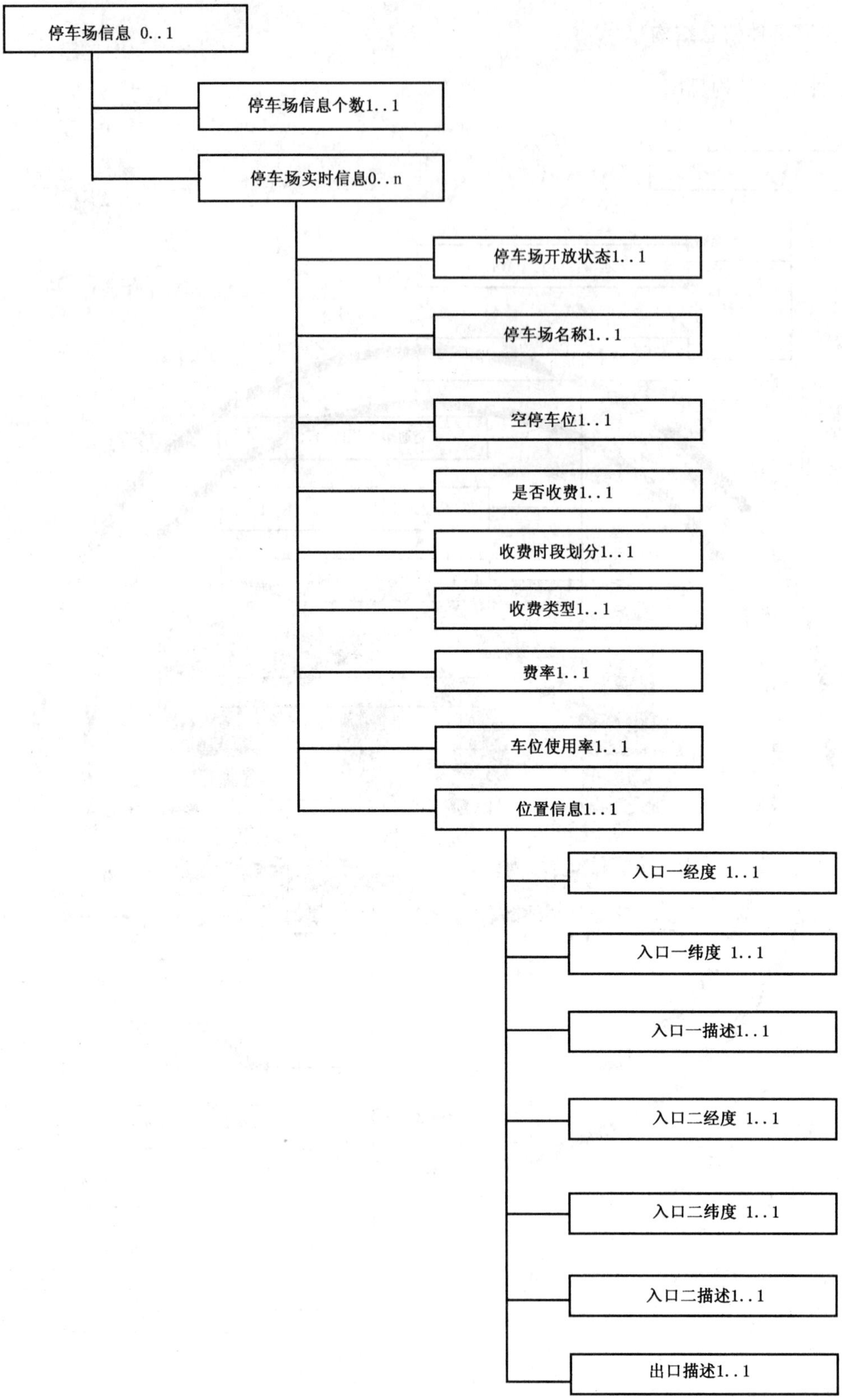
停车场信息 0..1
停车场信息个数1..1
停车场实时信息0..n
停车场开放状态1..1
停车场名称1..1
空停车位1..1
是否收费1..1
收费时段划分1..1
收费类型1..1
费率1..1
车位使用率1..1
位置信息1..1
入口一经度 1..1
入口一纬度 1..1
入口一描述1..1
入口二经度 1..1
入口二纬度 1..1
入口二描述1..1
出口描述1..1

图 8　停车场信息结构图

6.2.1.7 交通实况图文结构

交通实况图文——路况图像信息/文本信息结构见图 9。

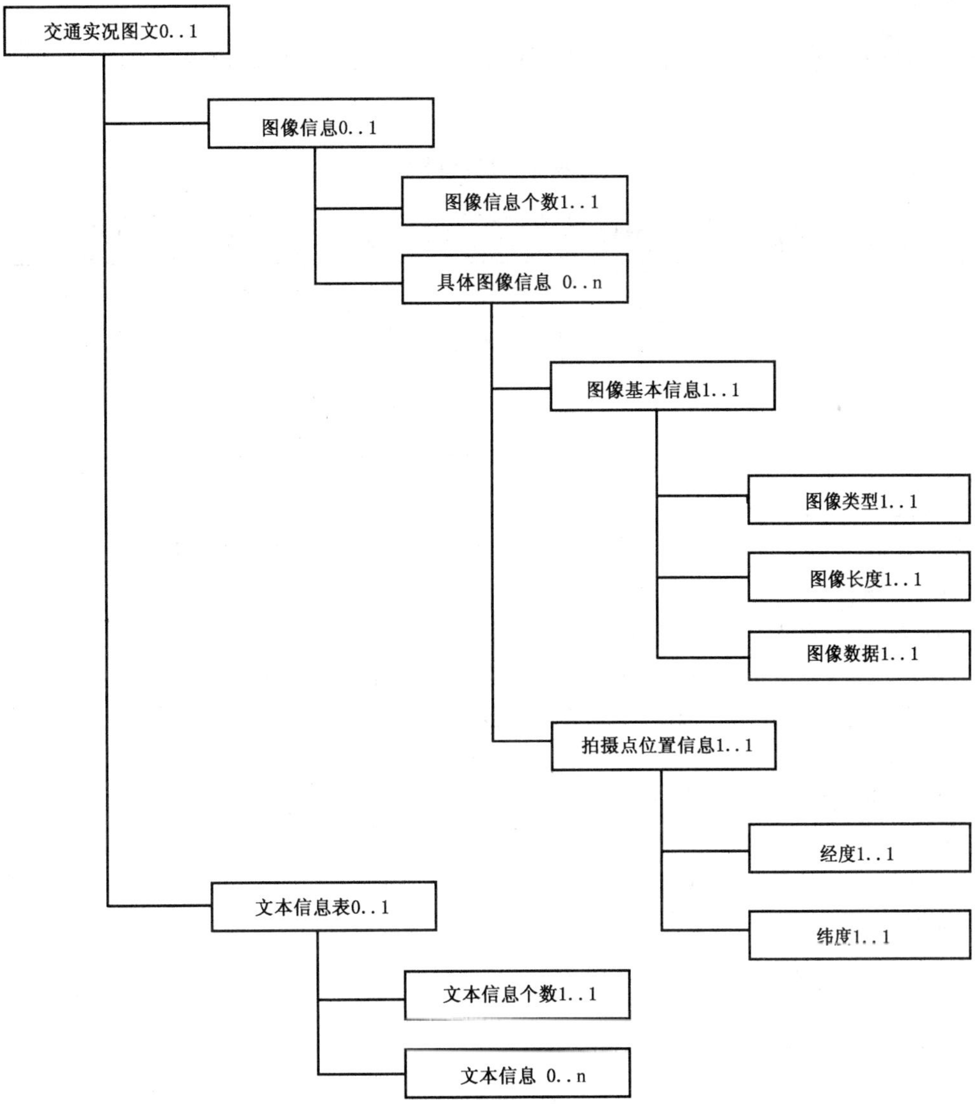

图 9 交通实况图文——路况图像信息/文本信息结构图

6.2.2 数据结构及标记说明

6.2.2.1 表头定义

表头按下列定义：

——索引：　标识数据项在表格中的位置，此编码不作为数据结构内容的必要部分；

——层次：　标识数据项在数据结构中的位置；

——数据项名称：　标识交通信息的数据项名称；

——说明：　对标记名的简要解释和应用说明；

——约束条件：　对数据项在数据结构内容中的制约，该数据项在数据结构内容中的状态：M(Mondatory)是必备类型；O(Optional)是可选型；

——出现次数：　　指该数据项在数据结构内容中重复出现的次数；
——数据类型：　　指数据项的数据取值类型，见表1；
——引用文件：　　对数据项引用的国家标准加以说明。

6.2.2.2 数据类型及格式的表示方法

数据类型及格式是数据项的所有允许取值的数据类型以及格式的表达。本标准规定的数据类型见表1。

表1 数据类型

数据类型	数据类型的表示方法	备注
字符型	C	可以包括字母字符、数字字符或汉字等在内的任意字符
数值型	N	数值
日期时间型	YYMMDDhhmmss	日期时间的显示格式
二进制流	BY	图像、音频等二进制流文件格式

数据格式使用以下几种形式来表达：

a) 数据类型(C)后加一数字表示定长字符型格式，数字表示字符串的长度；

示例：C6 表示该指标是一个六位定长的字符。

b) 数据类型(C)后加“..y”表示最大长度为 y 的格式；

示例：C1..10 表示该指标是一个最短1位、最长10位的字符型格式；C..6 表示该指标是一个最长为六位的字符。

c) 数据类型(C)后加“..ul”表示长度不确定的；

示例：C..ul 表示该指标是一个长度不确定的字符，一般多为大量的文本内容。

d) 数值型(N)后加“x,y”表示小数位；

示例：N..17,2 是一个最长17位、小数点后两位的一个数值；N..4 是一个最长四位的数值。

e) 二进制流(BY)后加具体的媒体格式。

示例：BY-JPEG 表示该指标是一个“JPEG”格式的文件。

6.2.2.3 数据结构及标记说明

数据结构及标记说明见表2。

表2 数据结构及标记说明

索引	层次	数据项名称	说明	约束条件	出现次数	数据类型	引用文件
1	0	实时交通服务信息数据结构内容	此数据结构内容由交通信息管理部门发送给信息使用方，提供实时交通路况信息	M	1..1		
2	1	消息管理信息	消息的简要说明，包括消息版本号、消息发布时间、消息等级等	M	1..1		
3	2	消息编号	给出数据结构内容消息的编号，按照自增的方式，进行消息编号	M	1..1	C..6	
4	2	消息版本号	给出数据结构内容消息的版本号例如：01.62	M	1..1	N..8,4	

表 2（续）

索引	层次	数据项名称	说明	约束条件	出现次数	数据类型	引用文件
5	2	消息发布时间	该消息生成的日期和时间，格式：YYMMDDhhmmss，24 小时制。例如：090913101501	M	1..1	YYMM-DDhh-mmss	GB/T 7408
6	2	消息失效时间	该消息失效的日期和时间，格式：YYMMDDhhmmss，24 小时制。例如：090913101501	M	1..1	YYMM-DDhh-mmss	GB/T 7408
7	2	消息级别	该消息的优先级，1—一般，2—较重要，3—非常重要	M	1..1	C..1	
8	2	接收对象	该消息的接收对象，0—所有的机动车辆，1—私家车，2—营运客车，3—货车，4—出租车，5—工程车，6—其他车辆	M	1..1	C..1	
9	1	道路通行状态信息	数据结构内容中涉及实时交通路况信息数据的相关部分	O	0..1		
10	2	路段信息	表明以下内容为路段信息	M	1..1		
11	3	路段信息个数	路段实时信息的条目数	M	1..1	N..4	
12	3	路段类型	表示路段类型，1—高速公路，2—一级公路，3—二级公路，4—三级公路，5—四级公路，6—城市主干道，7—城市次干道，8—城市快速路，支路，9—一般道路，10—辅助车道，11—其他道路	M	0..1	C..2	
13	3	路段实时信息	给出路段通行方向的时间和拥挤程度，包括上行行驶时间、上行拥挤程度、下行行驶时间、下行拥挤程度	O	0..n		
14	4	上行行驶时间	通过该路段所耗费的时间，精确到秒(s)	M	1..1	N..6	
15	4	上行拥挤程度	1—畅通，2—缓慢，3—拥堵	M	1..1	C..1	GB/T 29107
16	4	下行行驶时间	通过该路段所耗费的时间，精确到秒(s)	M	1..1	N..6	
17	4	下行拥挤程度	1—畅通，2—缓慢，3—拥堵	M	1..1	C..1	GB/T 29107
18	4	路段起点经度	标识起点经度信息	M	1..1	N..40,31	
19	4	路段起点纬度	标识起点纬度信息	M	1..1	N..40,31	
20	4	路段终点经度	标识终点经度信息	M	1..1	N..40,31	
21	4	路段终点纬度	标识终点纬度信息	M	1..1	N..40,31	

表 2（续）

索引	层次	数据项名称	说明	约束条件	出现次数	数据类型	引用文件
22	4	路段描述一	给出路段位置信息的文字第一种描述	M	1..1	C..ul	
23	4	路段描述二	给出路段位置信息的文字第二种描述	M	0..1	C..ul	
24	4	转向信息个数	转向信息的条目数	M	1..1	N..4	
25	4	转向实时信息	给出转向编号和转向拥挤程度	O	0..n		
26	5	转向时间	通过这个转向所耗费的时间，精确到秒(s)	M	1..1	N..4	
27	5	转向拥挤程度	1—畅通，2—缓慢，3—拥堵	M	1..1	C..1	GB/T 29107
28	5	转向路段起点经度	转向时所在路段的路段起点的纬度信息	M	1..1	N..40，31	
29	5	转向路段起点纬度	转向时所在路段的路段起点的纬度信息	M	1..1	N..40，31	
30	5	转向路段终点经度	转向时所在路段的路段终点的经度信息	M	1..1	N..40，31	
31	5	转向路段终点纬度	转向时所在路段的路段终点的纬度信息	M	1..1	N..40，31	
32	5	转向出口	从一个路段转到下一个路段时，沿逆时针方向开始计算出口次序	M	1..1	N..1	
33	5	转向出口描述	给出转向位置信息的文字的描述	M	1..1	C..ul	
34	1	交通管制信息	表明以下内容为交通管制信息	M	0..1		
35	2	交通管制信息个数	交通管制信息的条目数	M	1..1	N..3	
36	2	交通管制信息内容	给出交通管制类型，交通管制原因，交通管制的位置，实施交通管制的路段信息，实施交通管制的路口信息	O	0..n		
37	3	交通管制类型	交通管制类型分为定义类型和扩展类型： 1—禁止转向 2—禁止通行 3—禁止变道 4—禁止停车 5—车道关闭 6—其他 7～99 — 本地预留扩展定义	M	1..1	C..2	

表 2(续)

索引	层次	数据项名称	说明	约束条件	出现次数	数据类型	引用文件
38	3	交通管制原因	交通管制原因分为定义原因和扩展原因： 1—交通事故 2—货物散落事件 3—车辆倾覆 4—车辆抛锚 5—道路养护 6—路面施工 7—有害材料、燃料、化学制品外泄 8—洪水、火灾、落石 9—大型活动 10—快速公交线路 11—公共安全事件(恐怖事件、枪击) 12—道路阻断 13—恶劣天气(沙尘暴、大雾、台风等) 14—其他 15～99 — 本地预留扩展定义	M	1..1	C..2	
39	3	交通管制起始时间	该交通管制起始的日期和时间，格式：YYMMDDhhmmss，24 小时制。例如：090913101501	M	1..1	YYMM-DDhh-mmss	GB/T 7408
40	3	交通管制结束时间	该交通管制结束的日期和时间，格式：YYMMDDhhmmss，24 小时制。例如：090913101501	M	1..1	YYMM-DDhh-mmss	GB/T 7408
41	3	交通管制路段个数	标识牵涉到交通管制信息的路段个数	M	1..1	N..4	
42	3	交通管制路段信息	标识牵涉到交通管制信息的路段信息	M	0..n		
43	4	路段起点经度	标识起点经度信息	M	1..1	N..40,31	
44	4	路段起点纬度	标识起点纬度信息	M	1..1	N..40,31	
45	4	路段终点经度	标识终点经度信息	M	1..1	N..40,31	
46	4	路段终点纬度	标识终点纬度信息	M	1..1	N..40,31	
47	4	路段描述一	给出路段位置信息的文字第一种描述	M	1..1	C..ul	
48	4	路段描述二	给出路段位置信息的文字第二种描述	M	0..1	C..ul	

表 2（续）

索引	层次	数据项名称	说明	约束条件	出现次数	数据类型	引用文件
49	3	交通管制转向个数	标识牵涉到交通管制信息的路口个数	M	1..1	C..3	
50	3	交通管制转向信息	给出转向信息	M	0..n		
51	4	转向路段起点经度	转向时所在路段的路段起点的经度信息	M	1..1	N..40,31	
52	4	转向路段起点纬度	转向时所在路段的路段起点的纬度信息	M	1..1	N..40,31	
53	4	转向路段终点经度	转向时所在路段的路段终点的经度信息	M	1..1	N..40,31	
54	4	转向出口	从一个路段转到下一个路段时，沿逆时针方向开始计算出口次序	M	1..1	N..1	
55	4	转向出口描述	给出转向位置信息的文字的描述	M	0..1	C..ul	
56	1	交通事件信息	表明以下内容为交通事件信息	M	0..1		
57	2	交通事件信息个数	交通事件信息的条目数	M	1..1	N..4	
58	2	交通事件信息内容	给出交通事件类型编号、禁止转向路口个数、禁止转向路口信息、路段个数、路段信息、位置信息和交通事件原因	O	0..n		
59	3	交通事件类型编码	表示交通事件类型及编码	M	1..1	C4	GB/T 29100
60	3	交通事件起始时间	该交通事件起始的日期和时间，格式：YYMMDDhhmmss，24 小时制。例如：090913101501	M	1..1	YYMM-DDhh-mmss	GB/T 7408
61	3	交通事件结束时间	该交通事件结束的日期和时间，格式：YYMMDDhhmmss，24 小时制。例如：090913101501	M	1..1	YYMM-DDhh-mmss	GB/T 7408
62	3	路段个数	标识牵涉到交通事件的路段个数	M	1..1	N..4	
63	3	路段信息	给出该交通事件信息的路段经纬度	M	0..n		GB/T 19392
64	4	路段起点经度	标识起点经度信息	M	1..1	N..40,31	
65	4	路段起点纬度	标识起点纬度信息	M	1..1	N..40,31	
66	4	路段终点经度	标识终点经度信息	M	1..1	N..40,31	

表 2（续）

索引	层次	数据项名称	说明	约束条件	出现次数	数据类型	引用文件
67	4	路段终点纬度	标识终点纬度信息	M	1..1	N..40,31	
68	4	交通事件方向	给出路段交通事件的行驶方向，0—上行，1—下行，2—双向	M	1..1	C..1	
69	4	交通事件发生地经度	标识交通事件发生地的经度信息	M	1..1	N..40，31	
70	4	交通事件发生地纬度	标识交通事件发生地的纬度信息	M	1..1	N..40，31	
71	4	发生地位置描述	给出交通事件发生地位置信息的文字描述，如公路或高速50 km处	M	1..1	C..ul	
72	4	路段描述	给出路段位置信息的文字描述	M	1..1	C..ul	
73	1	停车场信息	表明以下内容为停车场信息	M	0..1		
74	2	停车场信息个数	停车场信息的条目数	M	1..1	N..4	
75	2	停车场实时信息	给出停车场是否开放、停车场名称、剩余停车位、满车率和停车场位置等信息	O	0..n		
76	3	停车场开放状态	0—停车场不对外开放或已关闭，1—停车场对外开放	M	1..1	C..1	
77	3	停车场名称	停车场名称	M	1..1	C1..10	
78	3	空停车位	目前停车场空余停车位数量	M	1..1	N..3	
79	3	是否收费	停车场是否收费，0—免费，1—收费	M	1..1	C..1	
80	3	收费时段划分	描述不同时段的不同收费标准	M	1..1	C..ul	
81	3	收费类型	1—计时，2—计次，3—其他	M	1..1	N..1	
82	3	费率	停车场收费的价格，若干元/收费类型	M	1..1	N..4	
83	3	车位使用率	停车场已停车位占所有车位的百分比	M	1..1	N..2，2	
84	3	位置信息	给出停车场的空间位置的经纬度	M	1..1		
85	4	入口一经度	标识停车场入口一的经度信息	M	1..1	N..40，31	
86	4	入口一纬度	标识停车场入口一的纬度信息	M	1..1	N..40，31	
87	4	入口一描述	给出停车场入口一位置信息的文字描述	M	1..1	C..ul	

表 2（续）

索引	层次	数据项名称	说明	约束条件	出现次数	数据类型	引用文件
88	4	入口二经度	标识停车场入口二的经度信息	M	1..1	N..40,31	
89	4	入口二纬度	标识停车场入口二的纬度信息	M	1..1	N..40,31	
90	4	入口二描述	给出停车场入口二位置信息的文字描述	M	1..1	C..ul	
91	4	出口描述	给出停车场出口位置信息的文字描述	M	1..1	C..ul	
92	1	交通实况图文	表明以下内容为交通实况信息	O	0..1		
93	2	图像信息	给出图像信息个数、图像信息	O	0..1		
94	3	图像信息个数	具体图像信息的条目数	M	1..1	N..4	
95	3	具体图像信息	给出图像基本信息、位置信息	M	0..n		
96	4	图像基本信息	给出图像类型、图像长度、图像数据	M	1..1		
97	5	图像类型	图像类型，例如 JPG、BMP、GIF、JPEG 等，以及 AVI、RM、RMVB、AVI、WMV、MPG、MPEG 等视频格式类型	M	1..1	C..4	
98	5	图像长度	图像或视频长度，表示文件的数据字节数	M	1..1	N..6	
99	5	图像数据	图像数据为二进制代码，大小由图像长度确定	M	1..1	BY	
100	4	拍摄点位置信息	给出该图像信息的空间位置的经纬度	M	1..1		GB/T 19392
101	5	经度	标识经度信息	M	1..1	N..40,31	
102	5	纬度	标识纬度信息	M	1..1	N..40,31	
103	2	文本信息表	表明以下内容为文本信息	O	0..1		
104	3	文本信息个数	文本信息个数	M	1..1	N..4	
105	3	文本信息	给出相关的文本信息	M	0..n	C..100	

6.3 数据结构示例

数据结构示例及说明参见附录 A。

附 录 A
（资料性附录）
实时交通服务信息的数据结构示例

A.1 实时交通服务信息的发布实例

实例:2010 年 9 月 15 日 10 点 15 分发布实时交通服务信息,信息较为重要。由于附近举行大型活动,天目山路右转至学院路的路口在 2010 年 9 月 15 日 11 点 15 分至 2010 年 9 月 15 日 17 点 15 分期间进行交通管制,禁止右转弯。在 2010 年 9 月 15 日 10 点 15 分信息发布时,天目山路学院路至教工路段,以及天目山路右转至学院路的路口通行较为正常。黄龙换乘中心停车场开放中,共有车位 1 000 个,现有空余车位数量 500 个。

A.2 实时交通服务信息的无线传输数据格式

实时交通服务信息在无线传输时,按照表 2 的数据项素以逗号进行分隔的方式进行传输。无线传输的数据格式如下:

a) 实时交通服务数据结构内容的消息管理信息

1001, 01.62, 100915101500, 100915171500,2,0 //消息管理信息

上述信息表示:

信息编号为 1001,版本号为 01.62,信息发布的时间为 2010 年 9 月 15 日 10 点 15 分,失效时间为 2010 年 9 月 15 日 17 点 15 分,信息级别为 2,表示信息较为重要,接收对象为 0,表示所有的机动车辆。

b) 实时交通服务数据结构内容的道路通行状态信息

4,1,120.1305,30.2716,120.1338,30.2713,126,1,45,1 天目山路学院路至黄姑山路段,由西向东,1,55,1,1, 天日山路右转至黄姑山 //道路通行状态信息

上述信息表示:

路段类型为 4,表示城市主十道,路段信息个数为 1 个,大目山路学院路至黄姑山路段,由西向东,行驶时间为 126 s,拥挤程度为畅通(代码为 1),下行行驶时间为 45 s,下行拥挤程度为畅通(代码为 1),路段起点的卫星导航定位系统的经度为 120.1305,卫星导航定位系统的纬度为30.2716,路段终点的卫星导航定位系统的经度为 120.1338,卫星导航定位系统的纬度为 30.2713,转向信息个数为 1 个,转向时间为 55 s,转向拥挤为畅通(代码为 1),转向出口为 1,天目山路右转至学院路。

c) 实时交通服务数据结构内容的交通管制信息

1,1,1,100915111500,100915171500,9,0,1,120.1305,30.2716,120.1338,30.2713,1,天目山路右转至学院路 //交通管制信息

上述信息表示:

交通管制信息个数为 1 个,交通事件类型编号为禁止转向(代码为 1),管制类型为大型活动(代码为 9),交通管制起始时间为 2010 年 9 月 15 日 11 点 15 分,结束时间为 2010 年 9 月 15 日 17 点 15 分,交通管制路段个数为 0 个,禁止转向路口个数为 1 个,禁止转向路口为:转向路段起点的卫星导航定位系统的经度为 120.1305,卫星导航定位系统的纬度为 30.2716,转向路段终点的卫星导航定位系统的经度为 120.1338,卫星导航定位系统的纬度为 30.2713,转向出口序号为 1,天目山路右转至学院路。

d) 实时交通服务数据结构内容的停车场信息

1,1,黄龙换乘中心停车场,500,1,5,50,120.1365,30.2685，黄龙路入口,黄龙路出口，//停车场信息

上述信息表示：

停车信息个数为1,停车场处于开放中(代码为1),停车场为黄龙换乘中心停车场,现有空余车位数量500个,停车收费,每小时5元,停车场满车率为50,停车场入口经度120.1365,入口纬度30.2685,停车场入口在黄龙路,出口在黄龙路。

e) 实时交通服务数据结构内容的交通实况信息

1,jpg,8,{tuxiang1 图像的二进制代码}，120.1338,30.2713 ，//交通实况信息的图像信息

1,29,天目山路右转至黄姑山路路口因黄龙体育中心举办西博会将交通管制,// 交通实况信息的文本信息

上述信息表示：

交通实况信息的图像信息个数为1个,图像信息类型为jpg,图像信息长度为8k字节,图像数据采集点卫星导航定位系统的经度为120.1338 采集点卫星导航定位系统的纬度为30.2713。

交通实况信息的文本信息个数为1个,文字信息长度为29个字,文字信息为:天目山路右转至黄姑山路路口因黄龙体育中心举办西博会将交通管制。

参 考 文 献

[1] GB/T 19391—2003 全球定位系统(GPS)术语及定义

[2] GB 20263—2006 导航电子地图安全处理技术基本要求

ICS 73.040
D 21

中华人民共和国国家标准

GB/T 29747—2013

煤炭直接液化　生成气的组成分析气相色谱法

Coal direct liquefaction—Determination of composition for coal direct liquefaction gas—Gas chromatographic method

2013-09-18 发布　　2014-03-01 实施

中华人民共和国国家质量监督检验检疫总局
中国国家标准化管理委员会　发布

前 言

本标准按照 GB/T 1.1—2009《标准化工作导则 第1部分:标准的结构和编写》给出的规则起草。

本标准由中国煤炭工业协会提出。

本标准由全国煤炭标准化技术委员会(SAC/TC 42)归口。

本标准起草单位:煤炭科学研究总院北京煤化工研究分院。

本标准主要起草人:朱肖曼、杜淑凤、毛学锋、吴艳、周铭、颜丙峰、石智杰、赵渊、王雨、张帆。

煤炭直接液化　生成气的组成分析
气相色谱法

1　范围

本标准规定了测定煤炭直接液化生成气中 C_1～C_5 烃及氢气、一氧化碳、二氧化碳和硫化氢含量的气相色谱方法。

本标准适用于表1所示范围的煤炭直接液化生成气。

表1　气体组分及测量范围

组分	范围(体积分数,%)	组分	范围(体积分数,%)
甲烷	1.00～20	异丁烯	0.01～1
乙烷	0.50～10	顺丁烯	0.01～1
乙烯	0.01～2	正戊烷	0.01～2
丙烷	0.20～10	异戊烷	0.01～2
丙烯	0.01～5	二氧化碳	0.20～10
异丁烷	0.01～5	氢气	70～95
正丁烷	0.01～5	一氧化碳	0.50～10
反丁烯	0.01～1	硫化氢	0.10～5
正丁烯	0.01～1		

2　规范性引用文件

下列文件对于本文件的应用是必不可少的。凡是注日期的引用文件,仅注日期的版本适用于本文件。凡是不注日期的引用文件,其最新版本(包括所有的修改单)适用于本文件。

GB/T 3723　工业用化学产品采样的安全通则

GB/T 6681　气体化工产品采样通则

GB/T 23251—2009　煤化工用煤技术导则

3　术语和定义

GB/T 23251—2009 界定的术语和定义适用于本文件。

3.1

煤炭直接液化　coal direct liquefaction

煤炭在高压、高温和催化剂的作用下与氢气进行加氢反应,从而直接转化为液体燃料的过程。

[GB/T 23251—2009,定义 3.8]

4 方法提要

采用多维(双通道)气相色谱仪对煤炭直接液化生成气进行组分分析。

样品分两路进入色谱系统,通过阀的切换,进入不同色谱柱对组分进行分离和检测。

通道A:试样被载气(He)带入色谱柱,用Hayesep-Q和5A分子筛填充色谱柱对氢气、一氧化碳、二氧化碳和硫化氢进行分离,用热导检测器(TCD)检测。

通道B:试样被载气(He)带入色谱柱,用PLOT Al_2O_3"S"毛细管色谱柱对 C_1~C_5 烃类进行分离,用氢火焰离子化检测器(FID)检测。

用色谱工作站,将试样组分与标准气相应组分的色谱峰对比,根据保留时间对各组分定性,采用外标法对各组分定量。

5 试剂和材料

5.1 载气与辅助气

5.1.1 氦气:纯度大于99.999%。

5.1.2 氢气:纯度大于99.999%。

5.1.3 空气:纯度大于99.99%,进仪器前用分子筛脱水。

5.1.4 氮气:纯度大于99.999%。

5.2 标准气

经有资质机构标定的有证标准物质:C_1~C_5 烃、氢气、一氧化碳、二氧化碳和硫化氢的混合气。

标准气的所有组分应处于均匀的气态。与样品相比,对于体积分数不大于5%的组分,标准气中相应组分的体积分数不大于10%,也不低于样品中相应组分体积分数的一半;对于体积分数大于5%的组分,标准气中相应组分的体积分数应不低于样品中组分体积分数的一半,也不大于该组分体积分数的两倍。

标准气应在有效期内使用,使用前摇匀。

5.3 取气袋

复合膜取气袋:3 L~5 L。

6 仪器设备

6.1 气相色谱仪

双通道气相色谱仪(钝化处理)。通道A为Hayesep-Q预柱,Hayesep-Q填充柱及5A分子筛柱和TCD检测器;通道B为PLOT Al_2O_3"S"毛细管色谱柱和FID检测器;色谱仪配有六通阀和十通阀气体进样系统;配置填充柱进样口和毛细管柱分流/不分流进样口;色谱工作站。气相色谱仪的系统连接图见图1。

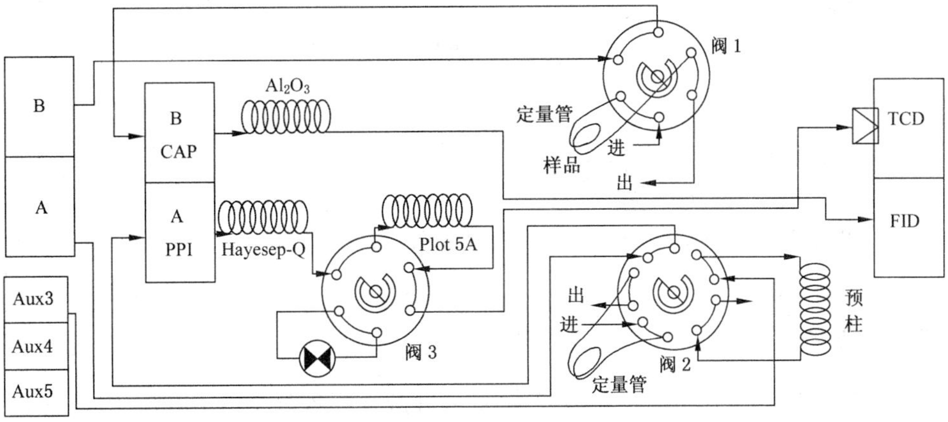

图 1　气相色谱仪系统连接图

6.2　色谱柱

6.2.1　色谱柱类型

采用四根色谱柱(钝化处理)对待测气体进行组成分析。色谱柱及其技术参数见表 2。

表 2　色谱柱及其技术参数

色谱柱	Hayesep-Q 预柱	Hayesep-Q	5A 分子筛	PLOT Al_2O_3"S"
固定相	高分子多孔小球	高分子多孔小球	A 型分子筛	涂渍氧化铝的多孔层开管柱
粒度/mm	0.18～0.15	0.18～0.15	0.18～0.15	
膜厚/μm				15
柱长/m	1	2	5	50
柱内径/mm	2	2	2	0.53
最高使用温度/℃	275	275	350	200

6.2.2　色谱柱的分离度

煤液化生成气的各组分在色谱柱上的分离度 R 应不小于 1.5。

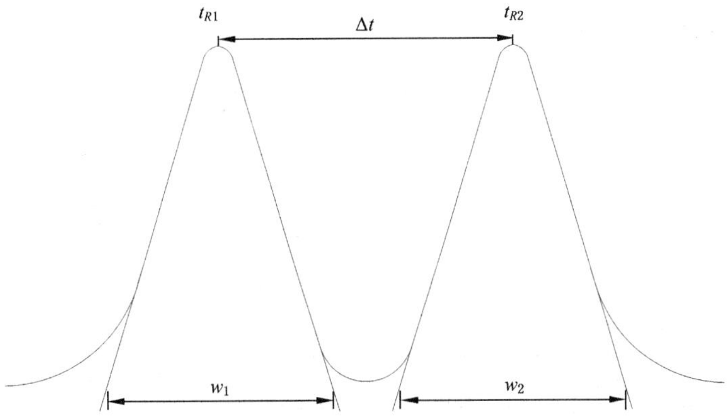

图 2　色谱柱的分离度

色谱柱的分离度按式(1)计算：

$$R = 2 \times \frac{t_{R2} - t_{R1}}{w_1 + w_2} \quad \cdots\cdots\cdots\cdots (1)$$

式中：

R ——分离度；

t_{R1}，t_{R2} ——相邻两色谱峰的保留时间，见图 2；

w_1，w_2 ——相邻两色谱峰的峰宽，即在峰两侧拐点处所作切线与峰底相交，得出的两点间的距离，见图 2。

6.2.3 色谱柱的老化

将 4 根色谱柱按要求与色谱仪连接，断开检测器，在载气流量为 40 mL/min 的条件下，采用程序升温方式对色谱柱进行老化。操作条件为：初始温度 60 ℃，运行 10 min，然后以 15 ℃/min 的升温速率升至 190 ℃，运行 15 min。重复进行上述操作，直至分离度达到 6.2.2 的要求。

7 取样

7.1 取样方式

气体取样按 GB/T 3723 和 GB/T 6681 的规定进行。

可采用实时在线方式取样，也可用取气袋取样。在条件允许的情况下建议采用实时在线方式采集样品；使用取气袋取样时，推荐使用复合膜取气袋。

7.2 取气袋取样程序

a) 打开取气袋取样口阀门，将袋中余气全部放散。

b) 将管路中取样口的阀门缓慢打开，放出取样管路中的气体。然后将取气袋的橡胶口套在取样口上，将样品气充入取气袋中，关闭取样口阀门，取下取气袋，将取气袋中气体全部挤出，尽量减少死体积，重复充放气 3 次后，将取气袋内充入样品气，关闭取样口阀门，取下取气袋并密封好，防止漏气。

c) 取气袋要做好标记，注明样品名称、取样地点、取样时间和取样人员等。取样后应立即分析。

8 测定步骤

8.1 色谱仪工作条件

典型色谱仪工作条件见表 3 和表 4。

表 3 典型色谱仪工作条件

	进样口	通道 A	通道 B
进样系统	进样口模式	吹扫填充柱	分流模式
	汽化室温度/℃	150	150
	载气类型	氦气	氦气
	载气流量/(mL/min)	38.0	
	分流比		50∶1
	压力/kPa		5.0

表 3（续）

色谱柱	色谱柱类型	填充柱	毛细管色谱柱
	进样口	前进样口	后进样口
	出样口	TCD 检测器	FID 检测器
	流量模式	恒定流量	恒定压力
	压力/kPa		5.0
	载气流量/(mL/min)	38.0	
柱箱	最高温度/℃	200	
	程序升温	60 ℃运行 10 min，然后以 15 ℃/min 的升温速率升至 150 ℃，再运行 4 min，共运行 20 min	
检测器	检测器类型	TCD 检测器	FID 检测器
	检测器温度/℃	250	250
	尾吹气类型		氮气
	参比流量/(mL/min)	40.0	
	氢气流量/(mL/min)		40.0
	空气流量/(mL/min)		450.0
	尾吹气流量/(mL/min)		45.0
	点火补偿值/pA		2.0
注：也可采用能达到等同或更高分析效果的其他色谱工作条件。			

表 4　阀切换时间和运行状态

阀切换时间/min	阀号	运行状态
0.01	阀 1	打开
0.01	阀 2	打开
1.00	阀 1	关闭
1.70	阀 3	打开
3.20	阀 2	关闭
8.80	阀 3	关闭

8.2　标准气导入和仪器标定

仪器稳定后，将标准气接到色谱仪阀进样装置口，待用标准气反复吹扫进样定量管后，切换六通阀、十通阀进样装置使之导入色谱柱，用色谱工作站进行数据处理。重复测定两次，若两次测量峰面积的相对偏差不大于 1%，取两次测定的平均值作为标准气中该组分的峰面积。每次开机均需用标准气进行标定。

8.3 试样的导入和组分测定

8.3.1 试样的导入

将试样容器或导管接到色谱仪阀进样装置口,待用试样反复吹扫进样定量管后,切换六通阀、十通阀进样装置使之导入色谱柱,用色谱工作站进行数据处理。重复测定两次,若两次测量峰面积的相对偏差不大于1%,取两次测定的平均值作为试样被测组分的峰面积。

8.3.2 组分的定性分析

试样中组分的出峰次序见图3、图4。把试样组分的色谱峰与标准气相应组分的色谱峰相比,根据保留时间进行定性。

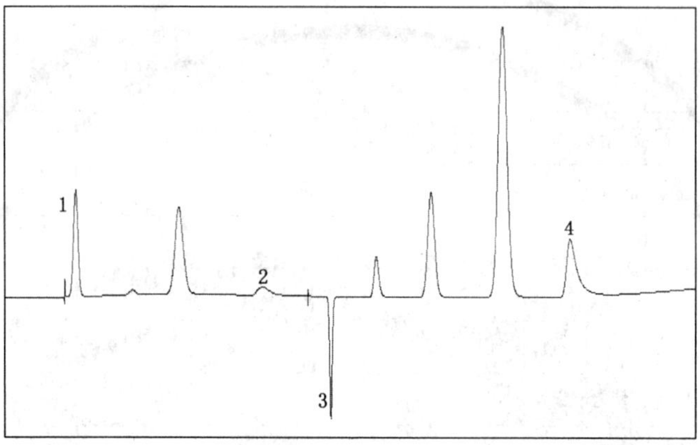

说明:
1——二氧化碳色谱峰;
2——硫化氢色谱峰;
3——氢气色谱峰;
4——一氧化碳色谱峰。

图3 Hayesep-Q和5A分子筛填充柱色谱图

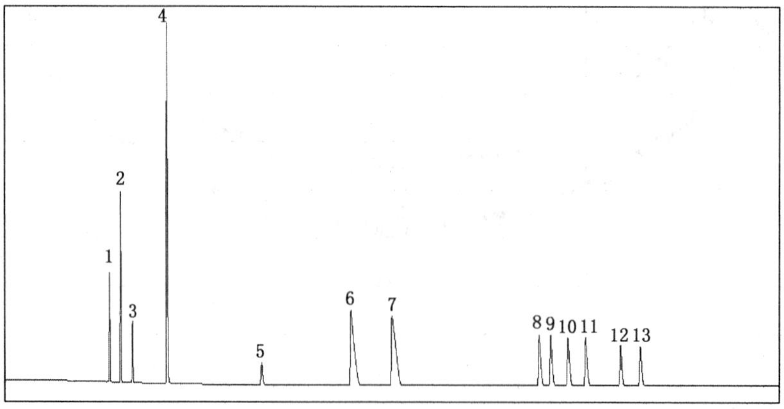

说明:
1——甲烷色谱峰;
2——乙烷色谱峰;
3——乙烯色谱峰;
4——丙烷色谱峰;
5——丙烯色谱峰;
6——异丁烷色谱峰;
7——正丁烷色谱峰;
8——反丁烯色谱峰;
9——正丁烯色谱峰;
10——异丁烯色谱峰;
11——顺丁烯色谱峰;
12——异戊烷色谱峰;
13——正戊烷色谱峰。

图4 PLOT Al_2O_3“S”毛细管色谱柱谱图

8.3.3 组分的定量分析

采用外标法按 8.3.1 对气体组分进行定量分析，根据样品气和标准气中相应组分的峰面积之比按式(2)计算各组分含量。取两次重复测定结果的平均值报出。

$$v_{s'} = v_s \times \frac{A_{s'}}{A_s} \qquad \cdots\cdots(2)$$

式中：

$v_{s'}$——样品气中组分 i 的体积分数，%；

v_s——标准气中组分 i 的体积分数，%；

$A_{s'}$——样品气中组分 i 的峰面积；

A_s——标准气中组分 i 的峰面积。

9 方法精密度

9.1 重复性限

在重复性条件下获得的两次独立测试结果的绝对差值在 95% 置信概率下应不大于表 5 规定的数值。

表 5 煤炭直接液化生成气组分测定的方法精密度

范围/%	重复性限/%	再现性限/%
<1	0.02	0.05
1～10	0.05	0.20
>10	0.20	0.40

9.2 再现性限

在再现性条件下获得的两次独立测试结果的绝对差值在 95% 置信概率下应不大于表 5 规定的数值。

10 试验报告

试验报告至少应包括以下信息：

a) 样品标识；

b) 依据标准；

c) 试验结果；

d) 与标准的任何偏离；

e) 试验中出现的异常现象；

f) 试验日期。

ICS 73.040
D 21

中华人民共和国国家标准

GB/T 29748—2013

煤炭直接液化 液化残渣灰分的测定方法

Coal direct liquefaction—Determination of ash in coal liquefaction residue

2013-09-18 发布 2014-03-01 实施

中华人民共和国国家质量监督检验检疫总局
中国国家标准化管理委员会 发布

前　言

本标准按照 GB/T 1.1—2009《标准化工作导则　第1部分：标准的结构和编写》给出的规则起草。

本标准由中国煤炭工业协会提出。

本标准由全国煤炭标准化技术委员会(SAC/TC 42)归口。

本标准起草单位：煤炭科学研究总院北京煤化工研究分院。

本标准主要起草人：钟金龙、毛学锋、谷小会、杜淑凤、胡发亭、赵鹏、王勇、李文博。

煤炭直接液化
液化残渣灰分的测定方法

1 范围

本标准规定了测定煤炭直接液化残渣灰分的术语和定义、方法提要、试剂和材料、仪器设备、测定步骤、结果计算、方法精密度和试验报告。

本标准适用于煤炭直接液化残渣灰分的测定。

2 规范性引用文件

下列文件对于本文件的应用是必不可少的。凡是注日期的引用文件，仅注日期的版本适用于本文件。凡是不注日期的引用文件，其最新版本(包括所有的修改单)适用于本文件。

GB/T 23251—2009 煤化工用煤技术导则

3 术语和定义

GB/T 23251—2009 界定的以及下列术语和定义适用于本文件。

3.1

煤炭直接液化 coal direct liquefaction

煤炭在高压、高温和催化剂的作用下与氢气进行加氢反应，从而直接转化为液体燃料的过程。

[GB/T 23251—2009，定义 3.8]

3.2

液化残渣 coal liquefaction residue

煤炭直接液化的重质产物经固液分离(主要为减压蒸馏)后的固体混合物，包含重质液化油、沥青类物质、未转化的煤中有机质、矿物质以及催化剂等。

3.3

液化残渣灰分 coal liquefaction residue ash

液化残渣在规定条件下完全燃烧后所得残留物占液化残渣的质量分数。

4 方法提要

称取一定量的液化残渣试样，放入马弗炉中，以一定的速度升温至 500 ℃并停留 30 min，继续升温至 850 ℃，灼烧至质量恒定，以灼烧后残留物质量占试样的质量分数作为液化残渣的灰分。

5 试剂和材料

5.1 坩埚：瓷质，50 mL。口外径 52 mm，高 46 mm，底外径 30 mm(见图 1)。

单位为毫米

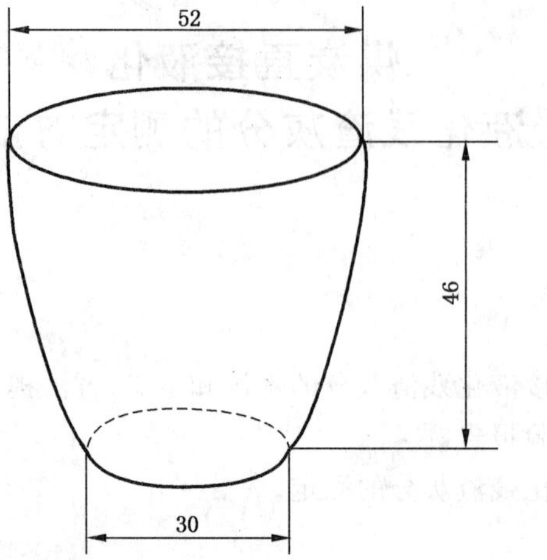

图1 坩埚

5.2 干燥器:内装硅胶或粒状无水氯化钙。

5.3 耐热瓷板或石棉板。

6 仪器设备

6.1 马弗炉

炉膛具有足够的恒温区,能够保持温度在(850±10)℃,炉后壁的上部带有直径25 mm～30 mm的烟囱,下部离炉膛底20 mm～30 mm处有插热电偶的小孔。马弗炉的恒温区应在炉门关闭条件下测定,并至少每年测定一次。高温计每年校准一次。马弗炉上方应有通风装置。

6.2 分析天平

分度值0.1 mg。

7 分析试样制备

将液化残渣样品破碎至粒度小于3 mm,缩分出一定量(一般为50 g),破碎至0.2 mm以下作为分析试样,备用。

8 测定步骤

8.1 在预先灼烧至质量恒定的坩埚中,称取粒度小于0.2 mm的残渣试样(1±0.1)g(m),准确至0.000 2 g,摊平。

8.2 将坩埚在室温下送入马弗炉恒温区中,关上炉门并使炉门留有15 mm左右的缝隙,在60 min左右的时间将炉温缓慢升至500 ℃,并在此温度下保持30 min,然后关上炉门,在不少于30 min内继续升温到(850±10)℃,并在此温度下灼烧1 h。

8.3 取出坩埚,放在耐热瓷板或石棉板上,在空气中稍冷后移入干燥器中冷却至室温后称量(m_1)。

8.4 在(850±10)℃下进行检查性灼烧,每次20 min,直到连续2次灼烧后的质量之差不超过0.001 0 g为止,以最后一次灼烧后的质量为计算依据。

9 结果计算

液化残渣灰分的质量分数按式(1)计算：

$$A=\frac{m_1}{m}\times 100 \quad \cdots\cdots(1)$$

式中：

A ——残渣灰分的质量分数，%；

m_1——灼烧后残留物的质量，单位为克(g)；

m ——残渣试样的质量，单位为克(g)。

10 方法精密度

10.1 重复性限

在重复性条件下获得的两次独立测试结果的绝对差值在95%置信概率下应不大于0.3%。

10.2 再现性限

在再现性条件下获得的两次独立测试结果的绝对差值在95%置信概率下应不大于0.5%。

11 试验报告

试验报告至少应包括以下信息：

a) 样品标识；

b) 依据标准；

c) 试验结果；

d) 与标准的任何偏离；

e) 试验中出现的异常现象；

f) 试验日期。

ICS 13.060.25
F 04

中华人民共和国国家标准

GB/T 29749—2013

工业企业水系统集成优化导则

Guideline for water system integration and optimization of industrial enterprises

2013-09-18 发布 2014-03-01 实施

中华人民共和国国家质量监督检验检疫总局
中国国家标准化管理委员会 发布

前　言

本标准依据 GB/T 1.1—2009 制定的规则起草。

本标准由全国工业节水标准化技术委员会(SAC/TC 442)提出并归口。

本标准起草单位:轻工业环境保护研究所、中国标准化研究院、中国石油大学(北京)、安徽省产品质量监督检验研究院、华夏认证中心有限公司。

本标准主要起草人:张忠国、白雪、吴月、李珊、凌飞、周泓、冯霄、程言君、孙静、梁爽、胡梦婷、任晓晶、刘丹、钱宇。

工业企业水系统集成优化导则

1 范围

本标准规定了工业企业水系统集成优化的术语和定义、基本原则、程序和方法。

本标准适用于工业企业水系统集成优化,其他类型企业和工业园区可参照使用。

2 规范性引用文件

下列文件对于本文件的应用是必不可少的。凡是注日期的引用文件,仅注日期的版本适用于本文件。凡是不注日期的引用文件,其最新版本(包括所有的修改单)适用于本文件。

GB/T 7119 节水型企业评价导则

GB/T 12452 企业水平衡测试通则

GB/T 21534 工业用水节水 术语

3 术语和定义

GB/T 21534 界定的以及下列术语和定义适用于本文件。

3.1

水系统集成优化 water system integration and optimization

将整个用水系统作为一个有机的整体,按照各用水过程的水量和水质,系统和综合地合理分配用水,使用水系统的新水量和废水排放量在满足给定的约束条件下同时达到最小最优的方法。

3.2

用水单元 water-using unit

需要水或产生废水的具有相对独立性的生产工序、装置(设备)或生产车间、部门等。

3.3

废水直接利用 wastewater direct-use

一个或多个用水单元产生的废水直接用于其他用水单元。

3.4

废水再生利用 wastewater reclamation and reuse

一个或多个用水单元产生的废水经处理后用于其中一个或多个用水单元(循环),或用于其他用水单元。

4 基本原则

4.1 系统性原则

应从系统工程角度出发,着眼于用水系统整体,在充分掌握企业各用水单元状况的基础上,以实现用水系统整体新水量和废水排放量最小为目标,对用水系统进行优化设计。

4.2 科学性原则

应从源头和过程中减少新水量和废水排放量,建立完善的废水利用系统,优先考虑废水直接利用,其次考虑废水再生利用。

4.3 可行性原则

应易于实施、操作及管理，方案设计所需的各项指标应易于获取。

4.4 经济性原则

应与企业实际情况结合，在满足技术要求的基础上充分考虑经济性指标。

5 程序和方法

5.1 水系统集成优化分为四个步骤：水系统现状调查、水系统优化对象及其约束条件的确定、水系统集成方案设计与优化、水系统集成优化效果评估。具体步骤见图1。

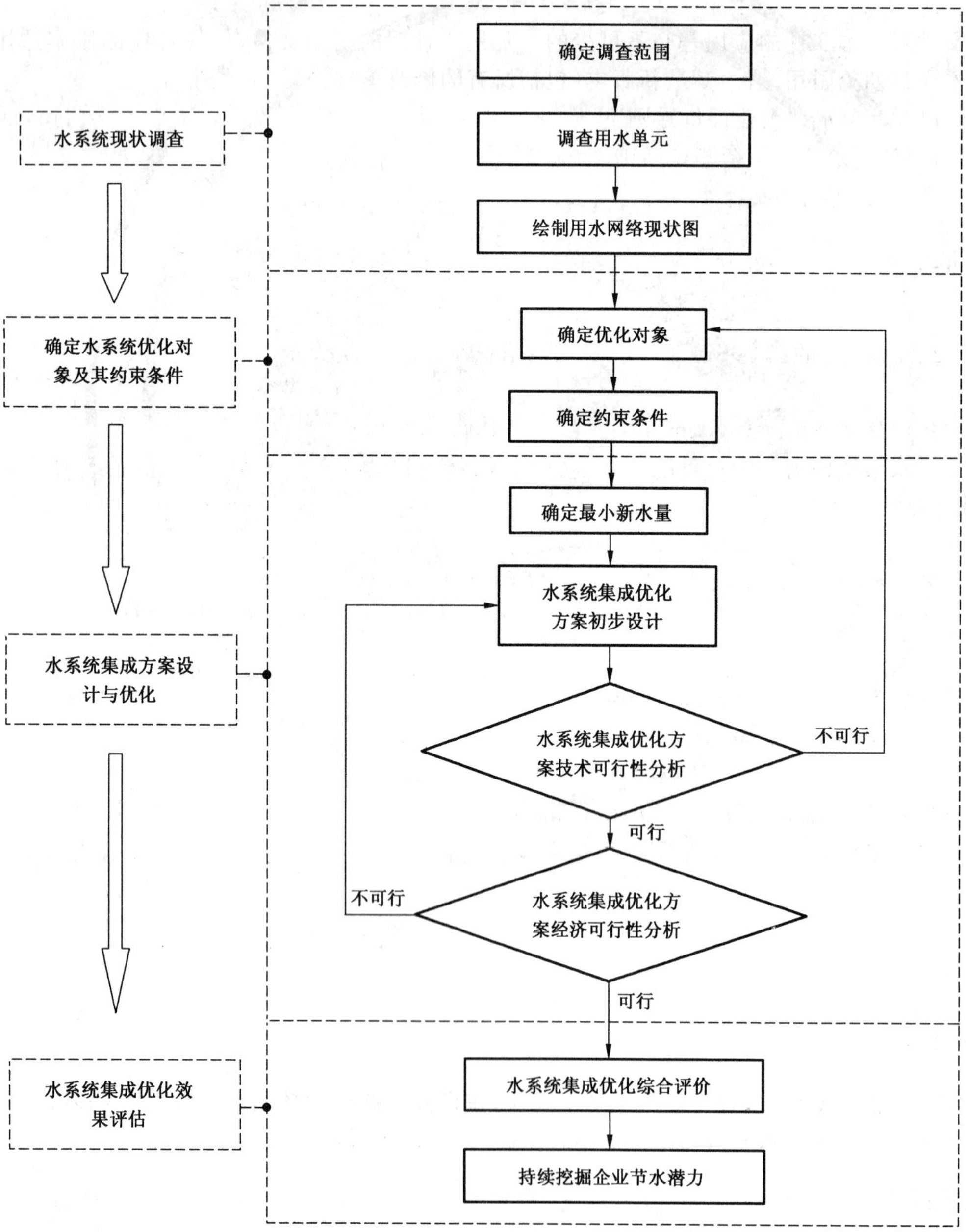

图1 工业企业水系统集成优化步骤

5.2 水系统现状调查

5.2.1 应根据需求和实际情况确定调查范围，并依据 GB/T 12452 调查各用水单元。调查内容至少应包括：

a) 各用水单元所在车间及工艺单元；

b) 各用水单元入口流量及来源；

c) 各用水单元出口流量及去向；

d) 各用水单元入口和出口水质。

5.2.2 应根据用水单元的调查数据，绘制用水网络现状图(样式参见附录 A)。图中至少应明确：

a) 新水量、回用水量及其来源；

b) 各用水单元入口处的新水量、回用水量；

c) 各用水单元出口处的水量和流向。

5.3 水系统优化对象及其约束条件的确定

5.3.1 应依据用水网络现状，分析确定拟优化的用水单元。

5.3.2 约束条件应至少包括主要水质、水量指标，也可根据实际需要将经济性指标、水网络连接数等作为约束条件。

5.3.3 确定水质约束条件时应依据水质特点、工艺需求及有关标准的要求。

5.4 水系统集成方案设计与优化

5.4.1 应根据采集的数据，考虑废水直接利用、废水再生利用等途径，采用水系统集成技术确定用水系统的最小新水量。具体方法参见附录 B。在确定最小新水量时，可采用水系统集成优化有关软件进行计算。

5.4.2 应以 5.4.1 中计算得出的最小新水量为目标，以满足所有用水单元对水质和水量的需求为约束，设计水系统集成初步方案。

5.4.3 应分析约束条件以外的其他可能影响水回用的水质指标，考察 5.4.2 中设计的用水网络是否满足各项水质指标的要求，并根据操作经验，结合经济性的直观分析优化用水网络。

5.4.4 应明确需要改进的工艺及设施，计算改造成本、废水回用效益、投资回收期等经济指标，详细分析水系统集成优化方案的经济性。

5.5 水系统集成优化效果评估

5.5.1 企业应依据 GB/T 7119 计算本企业内各种用水评价指标，包括单位产品取水量、重复利用率、废水回用率、冷却水循环率、冷凝水回用率、达标排放率等，并结合经济、管理等方面综合评价水系统集成优化实施效果。

企业应根据水系统集成优化结果，总结经验，完善有关管理制度，加强管理，与同类企业的水平进行比对或对标自检，持续挖掘企业内节水潜力。

附　录　A

（资料性附录）

用水网络现状图

用水网络现状图是对企业用水网络现状的直观描述，是建立在对企业用水单元充分调查的基础上。

绘制用水网络现状图时，企业可以根据 GB/T 12452 对用水进行分类，也可根据操作需要选择其他分类方式。若待优化系统较复杂，企业可以根据需要，按用水来源、用水分类或其他方式逐级绘制用水网络现状图。图 A.1 是以新水为水源的用水网络现状图示例。

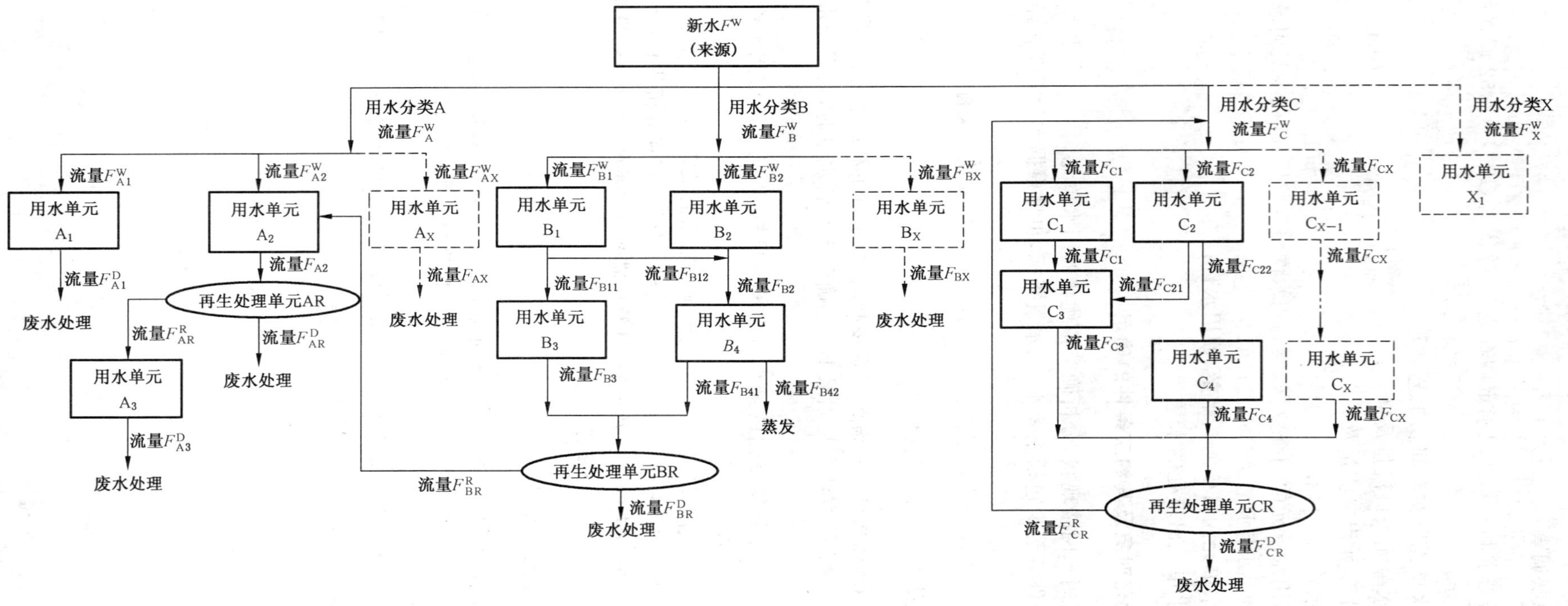

图 A.1　以新鲜水为水源的用水网络现状图示例

附 录 B
（资料性附录）
水系统集成技术

B.1 水夹点法

B.1.1 水夹点法是在平面坐标图上描述、分析用水系统的方法，又称为图示法，是质量交换网络集成技术在用水操作上的应用。

B.1.2 水夹点分析

典型的用水单元如图 B.1 所示。在该单元中，富杂质过程流股与水直接接触，富杂质过程流股中的杂质在传质推动力的作用下进入水中，从而产生一定浓度的废水。

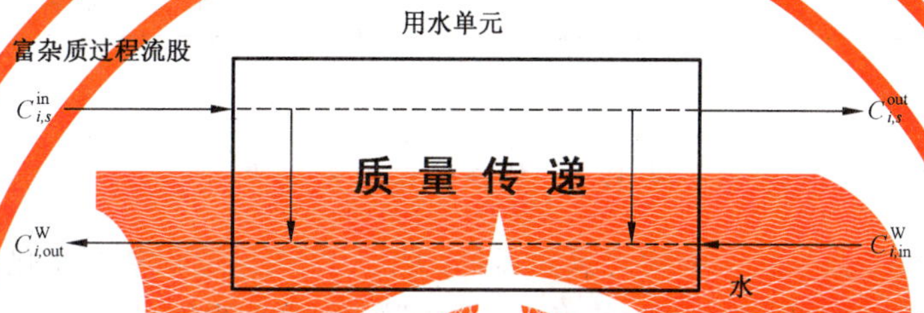

图 B.1 用水单元流程示意图

杂质传递过程的质量平衡关系可由式(B.1)描述：

$$F_i=\frac{M_i}{C_i^{out}-C_i^{in}} \qquad \cdots\cdots(B.1)$$

式中：

F_i ——用水单元 i 的水流量，单位为立方米每小时(m^3/h)；

M_i ——用水单元 i 中传递杂质 s 的杂质负荷，单位为千克每小时(kg/h)；

C_i^{in} ——用水单元 i 中杂质 s 在进口处的浓度，单位为毫克每升(mg/L)；

C_i^{out} ——用水单元 i 中杂质 s 在出口处的浓度，单位为毫克每升(mg/L)。

这个过程也可以用图 B.2 所示的浓度-负荷图来表示。图中，横坐标 M 代表杂质负荷，纵坐标 C 代表污染物浓度，浓度高的为物料线，低的为供水线。供水线斜率越大，流量越小。为了考察其他单元产生的废水能被本单元利用的可能性，需要指定本单元最大允许进口浓度($C_{i,s}^{in,max}$)，即极限进口浓度；同时，为了确定所需水的最小流量，需要指定本单元最大出口浓度($C_{i,s}^{out,max}$)，即极限出口浓度。这样就可以得到该单元用水的极限曲线，即图 B.2 中物料线下方的实线。可以看出，位于极限曲线下方的供水线均可满足要求。

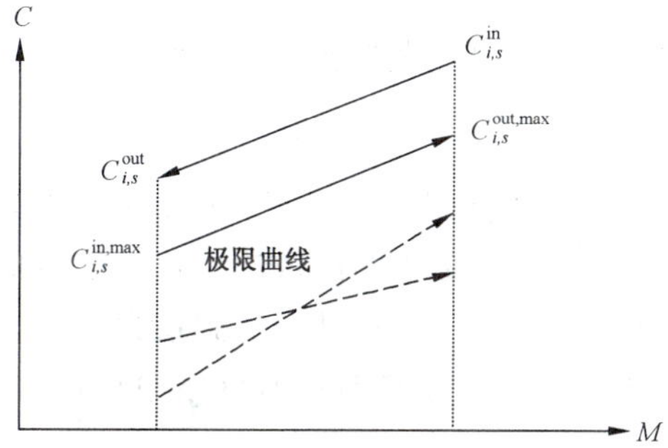

图 B.2 浓度-质量负荷图

从整体上来考虑整个系统的用水情况以达到用水网络的全局最优化，需要将所有用水单元的极限曲线复合起来进行分析。图 B.3 给出了将 4 个用水单元的极限曲线复合为浓度组合曲线的方法。

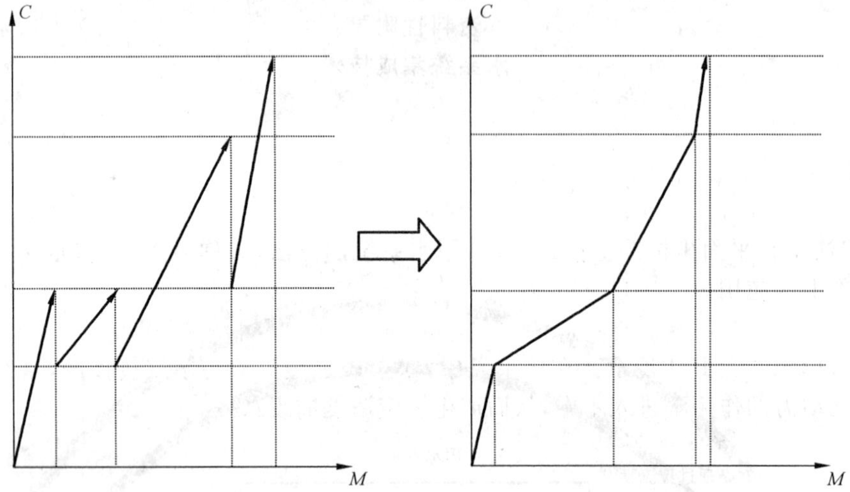

图 B.3　构造浓度组合曲线

位于浓度组合曲线下方的供水线均可满足系统的用水要求。假定新鲜水供水线入口浓度为 0，要使新鲜水用量达到最小，应该尽可能增大其出口浓度，即增大供水线的斜率。当供水线的斜率增大到在某点与极限复合曲线相交时，传质推动力达到最小，出口浓度达到最大，新鲜水用量达到最小。这个相交点就是所谓的“水夹点”，如图 B.4 所示。水夹点对于用水网络的设计具有重要的指导意义。水夹点上方的用水单元的极限进口浓度高于夹点浓度，不应使用新鲜水；水夹点下方的用水单元的极限出口浓度低于夹点浓度，不应排放废水。

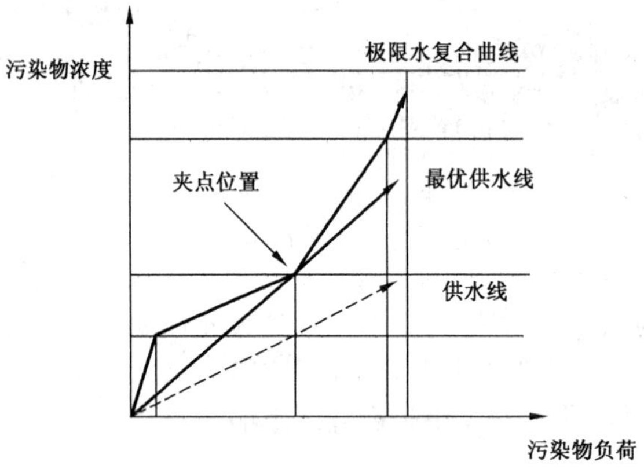

图 B.4　水夹点及最小供水线

B.1.3　水夹点设计

利用水夹点技术确定了系统的最小新鲜水目标值后，可以进一步设计达到该目标值的水网络。设计的方法主要有两种：最大传质推动力法和最小匹配数法。最大传质推动力法充分利用极限复合曲线与供水线之间的浓度差，在最终的设计中使传质推动力达到最大。最小匹配数法则通过旁流和混合使各单元与水的匹配数达到最少。按照上述方法得到的水网络中存在回路时，需要进一步打破回路以简化网络。

以上关于夹点技术法的描述都是针对废水直接利用的情况。若想进一步减少新鲜水用量，还可以采用废水再生利用,分析的过程也可以在夹点图上进行。

B.1.4 水夹点法适用范围

水夹点法形象,直观,物理意义明确,除了能够确定最小新鲜水流量目标并建立相应用水网络外,还为系统合理用水提供了指导。但受二维图形的限制,水夹点法在解决多杂质水系统集成问题上存在困难,并且无法解决与水质、水量无关的目标或约束,设计过程中需要依赖经验。水夹点法适用于解决单因素水系统集成优化问题。

B.2 数学规划法

B.2.1 数学规划法是基于对用水系统所建立的超结构模型,通过建立数学模型求解,从而对用水系统进行集成优化的方法。超结构模型是指能够涵盖用水系统所有可能网络结构的物理模型。

B.2.2 建立水网络超结构模型

以废水直接利用的常规水网络超结构模型为例,如图 B.5 所示,简述超结构模型建立的基本思路和步骤。

B.2.2.1 废水直接利用常规水网络超结构的建立思路

废水直接利用常规水网络超结构所建立的基本思路是:每个用水单元都有可能使用新水和从其他单元来的废水;每个用水单元产生的废水都有可能用于其他单元。

B.2.2.2 废水直接利用常规水网络超结构的建立步骤

a) 在外部水源(如新水)后标示一组分裂的箭头 S,以表示去往各用水单元的新水;

b) 在每个用水单元前标示一组交汇的箭头 M,以表示新水或其他用水单元来的废水;

c) 在每个用水单元后标示一组分裂的箭头 S,以表示从该用水单元去往其他用水单元或废水处理单元的废水;

d) 在废水处理单元前标示一组交汇的箭头 M,以表示从各用水单元来的废水。

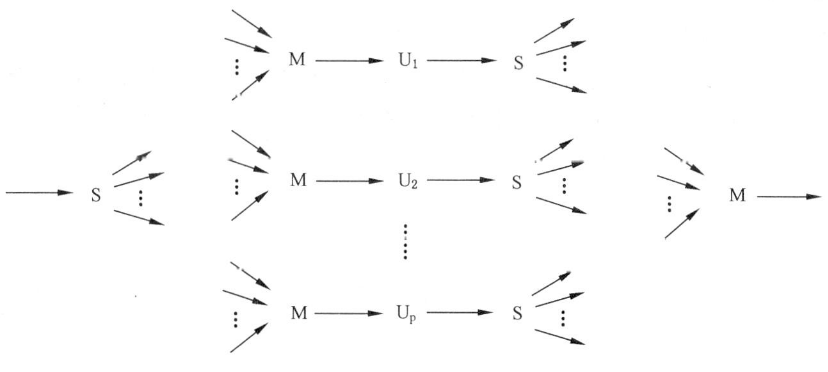

图 B.5 废水直接回用常规水网络的超结构

B.2.3 多杂质系统废水直接利用时新水量最小化模型

根据 B.2.2 建立的超结构,可以列出下述非线性模型。

新水量最小化目标可由式(B.2)描述:

$$\min \sum_i F_i^{W} (i=1,\cdots,p) \quad \cdots\cdots(B.2)$$

流量及杂质负荷等的等式约束关系可由式(B.3)~式(B.7)描述:

$$F_i^{in} = F_i^{out} \quad \cdots\cdots(B.3)$$

$$F_i^{in} C_{i,s}^{in} + M_{i,s} = F_i^{out} C_{i,s}^{out} + F_i^{L} C_{i,s}^{L} \quad \cdots\cdots(B.4)$$

$$F_i^{\mathrm{in}} = F_i^{\mathrm{W}} + \sum_{j \neq i} F_{j,i} \quad \cdots\cdots(\text{B.5})$$

$$F_i^{\mathrm{in}} C_{i,s}^{\mathrm{in}} = \sum_{j \neq i} F_{j,i} C_{i,s}^{\mathrm{out}} \quad \cdots\cdots(\text{B.6})$$

$$F_i^{\mathrm{out}} = \sum_{j \neq i} F_{j,i} + F_i^{\mathrm{D}} \quad \cdots\cdots(\text{B.7})$$

流量及杂质浓度等不等式约束关系可由式(B.8)～式(B.11)描述：

$$0 \leqslant C_{i,s}^{\mathrm{in}} \leqslant C_{i,s}^{\mathrm{in,max}} \quad \cdots\cdots(\text{B.8})$$

$$0 \leqslant C_{i,s}^{\mathrm{out}} \leqslant C_{i,s}^{\mathrm{out,max}} \quad \cdots\cdots(\text{B.9})$$

$$F_i^{\mathrm{W}} \geqslant 0 \quad \cdots\cdots(\text{B.10})$$

$$F_{j,i} \geqslant 0 \quad \cdots\cdots(\text{B.11})$$

式中：

F_i^{in} ——用水单元 i 的进水流量，单位为立方米每小时(m^3/h)；

F_i^{out} ——用水单元 i 的出口水流量，单位为立方米每小时(m^3/h)；

F_i^{L} ——用水单元 i 的损失水流量，单位为立方米每小时(m^3/h)；

$C_{i,s}^{\mathrm{in}}$ ——用水单元 i 中杂质 s 在进口处的浓度，单位为毫克每升(mg/L)；

$C_{i,s}^{\mathrm{out}}$ ——用水单元 i 中杂质 s 在出口处的浓度，单位为毫克每升(mg/L)；

$C_{i,s}^{\mathrm{L}}$ ——用水单元 i 中损失水中的杂质 s 的浓度，单位为毫克每升(mg/L)；

$M_{i,s}$ ——用水单元 i 中传递杂质 s 的杂质负荷，单位为千克每小时(kg/h)；

F_i^{W} ——单元 i 的新鲜水用量，单位为立方米每小时(m^3/h)；

$F_{j,i}$ ——单元 j 到单元 i 的水流量，单位为立方米每小时(m^3/h)；

$C_{i,s}^{\mathrm{in,max}}$ ——用水单元 i 中杂质 s 的极限进口浓度，单位为毫克每升(mg/L)；

$C_{i,s}^{\mathrm{out,max}}$ ——用水单元 i 中杂质 s 的极限出口浓度，单位为毫克每升(mg/L)；

p ——用水单元个数；

s ——杂质数。

B.2.4 数学规划法适用范围

数学规划法能够解决多杂质复杂水系统集成优化问题，而且可以通过设定不同的目标及约束条件，使用水网络具有所期望的性质。但其求解过程为黑箱模型，不直观，物理意义不明确，其结果依赖于初值的选取，且由于模型多解性，使用者难于控制优化网络的生成。数学规划法适用于多杂质、多因素的复杂水系统集成优化问题。

ICS 13.030.50;13.020
Z 00

中华人民共和国国家标准

GB/T 29750—2013

废弃资源综合利用业环境管理体系实施指南

Implementation guidelines of environmental management system for waste resourse multiple utilization enterprises

2013-09-18 发布　　2014-03-01 实施

中华人民共和国国家质量监督检验检疫总局
中国国家标准化管理委员会　发布

前　言

本标准按照 GB/T 1.1—2009 给出的规则起草。

本标准由全国产品回收利用基础与管理标准化技术委员会(SAC/TC 415)提出并归口。

本标准起草单位:中国标准化研究院、中国再生资源回收利用协会、中国质量认证中心、中国资源综合利用协会、中国物资再生协会。

本标准主要起草人:黄进、林翎、彭妍妍、王瑜、高东峰、王秀腾、付允、吕征宇、曹阳、刘坚民、侯姗。

引　言

随着经济的高速增长，环境问题已迫切地摆在我们面前，它严重威胁着人类社会的健康生存和可持续发展，并日益受到全社会的普遍关注。ISO/TC 207 国际标准化组织环境管理标准化技术委员会于1996 年正式发布了 ISO 14001:1996《环境管理体系　规范及使用指南》和 ISO 14004:1996《环境管理体系　原则、体系和支撑技术通用指南》国际标准，2004 年修订换版为 ISO 14001:2004《环境管理体系　要求及使用指南》和 ISO 14004:2004《环境管理体系　原则、体系和支撑技术通用指南》，我国等同采用两项国际标准并在各行业企业中加以大力推广实施，取得了良好的社会、环境和经济效益。

当前我国废弃资源综合利用产业规模逐步扩大，回收体系功能逐步完善，区域性集散市场初步形成，虽然技术水平有所提高，但管理的规范化和标准化程度仍需进一步增强，相关的法律、法规、制度和标准尚需健全。由于废弃资源的综合利用关系到公共利益、人民身体健康、环境生态安全，废弃资源综合利用企业的环境因素、环境影响、污染物治理技术、主要设施设备及运行控制具有不同于其他行业的特点，因此，建立废弃资源综合利用业收集、运输、贮存、拆解、处理和再生利用全过程管理和控制的环境管理体系实施指南是非常必要的。为了大力提升我国废弃资源综合利用业的环境管理水平，更好地提高自然资源利用效率，实现科学回收、高效收集、安全处理和合理的再生利用，避免环境风险，积极推动废弃资源的无害化、资源化综合利用产业的健康发展，特制定本标准。

本标准是我国“重点行业环境管理体系实施指南”系列国家标准的第一项国家标准，是基于GB/T 24001—2004《环境管理体系　要求及使用指南》和 GB/T 24004—2004《环境管理体系　原则、体系和支撑技术通用指南》的行业具体实施指南，为废弃资源综合利用企业如何建立、实施、保持和持续改进环境管理体系，并进而改进其环境绩效提供了具体的、可参考的指南，相关企业及其环境管理部门可参照使用。

本标准所提供的实用指导和示例仅供说明之用，不表示唯一的可能性，也不一定适合于每个废弃资源综合利用企业的情况，废弃资源综合利用企业在设计、建立、实施、保持和持续改进环境管理体系时宜选择适合其自身状况的方法。

废弃资源综合利用业环境管理体系实施指南

1 范围

本标准针对废弃资源回收及处理的全过程，为废弃资源综合利用业建立、实施、保持和持续改进环境管理体系要求提供指导。

本标准适用于任何废弃资源综合利用企业，无论其规模、类型、位置或成熟程度。

本标准不适用于生活垃圾处理企业和废弃资源综合利用业的焚烧处理阶段。

2 规范性引用文件

下列文件对于本文件的应用是必不可少的。凡是注日期的引用文件，仅注日期的版本适用于本文件。凡是不注日期的引用文件，其最新版本(包括所有的修改单)适用于本文件。

GB/T 24001—2004 环境管理体系 要求及使用指南

3 术语和定义

GB/T 24001—2004 界定的以及下列术语和定义适用于本文件。

3.1

废弃资源综合利用业 waste resourse multiple utilization industry

从事废弃资源收集、运输、贮存、拆解、处理和再生利用等企业活动的行业。

注：不包括生活垃圾处理行业。

[改写 GB/T 4754—2011《国民经济行业分类》]

3.2

收集 collection

对废弃资源进行聚集、分类和整理的过程。

[改写 GB/T 20861—2007，定义 2.4]

3.3

贮存 storage

在符合相关要求的场所暂时性存放废弃资源的活动。

[改写 GB/T 20861—2007，定义 2.5]

3.4

拆解 disassembly

通过人工或机械方式将废弃资源进行拆卸、解体，以便于处理的活动。

[改写 GB/T 20861—2007，定义 2.6]

3.5

处理 treatment

利用物理或化学方法对废弃资源进行剪切、破碎、分拣、压块、分选、除污等的任何活动。

[改写 GB/T 20861—2007，定义 2.7]

3.6

再生利用　recycling

对废弃资源进行加工处理,使之能够作为原材料重新利用的过程,但不包括对能量的回收和利用。

[改写 GB/T 20861—2007,定义 2.10]

3.7

环境管理体系　environmental management system

组织管理体系的一部分,用来制定和实施其环境方针,并管理其环境因素。

注 1:管理体系是用来建立方针和目标,并进而实现这些目标的一系列相互关联的要素的集合。

注 2:管理体系包括组织结构、策划活动、职责、惯例、程序、过程和资源。

[GB/T 24001—2004,定义 3.8]

4　环境管理体系要求

4.1　总则

4.1.1　环境管理体系模式

本标准阐述了一个遵循"策划—实施—检查—改进"(Plan-D0-Check-Action,PDCA)管理模式的废弃资源综合利用企业的环境管理体系。其运行模式如图 1 所示。

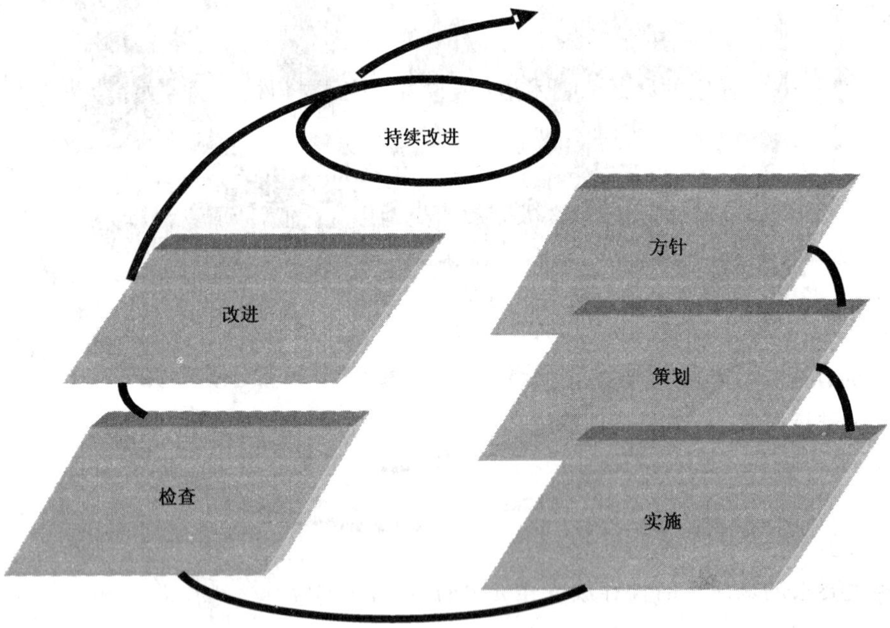

图 1　废弃资源综合利用企业的环境管理体系运行模式

废弃资源综合利用企业应按照图 1 所示的环境管理体系运行模式,基于最高管理者对环境管理体系的承诺,建立、实施、保持并持续改进其环境管理体系。

a)　策划:建立一个持续的策划过程使企业能够:

——识别环境因素和确定相关的环境影响;

——识别和跟踪适用的法律法规和其他要求;

——建立环境目标和指标，并制定环境管理方案以实现环境目标和指标；

——建立并使用绩效参数。

b） 实施：实施和运行环境管理体系

——设立环境管理组织机构，明确作用和职责，并授予足够的权限；

——对为企业或代表企业工作的人员进行培训以确保其具备必要的环境管理意识和能力；

——建立内部和外部信息交流的过程；

——建立并保持环境管理体系文件，并对文件进行控制；

——建立并保持运行控制；

——确保做好应急准备和响应；

——建立并保持环境管理记录。

c） 检查：评价环境管理体系的过程和绩效

——进行持续性的监测和测量；

——评价合规性状况；

——实施定期的内部审核；

——按照适当的时间间隔对环境管理体系进行管理评审。

d） 改进：采取措施持续改进环境管理体系

——发现不符合并采取纠正和预防措施；

——识别持续改进的领域。

"策划—实施—检查—改进"这一不断往复的过程使组织能够持续改进其环境管理体系和总体环境绩效。

4.1.2 最高管理者的承诺

废弃资源综合利用企业要建立或改进一个环境管理体系，首先需要取得最高管理者对改进其活动、产品和服务的环境管理工作的承诺，从而确保成功。最高管理者自始至终的承诺和领导具有决定性作用。

4.1.3 环境管理体系范围

废弃资源综合利用企业应界定其环境管理体系的范围，包括其活动、产品和服务的范围，以及地理边界，并形成文件。

废弃资源综合利用企业的环境管理体系范围应包括以下方面的信息：

a） 收集、运输、贮存、拆解、处理和再生利用废弃资源的场所的地理位置；

b） 收集、运输、贮存、拆解、处理和再生利用废弃资源的种类、名称以及最终产品的名称；

c） 废弃资源和材料的收集、运输、贮存、拆解、处理和再生利用等全过程活动、服务，或部分的活动、服务，以及主要设备设施、辅助设施设备、工艺技术等。

4.2 环境方针

废弃资源综合利用企业的最高管理者应确定本企业的环境方针（示例见实用指导1），并在界定的环境管理体系范围内，确保其：

a） 适合于本企业的活动、产品和服务的性质、规模与环境影响；

b） 包括对持续改进和污染预防的承诺；

c） 包括遵守法律、法规和其他要求的承诺；

d） 提供建立和评审环境目标和指标的框架；

e） 形成文件，付诸实施，并予以保持；

f） 传达到所有为本企业或代表本企业工作的人员；

g） 可为公众所获取。

实用指导1 废弃资源综合利用企业环境方针示例

×××废弃资源综合利用企业环境保护理念：

有效保护环境、合理利用资源，最大限度节省资源，减少污染与消耗。

×××废弃资源综合利用企业环境方针：

1 遵守环境保护法律法规和其他要求。

2 在引进、采购、生产、销售等生产经营活动的各个方面强化环境管理，避免、减少和控制对环境的不利影响。

3 强化资源、能源管理，最大程度的重复利用资源，实现废弃资源的无害化和减量化处理与再生利用，减少可用可再生资源的浪费。

4 有效控制废气、废水、噪声、危险化学品使用，不断降低环境责任风险。

5 明确企业各部门的环境责任，不断增强全体员工的环境意识和环保能力。

6 加强与行业主管部门、供应方、承包方、用户、公众的联系，鼓励相关方实施有效的环境管理。

4.3 策划

4.3.1 初始环境评审

初次建立环境管理体系的废弃资源综合利用企业可通过开展初始环境评审，确定其现有的环境状况。初始评审可包括如下内容：

a） 明确适用的法律、法规和其他要求；

b） 识别活动、产品和服务中的环境因素，以便判定那些具有或可能具有的重大环境影响和责任的环境因素；

c） 对照相关的内部准则、外部标准、法规、行为规范和一系列的原则及指南所进行的环境绩效评价；

d） 现行的环境管理惯例和程序；

e） 对以往不符合要求的事件进行调查研究所取得的反馈信息；

f） 相关方的观点；

g） 本企业其他管理体系中有利或不利于环境绩效的职能或活动。

对于上述所有情况，都应涉及到全部运行状况，包括可能的突发事件和紧急情况。废弃资源综合利用企业应将初始环境评审的过程和结果形成文件。

4.3.2 环境因素的识别和重要环境因素的确定

废弃资源综合利用企业应建立、实施和保持一个或多个程序，用来确定其活动、产品和服务中能够控制，或能够施加影响的环境因素，确定对环境具有、或可能具有重大影响的因素，即重要环境因素。应确保在建立、实施和保持环境管理体系时，对重要环境因素加以关注。

对环境因素的确定，是企业识别其环境管理体系范围内与其过去、现在和将来的活动、产品和服务有关的环境因素的持续过程。这一过程还包括确定与影响企业的潜在的法律、法规和经营条件相关的环境因素。此外，还可以包括确定企业的行为对健康和安全的影响，以及对环境风险的评估。

a) 确定环境因素和评价环境影响的过程可包括下列四个步骤：

步骤1：选择活动、产品和服务

选择的活动、产品和服务应大到足以对其进行有意义的验证，小到足以对其充分理解。

应运用生命周期思想考虑废弃资源和材料的收集、运输、贮存、拆解、处理和再生利用等全过程的活动、产品和服务。

步骤2：识别活动、产品和服务中的环境因素

应尽可能多地识别与所选择的活动、产品和服务有关的环境因素(示例见附录A.2废弃资源综合利用企业典型环境因素清单)。

步骤3：确定环境影响

应结合每一被确定的环境因素，尽可能多地确定其环境影响，包括实际的和潜在的、积极的和消极的影响。

步骤4：评价环境影响的重要程度、确定重要环境因素

应评价每个(类)环境因素所造成的环境影响的大小，从而根据评价的结果确定废弃资源综合利用企业的重要环境因素。

b) 环境因素的识别

对环境因素的识别不存在唯一的方法，但通常可包括下列情况：

——能源使用；

——原材料和自然资源的使用；

——向大气的排放；

——向水体的排放；

——向土地的排放；

——噪声的产生；

——能量释放(如热、辐射和振动等)；

——废物和副产品的产生。

c) 重要环境因素的确定

废弃资源综合利用企业应制定适宜的方法来评价环境因素可能造成的环境影响的大小，以便确定企业的重要环境因素。因为重要性是个相对的概念，重要和不重要之间不存在绝对的界限。一个企业的重要环境因素对于另一个企业可能就是不重要的。对重要性的判断可同时运用技术分析(如打分法)和判断的方法(是非判断法)。所使用的评价准则应当能帮助企业确定那些确实是相对重要的环境因素。重要性评价的方法应当能够提供一致性和可再现性。

废弃资源综合利用企业在制定评价方法和确定重要环境因素时，可从环境和经营两个方面加以关注。

针对环境方面：

——环境影响的规模；

——环境影响的严重程度；

——发生的概率；

——环境影响的持续时间。

针对经营方面：

——适用的法规和法律要求；

——改变环境影响的难度；

——改变环境影响的费用；

——改变对其他活动和过程有何影响；

——相关方的关注；

——对企业公众形象的影响。

适用法律法规的遵守情况应是判断重要环境因素的最重要尺度，通常情况下，对于存在违反法律法规和未达到环境排放标准的情况，废弃资源综合利用企业应将其判定为重要环境因素。

4.3.3 法律法规及其他要求

废弃资源综合利用企业应实施并保持一个或多个程序，用来确定适用于其活动、产品和服务中环境因素的法律法规，以及其他应遵守的要求(示例见实用指导2)，并建立获取这些法律法规及其他要求的渠道。

a) 废弃资源综合利用企业应识别的法律法规包括：

——国家或国际的法律法规要求；

——地方性法律法规要求；

——行业性法律法规要求。

b) 废弃资源综合利用企业应遵守的其他要求可包括：

——与政府机构的协议；

——与客户的协议；

——非法规性指南；

——行业协会的要求；

——本企业的其他要求。

废弃资源综合利用企业应关注与废弃资源和材料收集、运输、贮存、拆解、处理和再生利用有关的环保法律法规和其他要求。为了保持对法律法规要求的跟踪，应建立并保持与其活动、产品和服务有关的所有法律法规和其他要求的目录清单(示例见A.3废弃资源综合利用企业典型环境法律、法规及其他要求清单)。

废弃资源综合利用企业应确保在建立、实施和保持环境管理体系时，对这些适用的法律、法规和其他要求加以关注。

实用指导2 废弃资源综合利用业识别与其活动、产品和服务中环境因素适用的法律法规和其他要求

序号	活动、产品和服务	环境因素	适用法律法规和其他要求
1	收集(聚集、分类和整理)	粉尘排放、废液泼洒或泄漏、易燃品可能引发的潜在火灾	《中华人民共和国大气污染防治法》(及实施细则)、《中华人民共和国固体废弃物污染环境防治法》、《中华人民共和国水污染防治法》、《中华人民共和国环境噪声污染防治法》、《中华人民共和国放射性污染防治法》、《国家危险废物名录》、《危险废物转移联单管理办法》、《电子废物污染环境防治管理办法》、《废弃电器电子产品回收处理管理条例》、《废钢铁加工行业准入条件》、《再生资源回收管理办法》等

序号	活动、产品和服务	环境因素	适用法律法规和其他要求
2	贮存	向大气的排放、渗滤液排放、易燃品可能引发的潜在火灾	法律法规同上，此外还涉及：GB 18599—2001《一般工业固体废物贮存、处置场污染控制标准》、GB 18597—2001《危险废物贮存污染控制标准》、GB 15562.2—1995《环境保护图形标志　固体废物贮存(处置)场所》等标准
3	拆解(拆卸、解体)	废液、粉尘、噪声等的排放	法律法规同上，此外还涉及：GB 8978—1996《污水综合排放标准》、GB 16297—1996《大气污染物综合排放标准》、GB 12348—2008《工业企业厂界环境噪声排放标准》等标准
4	处理(剪切、破碎、分拣、压块、分选、清洗除污)	废水、废液、粉尘、固废、废气、噪声等的排放、化学试剂的使用及泄漏、危险废物的处置(废弃电子产品、废弃钢铁、废有色金属产品中的重金属、放射性等有毒有害物质)	法律法规同上，此外还涉及：《中华人民共和国循环经济促进法》、《中华人民共和国清洁生产促进法》《危险化学品安全管理条例》，以及GB 18597—2001《危险废物贮存污染控制标准》、GB 5085.1～.7—2007《危险废物鉴别标准》、GB 18218—2009《危险化学品重大危险源辨识》、GB 13015—1991《含多氯联苯废物污染控制标准》、HJ 527—2010《废弃电器电子产品处理污染控制技术规范》等标准
5	再生利用(融化、精炼、电解、萃取、蒸馏)	废水、废液、粉尘、固废、废气、噪声等的排放	《再生资源回收管理办法》、GB 8978—1996《污水综合排放标准》、GB 16297—1996《大气污染物综合排放标准》、GB 12348—2008《工业企业厂界环境噪声排放标准》等标准
6	产品	废钢铁、废有色金属等产品中的环境因素(如放射性、有害物质等)	《废钢铁加工行业准入条件》、GB 16487.6—2005《进口可用作原料的固体废物环境保护控制标准　废钢铁》、GB 16487.7—2005《进口可用作原料的固体废物环境保护控制标准　废有色金属》

4.3.4　环境目标、指标和方案

废弃资源综合利用企业应针对其内部有关职能和层次，建立、实施并保持形成文件的环境目标和指标。

目标和指标应符合环境方针，包括对污染预防、持续改进和遵守使适用的法律法规及其他要求的承诺。如可行，目标和指标应尽可能予以量化。

废弃资源综合利用企业在建立和评审环境目标和指标时，应关注法律法规和其他要求，以及自身的重要环境因素。此外，还应关注可选技术方案，财务、运行和经营要求，以及相关方的观点。

废弃资源综合利用企业应制定、实施并保持一个或多个旨在实现其环境目标和指标的环境管理方案，其中应包括：

a) 规定本企业的各有关职能和层次实现环境目标和指标的职责；

b) 实现目标和指标的方法和时间表。

4.3.5 绩效参数

废弃资源综合利用企业应建立适用于企业活动、产品和服务的、客观的、可测量的、可验证的和可再现的环境绩效参数，用于追踪企业实现其环境目标和指标的进度，或用于评价和改进其环境绩效。环境绩效参数可分为管理绩效参数和运行绩效参数，企业可根据具体情况选择适用于其重要环境因素的参数类型(示例见实用指导3)。

实用指导3 废弃资源综合利用业典型环境绩效参数

废弃资源综合利用企业通常可用环境绩效参数来评价某一目标的进展或评价其环境绩效：

——资源、能源的使用量；

——各种污染物的排放量；

——化学试剂的使用量；

——意外环境事件的数量；

——单位废弃资源综合利用产品产量所需的运输里程数；

——特定污染物，如：化学需氧量(Chemical Oxygen Demand，COD)、颗粒物(粉尘)、挥发性有机化合物(Volatile Organic Compounds，VOC)、重金属(铅 Pb、汞 Hg、镉 Cd、铬 Cr、砷 As)、SO_2、NO_x 等的排放浓度、数量；

——用于环境保护的投资；

——员工环境管理培训比率；

——接收到的投诉的数量；

——对环境法律法规和其他要求的执行率；

——环境目标、指标的完成率。

4.4 实施与运行

4.4.1 运行控制

废弃资源综合利用企业应根据其环境方针、目标和指标，识别并策划与所确定的重要环境因素相关的运行。以确保这些活动在规定的条件下进行。

废弃资源综合利用企业在建立或修改其运行控制和程序时应关注具有重大环境影响的不同运行和活动，这些运行和活动可包括：

——收集(聚集、分类、整理)；

——贮存；

——拆解(拆卸、解体)；

——处理(剪切、破碎、分拣、压块、分选、清洗除污)；

——分选(化学法、生物法、人工)；

——再生利用(金属回收的熔化、精炼、电解、萃取、蒸馏等)；

——后勤生产和维护过程；

——资产和设施的获取、建造或修改。

a) 废弃资源综合利用企业可建立、实施并保持多个有关控制其收集、运输、贮存、拆解、处理和再生利用全过程污染物排放的程序(示例见实用指导4)。

实用指导4　废弃资源综合利用业典型的环境管理程序

环境管理程序不仅限于以下程序，有关能源资源消耗控制、基础设施改、扩建控制、设备使用和维护控制，以及相关方控制等方面的通用性程序在此未列出。

——《废弃资源进口管理程序》；

——《废弃资源回收过程控制程序》；

——《废弃资源储运控制程序》；

——《废弃资源（产品）拆解、粉碎控制程序》；

——《废弃资源（产品）分选控制程序》；

——《水污染物控制程序》；

——《大气污染物控制程序》；

——《噪声控制程序》；

——《一般固体废物控制程序》；

——《危险废物控制程序》；

——《辐射控制程序》。

此外，针对回收、处理的废弃资源的不同，企业可根据其处理工艺的具体过程、特点，编制相关的过程控制文件，如：

——《金属废弃产品熔化、精练和电解控制程序》；

——《废电池拆解污染控制程序》；

——《废弃资源中有毒有害物质的管理程序》；

——《废弃资源处理过程产生的危险废弃物的管理程序》。

b）在程序中规定运行准则。

c）对于废弃资源综合利用企业所使用的产品和服务中所确定的重要环境因素，应建立、实施并保持程序，并将适用的程序和要求通报供方及合作方。

4.4.2　应急准备和响应

废弃资源综合利用企业应建立、实施并保持一个或多个程序（示例见实用指导5），用于识别可能对环境造成影响的潜在的紧急情况和事故，做出响应，并规定相应措施。

这些潜在的紧急情况和事故可能包括：

——向空气的事故性排放；

——向水体和土壤的事故性排放；

——潜在的火灾；

——潜在的危险化学品的泄漏，以及泄漏事故对环境和生态系统的特定影响；

——污染治理设施的失效（如：粉尘污染收集、处理设施和污水治理设施）；

——重金属环境污染事故。

废弃资源综合利用企业应对实际发生的紧急情况和事故做出响应，并预防或减少随之产生的有害环境影响。

废弃资源综合利用企业应定期评审其应急准备和响应的程序，必要时予以修订，特别是在事故或紧急情况发生后。

可行时，废弃资源综合利用企业还应定期试验上述程序。

实用指导5　废弃资源综合利用业典型应急准备和响应程序

废弃资源综合利用企业应针对识别出的可能存在的紧急情况和事故，制定应急准备和响应程序，制定程序时应关注：

——对紧急情况或事故的类型和规模的预测；
——对每种可能的紧急情况和事故应配备的应急物资和应急设施；
——处理紧急情况或事故的最适当方法；
——将环境损害降到最低的措施；
——对实施应急响应的人员的培训；
——应急组织及职责；
——疏散路线和集合地点；
——关键人员和救援机构（如消防、泄漏清理等部门）名单，包括详细联络信息；
——临近单位相互支援的可能性；
——内、外部联络计划；
——有毒有害材料及化学品安全数据说明书（Material Safety Data Sheet，MSDS）等信息，包括每种危险化学品和有毒有害材料对环境潜在的影响，以及一旦发生泄漏事故时应采取的措施；
——针对不同类型的紧急情况和事故的后果减轻和响应的措施；
——紧急情况和事故发生后对应急响应程序的有效性进行评价；
——事故后评价制定和实施纠正措施和预防措施的需要；
——可行时，定期试验应急响应程序；
——培训计划和有效性试验。

4.5　支持

4.5.1　资源、作用、职责和权限

废弃资源综合利用企业的管理者应为环境管理体系的建立、实施和保持提供必要的资源，其中包括人力资源和专项技能、基础设施、技术以及财力资源。

应当对作用、职责和权限作出明确规定，形成文件，并予以传达。

废弃资源综合利用企业的最高管理者应任命专门的管理者代表，无论他（们）是否还负有其他方面的责任，应明确规定其作用、职责和权限，以便：

a）　确保按照本标准的规定建立、实施和保持环境管理体系；

b）　向最高管理者报告环境管理体系的运行情况以供评审，并提出改进建议。

4.5.2　能力、培训和意识

废弃资源综合利用企业应确保所有为它或代表它从事具有重大环境影响的工作的人员，都具备相应的能力。该能力基于必要的教育、培训或经历。应确定培训的需求并提供培训，应保存相关记录。

应建立、实施并保持一个或多个程序，使为它或代表它工作的人员都意识到：

a）　符合环境方针与程序和符合环境管理体系要求的重要性；

b）　他们工作活动中的重要环境因素和实际或潜在的环境影响，以及个人工作的改进所带来的环境效益；

c）　他们在实现与环境管理体系要求符合性方面的作用和职责；

d) 偏离规定的运行程序的潜在后果。

4.5.3 信息交流

废弃资源综合利用企业应建立、实施并保持一个或多个程序，用于有关其环境因素和环境管理体系的：

a) 内部各层次和职能间的信息交流；

废弃资源综合利用企业应建立渠道，鼓励所有层次和职能部门反馈信息、积极参与内部信息交流，并接受和答复员工的建议和关注；应向代表本企业工作的其他人员，如合同方和供方提供信息；应将环境管理体系监测、审核和管理评审的结果通报企业内部的有关人员。

内部信息交流可有多种方式，如通过会议纪要、公告、内部通讯简报、意见箱、网站、电子邮件、会议等进行信息交流。

b) 与外部相关方联络的接收、形成文件和回应。

废弃资源综合利用企业应决定是否就其重要环境因素与其外部相关方进行信息交流，应规定交流的方式并予以实施，应将决定和交流过程形成文件。

外部信息交流可有多种方式，如非正式的讨论、对焦点问题的沟通、与社区居民进行对话、参与社区活动、网站、电子邮件、通讯简报、年度报告和热线电话等。

4.5.4 文件及文件控制

废弃资源综合利用企业应以书面或电子形式建立并保持环境方针、目标和指标，对其环境管理体系范围、主要要素及其相互作用，以及企业为确保对涉及重要环境因素的过程进行有效策划、运行和控制所需的文件及记录等进行描述。

应建立、实施并保持一个或多个程序，从而确保：

a) 在文件发布前进行审批，确保其中充分性和适宜性；

b) 必要时对文件进行评审和更新，并重新审批；

c) 确保对文件的更改和现行修订状态做出标识；

d) 确保在使用处能得到适用文件的有关版本；

e) 确保文件字迹清楚，易于识别；

f) 确保对策划和运行体系所需的外来文件做出标识，并对其发放予以控制；

g) 防止对过期文件的非预期使用。如需将其保留，要做出适当的标识。

废弃资源综合利用企业通常应建立并保持，但不仅限于以下环境管理体系文件：

a) 环境管理手册；

b) 环境管理体系程序文件；

c) 环境管理体系作业指导书；

d) 其他影响组织环境管理绩效的管理文件。

4.5.5 记录控制

废弃资源综合利用企业应根据需要建立并保持必要的记录(示例见实用指导6)，用来证实对体系要求的符合，以及所实现的结果。应建立、实施并保持一个或多个程序，用于记录的标识、存放、保护、检索、留存和处置。环境记录应字迹清楚，标识明确，并具有可追溯性。

实用指导 6　废弃资源综合利用业典型环境管理体系记录

废弃资源综合利用企业通常应建立并保持，但不仅限于以下环境管理体系记录：

a) 环境因素识别、重要环境因素判定方面的记录；
b) 法律法规及其他要求的获取和确认记录；
c) 环境管理目标、指标和环境管理方案；
d) 环境管理组织机构和职能分配；
e) 培训记录，包括培训需求、培训计划、培训过程记录、培训总结等；
f) 内部信息交流记录；
g) 外部信息交流记录，包括投诉、抱怨记录；
h) 文件控制记录；
i) 污染物控制记录，可包括：
——能源资源消耗统计表；
——废弃产品收集、贮存和分类登记表；
——金属废弃产品熔化、精炼和电解设备台账；
——金属废弃产品熔化、精炼和电解设备运行、维护及检修记录；
——非金属废弃产品处理设备运行、维护及检修记录；
——基础设施改、扩建相关记录；
——固废控制相关记录，包括数量登记记录、清运转运记录等。
j) 环境事故、紧急状态反应记录，应急演习记录等；
k) 环境监测和测量记录，包括设备运行监测记录、运行控制检查记录，目标指标和方案检查等；
l) 合规性评价记录；
m) 环境管理体系审核记录，包括审核计划、实施方案、检查表、审核报告等；
n) 管理评审记录，包括评审计划、评审过程记录、评审报告、持续改进方案等。

4.6　绩效评价

4.6.1　监测和测量

废弃资源综合利用企业应建立、实施并保持一个或多个程序，对可能具有重大环境影响的运行活动的关键特性[如：化学需氧量(Chemical Oxygen Demand，COD)、重金属、粉尘等]进行例行监测和测量。程序中应规定将监测环境绩效、适用的运行控制、目标和指标符合情况的信息形成文件。

应确保所使用的监测和测量设备经过校准或验证，并予以妥善维护，且应保存相关的记录。

4.6.2　合规性评价

废弃资源综合利用企业应建立、实施并保持一个或多个程序，以定期评价对使用法律法规及其他要求的遵守情况，履行遵守法律法规及其他要求的承诺，并应保存该评价结果的记录。

4.6.3　内部审核

废弃资源综合利用企业应确保按照计划的时间间隔对环境管理体系进行内部审核，以判定体系是否符合企业对环境管理工作的预定安排和标准的要求，是否得到了恰当的实施和保持。内部审核的另一个目的是向管理者报告审核结果。

废弃资源综合利用企业应策划、制定、实施和保持一个或多个审核方案，应关注相关运行的环境重要性和以往审核的结果。

废弃资源综合利用企业应建立、实施和保持一个或多个审核程序，用来规定策划和实施审核及报告审核结果、保存相关记录的职责和要求，规定审核准则、范围、频次和方法。内部审核员的选择和内部审核的实施均应确保审核过程的客观性和公正性。

4.6.4 管理评审

废弃资源综合利用企业的最高管理者应按计划的时间间隔，对自身的环境管理体系进行评审，以确保体系的持续适用性、充分性和有效性。评审应包括评价改进的机会和对体系进行修改的需求，应保存评审记录。

管理评审的输入应包括：

a) 内部审核和合规性评价的结果；

b) 来自外部相关方的交流信息，包括抱怨和投诉等；

c) 企业的环境绩效；

d) 目标和指标的实现程度；

e) 纠正和预防措施的状况；

f) 以往管理评审的后续措施；

g) 客观环境的变化，包括与环境因素有关的法律法规和其他要求的发展变化；

h) 改进建议。

管理评审的输出应包括为实现持续改进的承诺而做出的，与环境方针、目标和指标以及其他环境管理体系要素的修改有关的决策和行动。

4.7 改进

4.7.1 不符合、纠正措施和预防措施

废弃资源综合利用企业应建立、实施和保持一个或多个程序，用来处理实际或潜在的不符合，采取纠正措施和预防措施。程序中应规定以下方面的要求：

a) 识别和纠正不符合，并采取措施减少所造成的环境影响；

b) 对不符合进行调查，确定其产生的原因，并采取措施以避免再度发生；

c) 评价采取预防措施的需求，实施所指定的适当措施，以避免不符合的发生；

d) 记录采取纠正措施和预防措施的结果；

e) 评审所采取的纠正措施和预防措施的有效性。

所采取的措施应与问题和环境影响的严重程度相符；废弃资源综合利用企业应确保对纠正和预防措施引起的体系文件的更改进行必要的修正。

4.7.2 持续改进

废弃资源综合利用企业应根据合规性评价、内审和管理评审的输出，持续改进其环境因素的控制、目标、指标、管理方案、运行控制和环境绩效。

PDCA 是一个持续、反复进行的过程，这一不断进行的过程使废弃资源综合利用企业能够持续改进其环境管理体系和总体环境绩效。

持续改进的环境问题还可包括，但不仅限于以下方面：

——污染预防；

——资源的可持续使用；

——减缓气候变化；

——保护环境、生物多样性和动植物栖息地。

废弃资源综合利用企业还应贯彻管理体系一体化的思想,使质量、环境、能源和职业健康安全管理体系有机融入企业的整个管理当中。

附 录 A
(资料性附录)

A.1 废弃资源综合利用企业典型工艺流程

废弃资源综合利用企业典型工艺流程如图 A.1 所示。

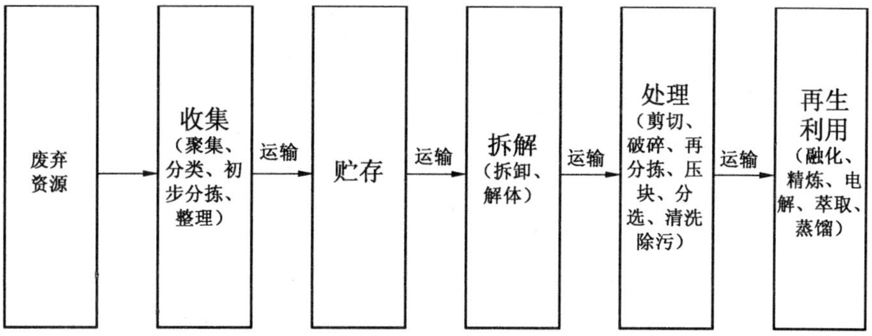

图 A.1 废弃资源综合利用企业典型工艺流程图

A.2 废弃资源综合利用企业典型环境因素清单

废弃资源综合利用业典型环境因素如表 A.1 所示。

表 A.1 废弃资源综合利用业典型环境因素清单示例

部门： 编号：

序号	活动、产品和服务	典型环境因素
1	收集(聚集、分类和整理)	粉尘排放、废液泼洒或泄漏、易燃品可能引发的潜在火灾
2	运输	遗撒、泄漏、扬尘、汽车尾气
3	贮存	向大气的排放、渗滤液排放、易燃品可能引发的潜在火灾
4	拆解(拆卸、解体)	废液、粉尘、噪声等的排放
5	处理(剪切、破碎、分拣、压块、磁选和清洗除污)	废水、废液、粉尘、固废、废气、噪声等的排放、化学试剂的使用及泄漏、危险废物的处置(废弃电子产品、废弃钢铁、废有色金属产品中的重金属、放射性等有毒有害物质)
6	再生利用	废水、废液、粉尘、固废、废气、噪声等的排放
7	产品	废钢铁、废有色金属等产品中的环境因素

A.3 废弃资源综合利用企业典型环境法律、法规及其他要求清单

废弃资源综合利用业典型环境法律法规及其他要求如表 A.2 所示。

表 A.2 废弃资源综合利用业典型环境法律法规及其他要求清单示例

部门： 编号：

序号	类别	名称及编号
1	国际公约	《控制危险废物越境转移及其处置巴塞尔公约》
2	国家法律	《中华人民共和国环境保护法》
3		《中华人民共和国大气污染防治法》(及实施细则)
4		《中华人民共和国固体废弃物污染环境防治法》
5		《中华人民共和国水污染防治法》
6		《中华人民共和国环境噪声污染防治法》
7		《中华人民共和国循环经济促进法》
8		《中华人民共和国节约能源法》
9		《中华人民共和国清洁生产促进法》
10		《中华人民共和国放射性污染防治法》
11		《中华人民共和国消防法》
12	国家法规、规章、条例、办法	《再生资源回收管理办法》
13		《固体废物鉴别导则》(试行)
14		《淘汰落后生产能力、工艺和产品的目录》
15		《危险化学品安全管理条例》
16		《资源综合利用目录》
17		《中国资源综合利用技术政策大纲》
18		《国家危险废物名录》
19		《危险废物转移联单管理办法》
20		《危险废物经营许可证管理办法》
21		《包装资源回收利用暂行管理办法》
22		《电子废物污染环境防治管理办法》
23		《电子信息产品污染控制管理办法》
24		《废弃电器电子产品回收处理管理条例》
25		《废电池污染防治技术政策》
26		《汽车产品回收利用技术政策》
27		《报废汽车回收管理办法》
28		《废旧轮胎回收管理办法》
29		《废物进口环境保护管理暂行规定》
30		《废物进口暂行规定》
31		《危险废物出口核准管理办法》
32		《自动许可进口可用作原料的固体废物目录》
33		《限制进口类可用作原料的固体废物目录》

表 A.2（续）

部门：　　　　　　　　　　　　　　　　　　　　　　　　　　编号：

序号	类别	名称及编号
34	国家法规、规章、条例、办法	《废钢铁加工行业准入条件》
35		《废弃电器电子产品处理目录》
36		《再生铅行业准入条件》
37	国家标准	GB 16297—1996《大气污染物综合排放标准》
38		GB 8978—1996《污水综合排放标准》
39		GB 12348—2008《工业企业厂界环境噪声排放标准》
40		GB 18599—2001《一般工业固体废物贮存、处置场污染控制标准》
41		GB 14554—1993《恶臭污染物排放标准 》
42		GB 15562.2—1995《环境保护图形标志　固体废物贮存(处置)场所》
43		GB 18597—2001《危险废物贮存污染控制标准》
44		GB 5085.1～.7—2007《危险废物鉴别标准》
45		GB 18218—2009《危险化学品重大危险源辨识》
46		GB/T 16716.1—2008《包装与包装废弃物　第1部分:处理和利用通则》
47		GB 13015《含多氯联苯废物污染控制标准》
48		GB 16487.1-13《进口废物环境保护控制标准》(骨废料、木制品废料 、废钢铁 、废纸或纸板 、废塑料、废纤维、废五金电器、废电线电缆、废电机、废有色金属、废汽车压件、废冶炼渣等)
49	行业标准	HJ 527—2010《废弃电器电子产品处理污染控制技术规范》
50		HJ/T 364—2007《废塑料回收与再生利用污染控制技术规范(试行)》
51		HJ/T 181—2005《废弃机电产品集中拆解利用处置区环境保护技术规范(试行)》
52	地方标准	企业所在地区有关废弃资源综合利用方面的地方标准
53	企业标准	废弃资源综合利用企业内部的企业标准
54	其他要求	废弃资源综合利用企业内部的企业技术规范、管理程序和作业规程等

参 考 文 献

[1] GB 3096—2008 声环境质量标准
[2] GB/T 4754—2011 国民经济行业分类
[3] GB 5085.1～.7—2007 危险废物鉴别标准
[4] GB 8978—1996 污水综合排放标准
[5] GB 12348—2008 工业企业厂界环境噪声排放标准
[6] GB 13015—1991 含多氯联苯废物污染控制标准
[7] GB 14554—1993 恶臭污染物排放标准
[8] GB 15562.2—1995 环境保护图形标志 固体废物贮存(处置)场所
[9] GB/T 16288—1996 塑料包装制品回收
[10] GB 16297 大气污染物综合排放标准
[11] GB 16487.1-13 进口废物环境保护控制标准
[12] GB/T 16716.1—2008 包装与包装废弃物 第1部分 处理和利用通则
[13] GB 18218—2009 危险化学品重大危险源辨识
[14] GB 18597—2001 危险废物贮存污染控制标准
[15] GB 18599—2001 一般工业固体废物贮存、处置场污染控制标准
[16] GB/T 20861—2007 废弃产品回收利用术语
[17] GB/T 22421—2008 通信网络设备的回收处理要求
[18] GB/T 23685—2009 废电器电子产品回收利用通用技术要求
[19] GB/T 24004—2004 环境管理体系 原则、体系和支撑技术通用指南
[20] HJ/T 181—2005 废弃机电产品集中拆解利用处置区环境保护技术规范(试行)
[21] HJ 348—2007 报废机动车拆解环境技术保护规范
[22] HJ/T 364 废塑料回收与再生利用污染控制技术规范(试行)
[23] HJ 527—2010 废弃电器电子产品处理污染控制技术规范

ICS 47.020.30
U 50

中华人民共和国国家标准

GB/T 29751—2013

管路补偿接头选用和安装要求

Requirement for adoption and installation of piping compensatory couplings

2013-09-18 发布 2014-04-01 实施

中华人民共和国国家质量监督检验检疫总局
中国国家标准化管理委员会 发布

前　言

本标准按照GB/T 1.1—2009给出的规则起草。

本标准由中国船舶工业集团公司提出。

本标准由全国船用机械标准化技术委员会管系附件分技术委员会(SAC/TC 137/SC 3)归口。

本标准起草单位:无锡市金羊管道附件有限公司、北京市市政工程设计研究总院、中国船舶工业综合技术经济研究院。

本标准主要起草人:刘国中、沈立盛、林海燕、杨力、董红、张美玲、杨士立、陆斌、陈洁。

管路补偿接头选用和安装要求

1 范围

本标准规定了管路补偿接头(以下简称补偿接头)的分类、设计选用要求及安装要求。

本标准适用于 GB/T 12465—2007 规定的补偿接头的设计选用、安装及验收,橡胶波形补偿接头也可参照使用。

本标准不适用于金属波形膨胀节的设计选用和施工安装。

2 规范性引用文件

下列文件对于本文件的应用是必不可少的。凡是注日期的引用文件,仅注日期的版本适用于本文件。凡是不注日期的引用文件,其最新版本(包括所有的修改单)适用于本文件。

GB/T 12465—2007 管路补偿接头

钢质海船入级规范(2009) 中国船级社

3 术语和定义

GB/T 12465—2007 界定的以及下列术语和定义适用于本文件。为了便于使用,以下重复列出了 GB/T 12465—2007 中的某些术语和定义。

3.1

松套补偿接头 sleeve expansion joint

由本体、密封圈、压紧构件组成用于吸收轴向位移,而不能承受压力推力的松套连接管道的装置。

[GB/T 12465—2007,定义 3.1]

3.2

松套限位补偿接头 sleeve limited expansion joint

由松套补偿接头和限位伸缩管等构件组成,防止管道因超量位移导致补偿接头的泄漏或损坏,用于在允许位移范围内吸收轴向位移和承受压力推力的管道松套连接的装置。

[GB/T 12465—2007,定义 3.2]

3.3

松套传力补偿接头 sleeve joint for transmission force

由法兰松套补偿接头和短管法兰、传力螺杆等构件组成。传递被连接件的压力推力和补偿管路安装误差,不吸收轴向位移。用于与泵、阀门等附件的松套连接的装置。

[GB/T 12465—2007,定义 3.3]

3.4

大挠度松套补偿接头 large flexibility expansion joint

由短管法兰、本体、压盖、挡圈、限位块、密封副、压紧构件组成,用于吸收轴向位移和挠度 6°~7°的角位移的管道松套连接的装置。

[GB/T 12465—2007,定义 3.4]

3.5

球形补偿接头 spherical compensate joint

由球壳、球体、密封副、压紧构件组成,用于吸收管路可挠量位移的管道连接装置。

[GB/T 12465—2007,定义 3.5]

3.6

压力平衡型补偿接头 pressure-balance expansion joint

由本体、密封圈、压力平衡装置、伸缩管和压紧构件组成,用于在吸收轴向位移的同时能平衡内压推力的松套连接管道的装置。

[GB/T 12465—2007,定义 3.9]

3.7

可挠量 angular deflection

补偿接头在保持密封的条件下,从一端中心线到另一端偏移中心线间偏转角度值。

[GB/T 12465—2007,定义 3.7]

3.8

偏心量 lateral displacement

补偿接头在保持密封的条件下,从一端中心线到另一端偏移中心线端面处所测定的径向位移量。

[GB/T 12465—2007,定义 3.8]

3.9

调节量 adjustment distance

补偿接头与被连接的泵、阀门等设备间在设备装拆时允许调节的距离。

[GB/T 12465—2007,定义 3.10]

3.10

伸缩量 axial compensation amount

ΔL

管道安装时在环境温度下,因热胀冷缩而产生的轴向位移。

3.11

闭合温差 temperature difference

补偿接头安装时的场地环境温度与运转后管道内外温度可能出现的最大温度差。

4 分类

4.1 类型

补偿接头按功能分为下列6类:

a) A类——松套补偿接头;

b) B类——松套限位补偿接头;

c) C类——松套传力补偿接头;

d) D类——大挠度松套补偿接头;

e) E类——球形补偿接头;

f) F类——压力平衡型补偿接头。

4.2 型式

补偿接头的型式和型号见表 1。

表 1 补偿接头的型式和型号

类型	型式		型号
A	螺母松套补偿接头	无锁紧环	AL Ⅰ
		带锁紧环	AL Ⅱ
	压盖松套补偿接头		AY
	法兰松套补偿接头		AF
B	单法兰松套限位补偿接头		BF
	双法兰松套限位补偿接头		B2F
	压盖松套限位补偿接头		BY
C	单法兰松套传力补偿接头		CF
	双法兰松套传力补偿接头		C2F
	可拆双法兰松套传力补偿接头		CC2F
D	大挠度松套补偿接头		D
E	球形补偿接头		E
F	压盖式压力平衡型补偿接头		FY
	填料函式压力平衡型补偿接头		FT

5 选用

5.1 总则

5.1.1 补偿接头应结合管路系统的布置和工程要求等综合比较选用。

5.1.2 补偿接头(C 型补偿接头除外)选用时,根据闭合温差计算管道伸缩量,计算方法参见附录 A。按管道伸缩量计算结果选择补偿接头数量。

5.1.3 A、B、D、F 类型补偿接头的最大伸缩量和 C 类补偿接头的调节量按表 2。A、D、E 类补偿接头的可挠量与偏心量按表 3。

表 2　A、B、D、F 类型补偿接头的最大伸缩量和 C 类补偿接头的调节量　　单位为毫米

型号	公称尺寸 DN	最大伸缩量	调节量
AL	10～50	30	—
AY	65～250	45	
	300～700	55	
	800～3 200	75	
AF、BF、B2F	65～250	25	
	300～700	32.5	
	800～2 400	65	
	2 600～4 000	70	
BY	65～250	45	
	300～700	55	
	800～3 000	75	
	3 200	130	
CF、C2F、CC2F	65～250		20
	300～700		25
	800～2 400		30
	2 600～3 200		40
D	100～600	60	—
	700～1 600	65	
	1 800～3 200	75	
FY、FT	100～400	70	
	450～1 200	80	

表 3　A、D、E 类补偿接头的可挠量和偏心量

型号	公称尺寸 DN mm	可挠量 (°)	偏心量 mm
AL	10～50	2	2
AY	65～700	3	3
	800～2 000		4
	2 200～3 200		5
AF	65～700	2	2
	800～2 000		3
	2 200～3 200		4
	3 400～4 000		5

表 3 （续）

型号	公称尺寸 DN mm	可挠量 (°)	偏心量 mm
D	100～600	7	18
	700～1 200	6.5	23
	1 400～1 600		26
	1 800～2 600	6	30
	2 800～3 200		35
E	100～1 000	15	—
	1 200～1 600	13	
	1 800～2 400	10	

5.1.4 补偿接头的外观和表面防护应符合 GB/T 12465—2007 中 5.2 和 5.3 的规定。

5.1.5 补偿接头安装可分为明设、埋地敷设和管沟敷设等方法。

5.1.6 补偿接头用于船舶管路系统时，应符合《钢质海船入级规范(2009)》的有关要求和规定。

5.1.7 补偿接头宜用于船舶管路Ⅱ级管系和Ⅲ级管系，但不宜用于下列场合：

a) 穿过压载舱和燃料舱的舱底水管系；

b) 穿过货舱和燃料舱的海水和压载管系，包括空气和溢流管系；

c) 穿过机器处所、货舱和压载舱的燃料和油类管系，包括空气和溢流管系；

d) 压力水雾系统中的非注水管(干管系统)。

5.2 A 类补偿接头的选用

5.2.1 A 类补偿接头能吸收管道因热胀冷缩形成的轴向位移，但不能承受轴向压力推力(结构型式见 GB/T 12465—2007 中图 1～图 6)。

5.2.2 A 类松套补偿接头按连接方式分为螺纹(AL)、压盖(AY)和法兰(AF)三种型式，螺纹连接适用于管径较小的一般管路，在城市管网系统中管径 DN500 以下时宜选用 AF 型连接方式的 A 类松套补偿接头。

5.2.3 A 类补偿接头适用于明设、埋地敷设或管沟敷设，但不应直接埋设于墙体或混凝土内。法兰连接在暗设时应设有检查室。

5.3 B 类补偿接头的选用

5.3.1 B 类补偿接头能吸收热胀冷缩形成的轴向位移，能承受一定的压力(内压)推力，不能吸收管路的角偏转(结构型式见 GB/T 12465—2007 中图 7～图 9)。B 类补偿接头不宜安装在有横向和角偏转位移的管路系统。

5.3.2 B 类补偿接头设有限位装置。有单法兰(BF)、双法兰(B2F)、压盖(BY)三种型式可供选择。

5.3.3 B 类补偿接头可明设或埋地敷设。

5.3.4 明设管路如无沉降，仅有热胀冷缩变形时宜选用最大伸缩量的压盖松套限位补偿接头。选用时应与支架或支墩配合使用。

5.3.5 B 类补偿接头可用于埋地管路地基地质条件好、环境温度变化较大的管路系统。埋地或与阀门等设备连接时应有检查室。

5.3.6 B 型补偿接头适用于安装在倾斜或竖直的管路中。

5.4 C类补偿接头的选用

5.4.1 C类补偿接头能传递被连接件的压力(内压)推力和补偿管路安装误差(结构型式见GB/T 12465—2007中图10～图12)。
5.4.2 C类补偿接头适用于明设、埋地敷设或管沟敷设,在埋地敷设时可根据需要设置检查室。
5.4.3 C类补偿接头不宜安装在有轴向、横向和角偏转允许位移的管路系统。
5.4.4 C类补偿接头适宜安装在压力管路中设备(水泵、阀门和流量计等)及附件处,便于管路中设备的安装和拆卸。
5.4.5 用于泵房压力管路时,宜选用CF型、C2F型或CC2F型补偿接头。

5.5 D类补偿接头的选用

5.5.1 D类补偿接头能吸收热胀冷缩形成的轴向位移以及较大的角位移与径向位移(结构型式见GB/T 12465—2007中图13)。
5.5.2 D类补偿接头适用于明设、埋地敷设或管沟敷设,在埋地敷设时应根据需要设置检查室。
5.5.3 D类补偿接头适用于施工安装条件较复杂,埋地管路地基地质情况较差,环境温度变化幅度较大或管路工程要求较高的情况。
5.5.4 D类补偿接头在明设安装于有沉降和较大伸缩量处时,在管道的下部应设置固定支架(支墩)和导向支架。

5.6 E类补偿接头的选用

5.6.1 E类补偿接头可吸收管路较大的角偏转位移,传递被连接件的压力(内压)推力(结构型式见GB/T 12465—2007中图14)。
5.6.2 E类补偿接头适用于明设、暗设或埋地的压力管路系统。
5.6.3 E类补偿接头适用于需吸收管道角偏移压力管路和要求改变方向的管路。
5.6.4 E类补偿接头如选用在泵房进出水管时,宜安排在距泵房外1 m～1.5 m处,可避免由于泵房进出口管的不均匀沉降造成管路受力不均,有效保护泵房的进出水管。
5.6.5 埋地敷设的管路如果管线较长、地基地质条件差或为软土地基,宜采用两个E型补偿接头成对布置的形式。

5.7 F类补偿接头的选用

5.7.1 F类补偿接头能平衡管道内压力产生的轴向推力和吸收较大的轴向位移(结构型式见GB/T 12465—2007中图15、图16)。
5.7.2 F类补偿接头适用于对推力有限制,没有较大轴向力产生的管路中。适用于热力工程及温差大的工况管路。

6 安装

6.1 安装准备

6.1.1 补偿接头安装前,应按施工图检查补偿接头的型式、规格、传力螺杆装置等,应确认符合设计要求。
6.1.2 按安装说明书和施工图核对补偿接头的伸缩量或调节量,使补偿接头在安装前处于最佳状态。
6.1.3 法兰连接管件的法兰型式要与补偿接头的法兰一致。

6.2 敷设、安装

6.2.1 定位

6.2.1.1 所有补偿接头在安装前应对插入的管子先按要求在管端做好插入长度标记，确定管路定位时连接件的伸缩量。

6.2.1.2 安装管路中设置检查室的情况下，补偿接头的安装位置应便于检查及维修。

6.2.1.3 使用A类、B类、D类补偿接头当设有支架时应做到接头一端靠近固定支架，另一端靠近导向支架，接头与支架的距离均应不大于管子外径的4倍。

6.2.1.4 使用补偿接头的管道系统应正确选用固定支架和导向支架，支架的数量应与系统相适应。支架安放在补偿接头附近，有以下3种宜采用的支架形式(见图1)。

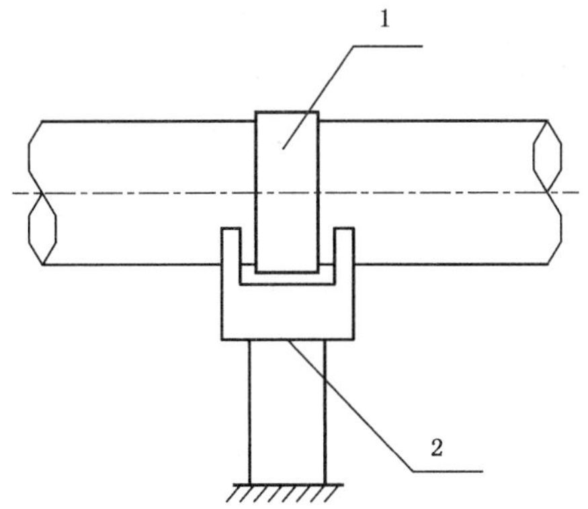

a) 补偿接头之下的支架

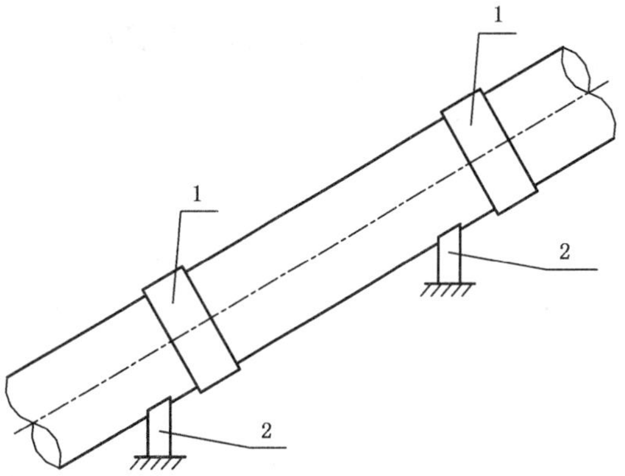

b) 补偿接头斜坡上的支架

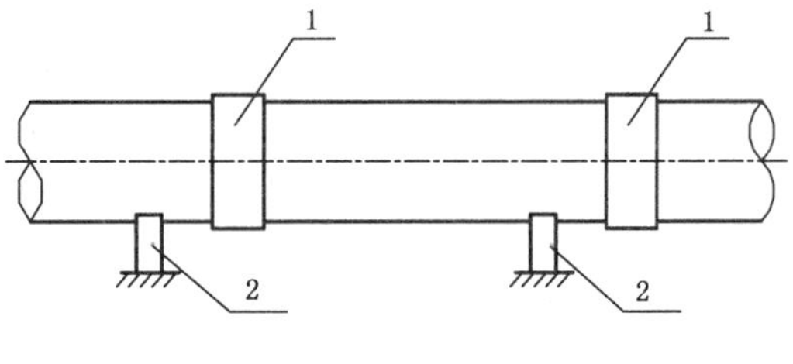

c) 补偿接头之侧的支架

说明：

1——补偿接头；

2——支架。

图1 支架安放形式

6.2.2 焊接

6.2.2.1 焊接前检查补偿接头和被焊管道管口的平整度、圆度及坡口，应符合相关标准要求。

6.2.2.2 施焊时补偿接头和被焊管道管口应定位固定，不应产生位移。

6.2.2.3 补偿接头的施焊按补偿接头的焊接工艺评定要求进行操作。

6.2.3 检查调整

6.2.3.1 补偿接头安装后应进行检查。所有压盖均应统一拧紧，保证密封圈和填料处于最佳状态。

6.2.3.2 根据需要，将补偿接头的传力杆调节至有效位置。补偿接头周围应有足够的空间，以保证补偿接头在设计范围内能自由运动。

6.2.3.3 管道吊装位置不应设在补偿接头上。

6.2.3.4 确认所有导向支架、固定支架未正确安装之前，不应进行内部压力试验。

6.3 验收

6.3.1 所有补偿接头均安装完毕、检查合格后随管路一同进行压力试验。焊缝、法兰连接处和密封副位置应无渗漏。

6.3.2 补偿接头在压力试验中出现渗漏时，宜采用调整压盖螺栓的方法消除渗漏。

6.3.3 施工安装管路中配备的支架(导向支架和固定支架)均应满足补偿接头的使用要求。

附　录　A
（资料性附录）
管道伸缩量的计算

补偿接头(C类接头除外)在安装时应根据管道施工时的环境温度与闭合温差，计算确定管道伸缩量。

管道的伸缩量可按式(A.1)计算：

$$\Delta L = L \times \alpha \times |t - t_0| \qquad \cdots\cdots\cdots\cdots\cdots\cdots\cdots\cdots\cdots\cdots\cdots\cdots\cdots\cdots(A.1)$$

式中：

ΔL ——管道伸缩量的数值，单位为毫米(mm)；

L ——相邻固定支架间管道长度的数值，单位为米(m)；

α ——管材线膨胀系数(铸铁管、钢管为 10.1×10^{-3}/℃～12.2×10^{-3}/℃；不锈钢管为 16.6×10^{-3}/℃)；

t ——运行时管道内外最高或最低温度的数值，单位为摄氏度(℃)；

t_0 ——安装时管道环境温度的数值，单位为摄氏度(℃)。

参 考 文 献

[1] NB/T 47014—2011(JB/T 4708) 承压设备焊接工艺评定

ICS 55.180.01
A 85

中华人民共和国国家标准

GB/T 29752—2013

集装箱安全智能锁通用技术规范

General technical specification of secure and smart lock for containers

2013-09-18 发布　　2014-04-01 实施

中华人民共和国国家质量监督检验检疫总局
中国国家标准化管理委员会　发布

前言

本标准按照 GB/T 1.1—2009 给出的规则起草。

本标准由全国集装箱标准化技术委员会(SAC/TC 6)提出并归口。

本标准起草单位:中国海关总署、中国国际海运集装箱(集团)股份有限公司、交通运输部水运科学研究院、南京三宝集团股份有限公司、广州朗昇网络科技有限公司、无锡江南计算技术研究所、深圳市航通智能交通有限公司、中远网络物流信息科技有限公司。

本标准主要起草人:周受钦、辛柯俊、陈自强、徐强、费维军、李继春、谭秋发、黄大雷、段战归、祁凯、赖承志、刘先祥、闫隽。

集装箱安全智能锁通用技术规范

1 范围

本标准规定了集装箱安全智能锁的功能要求、性能要求、应用环境要求、操作指令与参数、安全授权管理等技术要求，部分内容涉及锁与阅读器之间的系统。

本标准适用于各类符合 GB/T 1413 规定的标准集装箱，其他集装箱和各类箱式运输装备可参照使用。

2 规范性引用文件

下列文件对于本文件的应用是必不可少的。凡是注日期的引用文件，仅注日期的版本适用于本文件。凡是不注日期的引用文件，其最新版本(包括所有的修改单)适用于本文件。

GB/T 1413 系列 1 集装箱 分类、尺寸和额定质量(GB/T 1413—2008,ISO 668:1995,IDT)

GB/T 23679 集装箱 机械箱封(GB/T 23679—2009,ISO/PAS 17712:2006,IDT)

ISO/IEC 18000-2:2009 信息技术 项目管理的无线射频率识别 第 2 部分:135 kHz 以下的空中接口通信用参数(Information technology—Radio frequency identification for item management—Part 2:Parameters for air interface communications below 135 kHz)

ISO 18185(所有部分) 集装箱 电子箱封(Freight containers—Electronic seals)

IEC 60068-2-1 环境测试 第 2-1 部分:试验 试验 A:低温(Environmental testing—Part 2-1:Tests—Test A:Cold)

IEC 60068-2-2 环境测试 第 2-2 部分:试验 试验 B:干热(Environmental testing—Part 2-2:Tests—Test B:Dry heat)

IEC 60068-2-11 基本环境测试规程 第 2-11 部分:试验 试验 Ka:盐雾(Basic environmental testing procedures—Part 2:Tests—Test Ka:Salt mist)

IEC 60068-2-18 环境测试 第 2-18 部分:试验 试验 R 和指南:水(Environmental testing—Part 2-18:Tests—Test R and guidance:Water)

IEC 60068-2-53 环境测试 第 2-53 部分:试验和指南 温度(低温和干热)和振动正弦综合试验[Environmental testing—Part 2-53: Tests and guidance—Combined climatic (temperature/humidity) and dynamic (vibration/shock) tests]

IEC 60068-2-68 环境测试 第 2-68 部分:试验 试验 L:沙尘(Environmental testing—Part 2-68:Tests—Test L:Dust and sand)

3 术语和定义

GB/T 1413 界定的以及下列术语和定义适用于本文件。

3.1

安全智能锁 secure and smart lock

可用于对外无线通信、标识码自动识别、操作指令授权认证、锁杆施封和解封、数据安全传输、实现物流全程安全监控与报警的、锁闭集装箱箱门的锁具。

3.2

施封 activate

授权用户对安全智能锁发送指令,封禁锁具开启功能。

3.3

解封 deactivate

授权用户对安全智能锁发送指令,使被施封的锁具恢复开启功能。

3.4

验封 verify activated status

施封后、解封前检验并显示锁具被封状态。

3.5

后台信息系统 back office information system

用于接收安全智能锁标识号等各项数据,进行相应处理及安全和授权控制,以及向锁具发出指令和写入数据的应用系统。

3.6

阅读器 reader

对安全智能锁进行读、写的设备,用于使锁具与后台信息系统互联,分为固定式与手持式两大类。

3.7

锁标识号 lock identification number

包含国别、生产厂商、序列号、锁类型、校验码等信息的安全智能锁的唯一标识号。

3.8

阅读器标识号 reader identification number

包含国别、生产厂商、序列号、锁类型、校验码等信息的阅读器的唯一标识号。

3.9

口令 password

用于证明某一指令的发布方已有效获得该指令相关操作授权的数码凭证。

3.10

安全认证 security authentication

对锁具的合法身份采用密码技术进行检验。

3.11

集装箱载货运作周期 container shipment lifecycle

集装箱从装货关箱到开箱取货的一次载货全过程。

3.12

锁具运作周期 lock working lifecycle

安全智能锁从初始化和施封后启动集装箱门监控,到所监控的集装箱载货运作周期结束,锁具解封,完成一次运作的全过程。

4 缩略语

下列缩略语适用于本文件。

GPRS:通用分组无线业务(General Packet Radio Service)

RFID:射频识别(Radio Frequency Identification)

3G:第三代移动通信技术的简称(Third Generation)

5 安全智能锁系统功能要求

5.1 安全智能锁锁具总体要求

安全智能锁应符合以下要求：

a) 安全智能锁锁具内应包括锁体、锁杆、安全与主控模块组成的中央控制单元、各类传感器及通信模块等部件；

b) 锁体和锁杆应适应户外工作的环境条件。在锁杆闭合时，可以对安全智能锁施封，施封后锁杆被封住，锁具应无法正常开启，直至解封才能恢复锁具正常开启功能。锁具施封状况应能直接目视检验，并能对验封指令发出明显的目视信号供视觉验核；

c) 安全与主控模块组成安全智能锁的中央控制单元，负责全程监控锁杆闭合状态，并通过阅读器与后台信息系统交换数据，接收与执行后台指令，以及进行授权认证与加密、解密处理；

d) 安全智能锁应有检测锁杆开启/闭合状态的传感器；

e) 安全智能锁接到施封、解封指令后，应自动对锁杆进行机械/电气部件的施封、解封操作；

f) 安全智能锁应能支持多记录文件，用于存放物流过程重要事件的登记记录、接收后台信息系统指令的登记记录、运输路线坐标记录及载货清单或装箱单数据；

g) 安全智能锁应能通过 RFID 或其他无线通信方式实现与阅读器和后台系统之间的数据通信；

h) 安全智能锁可内含定位模块，通过卫星或地面定位系统的接收装置，实现按预定时间间隔登记其所处位置的坐标数据；

i) 安全智能锁可内含通信模块，通过用于移动电话网络的有数据通信功能的模块直接与后台信息系统对话交换数据，既可传送指令与回执信息，也可发送粗略的地点定位数据；

j) 安全智能锁除了基本的施封、解封、验封、数据存储等功能外，可根据需要增加 GPS 定位、GPRS 定位、A-GPS 定位及复合检测等功能，也可根据需要裁减相关功能，但应有相应的类型代码；

k) 安全智能锁使用的密码算法应符合国家的有关规定。

5.2 安全智能锁标识号的编码规则

安全智能锁的锁号应保持唯一性，并且在出厂到退役期间不得改变。锁标识号应含国别、生产厂商、序列号、锁类型、校验码等信息。

5.3 锁具安装要求

对符合 GB/T 1413 的集装箱，安全智能锁锁杆闭合后应当不排斥细钢丝型机械封志的同时使用。

对厢式卡车及无法安排锁具逐次回收流转的集装箱，安全智能锁应提供能固定在箱门上的安装装置，将安全智能锁作为固定式锁具使用。该装置和锁结合后的尺寸应不影响集装箱的堆放、操作和运输。

5.4 锁具锁体和锁杆功能要求

安全智能锁的锁具挂置箱门上时，其闭合、施封、验封、解封状态应在 10 m 距离内可目视辨识。

锁体应刻制防涂改的锁标识号。

锁具关闭并被施封后不经解封不能被开启，锁杆应符合 GB/T 23679 要求。

安全智能锁应设置某种应急开锁机制，或允许单独更换用机械方法断开的锁杆。

5.5 中央控制单元功能要求

中央控制单元应符合以下要求：

a) 安全智能锁内应预存全球唯一的锁标识号，不可修改；

b) 应能接受和执行后台信息系统或操作人员的指令，核对授权口令，返回执行结果信息和完成状况，标明出错代码；

c) 应有符合安全级别要求的安全认证机制；

d) 应能监控锁具状态，登记锁杆开、关等重要事件，设置相应报警标志；

e) 主控部件在未发生硬件故障的条件下，报警信息遗漏率(包括漏记、错记)应不大于0.01%；

f) 应能登记接收到的指令及其完成状况；

g) 应能根据指令要求，验核授权后加密上报锁的状态或各项登记文件；

h) 应有休眠和唤醒功能，能避免不必要的电能消耗；

i) 如有GPS或3G定位及线路登记功能，则按设定的时间间隔登记运输线路各点时间及坐标数据，并且实时上报锁的状态信息；

j) 如配置有移动电话短信收发功能，应能发送报警短信和接收短信指令。通过短信或阅读器传来的指令的处理方式相同；

k) 如配置有运单等专用文件存储功能，应能验核授权后将后台传来的数据写入相应的专用文件，或读出文件上传后台信息系统。

5.6 通信功能要求

通信部件应符合以下要求：

a) 安全智能锁与固定式阅读器的通信距离应大于30 m；

b) 如果箱内安装其他传感器，则锁具应可选增加与箱体内部构成箱内传感网的设施；

c) 如果可选安装短信通信模块，主控部分应有软件接口存取短信内容。

5.7 锁具电池要求

电池应符合以下要求：

a) 电池续航能力应符合实际应用要求，并不得低于1个月；

b) 应有电力不足警示功能；

c) 电力消耗将超出极限时，芯片数据/锁状态数据应保存；

d) 外接充电时应只接通电池而与线路断开，以免造成意外损害。

5.8 通信频率要求

通信频率应符合以下要求：

a) 锁具与阅读器之间应具有上行和下行双向通信功能，通过433 MHz或2.45 GHz频率与阅读器之间进行通信；

b) 安全智能锁可通过125 kHz频率接收阅读器低频唤醒指令；

c) 通信频率应符合国家无线电频谱管理的相关规定。

具体参数见附录A。

5.9 兼容性要求

安全智能锁的功能应能兼容集装箱电子封志、电子铅封的功能，用于上传集装箱箱封号码和状态等信息。

5.10 阅读器功能要求

阅读器是对安全智能锁进行读、写的设备，用于使安全智能锁与后台信息系统互联。阅读器的前端采用 RFID 标准与安全智能锁交换数据，后端则可根据具体情况采用不同方式与后台信息系统联网。

阅读器一般安装在卡口工控机或移动终端上，由工控机或移动终端经有线或无线 IP 局域网，使安全智能锁与后台信息系统实现间接方式的数据交换。

5.11 后台信息系统功能要求

后台信息系统应负责识别安全智能锁的标识码等相关信息，通过阅读器与安全智能锁进行通信，完成后台信息系统与安全智能锁之间的数据交换。由于安全智能锁在一次运作周期内要与供应链上不同的主体、不同的后台信息系统相联，协同配合操作，因此所有差异化的功能都只能由各个后台信息系统各自负责，安全智能锁只是执行标准化的基本操作功能。即使物流过程发生在同一业务系统内，由于要控制成本，安全智能锁的处理能力和存储容量也有限，所有复杂的应用软件、数据库以及联网协同功能都应由后台负责，安全智能锁只承担终端级别的执行角色。

6 安全智能锁及其系统应用环境特性

安全智能锁应用环境低温、高温、机械振动、随机震动、湿度、雨/雪、盐雾、跌落冲击、沙尘、电磁场性能检测应符合 IEC 60068-2-1、IEC 60068-2-2、IEC 60068-2-11、IEC 60068-2-18、IEC 60068-2-53 和 IEC 60068-2-68 的规定。

7 信息交互与操作指令

7.1 安全智能锁与阅读器和后台信息系统之间的信息交换

安全智能锁和后台信息系统通过阅读器进行信息交换。

安全智能锁和阅读器之间的通信，凡是不能对外泄露的内容都应该加密，进行加密传输。

7.2 安全智能锁操作指令

7.2.1 一般要求

安全智能锁和阅读器之间通过报文传输操作指令及参数等信息，实现密钥协商、操作安全智能锁、获取安全智能锁状态等功能。信息交换报文分下行(安全智能锁阅读器到安全智能锁)和上行(安全智能锁到安全智能锁阅读器)两类。报文所携带的指令通过唯一的指令代码进行区分。

7.2.2 报文结构

报文的结构，应该符合表 1、表 2 的要求。

表 1 下行(安全智能锁阅读器到安全智能锁)报文结构

协议 ID	指令类型	锁标识号	阅读器标识号	指令代码	参数长度	参数内容	校验码
1 字节	1 字节	8 字节	8 字节	1 字节	1 字节	n 字节	2 字节
HEX	HEX	HEX	HEX	HEX	HEX	HEX	HEX

表 2 上行(安全智能锁到安全智能锁阅读器)应答报文结构

协议 ID	指令类型	阅读器标识号	锁标识号	指令代码	参数长度	参数内容	校验码
1 字节	1 字节	8 字节	8 字节	1 字节	1 字节	n 字节	2 字节
HEX	HEX	HEX	HEX	HEX	HEX	HEX	HEX
安全智能锁操作指令分成 32 字节的包传输，每个包中含 30 个字节的指令数据和 1 个字节的包总数、包序号信息及 1 个字节的随机数。具体格式见附件 B。							

表中：

——协议 ID：现暂取值“0x7B”；

——指令类型：用于标识“加密类型”和“是否广播”，具体格式见表 3；

表 3 指令类型字段格式

比特 7	比特 6	比特 5	比特 4	比特 3	比特 2	比特 1	比特 0
0：下行 1：上行	保留	00：无加密 01：加密类型 1		保留	保留	0：广播 1：点对点	保留
注：当加密类型为 1 时，对下行报文中的指令代码、操作口令、参数长度、参数内容进行加密，对上行报文中的指令代码、参数长度、参数内容进行加密。非对称加密算法使用 ECC-256，密钥协商算法使用 ECDH，对称加密算法使用 AES-128，摘要算法使用 SHA-256。							

——参数长度：参数内容的字节长度；

——参数内容：参数内容格式见附录 C；

——锁标识号：见附录 D；

——阅读器标识号：见附录 D；

——校验码：对除校验码外的数据根据规定把相关字段加密后而进行 CRC(Cyclic Redundancy Check)校验所得的 CRC 校验码，是一个附加的错误侦查机制。所有数据需按照 CCITT 多项式(X16＋X12＋X5＋1)计算 CRC 校验码。CRC 校验码是一个 16 位的变量，附加在通信数据后，初始化值为 0xFFFF。所有安全智能锁和阅读器之间传输的数据包都使用初始化值为 0xFFFF 的 CRC 算法；

——指令代码：见表 4。

表 4 锁具操作指令代码

指令代码	指令名称	指令方向	指令描述	是否加密	协议 ID
0x01－03	保留	/	保留	/	/
0x0C	生产商设置产品版本 ID	下行	生产商设置产品版本 ID	N	0x80/0x7B
0x0E	生产商设置产品模型 ID	下行	生产商设置产品模型 ID	N	0x80/0x7B
0x10	收集	下行	阅读器收集安全智能锁	N	0x80/0x7B
0x14	收集事件记录	下行	收集事件记录	N	0x80/0x7B
0x15	休眠	下行	阅读器休眠指定 ID 安全智能锁	N	0x80/0x7B
0x16	除指定 ID 外其他设备休眠	下行	阅读器除指定 ID 外其他设备休眠	N	0x80/0x7B

表 4（续）

指令代码	指令名称	指令方向	指令描述	是否加密	协议 ID
0x19	读设备状态	下行	阅读器读安全智能锁状态	N	0x80/0x7B
0x1A	读指定序号事件记录	下行	读指定序号事件记录	N	0x80/0x7B
0x1B	读 RTC	下行	读实时时钟	N	0x80/0x7B
0x1C	待命	下行	阅读器通知安全智能锁不响应下一条通信指令	N	0x80/0x7B
0x32/B2	切换通信类型	下行	阅读器切换 433 MHz/2.45 GHz 通信类型	N	0x80/0x7B
0x3C	读产品参数	下行	读产品参数	N	0x80/0x7B
0x40	安全智能锁被低频唤醒的主动响应	上行	安全智能锁被唤醒后主动高频响应阅读器	N	0x7B
0x41	施封	下行	阅读器施封安全智能锁	Y	0x7B
0x42	施封响应	上行	安全智能锁响应阅读器施封	Y	0x7B
0x43	解封	下行	阅读器解封安全智能锁	Y	0x7B
0x44	解封响应	上行	安全智能锁响应阅读器解封	Y	0x7B
0x45	验封	下行	阅读器验封安全智能锁	Y	0x7B
0x46	验封响应	上行	安全智能锁响应阅读器验封	Y	0x7B
0x47	解除报警	下行	阅读器解除安全智能锁报警	Y	0x7B
0x48	解除报警响应	上行	安全智能锁响应阅读器解除报警	Y	0x7B
0x49	写扩展数据	下行	阅读器写安全智能锁存储数据	Y	0x7B
0x4A	写扩展数据响应	上行	安全智能锁响应阅读器写存储数据	Y	0x7B
0x4B	读扩展数据	下行	阅读器读安全智能锁存储数据	Y	0x7B
0x4C	读扩展数据响应	上行	安全智能锁响应阅读器读存储数据	Y	0x7B
0x4D	读事件数据	下行	阅读器读安全智能锁事件数据	Y	0x7B
0x4E	读事件数据响应	上行	安全智能锁响应阅读器读时间数据	Y	0x7B
0x4F	写箱/车号	下行	写入箱号数据	Y	0x7B
0x50	写箱/车号响应	下行	安全智能锁响应阅读器写入箱号数据	Y	0x7B
0x51	读箱/车号	下行	读出箱号数据	Y	0x7B
0x52	读箱/车号响应	下行	安全智能锁响应阅读器读出箱号数据	Y	0x7B
0x53	下传阅读器公钥	下行	阅读器下传阅读器公钥给安全智能锁	N	0x7B

表 4（续）

指令代码	指令名称	指令方向	指令描述	是否加密	协议 ID
0x54	下传阅读器公钥响应	上行	安全智能锁响应下传阅读器公钥	N	0x7B
0x55	获取锁公钥(唤醒信号)	下行	获取安全智能锁公钥	N	0x7B
0x56	获取锁公钥响应	上行	安全智能锁响应获取锁公钥	N	0x7B
0x57－7F	保留	/	用于增加其他指令(如 GPS 定位指令)	/	/
0x80－BF	生产商调试指令	/	阅读器调试安全智能锁指令	/	/
0xC0－FF	保留	/	保留	/	/

安全智能锁接收到协议 ID 为“0x80”的指令时，应使用 ISO 18185-1 的规范与阅读器通信。

注：表格中的 Y 代表所传输的数据需要进行加密，N 代表数据不进行加密，/符号代表指令意义未定，根据需要选择是否进行加密和数据上下行标识。

7.2.3 低频唤醒指令结构

阅读器到安全智能锁的低频唤醒指令结构如表 5 所示。

表 5 阅读器到安全智能锁低频指令结构

协议 ID	模式	阅读器标识号	校验码
1 字节	1 字节	8 字节	2 字节

注：协议 ID——现暂取值“0x7B”；

模式——安全智能锁被唤醒后的工作状态，当前版本模式选项默认为 0。0：立即回复高频响应信息；1：暂时保持唤醒状态，待命；2：每间隔一段时间给回复阅读器高频数据；

校验码——对除校验码外的数据进行 CRC 校验所得的 CRC 校验码，是一个附加的错误侦查机制(见 7.2.2)。

8 安全机制与授权控制

8.1 授权控制

安全智能锁应具备安全认证、加密与授权控制等功能。安全智能锁的多数操作和控制命令都应当进行授权控制。后台信息系统应先取得授权，得到下某一指令的口令字后才能有效地下达指令。安全智能锁应进行口令核对，决定接受或拒绝执行指令。

8.2 应用安全要求

安全智能锁，应根据需要满足如下功能要求：

a) 专用设备操作要求：指安全智能锁由专用设备进行施封和解封等相关操作；

b) 安全认证要求：指对经注册的安全智能锁的施解封相关操作应先进行锁具安全认证，只有通过安全认证才能进行其他操作；

c) 访问控制要求：指对施解封操作应进行访问授权控制；
d) 通信加密要求：指对认证和访问授权控制过程中涉及的相关信息应进行加密传送；
e) 系统安全要求：指对安全智能锁、安全智能锁阅读器、后台信息系统间流转的有关信息应按等级保护规定采取安全防护措施；
f) 安全审计要求：指对安全智能锁的施封、解封相关操作应进行日志记录和审计。

8.3 安全智能锁本身安全要求

安全智能锁本身安全应符合如下条件：
a) 安全智能锁应通过接受来自阅读器的命令，以控制自身机械部分完成施封和解封功能；
b) 安全智能锁应具有唯一性，不能被复制和替换；
c) 安全智能锁应按等级保护规定进行生产、发放和使用安全管理；
d) 需要登记注册管理的安全智能锁与阅读器之间应进行安全认证；
e) 应有特定的权限才能完成对安全智能锁进行施封和解封相关操作；
f) 安全智能锁的施解封日志应进行记录。

8.4 安全智能锁安全配置与功能要求

安全智能锁安全配置与功能应符合如下条件：
a) 安全智能锁应能够产生非对称密钥对(ECC256 位)，用于密码运算；
b) 安全智能锁应配有安全存储模块，实现 ECC 密钥对的存储；
c) 安全智能锁应配有安全保密模块，实现与阅读器的信息交互。

8.5 阅读器安全配置与功能要求

阅读器安全配置与功能应符合如下条件：
a) 阅读器应能够产生非对称密钥对(ECC256 位)，用于密码运算；
b) 阅读器应配有安全存储模块，实现密钥的暂时存储(对锁具的一次动作的操作时间)；
c) 阅读器应配有安全保密模块，实现与安全智能锁以及后台信息系统的信息交互。

8.6 数据加密

加密传送是解决空中信息交换的保密需求。凡指令和响应中含有不能公开的内容，都应当加密后和其他部分的明文一起组成报文传送。如果锁内可选配置文件存储功能，且其中内容只能由确定的对象阅知，则应预先对内容加密。

8.7 安全智能锁使用控制流程

8.7.1 密钥协商流程

8.7.1.1 固定式密码运算流程如下：
a) 休眠状态的安全智能锁接收到探测信号后自动唤醒进入工作状态，发送自身 ID 号和当前状态，并提交安全智能锁自身的公钥；
b) 阅读器进行状态判定，后台根据安全智能锁标识号和公钥确认该安全智能锁是否合法；
c) 阅读器将自身公钥发送给安全智能锁；
d) 安全智能锁根据自身的密钥对和阅读器公钥计算会话密钥，进入待施封或解封状态；
e) 阅读器根据自身密钥对和安全智能锁公钥计算会话密钥，进入准备施封或解封状态。

8.7.1.2 手持式阅读器设备与安全智能锁的认证过程与上述流程基本相同，仅在 8.7.1.1b)与后台的通信采用无线方式,见图 1。

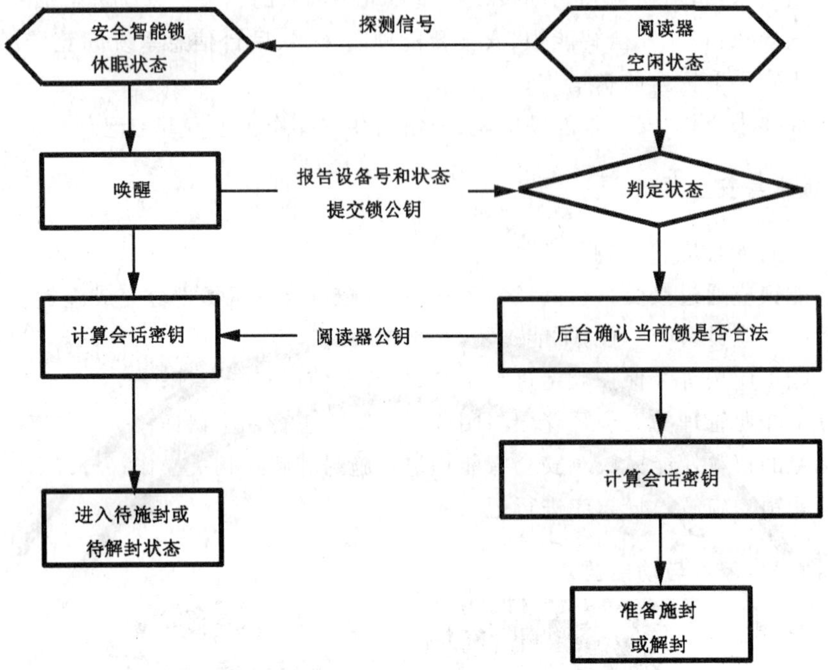

图 1 密钥协商流程

8.7.2 施封流程

阅读器对安全智能锁的施封流程见图 2。

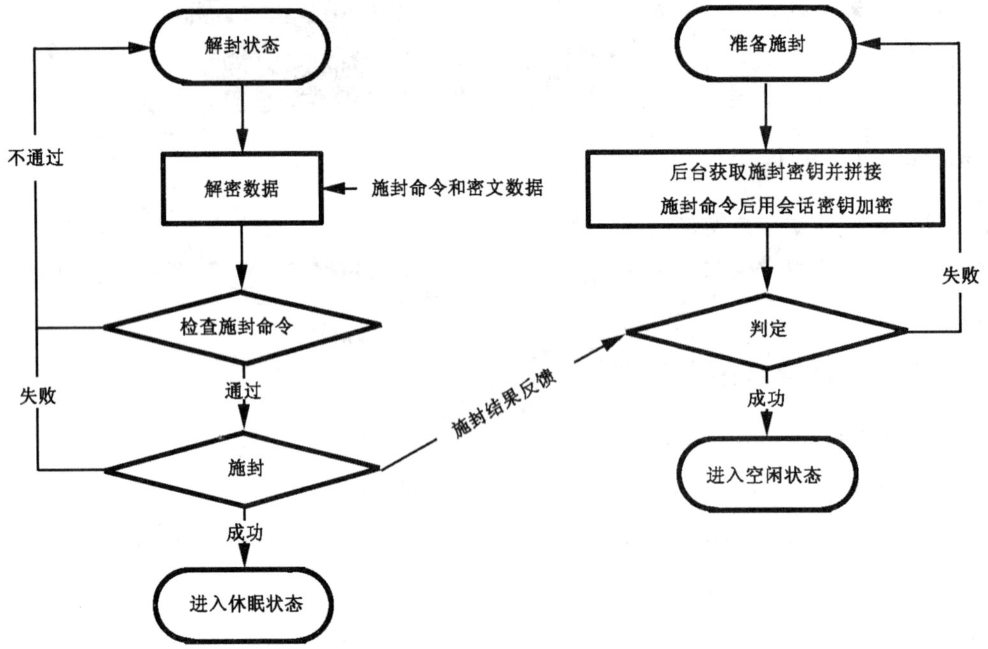

图 2 阅读器对安全智能锁的施封流程

8.7.3 阅读器施封流程

8.7.3.1 固定式阅读器施封流程如下：

a) 密钥协商完成后，阅读器向后台系统申请施封操作口令，与施封指令拼接后用会话密钥加密并将该密文发送给安全智能锁；
b) 安全智能锁收到密文数据后解密，检查操作口令正确性；通过后进行施封操作，并将施封结果反馈给阅读器；施封成功后，清除会话密钥，安全智能锁进入休眠状态；
c) 阅读器收到施封成功反馈后，清除会话密钥，进入空闲状态。

8.7.3.2 手持式阅读器设备的施封过程与固定设备基本相同，仅在8.7.3.1a)中通过无线通信方式与后台系统进行通信获取施封操作口令。施封操作口令的获取过程应进行阅读器与后台信息系统之间的安全认证和通信保护。

8.7.4 解封流程

8.7.4.1 固定式阅读器对安全智能锁的解封流程(见图3)如下：

a) 密钥协商完成后，阅读器向后台系统申请解封操作口令，与解封命令拼接后用会话密钥加密并将该密文发送给安全智能锁；
b) 安全智能锁收到密文数据后解密，检查指令字段正确性；通过后进行解封操作，并将解封结果反馈给阅读器；解封成功后，清除会话密钥，安全智能锁进入休眠状态；
c) 阅读器收到解封成功反馈后，清除会话密钥，进入空闲状态。

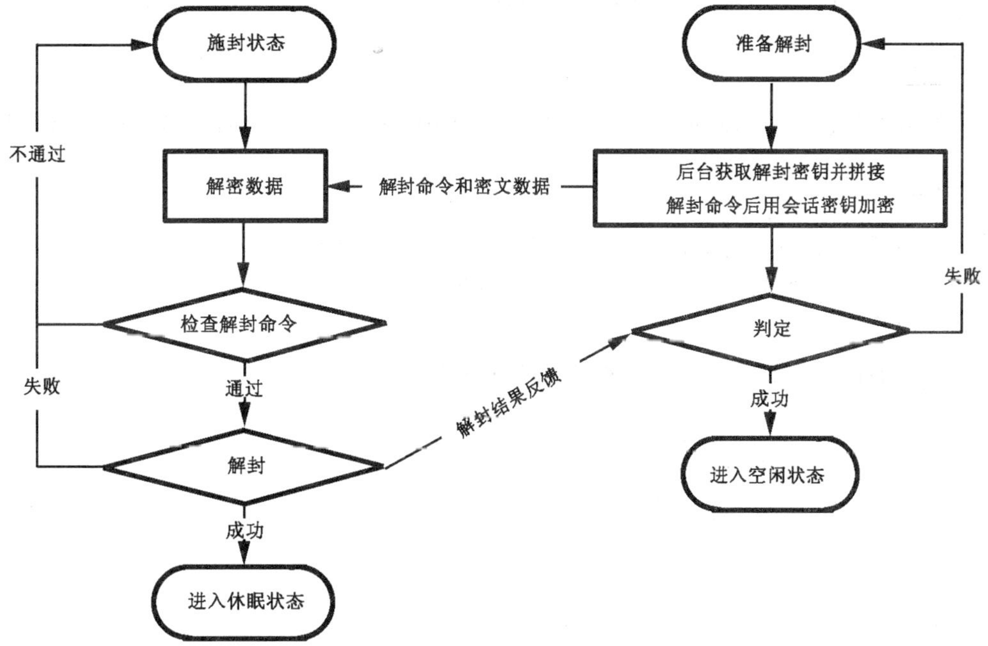

图3 固定阅读器解封流程

8.7.4.2 手持式阅读器设备的解封过程与固定设备基本相同，仅在8.7.4.1a)中通过无线通信方式与后台系统进行通信获取解封操作口令，解封操作口令的获取过程应进行阅读器与后台信息系统之间的安全认证和通信保护。

8.7.5 特殊控制指令的处理流程

特殊指令分为无数据回馈和有数据回馈两种，无数据回馈指令是指命令发出后，由安全智能锁直接做出肉眼可视的直观反映，不需要传递其他数据；有数据反馈指令是指命令发送完后，还有后续数据需要进行传递。

无论是哪种指令，其通信过程均与施封或解封的过程相同。有数据回馈指令的后续数据，如需加密的，采用会话密钥加密传输。

8.8 注册使用机制

8.8.1 使用周期

安全智能锁的使用周期包括注册、备案、使用、注销或失效等。

只有经相关管理机构备案的安全智能锁才能在相关管理机构业务中使用。

8.8.2 注册

安全智能锁的生产商向相关管理机构认可的电子认证机构批量申请锁数字证书。电子认证机构为每一个安全智能锁签发签名证书和加密证书。

8.8.3 备案

备案程序如下：

a） 使用者从生产商获取具备数字证书的安全智能锁，到相关管理机构进行登记备案；

b） 相关管理机构从电子认证机构批量获取已备案安全智能锁的数字证书；

c） 相关管理机构定期从电子认证机构获取撤销的安全智能锁数字证书。

8.8.4 使用

按 8.7 的规定进行密钥协商及施/解封等操作，所需操作口令由相关管理机构后台信息系统生成。

8.8.5 注销或失效

发生以下情况时，相关管理机构后台信息系统对安全智能锁进行失效处理：

a） 安全智能锁的数字证书失效（证书到期或电子认证机构吊销的）；

b） 安全智能锁的备案使用单位取消备案的；

c） 安全智能锁的备案使用单位提请注销锁备案的。

附 录 A
（规范性附录）
锁具操作接口物理层参数

A.1 433 MHz 物理层参数

433 MHz 物理层参数见表 A.1。

表 A.1 433 MHz 物理层参数

参数名称	描述
中心频率(默认传输频率)	434.4 MHz
传输速率	50 kbps
接收灵敏度	−90 dBm
调制方式	GFSK
最大频率误差	±58 kHz
最大的接收信号	0 dBm
发射功率	①可编程最大:+10 dBm ②符合当地的相关规定

A.2 2.45 GHz 物理层参数

2.45 GHz 物理层参数见 A.2。

表 A.2 2.45 GHz 物理层参数

参数名称	描述
通信频率范围	2 400MHz～2 483.50 MHz
中心频率(默认传输频率)	2 441.750 MHz
占用带宽	60 MHz
发射功率	①可编程最大:+10 dBm ②符合当地的相关规定
默认传输速率	9.6 kbps
接收灵敏度	−90 dBm
调制方式	FSK
CRC 多项式	CCITT 多项式 $G(x)=(X^{16}+X^{12}+X^{5}+1)$
CRC 多项式初始化值	0xFFFF

A.3 125 kHz 物理层参数

125kHz 物理参数见表 A.3。

表 A.3 125 kHz 物理层参数

参数名称	描述
通信频率范围	110 kHz～150 kHz
中心频率(默认传输频率)	125 kHz
占用带宽	40 kHz
发射功率	不大于 750 mW
默认传输速率	1 600 bps
调制方式	00K (100% ASK)
编码方式	参考 ISO/IEC 18000-2:2009 中 3.1.3.2
空中接口	参考 ISO/IEC 18000-2:2009 中 3.1.3.3 和 3.1.3.4
CRC 多项式	CCITT 多项式 $G(x)=(X^{16}+X^{12}+X^{5}+1)$
CRC 多项式初始化值	0xFFFF

附　录　B
（规范性附录）
指令数据传输分包格式与简短应答机制

B.1　分包格式

对于不能够一次完全传输整个指令数据内容的芯片，要采用以下的分包格式，见表B.1。

表B.1　指令数据分包格式

<table>
<tr><td>包总数</td><td>包序号</td><td>随机数</td><td>指令数据</td></tr>
<tr><td>高4位</td><td>低4位</td><td rowspan="2">1字节</td><td rowspan="2">30字节</td></tr>
<tr><td colspan="2">1字节</td></tr>
<tr><td colspan="2">HEX</td><td>HEX</td><td>HEX</td></tr>
<tr><td colspan="4">每一条指令数据分成32字节的数据包集合进行传输，每个包中含30个字节的指令数据和1个字节的包总数、包序号以及1个字节的随机数信息。
包总数：是指每个锁具指令所分成的包的总个数，取值范围为“0x1”至“0xF”。
包序号：是指每个分包在总包数中的序号，取值范围为“0x1”至“0xF”。
随机数：是指一条指令数据的识别码，即由数据最先发起者（阅读器）随机产生一个字节的数据，供此次通信的双方判断是否为本数据包集合的一部分，在一条指令数据执行过程中随机数保持不变。
指令数据：是指7.2.2提到的报文结构以及应答报文结构从协议ID至校验码结束的所有数据内容，每30个字节分配一个数据包；不足30个字节的指令数据用0x30补足。</td></tr>
</table>

B.2　简短应答机制

当接收方收到一条指令数据并且校验成功，就要给发送方一个简短的应答信号，以示收到发来的命令信息，应答机制为明文。应答机制详见表B.2。

表B.2　指令数据简短应答机制

<table>
<tr><td>包总数</td><td>包序号</td><td>随机数</td><td>协议ID</td><td>锁标识号</td><td>应答内容长度</td><td>应答数据</td><td>校验码</td></tr>
<tr><td>高4位</td><td>低4位</td><td rowspan="2">1字节</td><td rowspan="2">1字节</td><td rowspan="2">8字节</td><td rowspan="2">1字节</td><td rowspan="2">n字节</td><td rowspan="2">2字节</td></tr>
<tr><td colspan="2">1字节</td></tr>
</table>

表 B.2（续）

包总数	包序号	随机数	协议 ID	锁标识号	应答内容长度	应答数据	校验码
HEX		HEX	HEX	HEX	HEX	HEX	HEX

应答指令数据包为 32 字节，由 1 个字节的包总数、包序号、1 个字节的随机数、1 字节的协议 ID、8 字节的安全智能锁标识号、1 字节的应答内容长度、n 字节的应答数据以及 2 字节的校验码组成。不足 32 字节的应答数据用 0x30 补足。

包总数：是指当前指令数据所分成的包的总个数，取值范围为“0x1”至“0xF”。

包序号：是指每个分包在总包数中的序号，取值范围为“0x1”至“0xF”。

随机数：是指一条指令数据的识别码，即由数据最先发起者(阅读器)随机产生一个字节的数据，供此次通信的双方判断是否为本指令数据的一部分，在一条指令数据执行过程中随机数保持不变。

协议 ID：7.2.2 提到的协议 ID。

锁标识号：7.2.2 提到的锁标识号。

应答内容长度：无特殊要求为 0x00(表示无应答数据)。

应答数据：有特殊要求时的数据内容，最多 18 字节。

校验码：对从协议 ID 到应答数据一段长度内容进行 CRC 校验所得的 CRC 校验码，是一个附加的错误侦查机制(见 7.2.2)。

B.3 阅读器和锁的通信流程

阅读器和锁的指令通信流程见图 B.1，整个通信流程只采用第一次由阅读器随机生成的随机数，与第一个数据包包含的锁标识号共同确保整个数据流的通信目标正确。在未接收到简短应答时，发送端要把已发送的指令数据进行重发。

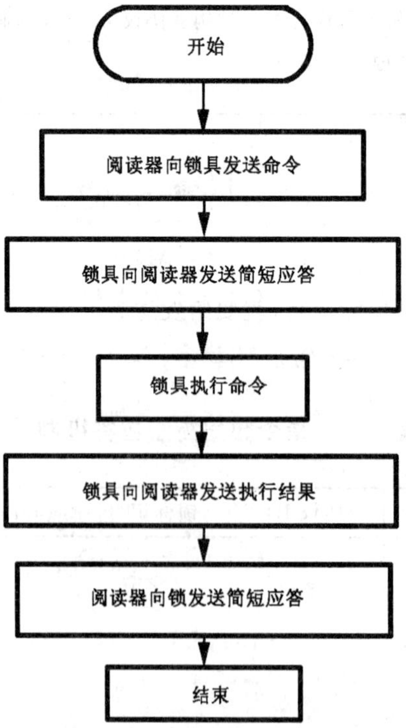

图 B.1 阅读器和锁的通信流程

附 录 C
（规范性附录）
部分指令参数内容格式

C.1 唤醒主动响应指令参数内容格式

唤醒主动响应指令参数内容格式见表 C.1～表 C.4。

表 C.1 唤醒主动响应指令参数内容格式

指令代码	参数内容				
40	锁电压	锁状态	报警种类	安全智能锁公钥	保留
	1 字节	1 字节	1 字节	64 字节	n 字节

表 C.2 电压状态 16 进制值与对应电压值

对应的封志电压值	16 进制	ASCII 值	描述
3.50 V	0x61	a	严重低电压
3.85 V	0x62	b	电压低
4.10 V	0x63	c	电压正常
4.20 V	0x64	d	充满电
若锁无回码，此值为 0x60。			

表 C.3 锁状态

比特位	事件
0	为 0 表示锁杆插入状态；为 1 表示拔出状态；
1	为 0 表示锁体施封状态；为 1 表示解封状态；
2	保留
3	保留
4	保留
5	保留
6	保留
7	保留

表 C.4　报警种类

比特位	事件
0	电池欠压,1为电池欠压
1	锁杆断开,1为锁杆断开
2	非法拆开,1为非法拆开
3	保留
4	保留
5	保留
6	保留
7	保留

C.2　施封指令参数内容格式

施封指令参数内容格式见表C.5。

表 C.5　施封指令参数内容格式

指令代码	参数内容		
41	操作口令	操作时间	保留
	10字节	8字节	n字节
操作时间为8个字节位,用于记录电子施封时的时间,并用于校准锁的时间。操作时间采用BCD码形式,格式为:YYYYMMDDHHMMSSXX,即“年年年年月月日日时时分分秒秒XX”,其中“XX”为时间戳前七个字节BCD码的异或(XOR)运算校验码。			

C.3　施封指令响应参数内容格式

施封指令响应参数内容格式见表C.6～表C.8。

表 C.6　响应参数内容格式

指令代码	参数内容					
42	施封结果	电压状态	成功标志	操作时间	计数器	保留
	1字节	1字节	1字节	8字节	4字节	n字节

表 C.7　施封结果

比特位	结果
0	施封成功,1 为不成功
1	锁杆未插好,1 为锁杆未插好
2	电压过低,1 为电压过低
3	重复施封,1 为重复施封
4	外壳破坏,1 为外壳破坏
5	响应超时,1 为响应超时
6	保留
7	保留

表 C.8　成功标志

标志号	内容
01	施封成功
FF	施封不成功

C.4　解封指令参数内容格式

解封指令参数内容格式见表 C.9。

表 C.9　解封指令参数内容格式

指令代码	参数内容		
43	操作口令	操作时间	保留
	10 字节	8 字节	n 字节

C.5　解封指令响应参数内容格式

解封指令响应参数内容格式见表 C.10～表 C.13。

表 C.10　解封指令响应参数内容格式

指令代码	参数内容								
44	解封结果	电压状态	成功标志	操作时间	报警次数	当前报警种类	当前报警时间	计数器	保留
	1 字节	1 字节	1 字节	8 字节	1 字节	1 字节	8 字节	4 字节	n 字节

表 C.11 解封结果

比特位	结果
0	解封成功,1为不成功
1	操作口令不符合,1为操作口令不符合
2	电压过低,1为电压过低
3	重复解封,1为重复解封
4	未施封状态解封,1为未施封状态解封
5	报警状态,不能解封,1为有报警
6	响应超时,1为响应超时
7	保留

表 C.12 成功标志

标志号	标志意义
01	解封成功状态
FF	解封不成功

表 C.13 当前报警种类

报警号	种类
01	锁杆断开
02	非法拆开
03	保留
04	保留
05	保留
当前报警时间格式与操作时间格式一致。	

C.6 验封指令参数内容格式

验封指令参数内容格式见表 C.14。

表 C.14 验封指令参数内容格式

指令代码	参数内容		
45	操作口令	操作时间	保留
	10 字节	8 字节	n 字节

C.7 验封指令响应参数内容格式

验封指令响应参数内容格式见表 C.15～表 C.16。

表 C.15 验封指令响应参数内容格式

指令代码	参数内容								
46	验封当前状态	电压状态	成功标志	操作时间	报警次数	当前报警种类	当前报警时间	扩展数据包总数	保留
	1 字节	1 字节	1 字节	8 字节	1 字节	1 字节	8 字节	1 字节	n 字节

表 C.16 验封当前状态

代码	状态
01	施封状态无报警
02	施封状态有报警
03	解封状态有报警
04	解封状态无报警
05	操作口令不符合
06	保留

C.8 解除报警指令参数内容格式

解除报警指令参数内容格式见表 C.17。

表 C.17 解除报警指令参数内容格式

指令代码	参数内容		
47	操作口令	操作时间	保留
	10 字节	8 字节	n 字节

C.9 解除报警指令响应参数内容格式

解除报警指令响应参数内容格式见表 C.18～表 C.19。

表 C.18 解除报警指令响应参数内容格式

指令代码	参数内容			
48	解除报警结果	电压状态	操作时间	保留
	1 字节	1 字节	8 字节	n 字节

表 C.19 解除报警结果

代码	解除报警结果
01	解除报警成功
02	操作口令不符合
03	无报警解除
04	响应超时
05	保留

C.10 写扩展数据指令参数内容格式

写扩展数据指令参数内容格式见表 C.20。

表 C.20 写扩展数据指令参数内容格式

指令代码	参数内容					
49	操作口令	操作时间	扩展数据块序号	扩展数据长度	扩展数据内容	保留
	10 字节	8 字节	1 字节	1 字节	*n* 字节	*n* 字节
注：扩展数据划分为固定长度的数据块，扩展数据块序号从 0 开始递增。每次只能向一个数据块写入数据，从该数据块的起始地址开始写。						

C.11 写扩展数据指令响应参数内容格式

写扩展数据指令响应参数内容格式见表 C.21～表 C.22。

表 C.21 写扩展数据指令响应参数内容格式

指令代码	参数内容		
4A	扩展数据块序号	写扩展数据标志	保留
	1 字节	1 字节	*n* 字节

表 C.22 写扩展数据标志

代码	标志意义
01	写扩展数据成功
02	写扩展数据失败
03	密钥不符合
04	响应超时

C.12 读扩展数据指令参数内容格式

读扩展数据指令参数内容格式见表 C.23。

表 C.23 读扩展数据指令参数内容格式

指令代码	参数内容			
4B	操作口令	操作时间	扩展数据块序号	保留
	10 字节	8 字节	1 字节	*n* 字节

C.13 读扩展数据指令响应参数内容格式

读扩展数据指令响应参数内容格式见表 C.24～表 C.25。

表 C.24 读扩展数据指令响应参数内容格式

指令代码	参数内容				
4C	读扩展数据标志	扩展数据块序号	扩展数据长度	扩展数据内容	保留
	1 字节	1 字节	1 字节	*n* 字节	*n* 字节

表 C.25 读扩展数据标志

代码	标志意义
01	读扩展数据成功
02	读扩展数据失败
03	操作口令不符合
04	响应超时

C.14 读事件数据指令参数内容格式

读事件数据指令参数内容格式见表 C.26～表 C.27。

表 C.26 读事件数据指令参数内容格式

指令代码	参数内容			
4D	操作口令	班次序号	通道号	保留
	10 字节	1 字节	1 字节	*n* 字节

表 C.27 班次序号

序号	意义
01	读第一班次事件和数据
02	读第二班次事件和数据
03	读第三班次事件和数据
FF	读最近三班次事件和数据

C.15 读事件数据指令响应参数内容格式

读事件数据指令响应参数内容格式见表 C.28～表 C.31。

表 C.28 读事件数据指令响应参数内容格式

指令代码	参数内容					
4E	成功标志	班次序号	事件记录总数	事件数据	通道号	保留
	1 字节	1 字节	1 字节	44 字节	1 字节	n 字节

表 C.29 成功标志

代码	标志意义
01	读事件数据成功
02	读事件数据失败
03	无事件数据
04	操作口令不符合
05	响应超时

表 C.30 事件数据内容格式定义

事件数据						
序号	事件代码	单证号	操作时间	起运地	目的地	阅读器标识号
1 字节	1 字节	18 字节	8 字节	4 字节	4 字节	8 字节

表 C.31 事件代码

代码	事件
01	施封
02	解封
03	解除报警

表 C.31（续）

代码	事件
04	锁杆断开报警
05	非法拆开
06	低电压
07	操作口令不符合
08	保留
09	保留
10	保留

C.16 写箱/车号指令参数内容格式

写箱/车号指令参数内容格式见表 C.32。

表 C.32 写箱/车号指令参数内容格式

指令代码	参数内容		
4F	操作口令	车号/箱号	操作时间
	10 字节	车号/箱号字节长度	8 字节

操作时间为 8 个字节位，它记录电子施封时的时间，采用 BCD 码形式，格式为：CCYYMMDDHHMMSSXX，即“世纪年年月月日日时时分分秒秒 XX”，其中“XX”为时间戳前七个字节 BCD 码的异或（XOR）运算校验码。

C.17 写箱/车号响应指令参数内容格式

写箱/车号响应参数内容格式见表 C.33～表 C.34。

表 C.33 写箱/车号响应参数内容格式

指令代码	参数内容		
50	成功标志	车号/箱号	保留
	1 字节	车号/箱号字节长度	n 字节

表 C.34 成功标志

标志号	标志意义
01	写入成功状态
FF	写入不成功

C.18 读箱/车号指令参数内容格式

读箱/车号指令参数内容格式见表C.35。

表C.35 读箱/车号指令参数内容格式

指令代码	参数内容	
51	操作口令	操作时间
	10字节	8字节

操作时间为8个字节位，它记录电子施封时的时间，采用BCD码形式，格式为：CCYYMMDDHHMMSSXX，即“世纪年年月月日日时时分分秒秒XX”，其中“XX”为时间戳前7个字节BCD码的异或(XOR)运算校验码。

C.19 读箱/车号响应指令参数内容格式

读箱/车号响应指令参数内容格式见表C.36～表C.37。

表C.36 读箱/车号响应指令参数内容格式

指令代码	参数内容		
52	成功标志	车号/箱号	保留
	1字节	车号/箱号字节长度	n字节

表C.37 成功标志

标志号	标志意义
01	读出成功状态
FF	读出不成功，车号/箱号部分均为0x00

C.20 钥指令参数内容格式

下传阅读器公钥指令参数内容格式见表C.38。

表C.38 下传阅读器公钥指令参数内容格式

指令代码	参数内容	
53	阅读器公钥	保留
	64字节	n字节

C.21 下传阅读器公钥响应指令参数内容格式

下传阅读器公钥指令响应参数内容格式见表 C.39。

表 C.39 下传阅读器公钥指令响应参数内容格式

指令代码	参数内容
54	保留
	n 字节

C.22 获取锁公钥指令参数内容格式

获取锁公钥指令参数内容格式见表 C.40。

表 C.40 获取锁公钥指令参数内容格式

指令代码	参数内容
55	保留
	n 字节

C.23 获取锁公钥响应指令参数内容格式

获取锁公钥响应指令参数内容格式见表 C.41。

表 C.41 获取锁公钥指令响应参数内容格式

指令代码	参数内容	
56	安全智能锁公钥	保留
	64 字节	*n* 字节

附　录　D
（规范性附录）
锁标识号及阅读器标识号编码规则及贴牌规则

D.1　锁标识号编码规则

锁标识号编码规则见表D.1。

表 D.1　锁标识号编码规则

字段	国别	生产商标识号	数字编码(含锁类型和校验位)
字节数	2字节	2字节	4字节
数据类型	HEX	HEX	HEX

数据内容详细说明见表D.2。

表 D.2　数字编码字段说明

数字编码	说明
24 bit的锁自然序列号	由3字节的数据组成
4 bit的锁类型	由最高的4 bit组成,可分为16种类型的锁
4 bit的校验码	用于防止手工输入出错而进行的校验

校验码计算方法：

a）由表D.3取国别的两个字符,生产商标识号的两个字符的对应等同数值,以及把数字编码区域的四个字节数据的高4位和低4位分开(除去最后的校验码4位),剩余的7个每4bit为一个单元在表D.3中找出对应的等同数值;

b）把第1步中取得的每个等同数值(共11个),从前到后依次乘以2^n,第一个数值乘以2^0,第2个乘以2^1,依次类推,最后一个乘以2^{10};

c）把所有乘以2^n幂的数值进行累加,然后被11取余,保留余数;

d）由表D.4取出和第3步计算出的余数相对应的数值作为校验码,把这个值的ASCII码减去0x30再和数字编码区域中取出的校验码的4位进行对比,相同说明锁标识号正确。

表 D.3　等同数值

字符及其等同数值				数字
字符	与字符等同的数值	字符	与字符等同的数值	数字的等同数值
A	10	N	25	0
B	12	O	26	1
C	13	P	27	2
D	14	Q	28	3

表 D.3（续）

字符及其等同数值				数字
字符	与字符等同的数值	字符	与字符等同的数值	数字的等同数值
E	15	R	29	4
F	16	S	30	5
G	17	T	31	6
H	18	U	32	7
I	19	V	34	8
J	20	W	35	9
K	21	X	36	
L	23	Y	37	
M	24	Z	38	

注：11,22,33 忽略,取余系数 11 的整数倍。

表 D.4　余数与校验码对应关系

余数	校验码
10	0
9	9
8	8
7	7
6	6
5	5
4	4
3	3
2	2
1	1
0	0

示例：锁体贴牌规则,如一个在阅读器中读出的锁标识号为 43 4E 43 41 00 23 AF 19 的锁,在锁体表面应贴上 CNCA0002338585 的标签。代表这个锁为中国 CA 生产商生产的锁类型为 1 的自然号为 0023AF 的锁。

计算方法如下：

a) 取等同值:依次为:13,25,13,10,0,0,2,3,10,16,1;

b) 计算 2^n 幂:$13\times2^0+25\times2^1+13\times2^2+10\times2^3+0\times2^4+0\times2^5+2\times2^6+3\times2^7+10\times2^8+16\times2^9+1\times2^{10}=12\ 483$;

c) 把 12394 对 11 取余为 9;其 ASCII 码为 0x39,减去 0x30 为 0x09;

d) 数字编码区域中的校验码为 0x09,所以校验码相同,锁号无误;

e) 把阅读器中读出的锁标识号前 4 字节转换成字符,把 00 23 AF 19 转换成十进制,补齐 10 位数据,两者拼在一起即为贴牌数据。

D.2 阅读器标识号编码规则

阅读器标识号编码规则同锁标识号编码规则。

ICS 43.160
T 54

中华人民共和国国家标准

GB 29753—2013

道路运输 食品与生物制品冷藏车安全要求及试验方法

Safety requirements and test methods for refrigerating van for transporting food and biological products on road

2013-09-18 发布　　2014-07-01 实施

中华人民共和国国家质量监督检验检疫总局
中国国家标准化管理委员会 发布

前　言

本标准的第5、6章为强制性的，其余为推荐性的。

本标准按照GB/T 1.1—2009给出的规则起草。

本标准由中华人民共和国工业和信息化部提出。

本标准由全国汽车标准化技术委员会(SCA/TC 114)归口。

本标准主要起草单位：汉阳专用汽车研究所、中集车辆(山东)有限公司、中国制冷学会。

本标准参加起草单位：宁波凯福莱特种汽车有限公司、郑州红宇专用汽车有限责任公司、河南新飞专用汽车有限责任公司、江西江铃汽车集团改装车有限公司、青岛中集冷藏运输设备有限公司、上海开利运输冷气设备有限公司、芜湖安得物流股份有限公司。

本标准主要起草人：王焕民、李道鹏、励伟定、侯永华、李爱民、凌亮星、徐仁勇、文琛、刘小东、任俊生、吴兆根。

道路运输　食品与生物制品冷藏车安全要求及试验方法

1　范围

本标准规定了冷藏车的术语和定义、分类、要求及试验方法。

本标准适用于采用已定型汽车整车或二类、三类底盘上改装的装备机械制冷机组的道路运输易腐食品与生物制品的冷藏车和冷藏半挂车。

2　规范性引用文件

下列文件对于本文件的应用是必不可少的。凡是注日期的引用文件，仅注日期的版本适用于本文件。凡是不注日期的引用文件，其最新版本(包括所有的修改单)适用于本文件。

GB 1589　道路车辆外廓尺寸、轴荷及质量限值

GB 4785　汽车及挂车外部照明和光信号装置的安装规定

GB 7258　机动车运行安全技术条件

GB 11567.1　汽车和挂车侧面防护要求

GB 11567.2　汽车和挂车后下部防护要求

GB/T 12673　汽车主要尺寸测量方法

GB/T 12674　汽车质量(重量)参数测定方法

GB/T 17350　专用汽车和专用挂车术语、代号和编制方法

3　术语和定义

GB/T 17350 中界定的以及下列术语和定义适用于本文件。

3.1

易腐食品　perishable food

在常温下保存或流通中易于腐败变质的食品的总称。

3.2

生物制品　biological product

用基因工程、细胞工程、发酵工程等生物学技术制成的免疫制剂或有生物活性的制剂。可用于疾病的预防、诊断和治疗。

3.3

机械制冷机组(以下简称制冷机组)mechanical refrigeration units

一种机械式制冷系统，用以运输途中货物的温度控制，主要包括：压缩机、动力装置、风冷冷凝器组件、风冷蒸发器组件、制冷管路及电气、控制系统等。

3.4

行驶温度记录仪　travelling temperature recorder

在车辆行驶过程中，能够测量或自动记录冷藏车厢内温度并保存数据的装置。

3.5

漏气倍数　air leakage ratio

用来衡量车厢的气密性能。

3.6

总传热系数　the overall coefficient of heat transfer

在稳定传热条件下，冷藏车车厢内外平均温差为1开尔文(K)，单位时间内在单位面积传递的热量。

3.7

传热量　the hot loss through the walls

环境温度303K时，为保持冷藏车厢体内部温度的要求，单位时间内需要向厢体内输入的热量。

3.8

厢体的传热面积　the mean surface area of the body

冷藏车厢体内部表面积和外部表面积的几何平均值。

3.9

车厢内外温差　the absolute difference between the inside temperature and the outside temperature of the body

冷藏车车厢内部平均温度和车厢外部平均温度差值的绝对值。

3.10

车厢壁的平均温度　the mean temperature of the walls of the body

冷藏车车厢内部平均温度和车厢外部平均温度的算术平均值。

4　分类

4.1　运输易腐食品的冷藏车分类

当环境温度为303 K时，按冷藏车车厢内平均温度保持的温度范围，将运输易腐食品的冷藏车分为6类，分类见表1。

表1　运输易腐食品的冷藏车分类　　单位为开尔文

冷藏车类别	A	B	C	D	E	F
车厢内平均温度	285～273	285～263	285～253	≤273	≤263	≤253

4.2　运输生物制品的冷藏车分类

当环境温度为303 K时，按冷藏车车厢内平均温度保持的温度范围，将运输生物制品的冷藏车分为2类，分类见表2。

表2　运输生物制品的冷藏车分类　　单位为开尔文

冷藏车类别	G	H
车厢内平均温度	281～275	≤253

5 要求

5.1 整车

5.1.1 冷藏车的外廓尺寸、轴荷及质量限值应符合 GB 1589 的规定。

5.1.2 冷藏车的行驶安全要求应符合 GB 7258 的规定。

5.1.3 冷藏车的外部照明及光信号装置的安装要求应符合 GB 4785 的规定。

5.1.4 冷藏车侧面防护装置应符合 GB 11567.1 的规定，后下部防护装置应符合 GB 11567.2 的规定。

5.1.5 冷藏车应配备行驶温度记录仪。行驶温度记录仪应固定牢靠，应能真实反映运输过程中的货物温度。行驶温度记录仪记录时间间隔应≤10 min。

5.1.6 运输生物制品的冷藏车在运输过程中应具有定位和运行轨迹、实时温度等远程监控系统，并能识别所运输生物制品的信息，具备第三方监管功能。

5.1.7 运输生物制品的冷藏车应具备运行自检功能，车厢内部温度达到生物制品温度要求方可使用，并自动记录全部检测信息。

5.1.8 冷藏车应在厢体外部易见部位上喷涂或粘贴明显的“冷藏车”字样和冷藏车类别的英文字母。

5.2 车厢

5.2.1 车厢应选用吸水性低、透气性小、导热系数小、抗腐蚀性好的隔热材料。隔热材料采用泡沫塑料时，应选用环保的泡沫塑料。

5.2.2 车厢内应设置保证气密性能的排水孔。

5.2.3 车厢外部应设置紧急报警装置，其操作按钮应设置在车厢内靠近后门的侧壁上且标识明显。

5.2.4 运输生物制品的冷藏车车厢内应多点检测温度，测温点不得少于 6 个，以保证生物制品运输安全。车厢内温度应能自动调控、实时显示、自动报警、自动记录。

5.2.5 车厢应具有良好的防雨密封性。在进行防雨密封性能试验时，车厢顶部、侧壁、门及制冷机与车厢联接处不应有渗漏现象。

5.2.6 车厢应有一定的气密性。冷藏车的车厢漏气倍数要求应符合表 3 的规定。

表 3 漏气倍数限值要求

厢体的传热面积 m^2	漏气倍数 h^{-1}
>40	≤3.0
≥20～≤40	≤3.8
<20	≤6.3

5.2.7 车厢应有一定的隔热性能。冷藏车的车厢总传热系数应符合表 4 的规定。

表 4 车厢隔热性能限值要求

单位为瓦每(平方米·开尔文)

类别	Ⅰ	Ⅱ
总传热系数	≤0.4	>0.4～0.7
注：Ⅱ类不得用于 B、C、E、F、G、H 类冷藏车。		

5.2.8 车厢应有一定的机械性能。冷藏车车厢强度试验完成后，车厢各试验部件不允许有大于12 mm的残余变形，并且试验部件的变形不影响其功能。N_1 类冷藏车和客厢式冷藏车除外。

5.3 制冷机组

5.3.1 制冷机组在相应冷藏车类别温度下的制冷量，应不小于1.75倍的传热量。

5.3.2 制冷机组与车厢的连接应牢固可靠，不影响车厢密封性能。

5.4 降温性能

环境温度为303 K，冷藏车制冷机组连续工作4 h时间内，车厢内部平均温度应达到表1、表2中规定的温度，A、B、C、G类冷藏车应达到表1、表2中规定温度的最低值，D、E、F、H类冷藏车应达到表1、表2中规定温度的最高值。

5.5 保温性能

环境温度为303 K，冷藏车车厢内部平均温度在达到5.4要求的温度后，保持制冷机组连续工作4 h，车厢内部平均温度的变化值应≤2 K。

6 试验方法

6.1 外廓尺寸、轴荷及质量的测量

冷藏车外廓尺寸的测量按GB/T 12673的规定进行；轴荷及质量按GB/T 12674的规定进行。

6.2 行驶安全试验

冷藏车的行驶安全相关试验按GB 7258中的有关规定进行。

6.3 外部照明及光信号装置的试验

冷藏车的外部照明及光信号装置的检验按GB 4785的规定进行。

6.4 侧面、后下部防护装置的试验

冷藏车侧面、后下部防护装置的试验按GB 11567.1、GB 11567.2的规定进行。

6.5 温度记录仪、监控系统及外部标识的试验

目测冷藏车温度记录仪、监控系统的运行是否正常及冷藏车的外部标识。

6.6 防雨密封性能试验

6.6.1 试验条件

车厢门、制冷机组电气控制箱门正常关闭。降雨强度≥0.12 mm/s，应用雨量计测定降雨量，防雨密封试验台的人工降雨应能覆盖车厢及控制箱外部。

6.6.2 试验方法

冷藏车经15 min防雨密封性能试验后，擦干车厢及控制箱外部水分，打开门，检查各处，有无进水和渗漏现象。

6.7 气密性能试验

气密性能试验在防雨密封性能试验完成后、隔热性能试验之前进行。

6.7.1 试验条件

6.7.1.1 车厢内、外部温度保持在 288 K～298 K 之间。
6.7.1.2 流量计里的空气温度保持在 288 K～298 K 之间。
6.7.1.3 车厢内、外温度差≤3 K。
6.7.1.4 冷藏车空载，地板排水孔、蒸发器排水孔预先堵塞，门和通风装置关闭，供气管安装处密封。
6.7.1.5 车厢内外试验压力差为 100 Pa±5 Pa。

6.7.2 试验方法

6.7.2.1 利用气源使用增压法对车厢内部加压。
6.7.2.2 用气密接头把带计量装置的气源供气管和压力计接到车厢上。
6.7.2.3 调节空气供给装置，使车厢内外压力差稳定，压力差稳定后保持≥3 min，记录保持此压力差的漏气量。

6.7.3 数据处理

6.7.3.1 所测漏气量应换算成标准状况（273 K，1.013×10^5 Pa）下漏气量，按式(1)加以修正。将测量结果换算成标准状况下的漏气量。

$$V=\frac{p_0\times\theta}{p\times\theta_0}\times V_0 \qquad \cdots\cdots(1)$$

式中：
V ——标准状态下的漏气量，单位为立方米每小时(m^3/h)；
V_0 ——流量计所测的漏气量，单位为立方米每小时(m^3/h)；
θ ——标准状态下绝对温度，273，单位为开尔文(K)；
θ_0 ——流量测量处每次测量的空气的绝对温度，单位为开尔文(K)；
p ——标准大气压力，1.013×10^5，单位为帕斯卡(Pa)；
p_0 ——流量测量处测量的空气的绝对压力，单位为帕斯卡(Pa)。

6.7.3.2 试验时车厢内外试验压力差<100 Pa，应按式(2)加以修正，将标准状态下的漏气量换算成试验压力差为 100 Pa 时标准状态下的漏气量。

$$V_t=V\times\sqrt{\frac{100}{\Delta p}} \qquad \cdots\cdots(2)$$

式中：
V_t ——试验压差为 100 Pa 时，标准状态下的漏气量，单位为立方米每小时(m^3/h)；
V ——标准状态下的漏气量，单位为立方米每小时(m^3/h)；
Δp ——试验时车厢内外实际压力差，单位为帕斯卡(Pa)。

6.7.3.3 车厢漏气倍数按式(3)计算：

$$L=\frac{V_t}{V_X} \qquad \cdots\cdots(3)$$

式中：
L ——漏气倍数，单位为每小时(h^{-1})；
V_t ——试验压差为 100 Pa 时，标准状态下的漏气量，单位为立方米每小时(m^3/h)；
V_X ——车厢的容积，单位为立方米(m^3)。

6.8 隔热性能试验

6.8.1 试验条件

6.8.1.1 隔热性能试验采用冷藏车车厢内部加热法。

6.8.1.2 冷藏车应放置在环境控制室中试验，环境控制室平均温度的变化值应保持在±0.5 K内，车厢内部和环境控制室的平均温度差为25 K±2 K，车厢壁的平均温度保持在293 K±0.5 K。

6.8.1.3 车厢壁的平均温度按式(4)计算：

$$\theta=\frac{\theta_a+\theta_b}{2} \qquad \cdots\cdots(4)$$

式中：

θ ——车厢壁的平均温度，单位为开尔文(K)；

θ_a——在试验过程中，车厢内部各温度测量点测量温度的算术平均值，单位为开尔文(K)；

θ_b——在试验过程中，车厢外部各温度测量点测量温度的算术平均值，单位为开尔文(K)。

6.8.1.4 在试验过程中，应保持环境控制室内的空气连续流通，冷藏车车厢外部10 cm处的空气流动速度保持在1 m/s～2 m/s。

6.8.1.5 在试验过程中，车厢内部温度测量点的任两点的最大温度差≤2 K，车厢外部温度测量点的任两点的最大温度差≤2K。

6.8.1.6 车厢空载，内部清洁、干燥，地板排水孔、蒸发器排水孔处于正常使用状态，门和通风装置按正常方式关闭。

6.8.1.7 测量温度的传感器应设在距车厢内、外表面10 cm处，在车厢8个内、外顶角和具有最大面积的四个内、外面的几何中心各1个。

6.8.1.8 由电阻式热风加热器散发的热量，其热流密度不应超过1 W/cm²，并且加热器应使用一个具有低辐射系数的箱体进行保护。加热器和风扇的热功率的测量精度应为±0.5%。

6.8.2 试验方法

6.8.2.1 试验条件达到6.6.1规定的要求后，应保持≥12 h的稳定期。在稳定期之前6 h内，车厢内、外部平均温度的变化值≤±1.0 K。在稳定期内，开始6 h，车厢内、外部平均温度的变化值≤±0.3 K。

6.8.2.2 在稳定期内，车厢的内、外部温度和总热功率的测量频次≥4次/h。

6.8.2.3 在稳定期开始3 h和结束3 h时间，中间应间隔≥6 h，两时间段测量并计算的总热功率的算术平均值的差值应<3%。

6.8.2.4 在稳定期内，最后≥6 h作为测量期，测量并计算车厢内、外温度的算术平均值和总热功率的算术平均值。

6.8.2.5 测量期开始及结束，车厢内、外部平均温度的变化值≤0.2 K。

6.8.2.6 如果试验的数据采集和处理都不是自动进行并做记录的，则测量期试验时间应≥8 h。

6.8.2.7 总热功率包括加热器的加热功率和风扇产生的热功率。

6.8.3 总传热系数的计算

6.8.3.1 总传热系数按式(5)计算：

$$K=\frac{W}{S\times\Delta\theta} \qquad \cdots\cdots(5)$$

式中：

K ——总传热系数，单位为瓦每(平方米·开尔文)[W/(m²·K)]；

W ——测量期内总热功率的算术平均值，单位为瓦(W)；

S ——厢体的传热面积,单位为平方米(m^2);

$\Delta\theta$ ——测量期内车厢内外温差的算术平均值,单位为开尔文(K)。

6.8.3.2 厢体的传热面积按式(6)计算:

$$S=\sqrt{S_i \times S_e} \quad \cdots\cdots (6)$$

式中:

S_i——车厢内表面面积,单位为平方米(m^2);

S_e——车厢外表面面积,单位为平方米(m^2)。

6.8.3.3 测量期内车厢内外温差的算术平均值按式(7)计算:

$$\Delta\theta=|\theta_i-\theta_e| \quad \cdots\cdots (7)$$

式中:

θ_i——测量期内,车厢内部各温度测量点测量温度的算术平均值,单位为开尔文(K);

θ_e——测量期内,车厢外部各温度测量点测量温度的算术平均值,单位为开尔文(K)。

6.9 机械性能试验

6.9.1 厢体前壁气袋试验

6.9.1.1 前壁内表面试验载荷的施加

试验载荷通过气袋均匀的施加在厢体前壁内表面上,如图1所示。

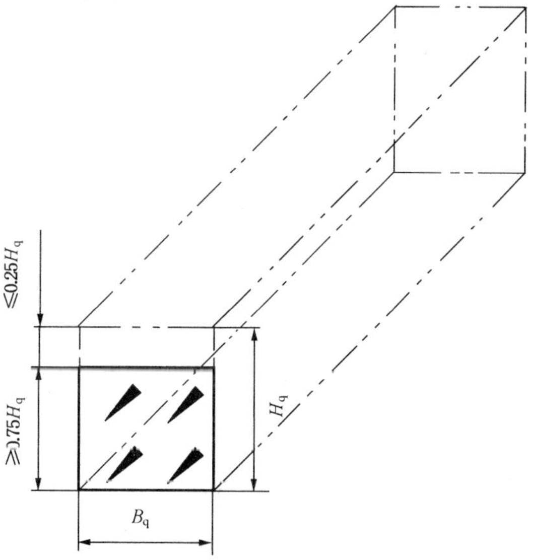

说明:

H_q——冷藏车车厢前壁内表面高度;

B_q——冷藏车车厢前壁内表面宽度。

图1 厢体前壁气袋试验

6.9.1.2 前壁内表面加压试验

6.9.1.2.1 前壁内表面加压试验的压强按式(8)计算:

$$F_q=\frac{N_q}{S_q} \quad \cdots\cdots (8)$$

式中:

F_q——冷藏车车厢前壁试验压强,单位为帕斯卡(Pa);

N_q——冷藏车车厢前壁试验载荷,单位为牛顿(N);

S_q——冷藏车车厢前壁内表面试验面积,单位为平方米(m^2)。

6.9.1.2.2 前壁内表面加压试验的试验载荷按式(9)计算:

$$N_q = 0.4G \times 9.8 \quad \cdots\cdots (9)$$

式中:

N_q——冷藏车车厢前壁试验载荷的数值,单位为牛顿(N);

G——冷藏车载质量的数值,单位为千克(kg)。

6.9.1.2.3 前壁内表面加压试验的面积按式(10)计算:

$$S_q = h_q \times B_q \quad \cdots\cdots (10)$$

式中:

S_q——冷藏车车厢前壁内表面试验面积,单位为平方米(m^2);

B_q——冷藏车车厢前壁内表面宽度,单位为米(m);

h_q——冷藏车车厢前壁内表面试验高度,按表5确定。

表5 前壁内表面试验高度

单位为米

H_q	h_q
≥1.6	≥$0.75H_q$
<1.6	H_q
注:H_q 为冷藏车车厢前壁内表面高度。	

6.9.2 厢体侧壁气袋试验

6.9.2.1 侧壁内表面试验载荷的施加

试验载荷通过气袋均匀的施加在厢体侧壁内表面上,如图2所示。

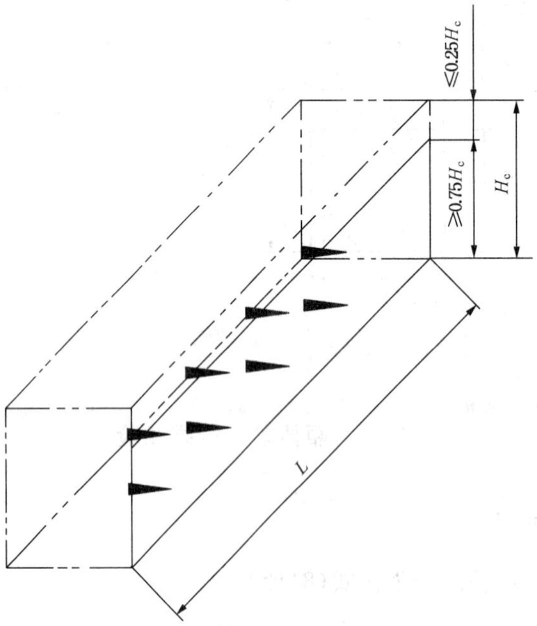

说明:

H_c——冷藏车车厢侧壁内表面高度;

L——冷藏车车厢侧壁内表面长度。

图2 厢体侧壁气袋试验

6.9.2.2 **侧壁内表面加压试验**

6.9.2.2.1 侧壁内表面加压试验的压强按式(11)计算:

$$F_c = \frac{N_c}{S_c} \qquad \cdots\cdots(11)$$

式中:

F_c——冷藏车车厢侧壁试验压强,单位为帕斯卡(Pa);

N_c——冷藏车车厢侧壁试验载荷,单位为牛顿(N);

S_c——冷藏车车厢侧壁内表面试验面积,单位为平方米(m^2)。

6.9.2.2.2 侧壁内表面加压试验的载荷按式(12)计算:

$$N_c = 0.4G \times 9.8 \qquad \cdots\cdots(12)$$

式中:

N_c——冷藏车车厢侧壁试验载荷的数值,单位为牛顿(N);

G ——冷藏车载质量的数值,单位为千克(kg)。

6.9.2.2.3 侧壁内表面加压试验的面积按式(13)计算:

$$S_c = h_c \times L \qquad \cdots\cdots(13)$$

式中:

S_c——冷藏车车厢侧壁内表面试验面积,单位为平方米(m^2);

L ——冷藏车车厢侧壁内表面长度,单位为米(m);

h_c——冷藏车车厢侧壁内表面试验高度,按表6确定。

表6 侧壁内表面试验高度

单位为米

H_c	h_c
≥1.6	≥0.75H_c
<1.6	H_c
注:H_c 为冷藏车车厢侧壁内表面高度。	

6.9.3 **厢体后壁气袋试验**

6.9.3.1 **后壁内表面试验载荷的施加**

试验载荷通过气袋均匀的施加在厢体后壁内表面上,如图3所示。

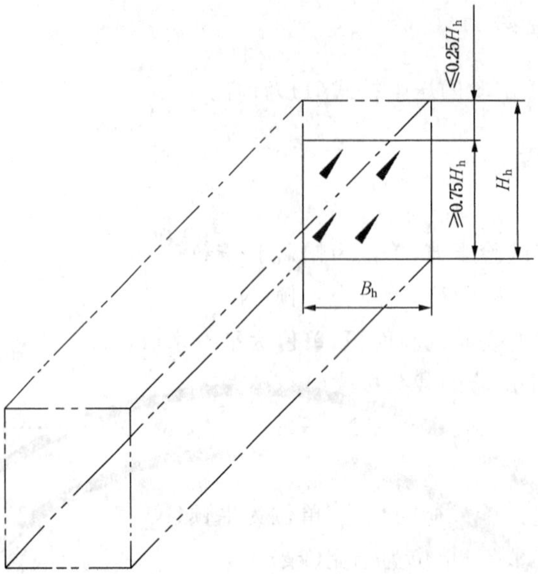

说明：

H_h——冷藏车车厢后壁内表面高度；

B_h——冷藏车车厢后壁内表面宽度。

图 3　厢体后壁气袋试验

6.9.3.2　后壁内表面加压试验

6.9.3.2.1　后壁内表面加压试验的压强按式(14)计算：

$$F_h = \frac{N_h}{S_h} \qquad \cdots\cdots(14)$$

式中：

F_h——冷藏车车厢后壁试验压强，单位为帕斯卡(Pa)；

N_h——冷藏车车厢后壁试验载荷，单位为牛顿(N)；

S_h——冷藏车车厢后壁内表面试验面积，单位为平方米(m^2)。

6.9.3.2.2　后壁内表面加压试验的载荷按式(15)计算：

$$N_h = 0.3G \times 9.8 \qquad \cdots\cdots(15)$$

式中：

N_h——冷藏车车厢后壁试验载荷的数值，单位为牛顿(N)；

G——冷藏车载质量的数值，单位为千克(kg)。

6.9.3.2.3　后壁内表面加压试验的面积按式(16)计算：

$$S_h = h_h \times B_h \qquad \cdots\cdots(16)$$

式中：

S_h——冷藏车车厢后壁内表面试验面积，单位为平方米(m^2)；

B_h——冷藏车车厢后壁内表面宽度，单位为米(m)；

h_h——冷藏车车厢后壁内表面试验高度，按表 7 确定。

表 7 后壁内表面试验高度

单位为米

H_h	h_h
≥1.6	≥0.75 H_h
<1.6	H_h
注：H_h 为冷藏车车厢后壁内表面高度。	

6.9.4 气袋试验

6.9.4.1 气袋应能承受试验要求的压力，膨胀后具有在加载方向上至少延伸 500 mm 的能力，并能将试验载荷均匀的施加在试验部件要求的表面上。

6.9.4.2 气袋布置在距试验部件不大于 50 mm 的范围内。

6.9.4.3 对于波纹板等不平整的试验前、后壁面，允许在试验加载表面前放置一块厚度≤5 mm 的复合木板。

6.9.4.4 对于对称结构的侧壁，可以只测试一个侧面。对于不对称结构的侧壁，选取结构弱的一面进行试验。

6.9.4.5 气袋可以安置在具有垂直结构的框架上，试验部件均不可以作为该框架的固定支撑。5 mm 厚的复合木板或等同的材料安置在垂直结构侧墙上作为框架面板，以便将气袋的实验压力传递给框架。框架面板在车辆纵向方向上，截止在施压面两侧 150 mm±50 mm 处。在高度方向上，复合木板不能作为厢体顶部机构的支撑。

6.10 制冷机组试验

车厢外部温度为 303 K，车厢内部温度为表 1、表 2 规定的温度，A、B、C、G 类冷藏车为规定温度的最低值，D、E、F、H 类冷藏车为规定温度的最高值，计算车厢内外温差 $\Delta\theta_p$。通过隔热性能试验计算总传热系数 K。并按式(17)计算传热量。

$$Q = K \times S \times \Delta\theta_p \qquad \cdots\cdots(17)$$

式中：

Q ——传热量，单位为瓦(W)；

K ——总传热系数，单位为瓦每(平方米·开尔文)[W/(m²·K)]；

S ——厢体的传热面积，单位为平方米(m²)；

$\Delta\theta_p$ ——环境温度 303 K 与冷藏车车厢内平均温度的差值，单位为开尔文(K)。

6.11 降温试验

6.11.1 试验条件

环境温度为≥303 K，冷藏车空载，车厢内部和车厢外部平均温度差≤2 K，地板排水孔、蒸发器排水孔处于正常使用状态，门和通风装置按正常方式关闭。

6.11.2 试验方法

启动制冷机组并连续工作，对车厢外部和内部温度进行测量，每 30 min 测量 1 次，测量结果达到 5.4 的要求即可。

6.12 保温试验

6.12.1 试验条件

环境温度为≥303 K,冷藏车空载,冷藏车车厢内平均温度达到5.4要求的温度后进行。地板排水孔、蒸发器排水孔处于正常使用状态,门和通风装置按正常方式关闭。

6.12.2 试验方法

保持制冷机组连续工作4 h,在工作时间内,对车厢外部和内部温度进行测量,每30 min测量1次,制冷机组连续工作4 h后,取测量结果的算术平均值。

ICS 59.100.10
Q 36

中华人民共和国国家标准

GB/T 29754—2013

玻璃纤维机织单向布

Unidirectional glass fibre woven fabrics

2013-09-18 发布 2014-06-01 实施

中华人民共和国国家质量监督检验检疫总局
中国国家标准化管理委员会 发布

前　言

本标准按照 GB/T 1.1—2009 给出的规则起草。

本标准由中国建筑材料联合会提出。

本标准由全国玻璃纤维标准化技术委员会(SAC/TC 245)归口。

本标准负责起草单位:南京玻璃纤维研究设计院有限公司、常州天马集团有限公司、国家玻璃纤维产品质量监督检验中心。

本标准主要起草人:陈建明、王玉梅、许敏、方允伟、黄英、徐琪。

玻璃纤维机织单向布

1 范围

本标准规定了玻璃纤维机织单向布(以下简称单向布)的术语和定义、产品代号、要求、试验方法、检验规则、标志、包装、运输和贮存。

本标准适用于以玻璃纤维为主要原料,以机织工艺生产的单向织物。该织物经纬两个方向呈显著的主次结构,主次方向上的单位面积纱线质量比不小于4∶1。该织物主要用作纤维增强塑料的增强材料,例如制作风机叶片、船艇、交通(航空、列车、汽车等)运输箱体、体育器材、贮罐、管道等。

2 规范性引用文件

下列文件对于本文件的应用是必不可少的。凡是注日期的引用文件,仅注日期的版本适用于本文件。凡是不注日期的引用文件,其最新版本(包括所有的修改单)适用于本文件。

GB/T 191 包装储运图示标志

GB/T 1033.1—2008 塑料 非泡沫塑料密度的测定 第1部分:浸渍法、液体比重瓶法和滴定法

GB/T 1040.5—2008 塑料 拉伸性能的测定 第5部分:单向纤维增强复合材料的试验条件

GB/T 1549 纤维玻璃化学分析方法

GB/T 2577—2005 玻璃纤维增强塑料树脂含量试验方法

GB/T 3356 单向纤维增强塑料弯曲性能试验方法

GB/T 4202—2007 玻璃纤维产品代号

GB/T 9914.1 增强制品试验方法 第1部分:含水率的测定

GB/T 9914.2 增强制品试验方法 第2部分:玻璃纤维可燃物含量的测定

GB/T 9914.3 增强制品试验方法 第3部分:单位面积质量的测定

GB/T 18374 增强材料术语及定义

3 术语和定义

GB/T 18374 界定的术语和定义适用于本文件。

4 产品代号

产品代号应符合以下规定:

□ WR □—[□]-□ (□)

——制造商标记，放在圆括号内，可选

——布的宽度，以厘米为单位

——经向、纬向单位面积纱线质量的标称比，放在方括号内；当次方向纱线可以忽略不计时，0°表示主方向为经向；90°表示主方向为纬向

——标称单位面积质量，以克每平方米为单位

——表示布种类的字母，WR表示无捻粗纱布

——表示玻璃种类的字母，按GB/T 4202—2007

示例1：单位面积质量为500 g/m²，主方向为经向，纬向纱线可以忽略，幅宽为400 mm的E玻璃纤维单向布，代号为：

EWR500[0°]-40

示例2：单位面积质量为500 g/m²，主方向为纬向，经向纱线可以忽略，幅宽为400 mm，制造商标记为JA的E-CR玻璃纤维单向布，代号为：

E-CRWR500[90°]-40(JA)

示例3：单位面积质量为1 000 g/m²，经纬向单位面积纱线质量标称比为10∶1，幅宽为1 000 mm的高强玻璃纤维单向布，代号为：

SWR1000[10∶1]-100

5 要求

5.1 外观

5.1.1 表面不应有影响使用的污渍、油渍、杂物等缺陷。外观疵点程度及分类见表1。每100 m² 不应超过15个疵点，且主要疵点不应超过3个。

表1 外观疵点程度及分类

疵点名称	疵点程度	疵点分类	
		主要疵点⊙	次要疵点△
断经、断纬(主方向)	1根，每长50 mm		△
	1根，每长100 mm(50 mm起算)	⊙	
	2根(不相邻)，每长20 mm		△
	2根(不相邻)，每长50 mm(20 mm起算)	⊙	
破洞	相邻2根及其以上纱线并断(主方向)	不允许	
边不良	超过50 mm	⊙	
污渍	宽度与长度之和小于50 mm		△
	宽度与长度之和大于等于50 mm	⊙	
	油渍	不允许	

5.2 碱金属氧化物含量

钾钠氧化物含量总和应不大于0.8%。

5.3 玻璃纤维可燃物含量

玻璃纤维的可燃物含量应为(标称值±0.2)%或标称值±20%,取范围较大者。

5.4 含水率

含水率应不大于0.10%。

5.5 单位面积质量

单位面积质量单值偏差应不超过标称值的±8%,平均值偏差应不超过标称值的±6%。

5.6 层合板力学性能

单向布与不饱和聚酯树脂或环氧树脂制作的层合板其纤维主要增强方向的拉伸强度、拉伸弹性模量、弯曲强度、弯曲弹性模量应不小于按式(1)计算的 X_{min} 值。

$$X_{min}=0.95K\left[X_{ref}\left(\frac{\varphi}{0.4}\right)\right] \qquad (1)$$

式中:

X_{min}——要求的力学性能最小值,单位为兆帕(MPa);

X_{ref}——力学性能标准值,单位为兆帕(MPa),见表2;

K——折算系数,为主方向单位面积纱线质量与织物单位面积质量的比值,当次方向纱线可以忽略不计时 K 取1.00;

φ——层合板中玻璃纤维体积含量,$0.2\leqslant\varphi\leqslant0.6$。层合板中玻璃纤维体积含量计算方法按附录A。

表2 力学性能标准值

力学性能	X_{ref}/MPa
拉伸强度	500
拉伸弹性模量	26×10^3
弯曲强度	650
弯曲弹性模量	20×10^3

5.7 宽度和长度

宽度由供需双方商定,实测值应在标称值的0~+15 mm偏差范围内。

长度及其允许偏差由供需双方商定。

6 试验方法

6.1 外观

正常光照度下目测检验。

6.2 碱金属氧化物含量

按GB/T 1549的规定。

6.3 玻璃纤维可燃物含量

剔除织物中的非玻璃纤维部分后，按 GB/T 9914.2 的规定测定可燃物含量。

6.4 含水率

按 GB/T 9914.1 的规定。

6.5 单位面积质量

按 GB/T 9914.3 的规定。

6.6 层合板力学性能

6.6.1 采用手糊工艺或真空辅助成型工艺制作层合板。层合板中的玻璃纤维体积含量应控制在 20%～60%，层合板的厚度以 2 mm 为宜。

6.6.2 按 GB/T 1040.5—2008 和 GB/T 3356 的规定分别测定试样的拉伸强度、拉伸弹性模量、弯曲强度和弯曲弹性模量。

6.6.3 按附录 A 的规定计算层合板中玻璃纤维体积含量。

6.7 宽度和长度

宽度用精度为 1 mm 的钢卷尺，沿卷装的外表面，均匀测量两布边经纱外侧之间的垂直距离 3 次，计算平均值。

长度测量方法由供需双方商定。

7 检验规则

7.1 出厂检验和型式检验

7.1.1 出厂检验

出厂检验项目，包括玻璃纤维可燃物含量、含水率、单位面积质量、宽度、长度和外观。

7.1.2 型式检验

有下列情况之一时，应进行型式检验，型式检验项目应包括标准中规定的全部要求。

a) 新产品投产时；

b) 原材料或生产工艺有较大的改变时；

c) 停产后，恢复生产时；

d) 正常生产时，每年至少进行一次；

e) 出厂检验结果与上次型式检验有较大差异时。

7.2 批与抽样

7.2.1 检查批

同一规格品种、同一生产工艺稳定连续生产的一定数量的单位产品为一检查批。

7.2.2 抽样

采用计数检验抽样方案，按表3的规定从检查批中随机抽取检验用样本。

表3 计数检验的抽样与判定

批量范围	除碱金属氧化物含量和层合板力学性能项目外的抽样与判定			碱金属氧化物含量和层合板力学性能抽样数
	样本大小	接收数 Ac	拒收数 Re	
Ⅰ	Ⅱ	Ⅲ	Ⅳ	Ⅴ
3～25	3	0	1	1
26～280	13	1	2	
281～500	20	2	3	
501～1 200	32	3	4	
1 201～3 200	50	5	6	2
3 201～10 000	80	7	8	

7.3 判定规则

7.3.1 外观、玻璃纤维可燃物含量、含水率、单位面积质量、宽度和长度采用计数检验，判定规则按表3的规定。

7.3.2 碱金属氧化物含量、层合板力学性能按表3中第Ⅴ栏所列的抽样数进行抽样，以样本测定结果平均值进行判定。

7.3.3 按7.3.1和7.3.2判定均为合格时，判该批收接收，否则该批不接收。

8 标志、包装、运输和贮存

8.1 标志

8.1.1 产品标志应包括：

a) 产品名称、产品代号、本标准编号；
b) 生产厂名称和地址；
c) 生产日期(或批号)；
d) 卷长或净质量；
e) 偶联剂(或浸润剂)种类或适用树脂。

8.1.2 产品标志应在产品上标明，或预先向用户提供有关资料。

8.2 包装

8.2.1 织物应卷绕在硬纸管上，使用防潮材料密封，妥善包装。

8.2.2 包装外表面应标明：

a) 产品名称、产品代号、本标准编号；
b) 生产厂名称和地址；
c) 生产日期(或批号)；
d) 卷长或净质量；

e) 按 GB/T 191 规定的"怕雨"、"堆码层数极限"两种图示。

8.2.3 特殊包装由供需双方商定。

8.3 运输

应采用干燥遮篷工具运输,运输过程中应避免机械损伤、日光直射和受潮。

8.4 贮存

应放置在干燥、通风的室内贮存。避免阳光直射和热源。堆码高度符合要求,避免高温贮存。

附 录 A
（规范性附录）
层合板中玻璃纤维体积含量的计算

层合板中玻璃纤维体积含量根据玻璃纤维质量含量、层合板密度和玻璃纤维密度进行计算，其中玻璃纤维质量含量按 GB/T 2577—2005 测定，层合板密度和玻璃纤维密度按 GB/T 1033.1—2008 测定，按式(A.1)计算。

$$\varphi=\frac{\Psi_g \rho_c}{\rho_g} \qquad \cdots\cdots\cdots\cdots(A.1)$$

式中：

φ ——玻璃纤维体积含量；

Ψ_g——玻璃纤维质量含量；

ρ_c ——层合板密度，单位为克每立方厘米(g/cm^3)；

ρ_g ——玻璃纤维密度，单位为克每立方厘米(g/cm^3)。

ICS 91.100.50
Q 24

中华人民共和国国家标准

GB/T 29755—2013

中空玻璃用弹性密封胶

Elastic sealants for insulating glass

2013-09-18 发布　　　　2014-06-01 实施

中华人民共和国国家质量监督检验检疫总局
中国国家标准化管理委员会　发布

前言

本标准按照GB/T 1.1—2009给出的规则起草。

本标准由中国建筑材料联合会提出。

本标准由全国轻质与装饰装修建筑材料标准化技术委员会建筑密封材料分技术委员会(TC 195/SC 3)归口。

本标准负责起草单位:中国建筑防水协会、中国建材检验认证集团苏州有限公司、中国建筑材料科学研究总院苏州防水研究院、杭州之江有机硅化工有限公司、广州市白云化工实业有限公司、成都硅宝科技股份有限公司、郑州中原应用技术研究开发有限公司、浙江凌志精细化工有限公司、广州市高士实业有限公司、广州新展有机硅有限公司、佛山市南海区金叶硅胶有限公司、佛山市元通胶粘实业有限公司、深圳市百丽春粘胶实业有限公司、山东宝龙达胶业有限公司。

本标准参加起草单位:济南华亚密封胶有限公司、江门大光明粘胶有限公司、山东宇龙高分子科技有限公司、东丽国际贸易(中国)有限公司、阿克苏诺贝尔硫胶化学(泰兴)有限公司、常熟市恒信粘胶有限公司、北京中天星云科技有限公司、北京卓越中空玻璃材料有限公司、广东长鹿精细化工有限公司、辽宁吕氏化工(集团)有限公司、浙江华成有机硅材料有限公司、晋江市奋发橡塑制品有限公司、郑州国泰密封材料科技有限公司、北京世纪远达科技发展有限公司、广州集泰化工有限公司、扬州晨化科技集团有限公司、佛山市宏英实业有限公司、浙江时间装饰材料有限公司、肇庆浩宏新材料有限公司。

本标准主要起草人:朱志远、朱冬青、李步春、陈世龙、刘明、郭月萍、曾容、朱德明、向华、叶立明、罗伟、潘自鼎、朱健梁、徐秋生、朱晓华、曾庆铭、朱斌。

本标准为首次发布。

中空玻璃用弹性密封胶

1 范围

本标准规定了中空玻璃用弹性密封胶的分类和标记、要求、试验方法、检验规则、标志、包装、运输和贮存。

本标准适用于非结构装配中空玻璃二道密封用双组分密封胶，单组分中空玻璃密封胶可参考使用。

2 规范性引用文件

下列文件对于本文件的应用是必不可少的。凡是注日期的引用文件，仅注日期的版本适用于本文件。凡是不注日期的引用文件，其最新版本(包括所有的修改单)适用于本文件。

GB/T 531.1 硫化橡胶或热塑性橡胶 压入硬度试验方法 第1部分：邵氏硬度计法(邵尔硬度)

GB/T 13477.1—2002 建筑密封材料试验方法 第1部分：试验基材的规定

GB/T 13477.2 建筑密封材料试验方法 第2部分：密度的规定

GB/T 13477.3 建筑密封材料试验方法 第3部分：使用标准器具测定密封材料挤出性的方法

GB/T 13477.5—2002 建筑密封材料试验方法 第5部分：表干时间的测定

GB/T 13477.6 建筑密封材料试验方法 第6部分：流动性的测定

GB/T 13477.8 建筑密封材料试验方法 第8部分：拉伸粘结性的测定

GB/T 13477.10—2002 建筑密封材料试验方法 第10部分：定伸粘结性的测定

GB/T 13477.17—2002 建筑密封材料试验方法 第17部分：弹性恢复率的测定

GB 16776 建筑用硅酮结构密封胶

GB/T 17146 建筑材料水蒸气透过性能试验方法

GB/T 22083—2008 建筑密封胶分级和要求

JC/T 485—2007 建筑窗用密封胶

3 分类和标记

3.1 分类

产品按密封胶的聚合物种类分为聚硫(PS)、硅酮(SR)、聚氨酯(PU)等密封胶。

3.2 标记

产品按下列顺序标记：密封胶名称、聚合物种类、本标准编号。

示例：聚硫中空玻璃密封胶标记为：中空玻璃密封胶 PS GB/T 29755—2013。

4 要求

4.1 外观

4.1.1 密封胶应为细腻、均匀膏状物或黏稠体，不应有气泡、结皮或凝胶。

4.1.2 各组分的颜色宜有明显差异。

4.2 密封胶性能

密封胶物理力学性能应符合表1的规定。

表1 物理力学性能

序号	项目			指标
1	密度/(g/cm³)	A组分		规定值±0.1
		B组分		规定值±0.1
2	下垂度	垂直/mm	≤	3
		水平		不变形
3	表干时间/h		≤	2
4	适用期[a]/min		≥	20
5	硬度/Shore A			30～60
6	弹性恢复率/%		≥	80
7	拉伸粘结性	拉伸粘结强度/MPa	≥	0.60
		最大拉伸强度时伸长率/%	≥	50
		粘结破坏面积/%	≤	10
8	定伸粘结性			无破坏
9	水-紫外线处理后拉伸粘结性	拉伸粘结强度/MPa	≥	0.45
		最大拉伸强度时伸长率/%	≥	40
		粘结破坏面积/%	≤	30
10	热空气老化后拉伸粘结性	拉伸粘结强度/MPa	≥	0.60
		最大拉伸强度时伸长率/%	≥	40
		粘结破坏面积/%	≤	30
11	热失重/%		≤	6.0
12	水蒸气透过率/[g/(m²·d)]			报告值

注：中空玻璃用第二道密封胶使用时关注与相接触材料的相容性或粘结性，相接触材料包括一道密封胶、中空玻璃单元接缝密封胶、间隔条、密闭垫块等，试验参考GB 16776—2005和GB 24266—2009相应规定。

[a] 适用期也可由供需双方商定。

5 试验方法

5.1 基本规定

5.1.1 标准试验条件

试验室的标准试验条件：温度(23±2)℃，相对湿度(50±5)%。

5.1.2 试验基材

试验基材应符合GB/T 13477.1—2002中要求的厚度为6 mm～8 mm浮法玻璃，也可选用供需双方指定的玻璃。

5.1.3 试件制备

制备试件前，用于试验的密封胶应在标准试验条件下放置 24 h 以上。试验基材按生产商要求选用合适的清洁剂清洁。

试样按生产厂注明的比例混合均匀，避免形成气泡。若事先无特殊要求，混合后应在 20 min 内完成注模和修整。

粘结试件数量和处理条件见表 2。

表 2 粘结试件数量和处理条件

序号	项目	试件数量/个		试件制备和处理条件
		试验组	备用组	
1	弹性恢复率	3	—	按 GB 16776 中拉伸粘结性的试件形状制备试件，两面均采用浮法玻璃基材。处理条件为标准试验条件下放置 14 d
2	拉伸粘结性	5	—	
3	定伸粘结性	3	3	
4	水-紫外线处理后拉伸粘结性	5	—	
5	热空气老化后拉伸粘结性	5	—	

5.2 外观

将试样各组分刮平后目测。

5.3 密度

按 GB/T 13477.2 试验。

5.4 下垂度

按 GB/T 13477.6 试验，采用试验步骤 A 测定，在(50±2)℃的烘箱中放置 4 h。

5.5 表干时间

按 GB/T 13477.5—2002 试验，型式检验采用 A 法试验，出厂检验可采用 B 法试验。

5.6 适用期

适用期按 GB/T 13477.3 进行，采用 B 法测定，挤出孔直径 4 mm，样品预处理温度(23±2)℃，读取挤出率为 50 mL/min 时对应的时间，即为适用期。

5.7 硬度

试样按生产厂注明的比例混合均匀，应避免形成气泡，挤在模板上刮平，厚度 6 mm～7 mm，按标准试验条件养护 14 d，然后按 GB/T 531.1 试验。

5.8 弹性恢复率

按 GB/T 13477.17—2002 试验，试验伸长率为 25%。

5.9 拉伸粘结性能

在标准试验条件下按 GB/T 13477.8 的试验步骤进行试验，试验 5 个试件，取 5 个试件的平均值。

粘结破坏面积的测量和计算，采用透过印制有 1 mm×1 mm 网格线的透明膜片，测量拉伸粘结试件两破坏面上粘结破坏面积较大面占有的网格数，精确到 1 格(不足 1 格不计)，以 50 mm×12 mm 为基础面积(即总格数 600 格)，计算粘结破坏格数占总格数的比例，以百分率表示。

记录最大拉伸强度时的伸长率，报告最大拉伸强度时伸长率的算术平均值，报告拉伸粘结强度，同时报告粘结破坏面积。

5.10 定伸粘结性

在标准试验条件下按 GB/T 13477.10—2002 试验，试验伸长率为 25%。

试件破坏按 GB/T 22083—2008 第 7 章中 E 类密封胶确定。

5.11 水-紫外线处理后拉伸粘结性

将试件按 JC/T 485—2007 中 5.12 规定，连续试验(168±2)h，取出在标准试验条件下放置 2 h，按 5.9 进行试验。

5.12 热空气老化后拉伸粘结性

将试件放入(60±2)℃的烘箱中处理(336±2)h，取出在标准试验条件下放置 2 h，按 5.9 进行试验。

5.13 热失重

5.13.1 试验器具

试验器具包括：

a) 烘箱：控温精度±2 ℃；

b) 天平：精度为 1 mg；

c) 铝板：尺寸为 152 mm×80 mm×(0.5 mm～1.5 mm)；

d) 金属模框：内框尺寸 130 mm×40 mm×6.5 mm；

e) 刮刀：长约 150 mm。

5.13.2 试验步骤

取两块洁净的铝板，分别称量并记录质量(m_1)。

在铝板上平放金属模框，将密封胶刮涂在模框内并用刮刀刮平，除去模框制成试件，称量并记录试验试件的质量(m_2)。试件在标准试验条件下放置 7 d。

试验试件在 90 ℃±2 ℃烘箱中，保持 21 d。

从烘箱中取出试验试件，放入干燥器中，在标准试验条件下冷却 2 h 后分别称量并记录质量(m_3)。

5.13.3 结果计算

按试件试验前后的质量计算热失重[式(1)]，试验结果为两次试验的算术平均值，精确至 0.1%。

$$W=(m_2-m_3)/(m_2-m_1)\times 100 \qquad \cdots\cdots(1)$$

式中：

W ——热失重，以百分率表示(%)；

m_1 ——铝板质量,单位为克(g);

m_2 ——铝板和密封胶质量,单位为克(g);

m_3 ——试验后的铝板和密封胶质量,单位为克(g)。

5.14 水蒸气透过率

将密封胶制成厚度为(2.0±0.2)mm 的膜片,在标准试验条件下养护 14 d。然后按 GB/T 17146 试验,试验温度(23±0.6)℃。

6 检验规则

6.1 检验分类

6.1.1 出厂检验

出厂检验项目包括:外观、密度、下垂度、表干时间、适用期、硬度、拉伸粘结性、定伸粘结性。

6.1.2 型式检验

型式检验项目包括第 5 章要求的全部项目,有下列情况之一时进行型式检验:

a) 新产品投产或产品定型鉴定时;

b) 正常生产时,每年进行一次;

c) 原材料、工艺等发生较大变化,可能影响产品质量时;

d) 出厂检验结果与上次型式检验结果有较大差异时;

e) 产品停产 6 个月以上恢复生产时。

6.2 组批

以同一类型、同一工艺一次性生产的产品每 5 t 为一批进行检验,不足 5 t 也可为一批。

6.3 抽样

双组分产品随机取样,样品总量为 4 kg,取样后应立即分别密封包装,再另取 4 kg 样品作为备用样。

6.4 判定规则

6.4.1 单项判定

6.4.1.1 外观

抽取的样品符合标准规定时,则判该项合格。

6.4.1.2 物理力学性能

下垂度、定伸粘结性以每个试件均符合标准规定,则判该项合格。

硬度以中值符合标准规定,则判该项合格。

密度、表干时间、适用期、弹性恢复率、拉伸粘结强度、最大强度时伸长率、粘结破坏面积、水-紫外线处理后拉伸粘结性、热空气老化后拉伸粘结性和热失重以算术平均值符合标准规定,则判该项合格。

水蒸气透过率取算术平均值,并给出报告值。

6.4.2 综合判定

6.4.2.1 出厂检验项目全部符合要求时,则判该批产品合格。

6.4.2.2 型式检验项目符合第4章全部要求时,则判该批产品合格。

6.4.2.3 外观质量不符合标准规定时,则判该批产品不合格。

6.4.2.4 表1有两项及两项以上指标不符合标准规定时,则判该批产品不合格。

6.4.2.5 在外观质量合格的条件下,表1的检验结果若有一项不符合标准规定时,用备用样品对该项进行单项检验,合格则判该批产品合格,否则判该批产品不合格。

7 标志、包装、运输和贮存

7.1 标志

产品最小包装上应有标志,内容包括:

a) 产品名称(含组分名称);

b) 产品标记;

c) 生产日期、批号及贮存期;

d) 净质量或净容量;

e) 制造方名称和地址;

f) 商标;

g) 使用说明及注意事项。

7.2 包装

产品应采用密闭容器包装。

包装桶或包装箱除应有7.1规定的标志外,还应有防雨、防潮、防日晒、防撞击等标志。

7.3 运输

运输时应防止日晒雨淋、撞击、挤压包装。

7.4 贮存

产品应在干燥、通风、阴凉的场所贮存,适宜的贮存温度不超过27 ℃。

在正常运输、贮存条件下,贮存期自生产日起至少为6个月。

参 考 文 献

[1] GB 24266—2009 中空玻璃用硅酮结构密封胶

ICS 91.100.10
Q 11

中华人民共和国国家标准

GB/T 29756—2013

干混砂浆物理性能试验方法

Test methods of physical property for dry-mix mortar

2013-09-18 发布　　2014-06-01 实施

中华人民共和国国家质量监督检验检疫总局
中国国家标准化管理委员会　发布

前　　言

本标准按照 GB/T 1.1—2009 给出的规则起草。

本标准由中国建筑材料联合会提出。

本标准由全国水泥标准化技术委员会(SAC/TC 184)归口。

本标准负责起草单位:中国建筑材料检验认证中心、中国建筑材料科学研究总院。

本标准参加起草单位:陶氏化学(中国)有限公司、深圳市建筑科学研究院有限公司、深圳广田装饰集团股份有限公司、天津市裕川干粉砂浆有限公司、广东自然涂化工有限公司、上海耐齐建材有限公司、北京工业大学。

本标准主要起草人:张丹武、乔亚玲、刘晨、江丽珍、张量、王莹、关令苇、张杰、李玉海、李少强、孙梅、李伯贤、陈英儿、兰明章、杨文颐、黄清林。

本标准为首次发布。

引　言

干混砂浆是由水泥、干燥骨料或粉料、添加剂等组分按一定比例在专业生产厂经计量混合而成的混合物，在使用地点按规定比例加水或其他组分拌合使用。通常主要用于砌筑、抹灰、瓷砖粘贴、建筑保温、地面或墙面找平、防水、修补、装饰等。

我国干混砂浆行业从20世纪90年代末开始迅速发展，产品种类繁多，其中包括外墙外保温粘结砂浆与抹面砂浆、陶瓷墙地砖粘结剂与填缝剂、地面用水泥基自流平砂浆、墙体用饰面砂浆等。目前本行业还没有对通用的试验方法进行归纳和总结，为了有利于技术研发人员对该类新型建筑材料进行科学的评判与创新，同时减少产品标准编写时试验方法的重复描述，参考国内外相关资料，编写本标准。

干混砂浆物理性能试验方法

1 范围

本标准规定了干混砂浆有机物含量、新拌砂浆稠度(跳桌法)、新拌砂浆密度、新拌砂浆含气量、硬化砂浆抗折抗压强度、硬化砂浆吸水量、硬化砂浆拉伸粘结强度、硬化砂浆横向变形和硬化砂浆收缩性的物理性能试验方法。

本标准适用于干混砂浆相关物理性能的测定。

2 规范性引用文件

下列文件对于本文件的应用是必不可少的。凡是注日期的引用文件,仅注日期的版本适用于本文件。凡是不注日期的引用文件,其最新版本(包括所有的修改单)适用于本文件。

GB 175 通用硅酸盐水泥

GB/T 3810.5—2006 陶瓷砖试验方法 第5部分:用恢复系数确定砖的抗冲击性

GB/T 17671—1999 水泥胶砂强度检验方法(ISO 法)(idt ISO 679:1989)

JC/T 681 行星式水泥胶砂搅拌机

JC/T 723 水泥胶砂振动台

JC/T 726 水泥胶砂试模

JC/T 958 水泥胶砂流动度测定仪(跳桌)

3 术语和定义

下列术语和定义适用于本文件。

3.1

横向变形 transverse deformation

规定尺寸的片状硬化砂浆受到三点弯曲载荷,试件破坏前所发生的最大位移。

4 标准试验条件

试验室标准试验条件:温度(23±2)℃,相对湿度(50±5)%,试验区的循环风速小于 0.2 m/s。

5 试样准备

试验用材料(包括水)应在标准试验条件下放置 24 h 以上。

6 干混砂浆有机物含量

6.1 原理

将干混砂浆经过规定的高温灼烧后,计算挥发的有机物占砂浆含量的百分比。

6.2 试验器具

6.2.1 天平

感量 0.000 1 g,称量范围不小于 200 g。

6.2.2 干燥箱

控温精度±2 ℃。

6.2.3 马弗炉

控温精度±5 ℃。

6.2.4 瓷坩埚

容量不小于 30 mL。

6.3 试验步骤

6.3.1 先称量已恒重的瓷坩埚,记为 m_0,然后将约 5 g 干混砂浆试样置于瓷坩埚中,放入(105±2)℃的干燥箱中烘干至恒重(前后两次称量所得的质量差小于试件质量的 0.1%即视为恒重),在干燥器中冷却至室温称量,记为试样灼烧前质量 m_1。

6.3.2 将烘干后的试样小心放入(550±5)℃的马弗炉中,灼烧 5 h 后切断马弗炉电源,待马弗炉温度降至 100 ℃以下,取出试样立即放置在干燥器中冷却至室温称量,记为试样灼烧后质量 m_2。

6.4 结果计算

干混砂浆有机物含量按式(1)计算:

$$S = \frac{m_1 - m_2}{m_1 - m_0} \times 100 \qquad \cdots\cdots\cdots\cdots (1)$$

式中:

S ——干混砂浆有机物含量,%;

m_0 ——瓷坩埚质量,单位为克(g);

m_1 ——试样灼烧前质量,单位为克(g);

m_2 ——试样灼烧后质量,单位为克(g)。

取两次试验结果的算术平均值作为干混砂浆的有机物含量,结果精确至 0.01%。两次结果之差应小于平均值的 5%,否则应重新进行试验。

7 新拌砂浆稠度(跳桌法)

7.1 原理

通过测量新拌合砂浆在规定的振动状态下的扩展范围来表征其稠度。

7.2 试验器具

7.2.1 天平

感量 0.1 g,称量范围不小于 5 kg。

7.2.2 搅拌机

符合 JC/T 681 的规定。

7.2.3 跳桌

符合 JC/T 958 的规定。

7.2.4 捣棒

直径为 20 mm,长约 200 mm 的非吸收性材质圆棒。

7.2.5 钢直尺

最小刻度值为 1 mm,长度为 500 mm。

7.2.6 钢直板

长度为 200 mm,宽度为 10 mm,厚度为 0.5 mm 的钢制直板。

7.3 砂浆拌合方法

按产品说明,准备砂浆试样所需的水或液料组分,用天平称量(如给出一个数值范围,则应取平均值)。然后使用搅拌机,按下列步骤进行操作:

a) 将水或液料倒入搅拌锅中;
b) 将砂浆试样撒入;
c) 低速搅拌 60 s;
d) 静停 60 s,取下搅拌锅,清理搅拌叶片和锅壁上的试样至锅内,并重新安装上搅拌锅,再低速搅拌 60 s。

砂浆拌合后,按照产品说明熟化,再低速搅拌 30 s。

7.4 试验步骤

7.4.1 试验前用湿布将跳桌桌面、捣棒、截锥圆模和模套内壁擦干净,晾干。如果跳桌在 24 h 以上未经使用,在使用之前可正常操作跳桌 10 次,以保证跳桌在试验过程中正常工作。

7.4.2 将截锥圆模放在跳桌台面中央,迅速将按照 7.3 拌合好的砂浆均分两层装入截锥圆模,每一层砂浆用捣棒捣压 10 次,第二层装到高出截锥圆模 20 mm,再用捣棒捣压 10 次,以确保砂浆均匀装满模具。在装填和捣压砂浆时,注意用一只手扶住截锥圆模,避免移动。

7.4.3 捣压完毕,取下模套,用刮刀将高出截锥圆模的砂浆刮去并抹平,先用钢直板沿截锥试模内壁切割试样,然后垂直向上轻轻提起截锥圆模,从装样到提起截锥圆模所用时间不要超过 2 min,开动跳桌,以每秒 1 次的频率,在(15±1)s 内完成 15 次跳动。

7.4.4 跳动完毕,用钢直尺测量试样底部两个垂直方向上的直径,精确到 1 mm,以两个直径测量值的平均值作为稠度结果。如果两个垂直方向上的直径相差过大,则重新进行试验。

8 新拌砂浆密度

8.1 原理

将新拌合的砂浆装入一定容积的容器内,测量砂浆质量与容器容积的比值即为新拌砂浆密度。

8.2 试验器具

8.2.1 密度杯

内径为125 mm，体积为1 000 cm^3，不易变形、不易被砂浆腐蚀的金属筒。

8.2.2 油灰刀

8.2.3 料勺

8.2.4 振动台

符合JC/T 723的要求。

8.2.5 天平

感量0.1 g，称量范围不小于5 kg。

8.3 试样准备

按照7.3的规定拌合砂浆，准备至少3 L或1.5倍该项测试用砂浆，并按照7.4测试砂浆稠度。根据砂浆稠度值确定密度测试方法，见表1。试验前，同批砂浆仅用油灰刀轻轻搅拌5 s～10 s以减少假凝现象，避免使用其他方式搅拌。

表1 不同稠度类型砂浆对应密度方法的选择

类型	稠度值的范围	试验步骤
稠硬型砂浆	<140 mm	依据A法测试
塑性砂浆	≥140 mm，≤200 mm	依据A法或B法测试
流动型砂浆	>200 mm	依据C法测试

8.4 A法

8.4.1 用湿布擦净密度杯的内表面，晾干，称其质量为m_1，精确至0.1 g。

8.4.2 使用料勺将砂浆填入密度杯中，直到砂浆略高于密度杯上边缘。然后将密度杯放置在振动台上，开启振动台，直到砂浆不再沉降。密度杯在振动台振动期间，可添加砂浆使其再次略高于密度杯上边缘。120 s后使用油灰刀沿密度杯边缘刮去多余砂浆，用湿布将外部边缘擦净。用天平称量砂浆与密度杯的总质量为m_2，精确至0.1 g。

8.5 B法

8.5.1 用湿布擦净密度杯的内表面，晾干，称其质量为m_1，精确至0.1 g。

8.5.2 使用料勺将砂浆填入密度杯一半高度的位置，为了使砂浆密实，将密度杯放置至坚硬试验台面上手工左右摆动密度杯10次，密度杯摆动倾斜时离开桌面的一边高度约为30 mm。静止后往密度杯中填满砂浆，直到砂浆略高于密度杯边缘，使用油灰刀沿密度杯边缘刮去多余砂浆，用湿布将外部边缘擦净。用天平称量砂浆与密度杯的总质量为m_2，精确至0.1 g。

8.6 C法

8.6.1 用湿布擦净密度杯的内表面，晾干，称其质量为m_1，精确至0.1 g。

8.6.2 使用料勺将砂浆灌入密度杯,为了避免卷入气泡,灌入时使砂浆从密度杯底部中央向四周扩散。待砂浆超出密度杯上边沿,使用油灰刀沿上边缘刮去多余砂浆,用湿布将外部边缘擦净。用天平称量砂浆与密度杯的总质量为 m_2,精确至 0.1 g。

8.7 结果计算

新拌砂浆密度按照式(2)计算:

$$\rho=\frac{m_2-m_1}{V} \qquad \cdots\cdots(2)$$

式中:

ρ ——新拌砂浆密度,单位为克每立方厘米(g/cm^3);

m_1——密度杯质量,单位为克(g);

m_2——砂浆及密度杯总质量,单位为克(g);

V ——量筒体积,单位为立方厘米(cm^3)。

取两次试验结果的算术平均值,精确至 0.01 g/cm^3。两次结果之差应小于平均值的 5%,否则应重新制备样品进行试验。

9 新拌砂浆含气量

9.1 原理

将砂浆装入标准测量容器内,用水覆盖砂浆上表面,通过向砂浆上表面施加压力或者使用乙醇水溶液将砂浆中含有的气体排出,容器内水面的下降体积对应从砂浆中排出的气体体积。

9.2 方法 1——压力法

9.2.1 适用范围

本方法适用于含气量小于 20% 的砂浆。

9.2.2 试验器具

9.2.2.1 含气量测定仪

包含两部分,一部分为体积约 1 L 的金属容器;另一部分为压力容器盖,见图 A.1 。

9.2.2.2 捣棒

直径为 20 mm,长约 200 mm 的非吸收性材质圆棒。

9.2.2.3 钢直板

长度为 200 mm,宽度为 10 mm,厚度为 0.5 mm 的钢制直板。

9.2.3 试验步骤

9.2.3.1 每次使用前应按照附录 A 校准含气量测定仪。

9.2.3.2 将按照 7.3 拌合好的砂浆分四次填入金属容器内,每填入一层用捣棒快速由四周至中心捣实 10 次,从捣固第二层至第四层时,所用捣固力只要足以使捣棒捣至前一层即可,最终使砂浆表面平整,并用钢直板刮去多余的砂浆,使砂浆表面与容器边缘平齐。用湿布将容器外壁擦拭干净,盖上压力容器盖扣紧密封。

9.2.3.3 关闭空气室和金属容器之间的主气阀(见图 A.1),保持阀门 B 开启,通过阀门 A 将水注入砂浆上部的空间,直到水从阀门 B 流出,这时已将砂浆上部的空气排净。

9.2.3.4 开启手动气泵向空气室内加压使压力表指针对准零点。关闭阀门 A 和阀门 B,然后打开主气阀持续 20 s,待金属容器和空气室压力达到平衡后,通过压力表直接读取对应的含气量。

9.2.4 结果计算

两次算术平均值作为最终结果,精确至 0.1%。两次结果之差应小于平均值的 5%,否则应重新制备样品进行试验。

9.3 方法 2——乙醇水溶液法

9.3.1 适用范围

本方法适用于含气量不小于 20%的砂浆。

9.3.2 试验器具

9.3.2.1 量筒

直径为 50 mm,体积为 500 mL。

9.3.2.2 橡皮塞

与容量筒紧密配合。

9.3.2.3 玻璃棒

9.3.2.4 油灰刀

9.3.3 试验步骤

9.3.3.1 准备体积分数为 60%的乙醇水溶液约 500 mL。

9.3.3.2 用油灰刀小心将体积约为 200 mL 的砂浆填入量筒内,为避免引入空隙,用手敲容器使得填入的砂浆表面达到水平状态,并将水平面以上粘附在量筒壁上的砂浆用潮湿的纱布擦拭干净,记录此时砂浆的体积 $V_{m,i}$。

9.3.3.3 用玻璃棒引流将乙醇水溶液引入容量筒中,直到达到 500 mL 的刻度线,用橡皮塞密封容量筒,并上下颠倒摇晃 20 次,得到一个完全分散在乙醇水溶液的混合体,然后静置混合体 5 min,记录此时的体积 $V_{m,f}$。

9.3.4 结果计算

按照式(3)计算砂浆含气量:

$$L = \frac{500 - V_{m,f}}{V_{m,i}} \times 100 \qquad \cdots\cdots\cdots\cdots(3)$$

式中:

L ——含气量,%;

$V_{m,f}$——砂浆与乙醇溶液混合后体积,单位为毫升(mL);

$V_{m,i}$——初始砂浆体积,单位为毫升(mL)。

两次算术平均值作为最终结果,精确至 0.1%。两次结果之差应小于平均值的 5%,否则应重新制备样品进行试验。

10 硬化砂浆抗折抗压强度

10.1 方法概要

本方法是测试 40 mm×40 mm×160 mm 棱柱形砂浆试样抗折强度和抗压强度的试验方法。

10.2 试验器具

10.2.1 三联模

符合 JC/T 726 的规定。

10.2.2 振动台

符合 GB/T 17671—1999 的规定。

10.2.3 抗折试验机

符合 GB/T 17671—1999 的规定。

10.2.4 抗压试验机

符合 GB/T 17671—1999 的规定。

10.3 试验步骤

按照 7.3 进行砂浆拌合,然后按照 GB/T 17671 成型试件。在标准试验条件下养护 24 h 脱模,如果试样强度不足,难以脱模,可适当延长至 48 h,延长脱模时间应在试验报告中予以说明。脱模后,将试件间隔一定距离平放在标准试验条件下养护至规定时间后,取三个试件的抗折强度算术平均值为试验结果,精确至 0.1 MPa;用抗折试验后的试件进行抗压强度测定,取六个试件测定值的算术平均值为试验结果,精确至 0.1 MPa。对于 24 h 抗折抗压强度的测定,应该在测试前 20 min 脱模。

10.4 硬化砂浆的强度试验龄期

硬化砂浆的强度试验龄期应从砂浆加水或液料组分搅拌开始算起,具体时间偏差规定如下:

——24 h±15 min;

——48 h±30 min;

——7 d±2 h;

——14 d±4 h;

——≥28 d±8 h。

10.5 结果计算

按照 GB/T 17671—1999 中 9.2 和 9.3 来进行计算。

11 硬化砂浆吸水量

11.1 原理

将未受过脱模剂污染的方形的硬化砂浆试件断面浸入规定深度的水中一定时间,测试浸水前后砂浆的质量差。

11.2 试验器具

11.2.1 三联模具

符合 JC/T 726 的规定。

11.2.2 振动台

符合 GB/T 17671—1999 的规定。

11.2.3 平底盘子

最小深度 20 mm,能够容纳 6 个待测试块的平底盘子。

11.2.4 隔板

三个 1 mm 厚的硬质塑料片(例如聚四氟乙烯)或金属片,尺寸为(40±0.1)mm×(40±0.1)mm。

11.2.5 天平

感量 0.01 g,称量范围不小于 500 g。

11.3 试验步骤

11.3.1 将按照 7.3 拌合好的砂浆按 GB/T 17671—1999 中规定的方法成型,成型时把隔板插入三联试模的中间,与试模较小的面相平行,使原来的一个试件自然均分成两个试件。脱模后,试件在标准试验条件下养护至 7 d、14 d 或 28 d。测试前用中性的密封材料涂抹于试件的四个长方形面上加以密封,注意确保测试时密封材料的干燥程度不影响测试的正常进行。

11.3.2 称取每个待测试件的质量为 m_d。然后把试件垂直放在盘子里,将成型时插入隔板形成的截面朝下,并使之与水完全接触。浸入水中的深度为(5～10)mm,见图 1。注意防止试件因移动而相互接触。必要时加水以保持水面恒定。到达规定的时长时,从水中取出试件,用挤干的湿布迅速擦去表面的水分,称量试件的质量为 m_t。六个试件的称量过程不应超过 1 min。

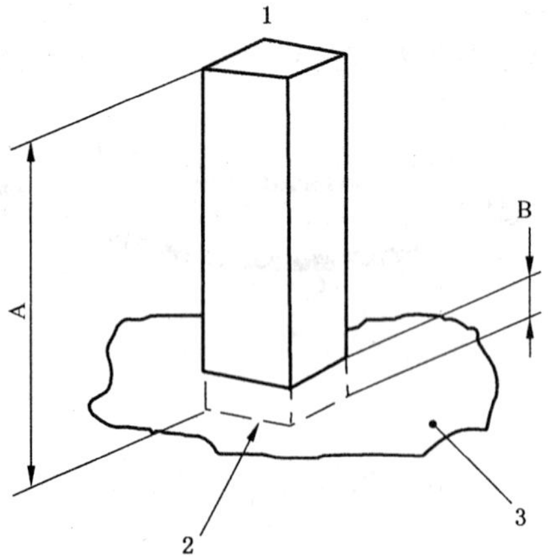

说明:

1——待测试样;

2——试样断面;

3——水面(A:约 80 mm,B:浸入深度(5～10)mm。

图 1 吸水量示意图

11.4 结果计算

按式(4)计算每个试件的吸水量:

$$W_{ab} = m_t - m_d \quad \cdots\cdots(4)$$

式中:

W_{ab}——吸水量,单位为克(g);

m_t ——规定时长浸水后试件的质量,单位为克(g);

m_d ——浸水前试件的质量,单位为克(g)。

吸水量取六个试验结果的算术平均值,精确到 0.1 g。结果超出平均值的 20%应舍弃。

12 硬化砂浆拉伸粘结强度

12.1 原理

将砂浆抹于基材表面,砂浆硬化后将拉拔接头粘在其表面,并施加一定的拉力直至破坏,破坏力值与测试面积比即为拉伸粘结强度。

12.2 试验器具

12.2.1 试验机

试验机的精度为 1%。

12.2.2 拉拔接头

拉拔接头示意图见附录 C 中图 C.1,与试件粘接面边长为(50±0.3)mm。

12.2.3 成型框

由硅橡胶制成的厚度为 3 mm 或 5 mm 的平板,表面平整光滑,见图 2;方孔边长为(50±0.1)mm。

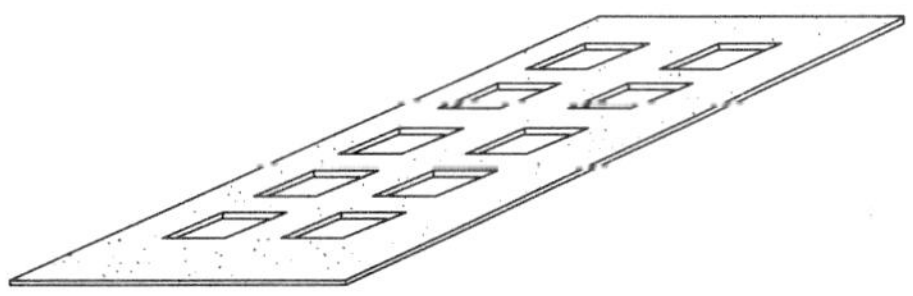

图 2 成型框示意图

12.2.4 混凝土板

符合附录 B 的要求。

12.3 试验步骤

12.3.1 将成型框放在混凝土板成型面上,再将按照 7.3 拌合好的砂浆填入成型框中,用油灰刀压实、抹平,放置 24 h 后脱模,10 个试件为一组,见图 3。

单位为毫米(mm)

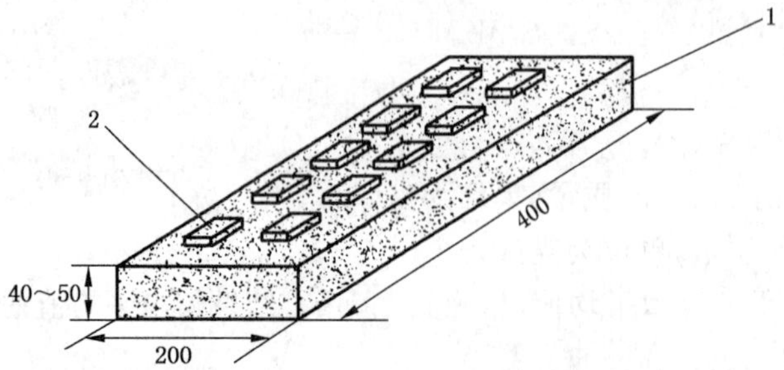

说明：

1——混凝土板；

2——砂浆。

图3 粘结强度试件成型示意图

12.3.2 脱模后的试件在标准试验条件下放置至7 d、14 d或28 d养护周期的前一天，用适宜的高强粘结剂将拉拔接头粘结在试样成型面上，在标准试验条件下继续放置至规定龄期后进行试验。试验时试验机拉伸速度为5 mm/min。

12.4 结果计算与表示

12.4.1 结果计算

试件的粘结强度按式(5)计算，精确到0.01 MPa。

$$\delta=\frac{P}{A} \qquad \cdots\cdots (5)$$

式中：

δ——粘结强度，单位为兆帕(MPa)；

P——拉力，单位为牛顿(N)；

A——胶粘面积，单位为平方毫米(mm^2)。

按下列规定确定粘结强度：

a) 求10个数据的平均值；

b) 舍弃超出平均值±20%范围的数据；

c) 若仍有5个或更多数据被保留，求新的平均值；

d) 若少于5个数据被保留，重新试验；

e) 确定试件的破坏模式(破坏模式见附录C)。

12.4.2 结果表示

粘结强度结果表示为：强度＋破坏模式

示例：某种砂浆的粘结强度为0.50 MPa，破坏模式为砂浆内聚破坏表示为：0.50 MPa(CF)

13 硬化砂浆横向变形

13.1 原理

将砂浆成型成规定形状的片状物，砂浆硬化后，受到三点弯曲载荷破坏而产生的最大位移。

13.2 试验器具

13.2.1 聚乙烯膜

厚度不小于0.15 mm。

13.2.2 塑料密封箱

尺寸为(600±20)mm×(400±10)mm×(110±10)mm,体积为(26±5)L,能有效密封刚性垫板,表面光滑、平整,用于支撑聚乙烯膜与试样。

13.2.3 试验用垫座

用于支撑聚乙烯薄膜的刚性光滑平整垫座。

13.2.4 试验测试头

构造和尺寸见图4。

单位为毫米(mm)

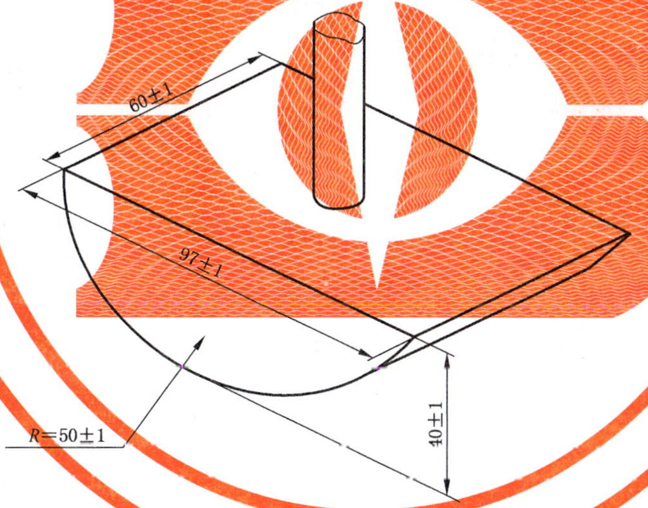

图4 横向变形试验测试头示意图

13.2.5 试验夹具

中心距为(200±1)mm,与砂浆接触的两个圆柱形支架直径均为(10±0.1)mm,长度为60 mm,见图5。

单位为毫米(mm)

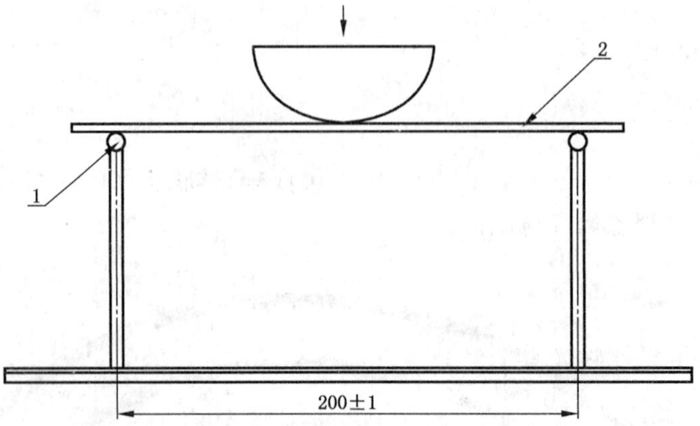

说明：

1——圆柱形支架；

2——片状砂浆。

图5　横向变形试验测试夹具示意图

13.2.6　试验模具

内框尺寸为(280±1)mm×(45±1)mm，厚度为(5±0.1)mm的刚性矩形框架，表面平整、不易吸水，由聚四氟乙烯(PTFE)或金属制成。内框四个直角部分分别制做直径为2mm的圆孔，以方便样品脱模，见图6。

单位为毫米(mm)

图6　横向变形A型试验模具示意图

13.2.7　B型试验模具

模具为刚性材质，表面光滑，能使试样形成尺寸为(300±1)mm×(45±1)mm×(3±0.05)mm的装置，见图7。

单位为毫米(mm)

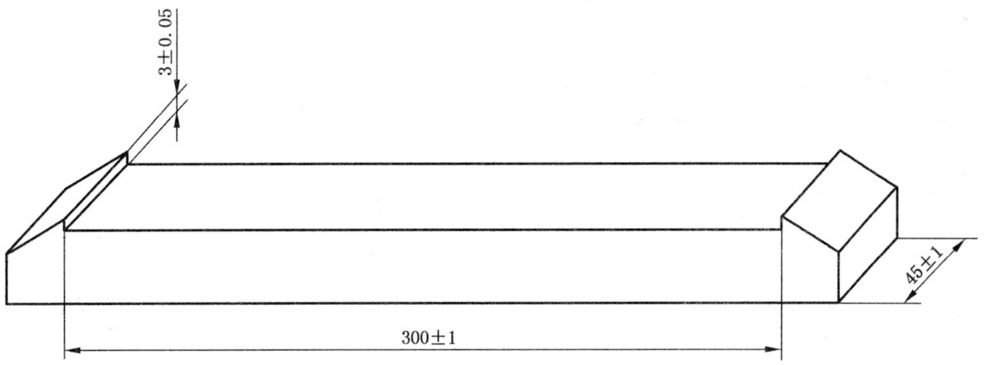

图7 横向变形B型模具示意图

13.2.8 游标卡尺

准确至0.01 mm。

13.2.9 振动台

采用水泥跳桌试验机,能有效固定模具。

13.2.10 试验机

试样的破坏载荷处于量程的20%~80%,示值误差不大于±1%。

13.3 试验步骤

13.3.1.1 将聚乙烯膜固定在刚性垫座上,保证聚乙烯膜表面平整,无褶皱;然后将13.2.6规定的模具平放在聚乙烯膜上。

13.3.1.2 按照7.3拌合好砂浆,将砂浆填入模具,用水泥跳桌试验机,振动70次。最后小心地垂直移走模具。将B型模具凹形区域对准试样放好。并在模具中部放置截面积为(290×45)mm,质量为10 kg的重块。用小刀将压出的多余砂浆刮除,1 h后取下重块,48 h后移走模具,同时制备6个试件。

13.3.1.3 将试件连同垫座一起放入塑料密封箱中,每个箱中放入6个试件,并密封箱口。在(23±2)℃下养护12 d后,将试件连同垫座从密封箱中取出,在标准试验条件下养护至28 d。

13.3.1.4 将试件从聚乙烯膜上移除,测量试件的厚度。用精度为0.01 mm的游标卡尺在试件的中间向两边延伸(50±1)mm位置测量3个点的厚度,如果厚度均在(3.0±0.1)mm内,则记录其平均值。如果有任何1个数据超出范围,则舍弃该试件。

13.3.1.5 取3个厚度符合(3.0±0.1)mm的试件分别放在试验夹具上。用试验机以2 mm/min的速度对试件表面垂直施加荷载,使试件弯曲直至断裂。记录最大荷载以及最大变形量。

13.4 试验结果

结果取三个试件的算术平均值,荷载精确到1 N,变形量精确到0.1 mm。

14 硬化砂浆收缩性

14.1 方法概要

测试形状为 10 mm×40 mm×160 mm 长方体或者 40 mm×40 mm×160 mm 的棱柱体砂浆试件硬化初期至规定龄期砂浆干缩变形的变化率。

14.2 试验器具

14.2.1 比长仪

测量精度为 0.01 mm。

14.2.2 收缩头

黄铜或不锈钢加工而成，见图 8。

单位为毫米(mm)

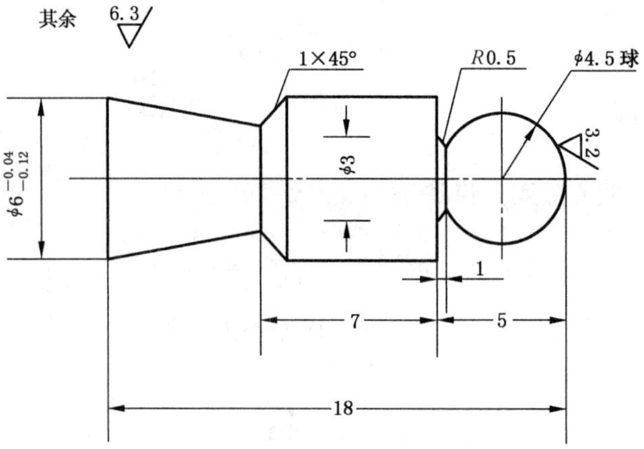

图 8 收缩头示意图

14.2.3 收缩模具

分为两种类型：

1) 内部尺寸为 10 mm×40 mm×160 mm 的金属或塑料模具，且在试模的两个端面中心各开一个 ϕ6.5 mm 的孔。

2) 符合 GB/T 17671 的三联模，且在每一个试模的两个端面中心，各开一个 ϕ6.5 mm 的孔。

14.2.4 振动仪器或振动台

符合 GB/T 17671—1999 的规定。

14.3 试验步骤

14.3.1 选择收缩模具，在收缩模具内表面涂一薄层脱模油，然后小心将收缩头固定在试模两端面的孔洞中，使收缩头露出试件端面 8 mm 左右，操作中避免收缩头沾上脱模油；将按照 7.3 拌合的砂浆倒入收缩模具内，然后在振动台上振动 30 s，振动结束后用金属刮刀清除多余砂浆，使砂浆完全充满模具并使表面平整，三个试件为一组。

14.3.2 在标准条件下养护 24 h 脱模，然后编号，标明测试方向，如果试样强度不足难以脱模，可适当延长至 48 h。脱模后按标明的测量方向立即测定试件长度，即为试件的初始长度 L_0。测试前，用标准杆标定比长仪的零点。

14.3.3 将试件在标准试验条件下放置至 7 d、14 d 或 28 d，按标明的测试方向测定试件长度 L_t。

14.4 结果计算

收缩率按式(6)进行计算，精确至 0.01%。

$$\varepsilon = \frac{L_t - L_0}{L - L_d} \times 100 \qquad (6)$$

式中：

ε ——收缩率，%；

L_0——试件脱模后的长度即初始长度，单位为毫米(mm)；

L_t——试件不同龄期的长度，单位为毫米(mm)；

L ——试件长度 160 mm；

L_d——两个收缩头埋入砂浆中长度之和，为 20 mm。

附　录　A
（规范性附录）
含气量测定仪的校准

A.1　总则

确立含气量0%～25%时含气量测定仪的指针的准确位置，校准间隔为5%。

A.2　5%含气量校准步骤

A.2.1　在标准试验条件下，向金属容器中装入蒸馏水。

A.2.2　将伸缩管连接在阀门A上（见图A.1），盖上压力容器盖，关闭空气室和金属容器之间的气阀。保持阀门B开启，通过阀门A向容器中注满水，以从阀门B排出容器中所有的空气，然后关闭阀门A和阀门B。

A.2.3　将量筒连接到阀门A上，向空气室内打压至压力表满刻度。缓慢打开主气阀，同时用阀门A控制水流量慢慢将50 mL水注入量筒（每10 mL水对应1%的含气量）。达到50 mL水位时，关闭阀门A，移走量筒，读取压力表数值。

A.2.4　按照A.2.1～A.2.3步骤试验重复三次。如果三次的测定值与准确的含气量值（由量筒内水的体积确定）有相同的偏差，则调整压力表盘上的指针，使其准确指示在5%含气量的位置。反复多次试验，直到压力表的读数与校准蒸馏水体积对应的含气量值之间不超过0.1%。

A.3　重复A.2步骤，通过阀门A分别排出100 mL、150 mL、200 mL和250 mL蒸馏水，调整指针使其准确的指示在10%、15%、20%和25%的位置，即完成含气量测定仪的校准。

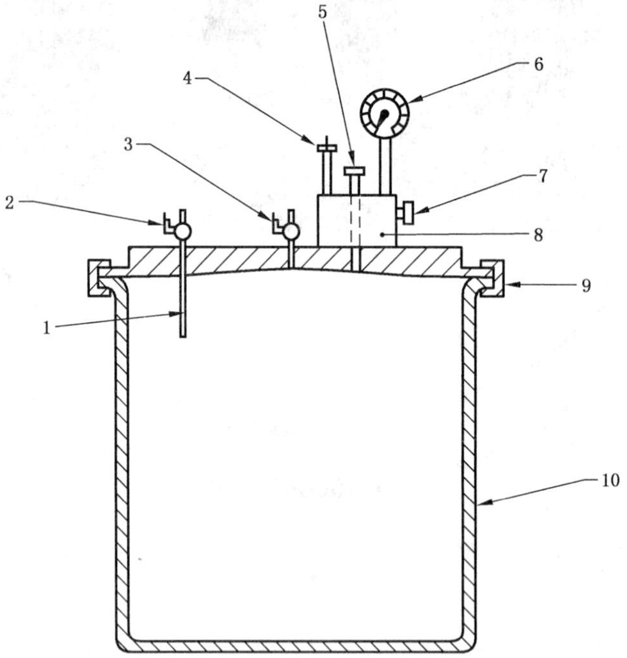

说明：

1——校准用伸缩管；
2——阀门A；
3——阀门B；
4——泵；
5——主气阀；
6——压力表；
7——排气阀；
8——空气室；
9——夹紧装置；
10——金属容器。

图A.1　含气量测定仪结构示意图

附　录　B
（规范性附录）
试验用混凝土板

B.1　范围

本附录规定了用于测定砂浆拉伸粘结强度试验的试验用混凝土板。

B.2　标准试验条件

试验室标准试验条件为：温度(23±2)℃，相对湿度(50±5)%，试验区的循环风速小于 0.2 m/s。

B.3　试验器具

B.3.1　拉拔接头

(50±1)mm×(50±1)mm 的正方形金属块，最小厚度 10 mm，可与试验机相连接。

B.3.2　试验机

符合 12.2.1 规定的试验机。

B.3.3　卡斯通管

符合 GB/T 3810.5—2006 附录 A 的规定。

B.4　试验用混凝土板

B.4.1　规格

长度为 400 mm，宽度为 200 mm 或 400 mm，厚度不小于 40 mm。

B.4.2　含水率

混凝土板含水率不大于 3%。

B.4.3　吸水量

混凝土表面吸水量应在 0.5 mL～1.5 mL 范围内。

B.4.4　表面强度

混凝土板表面拉伸粘结内聚破坏强度不小于 1.5 MPa。

B.4.5　混凝土板的制作

按下列方法制备符合要求的混凝土板

——胶凝材料：　符合 GB 175 规定的普通硅酸盐水泥，强度等级为 42.5R。

——集料：　(0～8)mm 粒径的砂石，连续级配曲线 A 和 B 之间(见图 B.1)。图中 *X* 轴代表筛子的孔径尺寸，单位为毫米；*Y* 轴某一粒径尺寸下的质量通过率，用百分数表示。

——水泥与集料比：　质量比 1∶5。

——每立方混凝土中超细粒含量：500 kg/m³，超细粒由水泥和粒径 0.125 mm 以下的掺合料组成。
——水灰比：　　　　　　　　0.5。
——成型：　　　　　　　　　垂直或水平浇捣，不得使用脱模剂。
——压实：　　　　　　　　　在 50 Hz 振动台上振动 90 s。
——养护：　　　　　　　　　标准试验条件下养护 24 h 后，浸入(20±2)℃的水中 6 d。从水中取出后，放在干燥通风的环境中至少养护 3 个月，养护时混凝土板应保持垂直存放并相互间隔一定距离，且不得叠加码放。使用前至少在标准试验条件下放置 24 h。

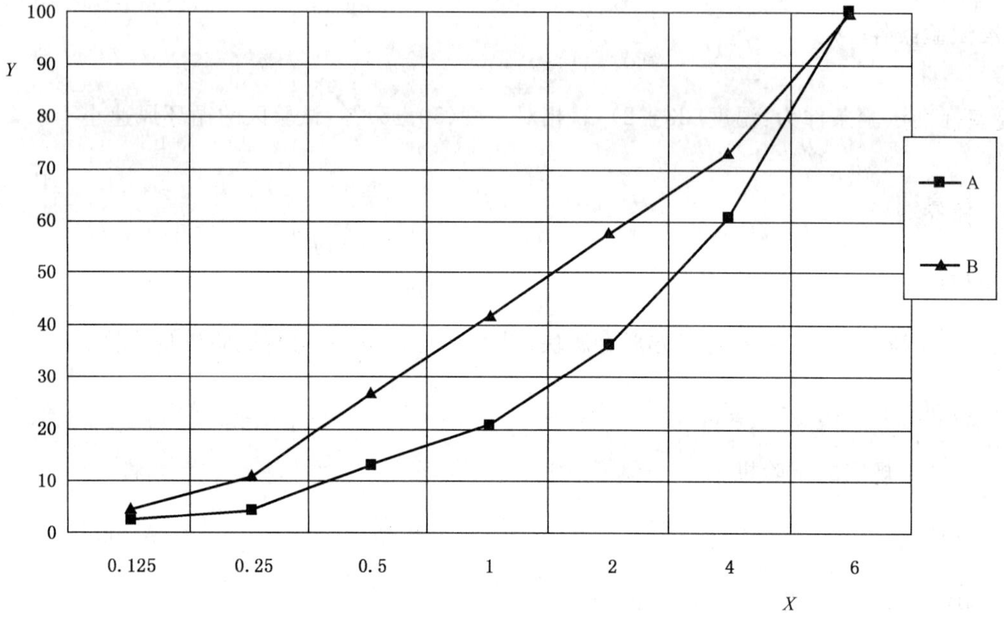

图 B.1　连续级配曲线示意图

B.4.6　混凝土板成型时，通过木制模板获得最终成型表面。混凝土板表面应平整，试验时应使用毛刷清除表面灰尘，保证表面清洁。

B.4.7　表面拉伸强度的测试

将 5 个拉拔接头用高强环氧胶粘剂粘在按照 B.4.5 养护后的混凝土板上，环氧胶黏剂固化后用试验机测定表面拉伸胶粘强度，试验机拉伸速度为 5 mm/min。

B.4.8　表面吸水量的测试

B.4.8.1　用密封材料将卡斯通管粘在按照 B.4.5 养护后的混凝土板上(见图 B.2)。密封胶固化后，将蒸馏水注入卡斯通管上刻度线。

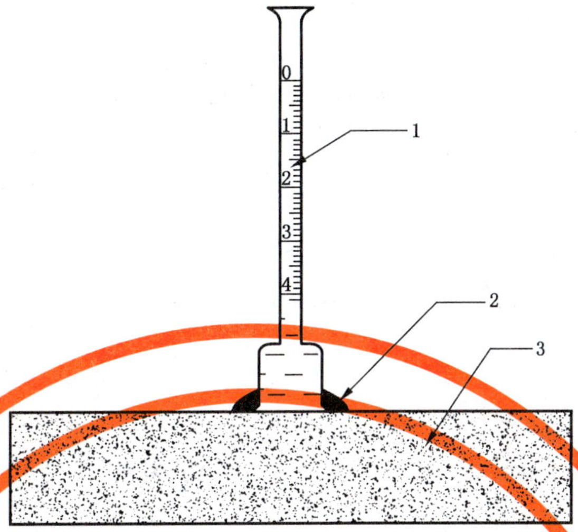

说明：

1——卡斯通管；

2——密封材料；

3——混凝土板。

图 B.2　混凝土板表面吸水率的测定示意图

B.4.8.2　每隔 60 min 记录一次吸水量，连续记录 4 h 的吸水量，并绘制吸水率与时间关系图。

B.4.8.3　同批混凝土板随机抽取一块进行试验，每一块混凝土板测量三个不同位置的吸水量。

附 录 C
（规范性附录）
砂浆的破坏模式

C.1 范围

本附录规定了硬化砂浆拉伸粘结强度的破坏模式。

C.2 粘结破坏

当破坏发生在砂浆与基材的界面，称为粘结破坏，用 AF 表示，见图 C.1。试验数值等于砂浆粘结强度。

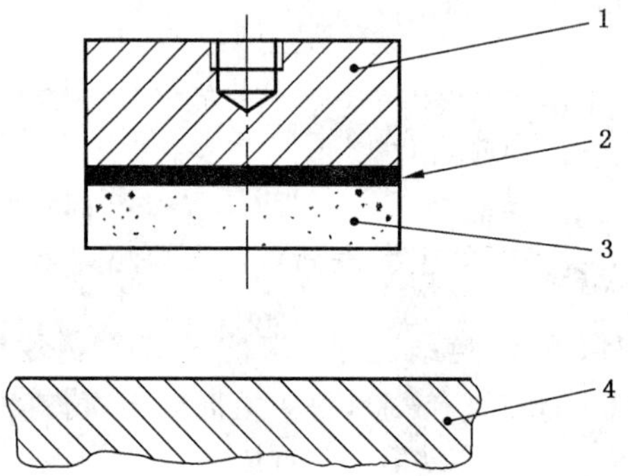

说明：
1——拉拔接头；
2——胶黏剂；
3——砂浆；
4——混凝土板。

图 C.1 发生在砂浆层和基材的界面(AF)的破坏示意图

C.3 内聚破坏

破坏发生在砂浆的粘结层内，称为内聚破坏，用 CF 表示，见图 C.2。试验数值等于砂浆粘结强度。

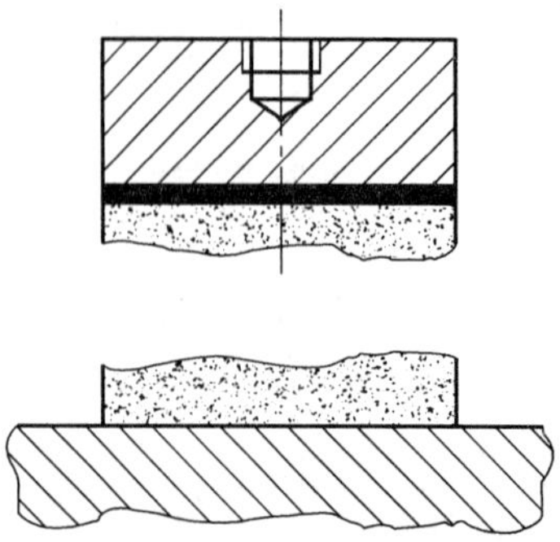

图 C.2 砂浆内聚(CF)的破坏示意图

C.4 基材内聚破坏

基材发生破坏，称为基材内聚破坏，用 CF—S 表示，见图 C.3。在此情况下，砂浆粘结强度大于试验数值。

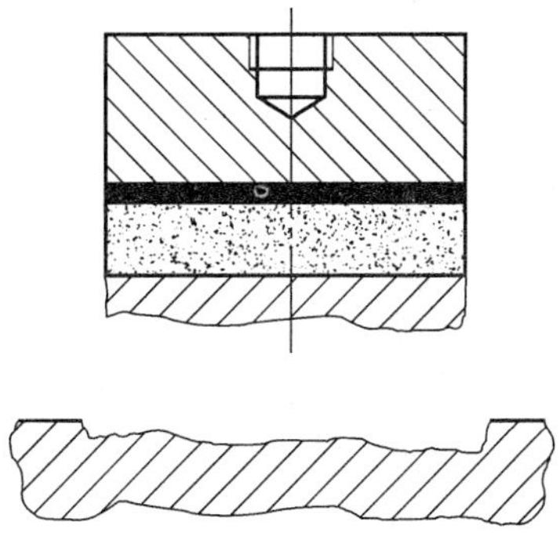

图 C.3 基材内聚(CF—S)的破坏示意图

ICS 81.040.30
Q 34

中华人民共和国国家标准

GB/T 29757—2013

彩晶装饰玻璃

Reflective particles decorated glass

2013-09-18 发布　　2014-06-01 实施

中华人民共和国国家质量监督检验检疫总局
中国国家标准化管理委员会　发布

前　言

本标准按照 GB/T 1.1—2009 给出的规则起草。

本标准由中国建筑材料联合会提出。

本标准由全国工业玻璃和特种玻璃标准化技术委员会(SAC/TC 447)归口。

本标准主要起草单位:江苏秀强玻璃工艺股份有限公司、中国建材检验认证集团股份有限公司、四川泳泉玻璃科技有限公司。

本标准参加起草单位:宿迁市产品质量监督检验所、焦作飞鸿安全玻璃有限公司、江苏省玻璃制品质量监督检验中心、中山市中益油墨涂料有限公司、无锡市科虹标牌有限公司。

本标准主要起草人:刘宏斌、朱峻丽、苗向阳、杜大艳、周健、赵行军、王妍、赵豫祥、王剑华、陈云峰。

彩晶装饰玻璃

1 范围

本标准规定了彩晶装饰玻璃的术语和定义、分类、材料、要求、试验方法、检验规则及包装、标志、运输和贮存。

本标准适用于家用电器、家居装饰用彩晶装饰玻璃。

2 规范性引用文件

下列文件对于本文件的应用是必不可少的。凡是注日期的引用文件，仅注日期的版本适用于本文件。凡是不注日期的引用文件，其最新版本（包括所有的修改单）适用于本文件。

GB/T 308 滚动轴承 钢球(GB/T 308—2002,ISO 3290:1998,NEQ)

GB/T 1216 外径千分尺

GB/T 3920 纺织品 色牢度试验 耐摩擦色牢度(GB/T 3920—2008,ISO 105-X12:2001,MOD)

GB/T 6682 分析实验室用水规格和试验方法(GB/T 6682—2008,ISO 3696:1987,MOD)

GB/T 6739 色漆和清漆 铅笔法测定漆膜硬度(GB/T 6739—2006,ISO 15184:1998,IDT)

GB/T 7568.2 纺织品 色牢度试验 标准贴衬织物 第2部分：棉和粘胶纤维

GB/T 9286—1998 色漆和清漆 漆膜的划格试验(eqv ISO 2409:1992)

GB/T 9761—2008 色漆和清漆 色漆的目视比色(ISO 3668:1998,IDT)

GB 15763.2—2005 建筑用安全玻璃 第2部分：钢化玻璃

GB 15763.3—2009 建筑用安全玻璃 第3部分：夹层玻璃

GB/T 22523 塞尺

GB/T 26125 电子电气产品 六种限用物质（铅、汞、镉、六价铬、多溴联苯和多溴二苯醚）的测定(GB/T 26125—2011,IEC 62321:2008,IDT)

3 术语和定义

下列术语和定义适用于本文件。

3.1

彩晶装饰玻璃 reflective particles decorated glass

将各种具有色彩和(或)反光效果的涂层材料涂布在玻璃表面上，经过固化处理，在玻璃表面形成牢固涂层的玻璃制品。

3.2

色差 colour difference

制品与比对样板相对应区域之间的颜色差异。

3.3

视窗口区域 windows area

按键和控制信息显示区外延100 mm区域。

3.4

主视区域　main inspection area

距玻璃边缘100 mm以外的区域和视窗口区域。

4　分类

4.1　按所选用的基片玻璃分为：

a)　钢化彩晶装饰玻璃；

b)　非钢化彩晶装饰玻璃。

4.2　按形状分为：

a)　平面彩晶装饰玻璃；

b)　曲面彩晶装饰玻璃。

5　材料

所采用的基片玻璃及其他材料均应满足相应的国家标准、行业标准相关技术条件。

6　要求

6.1　总则

彩晶装饰玻璃要求与试验方法对应条款见表1。

表1　要求与试验方法对应条款

试验项目	要求		试验方法
	钢化彩晶装饰玻璃	非钢化彩晶装饰玻璃	
外观质量	6.2	6.2	7.2
厚度偏差	6.3	6.3	7.3
尺寸偏差	6.4	6.4	7.4
弯曲度	6.5	6.5	7.5
吻合度	6.6	6.6	7.6
抗冲击性	6.7	—	7.7
碎片状态	6.8	—	7.8
制品色差	6.9	6.9	7.9
耐湿性	6.10	6.10	7.10
耐热性	6.11	6.11	7.11
耐沸水性	6.12	6.12	7.12
耐冷热循环性	6.13	6.13	7.13
附着力	6.14	6.14	7.14
涂层硬度	6.15	6.15	7.15

表 1（续）

试验项目	要　求		试验方法
	钢化彩晶装饰玻璃	非钢化彩晶装饰玻璃	
耐酸性	6.16	6.16	7.16
耐碱性	6.17	6.17	7.17
耐醇性	6.18	6.18	7.18
限用物质含量	6.19	6.19	7.19

6.2 外观质量

6.2.1 彩晶装饰玻璃的外观质量应符合表 2 的规定。

表 2 彩晶装饰玻璃的外观质量

缺陷名称	说　明	要　求
点状缺陷	1. 主视区域[a]： 1.1 视窗口区域：直径＞0.3 mm； 1.2 非视窗口区域：0.3 mm≤直径≤0.5 mm； 直径＞0.5 mm； 2. 非主视区域：0.3 mm≤直径≤0.5 mm； 直径＞0.5 mm	 不允许存在； 直径 300 mm 圆内允许存在 1 个； 不允许存在； 直径 300 mm 圆内允许存在 2 个； 不允许存在
线状缺陷	1. 主视区域[a]： 1.1 视窗口区域； 1.2 非视窗口区域：宽度≤0.1 mm 且长度≤10 mm； 宽度＞0.1 mm 或长度＞10 mm； 2. 非主视区域：宽度≤0.2 mm，长度≤20 mm； 宽度＞0.2 mm 或长度＞20 mm	 不允许存在； ≤2 条，且最小间距不小于 100 mm； 不允许存在； ≤3 条，且最小间距不小于 100 mm； 不允许存在
涂层脱落	1. 裸露边 2. 饰条可遮盖边：距玻璃边部 2 mm 范围内	不允许存在； 目测不明显
边角缺陷	锐利边缘及锐利尖端	不允许存在
[a] 长度小于或等于 200 mm 的彩晶装饰玻璃的主视区域由供需双方商定。		

6.2.2 彩晶装饰玻璃的其他外观质量由供需双方商定。

6.3 厚度偏差

彩晶装饰玻璃厚度允许偏差为±0.30 mm。

6.4 尺寸偏差

6.4.1 边长偏差

彩晶装饰玻璃边长的允许偏差应符合表 3 的规定；其他形状或边长＞1 800 mm 的制品的允许偏差由供需双方商定。

6.4.2 对角线差

矩形制品对角线差应符合表3的规定；对于边长>1 800 mm 及不规则形状的制品，其对角线差由供需双方商定。

表3 彩晶装饰玻璃边长及对角线允许偏差

单位为毫米

边长 L	边长偏差允许值	对角线差允许值
$L \leqslant 600$	±0.5	2.0
$600 < L \leqslant 1\ 800$	±1.0	3.0

6.4.3 印位偏差

印位允许偏差为±1.0 mm。

6.4.4 圆孔

6.4.4.1 孔径

孔径应不小于玻璃的公称厚度，孔径的允许偏差应符合表4的规定。

表4 孔径及其允许偏差

单位为毫米

公称孔径	允许偏差
$D \leqslant 50$	±0.5
$D > 50$	±1.0

6.4.4.2 孔的位置

孔的位置应符合 GB 15763.2—2005 的要求，孔圆心位置的允许偏差为±1.0 mm。

6.4.5 其他尺寸及其允许偏差

由供需双方商定。

6.5 弯曲度

平面彩晶装饰玻璃的弯曲度，弓形时应不超过0.3%，波形时应不超过0.2%。

6.6 吻合度

曲面彩晶装饰玻璃的吻合度允许偏差2.0 mm。吻合度示意图见图1。

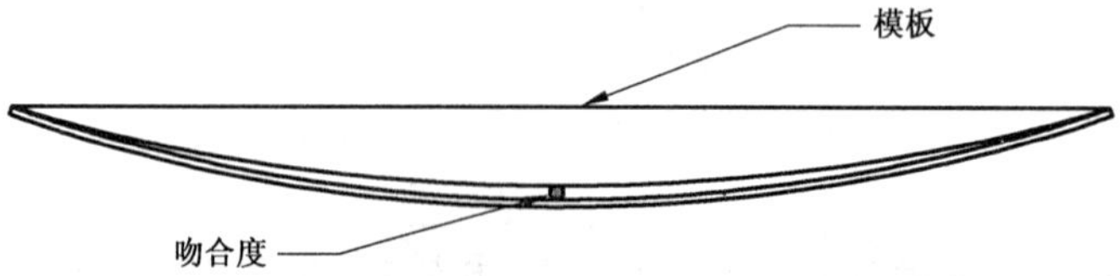

图1 吻合度示意图

6.7 抗冲击性

试验后，试样应不破碎。

6.8 碎片状态

试验后，每块试样在任何 50 mm×50 mm 区域内的最少碎片数必须满足表 5 的要求，且允许有少量长条形碎片，其长度不超过 75 mm。

表 5 最少允许碎片数

玻璃品种	公称厚度/mm	最少碎片数/片
平面玻璃	<3	供需双方商定
	3	30
	4～12	40
	≥15	30
曲面玻璃	3	15
	≥4	30

6.9 色差

试验后，结果应符合 GB/T 9761—2008 表 B.1 中规定的小于或等于 2 级的规定。

6.10 耐湿性

试验后，涂层表面应无膨胀、起皮、裂缝、脱落。

6.11 耐热性

试验后，涂层表面应无起皮、裂缝、脱落。

6.12 耐沸水性

试验后，涂层表面应无起皮、裂缝、脱落。

6.13 耐冷热循环性

试验后，涂层表面应无起皮、裂缝、脱落。

6.14 附着力

试验后，结果应符合 GB/T 9286—1998 表 1 中规定的 2 级或 2 级以内。

6.15 涂层硬度

试验后，涂层铅笔硬度应大于或等于 H。

6.16 耐酸性

试验后，涂层表面应无起皮、裂缝、脱落，目测制品正面无色变。

6.17 耐碱性

试验后，涂层表面应无起皮、裂缝、脱落，目测制品正面无色变。

6.18 耐醇性

试验后，涂层表面应无起皮、裂缝、脱落，目测制品正面无色变。

6.19 限用物质含量

构成彩晶装饰玻璃的各均质材料中铅、汞、六价铬、多溴联苯和多溴二苯醚的含量不得超过 0.1%（质量分数），镉的含量不得超过 0.01%（质量分数）。

7 试验方法

7.1 试验条件

除特殊规定外，试验应在下述条件下进行：

a) 环境温度：20 ℃±5 ℃；

b) 大气压力：8.60×10^{4} Pa～1.06×10^{5} Pa；

c) 相对湿度：40%～80%；

d) 试验用水使用 GB/T 6682 中规定的 3 级水。

7.2 外观质量

以制品为试样，在较好的自然光或散射光照背景条件下，试样垂直放置，在距试样 600 mm 处面向玻璃面，视线垂直玻璃进行观察。点状缺陷尺寸和线状缺陷宽度用放大 10 倍、精度 0.1 mm 的读数显微镜测定。线状缺陷长度使用最小刻度为 1 mm 的钢直尺或具有同等以上精度的量具测量。目视检查涂层脱落及边角缺陷。

7.3 厚度偏差

用符合 GB/T 1216 规定的分度值为 0.01 mm 的外径千分尺或具有同等以上精度的量具，距边缘约 15 mm 向内的四边中心进行测量，测量结果的算术平均值即为厚度值，数值修约至小数点后两位。厚度值与基片玻璃公称厚度之差即为厚度偏差。

7.4 尺寸偏差

7.4.1 边长偏差

制品边长在 600 mm 及 600 mm 以下，使用卡尺测量，600 mm 以上用最小刻度为 1 mm 的钢卷尺测量。

7.4.2 对角线差

用最小刻度为 1 mm 的钢卷尺测量对角线两角部中心处的直线距离 D_1 和 D_2，D_1 和 D_2 实测值之差的绝对值即为对角线差。对角线测量方法示意图见图 2。

7.4.3 印位偏差

用最小刻度为 1 mm 的钢卷尺测量，实测值与图示值之差即为印位偏差。

7.4.4 圆孔

使用卡尺的内量爪测量圆孔孔径;使用最小刻度值为 1 mm 的钢直尺或钢卷尺测量孔的圆心位置。

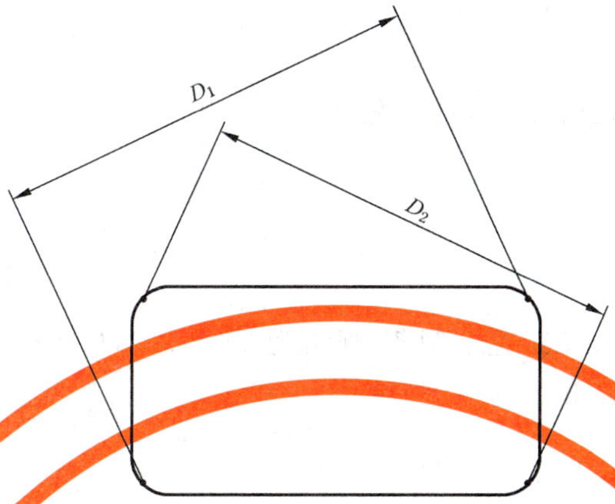

图 2 对角线测量方法示意图

7.4.5 其他尺寸及其允许偏差

使用满足精度要求的适用工具测量。

7.5 弯曲度

以制品为试样,在 7.1 试验条件下放置 4 h 以上,按 GB 15763.2—2005 中 6.4 的规定测量。

7.6 吻合度

以制品为试样,在 7.1 试验条件下放置 4 h 以上,以合同规定的模板为基准,用符合 GB/T 22523 规定的塞尺测量模板与制品间的间隙。

7.7 抗冲击性

7.7.1 试样

取 6 块试样进行试验。试样为与制品同厚度、同种类、同工艺条件下制造的尺寸为 610 mm(−0 mm,+5 mm)×610 mm(−0 mm,+5 mm)的平面钢化玻璃。

7.7.2 试验装置

试验装置应符合 GB 15763.3—2009 中 7.11.2 的规定。

7.7.3 试验程序

使用直径为 63.5 mm(质量约 1 040 g)符合 GB/T 308 规定的表面光滑的钢球放在距离试样表面 1 000 mm 的高度,使其自由落下。冲击点应在距试样中心 25 mm 范围内,受冲击面为实际使用时的外表面。

对每块试样的冲击仅限 1 次,观察其是否破坏。

7.8 碎片状态

取四块制品为试样,平面钢化制品按 GB 15763.2—2005 中 6.6 规定的方法进行试验。对于曲面钢化制品，将试样放在曲面形状匹配的模板上，在冲击前应采取适当措施以保持样品碎片状态的完整性。单曲面制品的冲击点为其长边中心线上距离周边 20 mm 左右的位置。复合曲面的冲击点由供需双方商定。

7.9 色差

按 GB/T 9761—2008 规定的方法目视比色。

7.10 耐湿性

7.10.1 试样

与制品材料相同、在相同加工工艺下制备，规格为 300 mm×300 mm，数量为 3 块。试验前，试样应在 7.1 的条件下至少放置 16 h。

7.10.2 试验程序

将试样垂直置于密闭的调温调湿箱中历时 168 h，调温调湿箱的温度保持在 50 ℃±2 ℃，相对湿度为 95%±4%。试验过程中，试样表面不应出现任何水汽凝结现象，试样之间应留适当的空隙。室温下恢复 24 h 后目视观察。

7.11 耐热性

7.11.1 试样

与制品材料相同、在相同加工工艺下制备，规格为 300 mm×300 mm，数量为 3 块。试验前，试样应在 7.1 的条件下至少放置 16 h。

7.11.2 试验程序

将试样放入调温箱，试样之间应留适当的空隙。加热至 120 ℃±2 ℃，并保温 2 h，然后将试样取出，自然冷却至室温，30 min 后目视观察。

7.12 耐沸水性

将与制品材料相同、在相同加工工艺下制备，规格为 300 mm×300 mm 的 3 块试样竖直全部浸入沸水槽中，试样之间应留适当的空隙，保持 1 h，取出冷却至室温 30 min 后目视观察。

7.13 耐冷热循环性

7.13.1 试样

与制品材料相同、在相同加工工艺下制备，规格为 300 mm×300 mm，数量为 3 块。试验前，试样应在 7.1 的条件下至少放置 16 h。

7.13.2 试验程序

将试样放入调温箱中，试样之间应留适当的空隙，关闭调温箱。按图 3 的分布，使试样的温度在 −20 ℃±2 ℃和 50 ℃±2 ℃之间循环。在每个极端温度下，应保持稳定至少 2 h。一次循环时间不超过 6 h，循环 5 次，自然冷却至室温，30 min 后目视观察。

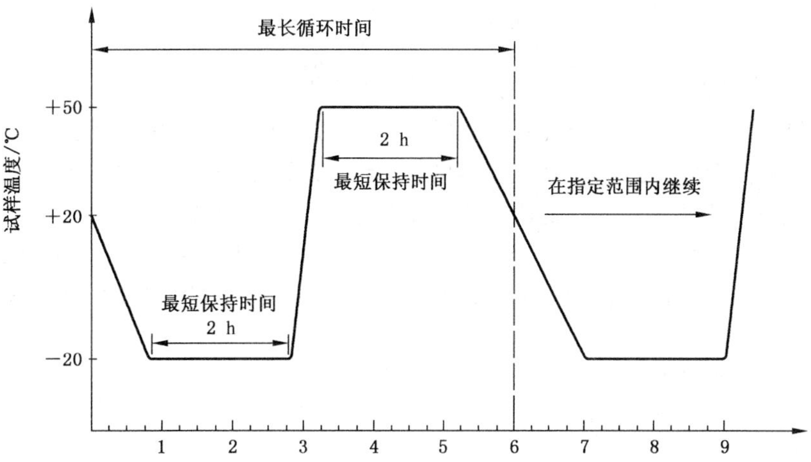

图 3 耐冷热循环性试验

7.14 附着力

在一块制品上随机选取三处不同位置，此三处位置边缘的相互间距及与涂层边缘最小间距均不小于 5 mm，按 GB/T 9286 方法进行试验，切割间距取 2 mm。

7.15 涂层硬度

在一块制品上随机选取三处不同位置，此三处位置边缘的相互间距及与涂层边缘最小间距均不小于 5 mm，按 GB/T 6739 方法进行试验。

7.16 耐酸性

在一块制品上随机选取三处不同位置，此三处位置边缘的相互间距及与涂层边缘最小间距均不小于 5 mm，移取 1.0 mL 浓度为 5%的 H_2SO_4 溶液（体积浓度）滴于试样涂层面，另取透明杯罩住，16 h 后用水清洗，自然晾干 1 h 后目视观察。对铝粉涂层、立体图纹部分，实验 4 h 后用水清洗，自然晾干 1 h 后目视观察。

7.17 耐碱性

在一块制品上随机选取三处不同位置，此三处位置边缘的相互间距及与涂层边缘最小间距均不小于 5 mm，移取 1.0 mL 浓度为 5%的 NaOH 溶液滴于试样涂层面，另取透明杯罩住，8 h 后用水清洗，自然晾干 1 h 后目视观察。对铝粉涂层、立体图纹部分，实验 4 h 后用水清洗，自然晾干 1 h 后目视观察。

7.18 耐醇性

7.18.1 试样

与制品材料相同、在相同加工工艺下制备，规格为 200 mm×100 mm，数量为 3 块。

7.18.2 试验装置

带有直径 16 mm±0.1 mm 的圆柱体摩擦头耐摩擦色牢度试验仪，应符合 GB/T 3920 的规定。

7.18.3 摩擦布

规格为(50 mm±2 mm)×(50 mm±2 mm)的正方形棉摩擦布，应符合 GB/T 7568.2 的规定。

7.18.4 试验程序

试验前，将试样和摩擦布放置在7.1的条件下至少放置16 h。

用夹紧装置将试样固定在试验仪平台上，使试样的长度方向与摩擦头的运行方向一致。

称量棉摩擦布后完全浸入试剂级无水乙醇中，重新称量摩擦布以确保摩擦布的含液率达到95%～100%，也可用可调节的轧液装置或其他适宜装置调节摩擦布的含水率。

将调湿后的摩擦布平放在摩擦头上，运行速度为每秒1个往复摩擦循环，共摩擦15个循环。试样上摩擦动程为104 mm±3 mm，施加的向下压力为9 N±0.2 N。摩擦区域与涂层边缘最小间距不小于5 mm。

试验后，取下试样，自然晾干后目视观察。

7.19 限用物质含量

取一块制品，按GB/T 26125方法进行试验。

8 检验规则

8.1 检验分类

分为出厂检验和型式检验。

8.2 出厂检验

8.2.1 检验项目

包括外观质量、厚度偏差、尺寸偏差、弯曲度、吻合度、色差、附着力。

8.2.2 组批

同种原料、相同工艺连续生产的同种规格的彩晶装饰玻璃为一批。

8.2.3 抽样

8.2.3.1 外观质量、厚度偏差、尺寸偏差、弯曲度、吻合度、色差

按表6进行随机抽样。当样本量等于或超过批量，则执行100%检验；当该批制品批量大于10 000块时，以每10 000块为一批分批抽样。

表6 抽样规则

单位为块

批量	样本量	接收数	拒收数
2～50	5	0	1
51～150	20	1	2
151～280	32	2	3
281～500	50	3	4
501～1 200	80	5	6
1 201～3 200	125	7	8
3 201～10 000	200	10	11

8.2.3.2 附着力

从外观质量、厚度偏差、尺寸偏差、弯曲度、吻合度、色差检验合格的制品中随机抽取一块进行检验。

8.2.4 判定

8.2.4.1 外观质量、厚度偏差、尺寸偏差、弯曲度、吻合度、色差

外观质量、厚度偏差、尺寸偏差、弯曲度、吻合度、色差的不合格品数大于或等于表6的拒收数，则认为该批产品的外观质量、厚度偏差、尺寸偏差、弯曲度、吻合度或色差不合格；否则为合格。

8.2.4.2 附着力

三处全部符合要求时为合格；两处或两处以上不符合要求则认为该批产品的附着力不合格；如附着力有一处不符合要求时，追加一块制品重新进行试验，三处全部符合要求时为合格。

8.2.4.3 综合判定

外观质量、厚度偏差、尺寸偏差、弯曲度、吻合度、色差、附着力均符合要求，则判该批产品出厂检验合格，否则为不合格。

8.3 型式检验

8.3.1 总则

有下列情况之一时，应进行型式检验：

a) 新产品或老产品转厂生产的试制定型鉴定；
b) 正式生产后，如结构、材料和工艺等有较大改变，可能影响产品性能时；
c) 正常生产时，每年进行一次；
d) 产品长期停产后，恢复生产时；
e) 出厂检验结果与上次型式检验有较大差异时。

8.3.2 检验项目

包括本标准第6章的所有要求。

8.3.3 组批

同8.2.2。

8.3.4 抽样

8.3.4.1 外观质量、厚度偏差、尺寸偏差、弯曲度、吻合度、色差

同8.2.3。

8.3.4.2 碎片状态、附着力、涂层硬度、耐酸性、耐碱性

从外观质量、厚度偏差、尺寸偏差、弯曲度、吻合度、色差检验合格的彩晶装饰玻璃中按检测项目所要求的数量随机抽取制品进行碎片状态、附着力、涂层硬度、耐酸性、耐碱性检验。

8.3.4.3 限用物质含量

随机抽取一块进行检验。

8.3.5 判定

8.3.5.1 外观质量、厚度偏差、尺寸偏差、弯曲度、吻合度、色差

同 8.2.4.1。

8.3.5.2 抗冲击性

当五块或五块以上符合时为合格，三块或三块以下符合时为不合格。当四块试样符合时，追加六块新试样重新进行试验，六块全部符合要求时为合格。

8.3.5.3 碎片状态、耐湿性、耐热性、耐沸水性、耐冷热循环性、耐醇性、限用物质含量

试样全部满足要求时为合格，否则为不合格。

8.3.5.4 附着力、涂层硬度、耐酸性、耐碱性

三处全部符合要求时为合格；两处或两处以上不合格则认为不合格；如附着力有一处不合格时，追加一块制品重新进行试验，三处全部符合要求时为合格。

8.3.5.5 综合判定

外观质量、厚度偏差、尺寸偏差、弯曲度、吻合度、抗冲击性、碎片状态、色差、耐湿性、耐热性、耐沸水性、耐冷热循环性、附着力、涂层硬度、耐酸性、耐碱性、耐醇性、限用物质含量均符合要求，则判该批产品为合格，否则为不合格。

9 包装、标志、运输和贮存

9.1 包装

用木箱或纸箱包装，玻璃与包装箱之间用不易引起玻璃划伤的轻软材料填实。

9.2 标志

包装标志应符合国家有关标准的规定。每个包装箱应附有合格证，并标明“向上、轻搬正放、小心破碎、防雨怕湿”等标识，以及产品名称、生产厂名、厂址、生产日期、产品规格、数量。

9.3 运输

在运输过程中应轻起、轻放，避免挤压、碰撞、倒置、受潮，避免太阳光暴晒。

9.4 贮存

应贮存在清洁干燥的室内环境中，按不同规格型号分别码放，注意码放高度，避免挤压，避免太阳光暴晒，避免接触强酸、强碱或其他化学品。

ICS 81.060.10
Q 31

中华人民共和国国家标准

GB/T 29758—2013

陶瓷用熔块

Frit for ceramics

2013-09-18 发布

2014-06-01 实施

中华人民共和国国家质量监督检验检疫总局
中国国家标准化管理委员会
发布

前　言

本标准按照 GB/T 1.1—2009 给出的规则起草。

本标准由中国建筑材料联合会提出。

本标准由全国建筑卫生陶瓷标准化技术委员会(SAC/TC 249)归口。

本标准负责起草单位:江苏拜富科技有限公司、咸阳陶瓷研究设计院、广东三水大鸿制釉有限公司。

本标准参加起草单位:山东炳坤腾泰陶瓷科技有限公司、河南科海陶瓷科技有限公司、淄博裕鼎陶瓷有限公司、淄博福星陶瓷色釉料有限公司、广东东鹏控股股份有限公司、广东宏陶陶瓷有限公司、潮州市枫溪长美色釉厂、潮州市枫溪通达陶瓷原料厂、潮安县联成陶瓷化工实业有限公司、潮州市化工一厂。

本标准主要起草人:马小鹏、韩强、徐和良、郑元耀、宋富贵、杨中英、邱海波、高升州、王福恒、陈世清、卢广坚、吴新民、陈树海、陈松城、蔡树姜。

陶 瓷 用 熔 块

1 范围

本标准规定了陶瓷用熔块的术语和定义、技术要求、试验方法、检验规则、标志、包装、运输和贮存。

本标准适用于陶瓷用熔块。

2 规范性引用文件

下列文件对于本文件的应用是必不可少的。凡是注日期的引用文件,仅注日期的版本适用于本文件。凡是不注日期的引用文件,其最新版本(包括所有的修改单)适用于本文件。

GB 6566 建筑材料放射性核素限量

GB/T 15555.2 固体废物 铜、锌、铅、镉的测定 原子吸收分光光度法

GB/T 23460.1 陶瓷釉料性能测试方法 第1部分:高温流动性测试 熔流法

3 术语和定义

下列术语和定义适用于本文件。

3.1

熔块 frit

使用矿物及化工原料按一定比例混合均匀,经高温熔融后淬冷制成的晶态或非晶态陶瓷装饰用原料。根据用途一般分为乳白熔块、透明熔块和微晶熔块。

3.2

标样 standard sample

经供需双方认可,抽取若干数量封存并记录批号,留作该品种每次检验时的标准对照样。

3.3

杂质 impurity

与正常产品不一致的异物(包括夹生)。

3.4

色差 colour difference

用明度、色调和彩度三种颜色属性差异表示,即根据CIE色空间的Lab原理,测量显示出标样与样品颜色之间的差值,用ΔE^*表示。

3.5

体膨胀系数 coefficient of cubical expansion

平均线膨胀系数α的三倍。平均线膨胀系数α指在一定的温度间隔内,试样的长度变化与温度间隔及试样初始长度之比。

3.6

软化点 softening temperature

熔块膨胀值由上升转为下降时所对应的峰值温度。

3.7

高温流动性 flow behavior under high temperature

熔块在熔融过程中的黏性流动。

3.8

可溶性铅镉含量 content of soluble lead and cadmium

熔块与硝酸溶液相接触,溶出于溶液中的铅镉含量。

4 技术要求

4.1 杂质

与标样对比不多于标样。

4.2 粒度、厚度

粒状熔块85%以上(含85%)的颗粒≤4.7 mm(相当于4目筛余不超过15%),最大粒度不大于8.0 mm。片状熔块的厚度平均值≤3.0 mm。特殊用途熔块供需双方协商。

4.3 含水率

平均值≤4.0%。

4.4 试烧表面质量

釉面试验烧成试样表面的平整度、光亮度、表面缺陷与标样对比无明显差别。

4.5 色差

与标样对比 $\Delta E^{*} \leqslant 1.5$。

4.6 体膨胀系数

与标样值对比相对误差不超过7%。

4.7 软化点

与标样值对比偏差不超过10 ℃。

4.8 高温流动性

高温流动长度系数(Fl)满足1±0.25;高温流动宽度系数(Fb)满足1±0.15。

4.9 可溶性铅镉含量

熔块制造商报告可溶性铅镉含量。

4.10 放射性核素限量

熔块制造商报告放射性内外照射指数。

5 试验方法

5.1 杂质

用目测方法进行。取标样和试样各500 g,同时在烘干箱内以105 ℃～110 ℃烘干2 h,取出冷却后,分别平铺在白纸或白瓷片上,在300 lx漫射光照下相距0.5 m目测。

5.2 粒度、厚度的测定

5.2.1 粒度

5.2.1.1 仪器设备

仪器设备包括：

a) 试样盘或板；

b) 恒温干燥箱；

c) 天平：精度 0.01 g；

d) 干燥器。

5.2.1.2 测定步骤

称取烘干后的粒状产品试样 500 g(m_1)，用 4.7 mm(4 目)筛网进行筛分，称取未通过 4.7 mm(4 目)筛网的试样(m_2)，粒度小于或等于 4.7 mm(4 目)的熔块所占的百分比按式(1)计算；大于 4.7 mm(4 目)的颗粒用精度为 0.02 mm 的游标卡尺测量。

粒度 X_1 按式(1)进行计算：

$$X_1 = \frac{m_1 - m_2}{m_1} \times 100\% \qquad \cdots\cdots(1)$$

式中：

m_1——筛前试样质量，单位为克(g)；

m_2——筛后试样质量，单位为克(g)。

所得结果修约至一位小数。

5.2.2 厚度

随机抽取片状熔块产品 10 片，用精度为 0.02 mm 的游标卡尺测量厚度，计算平均值。

5.3 含水率

5.3.1 仪器设备

仪器设备包括：

a) 试样盘或板；

b) 恒温干燥箱；

c) 天平：精度 0.01 g；

d) 干燥器。

5.3.2 测定步骤

称取 100 g±1 g 试样(m_3)，准确到 0.01 g，放入试样盘或板中，将试样盘或板放入恒温干燥箱于 105 ℃～110 ℃烘 2 h。取出试样放入干燥器中冷却至室温，称量，以后每烘 1 h 冷却称量一次，直到两次称量差不大于 0.1 g 止，得到烘干后试样质量(m_4)。

含水率 X_2 按式(2)进行计算：

$$X_2 = \frac{m_3 - m_4}{m_3} \times 100\% \qquad \cdots\cdots(2)$$

式中：

m_3——烘干前试样质量，单位为克(g)；

m_4——烘干恒重后试样质量,单位为克(g)。

所得结果修约至一位小数。

5.4 试烧表面质量试验

5.4.1 调合

称取试样(或标样)500 g,加入适量的水后球磨、过筛,制成合格的釉浆。

5.4.2 施釉

与标样在同一坯体相应位置按要求重量施釉,标样和试样的施釉厚度应相同,施釉方式应一致。

5.4.3 烧成

将施有标样和试样釉的试片在相应规定的制度下同时进行烧成。

5.4.4 试烧表面质量的试验方法

将施有标样和试样釉的试片在 300 lx 漫射光照下相距 0.5 m 目视比对。

5.5 色差

校正色度仪后,将 5.4.3 烧成的试片置于仪器上进行色差测量,并按式(3)~式(6)进行计算:

$$\Delta L^* = L_1^* - L_0^* \quad \cdots\cdots(3)$$

$$\Delta a^* = a_1^* - a_0^* \quad \cdots\cdots(4)$$

$$\Delta b^* = b_1^* - b_0^* \quad \cdots\cdots(5)$$

$$\Delta E^* = \sqrt{(\Delta L^*)^2 + (\Delta a^*)^2 + (\Delta b^*)^2} \quad \cdots\cdots(6)$$

式中:

ΔL^*——样品与标样的亮度差值;

L_1^*——样品的亮度值;

L_0^*——标样的亮度值;

Δa^*——样品与标样红绿方向的颜色差值;

a_1^*——样品红绿方向的颜色变化值;

a_0^*——标样红绿方向的颜色变化值;

Δb^*——样品与标样黄蓝方向的颜色差值;

b_1^*——样品黄蓝方向的颜色变化值;

b_0^*——标样黄蓝方向的颜色变化值;

ΔE^*——样品与标样的比较色差值。

5.6 体膨胀系数的测定

5.6.1 试验仪器、设备及材料

试验仪器、设备及材料包括:

a) 热膨胀仪:炉体加热均匀并保证在样品长度方向上的温差在±1 ℃范围内;

b) 烘箱:有热风循环、最高温度 300 ℃;

c) 样品槽:具有一定的吸水率和耐高温性,用于满足制备试验釉棒的小槽;

d) 耐火垫板:1 250 ℃不变形;

e) 游标卡尺:精确度 0.02 mm;

f) 直角钢钩：直径 15 mm～30 mm，钩长 50 mm～100 mm，柄长不小于 1 500 mm；

g) 坩埚：使用温度 1 600 ℃以上，容积不小于 300 mL；

h) 箱式电炉：最高温度不低于 1 500 ℃。

5.6.2 试验熔块棒的制备

5.6.2.1 堆烧法步骤如下：

a) 取待测试验料直接放入均匀铺洒了氧化铝粉或高岭土粉的样品槽内，对于大颗粒试验料需进行破碎处理，确保颗粒直径小于 0.425 mm(40 目)筛网。

b) 将样品槽置于电炉中以待测试样实际使用温度烧成并冷却。

c) 将烧制后的釉块取出后用切割机或砂轮、砂纸等工具将其制备成热膨胀仪测试所需样品尺寸，应磨削掉沾带的氧化铝粉或高岭土粉。

5.6.2.2 拉棒法步骤如下：

a) 取适量的试样加入到坩埚中，将坩埚放入箱式电炉中，升温至试样熔融后恒温至少 1 h，让试样充分熔融成玻璃液。

b) 打开箱式电炉门，用坩埚钳取出坩埚把试样玻璃液倒出，用直角钢钩在下方接住玻璃液体，转动钩柄使流出的玻璃液体在钢钩上形成球状玻璃膏。

c) 快速移开直角钢钩，将钩上球状玻璃膏粘到耐火垫板上，垂直向上慢慢拉升，把玻璃膏拉成圆柱玻璃棒，冷却后将玻璃棒从直角钢钩上截取下来。

d) 将拉制好的试样棒用切割机或砂轮及砂纸等工具，将其加工成热膨胀仪测试所需样品尺寸。

e) 在熔块生产时，可直接用直角钢钩在高温窑炉流口下方将玻璃液拉棒。

5.6.3 试验釉棒要求

5.6.3.1 直径与长度应与热膨胀仪测试要求尺寸一致，直径误差不超过 ±0.5 mm，长度误差不超过 ±0.1 mm。

5.6.3.2 试验釉棒应呈圆柱状，粗细均匀，无明显空心和气泡，不含有杂质。

5.6.3.3 试验釉棒两端面应平整且平行，并垂直于轴向。

5.6.4 测试步骤

5.6.4.1 用游标卡尺测量室温下待测试验釉棒长度，精确至 0.02 mm。

5.6.4.2 开启热膨胀仪预热至少 30 min 后将试验釉棒装入热膨胀仪中，应保持釉棒平直、稳定并与传递杆接触良好。

5.6.4.3 设定升温速率为 5 ℃/min。启动热膨胀仪升温至所需测试温度为止。

5.6.5 结果表示

线膨胀系数 α 用 $10^{-7}℃^{-1}$ 表示，精确到小数点后第二位，按式(7)表示：

$$\alpha=\frac{1}{L_0}\times\frac{\Delta L}{\Delta t} \qquad (7)$$

式中：

α ——线膨胀系数，$10^{-7}℃^{-1}$；

L_0 ——室温下试样长度，单位为毫米(mm)；

ΔL ——试验釉棒在室温和测试温度之间的增长，单位为毫米(mm)；

Δt ——温度升高值，单位为摄氏度(℃)。

体膨胀系数 $=3\alpha$，用 $10^{-7}℃^{-1}$ 表示

5.7 软化点的测定

在5.6测试中，记录膨胀过程的数据，膨胀值由上升转为下降时所对应的峰值温度为软化点。

5.8 高温流动性

按照GB/T 23460.1的规定进行。

5.9 铅镉含量

5.9.1 试剂

试剂包括：

a) 硝酸(HNO_3，ρ=1.42 g/mL)，优级纯；

b) 硝酸溶液(1+1)，用硝酸(a)配制；

c) 去离子水或蒸馏水。

5.9.2 仪器

仪器包括：

a) 原子吸收分光光度计；

b) 过滤装置：玻璃砂芯过滤器、纤维滤膜(孔径ϕ0.45 μm)；

c) 可调电加热板。

5.9.3 试样制备

试样经清洗、烘干、粉碎、研磨至通过80 μm(180目)孔径筛，储于干净的称量瓶备用。制备过程应避免引入杂质。

5.9.4 试验溶液的制备

称取试样10 g(精确至0.000 1 g)于100 mL烧杯中，加入25 mL硝酸溶液，用少量蒸馏水冲洗烧杯壁，搅拌均匀，盖上表面皿。加三粒沸石，置于150 ℃低温加热板上加热2 h，冷却静置1 h，立刻过滤到50 mL容量瓶中冲洗至刻度，摇匀。此为待测样品实验溶液。

5.9.5 空白试验溶液

用去离子水或蒸馏水代替样品，采用和样品相同的步骤和试剂，在处理样品的同时制备空白实验溶液。

5.9.6 测定

试验溶液中可溶性铅镉的含量按照GB/T 15555.2规定的进行。

5.9.7 结果计算

重金属的含量用式(8)计算：

$$\omega=(a_1-a_0)\times 50\times\frac{F}{m} \qquad \cdots\cdots(8)$$

式中：

ω ——(铅、镉)可溶性含量，单位为毫克每千克(mg/kg)；

a_1 ——试剂空白浓度，单位为微克每毫升(μg/mL)；

a_0 ——从标准曲线上测得的试验溶液(铅、镉)的浓度，单位为微克每毫升(μg/mL)；

50 ——萃取溶液的定容体积，单位为毫升(mL)；

F ——稀释因子；

m ——称取样品的质量，单位为克(g)。

5.10 放射性核素限量

按照 GB 6566 的规定进行。

6 检验规则

6.1 出厂检验

出厂检验项目检验包括 4.1、4.2、4.3、4.4、4.5。

6.2 型式检验

型式检验项目为本标准第 4 章技术要求中的全部内容，在下列情况下进行型式检验：

a) 新产品投产或产品定型鉴定时；
b) 原材料、配方、工艺有较大改变时；
c) 正常生产时，每半年进行一次；
d) 停产 6 个月以上再恢复生产时；
e) 出厂检验结果与上一次型式检验结果有较大差异时；
f) 上级质量监督检验机构提出型式检验要求时。

6.3 组批和取样

产品按同品种、同类别组批，以每 60 t 为一批，不足 60 t 仍按一批计。在每个检验批次的不同部位随机取样，取样点不少于 10 个，取样总量不小于 2 kg。

6.4 检验规则

检验结果中如有指标不符合本标准规定时，可用备样重新检验。重新检验结果中有一项指标不符合本标准规定，则整批产品视为不合格。

7 标志、包装、运输、贮存

7.1 标志、包装

出厂产品应附有产品质量合格的证明并注明执行标准号。产品包装上应注明：商标、产品名称、型号、制造厂名、地址、生产批号、净含量、执行标准号等。

7.2 运输

运输过程中应注意防止雨淋，不应碰撞。

7.3 贮存

产品应按品种、编号、规格分别整齐堆放。

ICS 81.040.20
Q 33

中华人民共和国国家标准

GB/T 29759—2013

建筑用太阳能光伏中空玻璃

Sealed insulating solar PV glass unit in building

2013-09-18 发布　　2014-06-01 实施

中华人民共和国国家质量监督检验检疫总局
中国国家标准化管理委员会　发布

前 言

本标准按照 GB/T 1.1—2009 给出的规则起草。

本标准由中国建筑材料联合会提出。

本标准由全国建筑用玻璃标准化技术委员会(SAC/TC 255)归口。

本标准主要起草单位:深圳市创益科技发展有限公司、深圳市标准技术研究院、佛山市顺德区质量技术监督标准与编码所、珠海兴业新能源科技有限公司、广东省东莞市质量技术监督标准与编码所、晶澳(扬州)太阳能光伏工程有限公司、国家玻璃质量监督检验中心、中国建材检验认证集团股份有限公司。

本标准参加起草单位:皇明洁能控股有限公司、常州天合光能有限公司、广东金刚玻璃科技股份有限公司、新奥光伏能源有限公司、国家太阳能光伏产品质量监督检验中心。

本标准主要起草人:周文、黄曼雪、杨舸、温利峰、许弟春、倪易洲、李毅、尹平、李志坚、龚铁裕、罗岳泰、尹林东、宛霞、黄建斌、杨建军、韩松、苗向阳、胡希杰、吴从真、郑鸿生、张臻、武振羽、姜希猛、胡盛明、吴建国、欧石平、李全相、杨胜文、赵玉磊、张桂先、孙晓。

建筑用太阳能光伏中空玻璃

1 范围

本标准规定了建筑用太阳能光伏中空玻璃的术语和定义、分类、材料、要求、试验方法、检验规则、包装、标志、运输和贮存。

本标准适用于建筑用晶体硅电池型太阳能光伏中空玻璃和薄膜电池型太阳能光伏中空玻璃。

2 规范性引用文件

下列文件对于本文件的应用是必不可少的。凡是注日期的引用文件，仅注日期的版本适用于本文件。凡是不注日期的引用文件，其最新版本(包括所有的修改单)适用于本文件。

GB/T 1216 外径千分尺

GB 11614 平板玻璃

GB/T 11944—2002 中空玻璃

GB 15763.1 建筑用安全玻璃 第1部分:防火玻璃

GB 15763.2 建筑用安全玻璃 第2部分:钢化玻璃

GB 15763.3 建筑用安全玻璃 第3部分:夹层玻璃

GB 15763.4 建筑用安全玻璃 第4部分:均质钢化玻璃

GB/T 17841 半钢化玻璃

GB 24266 中空玻璃用硅酮结构密封胶

GB/T 29551 建筑用太阳能光伏夹层玻璃

JC/T 486 中空玻璃用弹性密封胶

JC/T 914 中空玻璃用丁基热熔密封胶

JC/T 1006 釉面钢化及釉面半钢化玻璃

JC/T 1022 中空玻璃用复合密封胶条

JC/T 2069 中空玻璃间隔条 第1部分:铝间隔条

JC/T 2072 中空玻璃用干燥剂

JG/T 255—2009 内置遮阳中空玻璃制品

IEC 61215:2005 地面用晶体硅光伏组件 设计鉴定和定型(Crystalline silicon terrestrial photovoltaic (PV) modules—Design qualification and type approval)

IEC 61646:2008 地面用薄膜光伏组件 设计鉴定和定型(Thin-film terrestrial photovoltaic (PV) modules—Design qualification and type approval)

3 术语和定义

下列术语和定义适用于本文件。

3.1

太阳能光伏中空玻璃 sealed insulating solar PV glass unit

由太阳能光伏夹层玻璃、玻璃、密封胶、胶条、干燥剂、间隔框等材料组成，通过处理使其粘接为一体具有发电功能的产品统称。

4 分类

4.1 按形状分类

a) 平面太阳能光伏中空玻璃；

b) 曲面太阳能光伏中空玻璃。

4.2 按太阳电池分类

a) 晶体硅电池型太阳能光伏中空玻璃；

b) 薄膜电池型太阳能光伏中空玻璃。

5 材料

5.1 玻璃

朝向太阳光的外层玻璃为太阳能光伏夹层玻璃。内层玻璃可采用平板玻璃、钢化玻璃、均质钢化玻璃、半钢化玻璃、釉面钢化及釉面半钢化玻璃、曲面玻璃、夹层玻璃和防火玻璃等。

太阳能光伏夹层玻璃应满足 GB 29551 的要求。平板玻璃应符合 GB 11614 的规定，钢化玻璃应符合 GB 15763.2 的规定，半钢化玻璃应符合 GB/T 17841 的规定，均质钢化玻璃应符合 GB 15763.4 的规定，釉面钢化及釉面半钢化玻璃应符合 JC/T 1006 的规定，防火玻璃应符合 GB 15763.1 的规定，夹层玻璃应符合 GB 15763.3 的规定。其他品种的玻璃应符合相应标准或由供需双方商定。

5.2 密封胶

硅酮结构密封胶应符合 GB 24266 中的相关规定，丁基热熔密封胶应符合 JC/T 914 中的相关规定，弹性密封胶应符合 JC/T 486 中的相关规定。

5.3 胶条

复合密封胶条应符合 JC/T 1022 中的相关规定。

5.4 间隔框

可选用金属或塑胶材料，使用金属间隔框时应去污或进行化学处理，铝间隔框应符合 JC/T 2069 中的相关规定。

5.5 干燥剂

干燥剂应符合 JC/T 2072 中的相关规定。

6 要求

6.1 总则

构成太阳能光伏中空玻璃的太阳能光伏夹层玻璃应满足 GB 29551 的要求，太阳能光伏中空玻璃的技术要求、试验方法及判定规则应符合表 1 中相应条款的规定，对曲面太阳能光伏中空玻璃和特殊要求的太阳能光伏中空玻璃，其外观质量、尺寸允许偏差、弯曲度、试验方法及判断规则可由供需双方商定。

表 1 太阳能光伏中空玻璃的技术要求、试验方法及判定规则

序号	名称	技术要求	试验方法	判定规则
1	外观质量	6.2	7.2	8.3.1
2	尺寸允许偏差	6.3	7.3	8.3.2
3	弯曲度	6.4	—	8.3.2
4	最大功率确定	6.5	7.4	8.3.1
5	耐紫外(UV)辐照性能	6.6	7.5	8.3.4
6	露点性能	6.7	7.6	8.3.3
7	加速耐久性试验	6.8	7.7	8.3.5

6.2 外观质量

太阳能光伏中空玻璃边部密封胶应均匀整齐，内层密封胶应连续无断条，与玻璃充分粘结，外层密封胶应无气泡，且不超出玻璃边缘。间隔材料应与玻璃垂直，平直无扭曲，表面平整光洁、无磕伤、污痕、斑点及片状不良氧化现象，间隔层无异物。玻璃内表面应无污迹，无密封胶飞溅。构成中空玻璃的原片及太阳能光伏夹层玻璃应符合相应的外观要求。

6.3 尺寸允许偏差

太阳能光伏中空玻璃的尺寸允许偏差应满足 GB/T 11944—2002 中 5.2 的要求。

6.4 弯曲度

弯曲度要求由供需双方商定。

6.5 最大功率确定

在标准测试条件下测定的最大功率值与标称值之差应在标称值的±10%范围内。

6.6 耐紫外(UV)辐照性能

按 7.5 进行检验，试样紫外线照射 168 h，试样内表面上无结雾或污染的痕迹，玻璃原片无明显错位和产生胶条蠕动。

6.7 露点性能

按 7.6 方法试验，应满足试样露点≤−40 ℃。

6.8 加速耐久性试验

按 7.7 方法试验，水分渗透指数 $I \leq 0.25$，平均值 $I_{av} \leq 0.20$。

7 试验方法

7.1 通用试验条件

如无规定，试验按如下通用试验条件进行：

a) 温度：20 ℃±5 ℃；

b) 气压：8.60×10^4 Pa～1.06×10^5 Pa；

c) 相对湿度：40%～80%。

注：以上条件适用于外观质量、尺寸允许偏差、弯曲度共三项试验。

7.2 外观质量检验

在不低于1 000 lx的照度下，视线垂直玻璃，在距试样1 m处进行观察。目视检查密封胶、间隔材料、间隔层、玻璃原片及太阳能光伏夹层玻璃。

7.3 尺寸允许偏差检验

7.3.1 宽度、长度及对角线差测量

使用最小刻度为1 mm的钢直尺或钢卷尺测量。

7.3.2 厚度测量

中空玻璃厚度用符合GB/T 1216规定的精度为0.01 mm的外径千分尺或具有同等以上精度的量具，在距离玻璃板边15 mm内的四边中点测量，取其平均值，数值修约至小数点后两位即为厚度值。

7.4 最大功率确定

7.4.1 标准测试条件

本试验的标准测试条件为：

a) 标准测试环境温度为25 ℃±2 ℃；

b) 光源辐照度为1 000 W/m²；

c) 大气质量指数AM1.5。

7.4.2 试验程序

最大功率确定试验程序如下：

——对于晶体硅电池型太阳能光伏夹层玻璃，按IEC 61215:2005中的10.2进行试验；

——对于薄膜电池型太阳能光伏夹层玻璃，按IEC 61646:2008中的10.2进行试验。

7.5 耐紫外(UV)辐照性能试验

按GB/T 11944—2002中的6.5进行试验。

7.6 露点试验

按GB/T 11944—2002中的6.4进行试验。

7.7 加速耐久性试验

7.7.1 试验目的

本试验是为了确定太阳能光伏中空玻璃在高低温循环和暴露于高温高湿环境下的密封寿命，密封寿命用水分渗透指数 I 来量化衡量。

7.7.2 试样

试样为15块与制品相同材料、在同一工艺条件下制作的尺寸为510 mm×360 mm的样品。

7.7.3 试验设备

按如图1、图2所示温度曲线，能够提供下述两个阶段试验的试验箱：

a) 第1阶段：56个循环，每12 h为一个温度循环，温度从−18 ℃±2 ℃～53 ℃±1 ℃，升降温速度为14 ℃/h±2 ℃/h；当试验箱内温度大于23 ℃时，相对湿度应≥95%；

b) 第2阶段：在温度58 ℃±1 ℃，相对湿度≥95%的环境下保持7周。

注：两个阶段的试验可在同一个试验箱完成，也可由两个试验箱分别完成。当采用两个试验箱时，两个阶段试验的时间间隔应小于4 h。

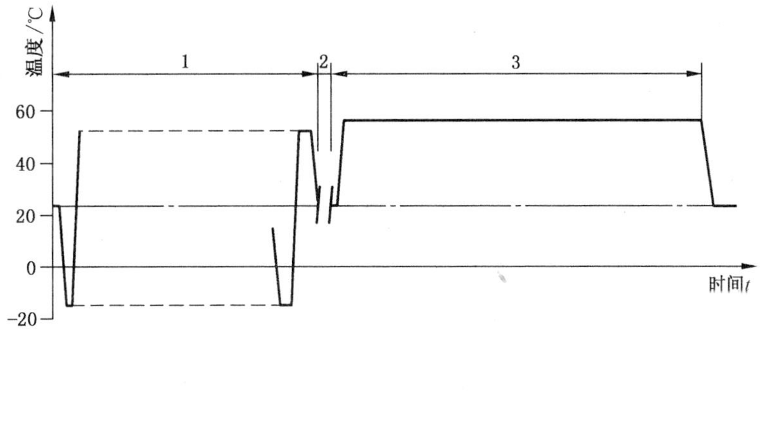

说明：

1——第1阶段高低温循环试验；

2——使用两个试验箱时允许将试样从一个试验箱移到另一试验箱；

3——第2阶段恒温恒湿试验。

图1 加速耐久性试验温度曲线

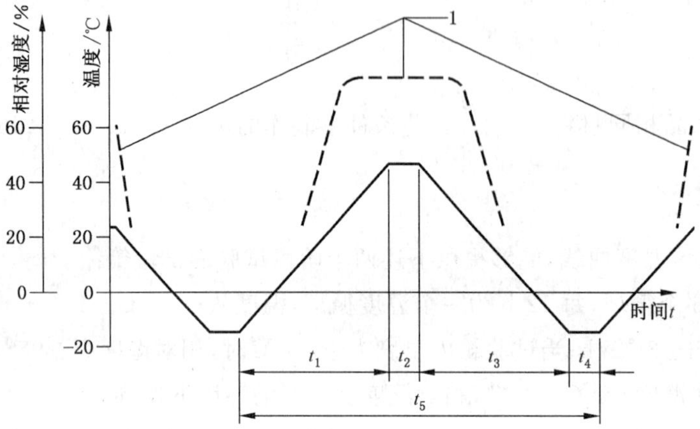

说明：

t_1——加热阶段，t_1=5 h±1 min；

t_2——保温阶段，t_2=1 h±1 min；

t_3——制冷阶段，t_3=5 h±1 min；

t_4——保温阶段，t_4=1 h±1 min；

t_5——一个循环周期，t_5=12 h。

1——试验箱内湿度随时间的变化，当温度＞23 ℃时，湿度应≥95%。

图 2 高低温循环期间温度随时间以及湿度随时间的变化曲线

7.7.4 试验程序

取 15 块经 7.6 试验的试样，并根据露点温度由高到低的顺序依次编号，露点温度低于－60 ℃时随机编号。

根据表 2 确定进行加速耐久性试验的样品。

表 2 加速耐久性试验的试样编号及试验内容

试样编号	试验内容
7、8、9、10	干燥剂初始水分含量的测定
4、5、6、11、12	加速耐久性试验和干燥剂水分最终含量测定
2、3、13、14	备用试样
1、15	测定干燥剂标准水分含量

按指定的编号，将试样垂直放入试验箱，试样间距离应不小于 15 mm，按图 1、图 2 所示温度进行加

速耐久试验。加速耐久性试验后，按 JG/T 255—2009 中附录 B 规定的方法测定干燥剂初始水分含量 T_i、加速耐久性试验后干燥剂水分最终含量 T_f、干燥剂标准水分含量 T_c。

水分渗透指数 I 按式(1)计算：

$$I=(T_i-T_f)/(T_i-T_c) \qquad \cdots\cdots(1)$$

式中：

T_i ——初始水分含量；

T_f ——加速耐久性试验后干燥剂水分最终含量；

T_c ——干燥剂标准水分含量。

分别计算 5 块试样的水分渗透指数 I，并计算 5 块试样的平均渗透指数 I_{av}。

8 检验规则

8.1 检验分类

8.1.1 出厂检验

出厂检验项目包括外观质量、尺寸允许偏差、最大功率。若要求增加其他检验项目可由供需双方商定。

8.1.2 型式检验

型式检验项目应包括本标准的全部项目。

有下列情况之一时，应进行型式检验：

a) 新产品或老产品转厂生产的试制定型鉴定；
b) 正式生产后，如结构、材料、工艺有较大改变，可能影响产品性能时；
c) 正常生产时，定期或积累一定产量后，应周期进行一次检验；
d) 产品长期停产后，恢复生产时；
e) 出厂检验结果与上次型式检验有较大差异时；
f) 国家质量监督机构提出进行型式检验的要求时。

8.2 组批和抽样

8.2.1 产品外观、最大功率应 100% 做出厂检验。

8.2.2 尺寸允许偏差、弯曲度应按表 3 从交货批中随机抽样进行检验，当该批产品批量大于 500 块时，以每 500 块为一批分批抽检。

表 3 抽样规则

单位为块

批量范围	抽检数	合格判定数	不合格判定数
1～8	2	1	2
9～15	3	1	2
16～25	5	1	2
26～50	8	2	3
51～90	13	3	4
91～150	20	5	6

表 3（续）

单位为块

批量范围	抽检数	合格判定数	不合格判定数
151～280	32	7	8
281～500	50	10	11

8.2.3 对于产品所要求的其他技术性能，若用制品为试样检验时，根据检测项目所要求的数量从该批或几批产品中随机抽取；若用试验片为试样进行检验时，应采用同一原料、同一工艺条件下制备的试样。

8.3 判定规则

8.3.1 外观质量、最大功率

外观质量、最大功率 100%出厂检验，以块为单位判断是否合格。

8.3.2 尺寸允许偏差、弯曲度

若产品尺寸允许偏差、弯曲度的不合格品数等于或小于表 3 的合格判定数，则该批产品尺寸允许偏差、弯曲度合格，否则为不合格。

8.3.3 露点性能

20 块试样露点均合格时，露点性能为合格。

8.3.4 耐紫外(UV)辐照性能

2 块试样均合格时，耐紫外辐照性能合格；若有 1 块或 2 块试样不合格，可另取 2 块备用试样重新试验，2 块试样均满足要求，耐紫外辐照性能为合格。否则，耐紫外辐照性能不合格。

8.3.5 加速耐久性试验

5 块试样的水分渗透指数均合格，且平均值也合格时，加速耐久性试验合格。

8.3.6 批次合格判定

8.3.2～8.3.5 各项中，若有一项不合格，则认为该批产品不合格。

9 包装、标志、运输和贮存

9.1 包装

太阳能光伏中空玻璃包装应便于装卸运输，太阳能光伏中空玻璃之间、太阳能光伏中空玻璃与箱、架之间应采取防护措施，防止玻璃的破损和玻璃表面的划伤，包装数量应与包装方式相适应。

9.2 标志

每块太阳能光伏中空玻璃制品都应有下列清晰且擦不掉的标志：包括制造厂的名称、标志或符号；产品型号；产品序号；引出端或引线的极性(可用颜色代码标识)；制品允许的最大系统电压；制造厂在标准测试条件下测定的最大输出功率的标称值及最小值。制造的日期和地点应注明在制品上，或可由产品序号查到。

包装标志应符合国家有关标准的规定，且应标明“朝上”“轻搬正放”“小心破碎”等字样。

9.3 运输

产品可用各类型车辆运输，搬运规则、条件等应符合国家有关规定。运输时，长度方向宜与运输车辆运动方向相同，应有防雨措施。

9.4 贮存

贮存条件为通风、干燥、避免淋雨。

ICS 83.120
Q 23

中华人民共和国国家标准

GB/T 29760—2013

风力发电复合材料机舱罩

Nacelle cover of composites for wind power

2013-09-18 发布　　2014-06-01 实施

中华人民共和国国家质量监督检验检疫总局
中国国家标准化管理委员会　发布

前　言

本标准按照GB/T 1.1—2009给出的规则起草。

本标准由中国建筑材料联合会提出。

本标准由全国纤维增强塑料标准化技术委员会(SAC/TC 39)归口。

本标准负责起草单位:伯龙三维复合材料有限公司、北京玻璃钢研究设计院有限公司。

本标准参加起草单位:广东明阳风电产业集团有限公司、优利康达(天津)科技有限公司、江苏九鼎新材料股份有限公司、东方汽轮机有限公司、新疆永昌新材料科技股份有限公司、山东双一集团有限公司、上海玻璃钢研究院有限公司。

本标准主要起草人:胡秀东、吴伯明、贺志远、张海雁、张作朝。

风力发电复合材料机舱罩

1 范围

本标准规定了风力发电复合材料机舱罩(以下简称机舱罩)的术语和定义、分类、结构和标记、一般要求、要求、试验方法、检验规则、标志、运输、储存、安装、维护和保养。

本标准适用于采用真空导入、手糊等成型工艺制作,用于保护并网型风力发电主机的复合材料机舱罩。

2 规范性引用文件

下列文件对于本文件的应用是必不可少的。凡是注日期的引用文件,仅注日期的版本适用于本文件。凡是不注日期的引用文件,其最新版本(包括所有的修改单)适用于本文件。

GB/T 1447 纤维增强塑料拉伸性能试验方法

GB/T 1449 纤维增强塑料弯曲性能试验方法

GB/T 1451 纤维增强塑料简支梁式冲击韧性试验方法

GB/T 1591 低合金高强度结构钢

GB/T 1804—2000 一般公差 未注公差的线性和角度尺寸的公差

GB/T 2576 纤维增强塑料树脂不可溶分含量试验方法

GB/T 2577 玻璃纤维增强塑料树脂含量试验方法

GB/T 3854 增强塑料巴柯尔硬度试验方法

GB 7000.2 灯具 第2-22部分:特殊要求 应急照明灯具

GB/T 8237 纤维增强塑料用液体不饱和聚酯树脂

GB 8624—2006 建筑材料及制品燃烧性能分级

GB/T 13912 金属覆盖层 钢铁制件热浸镀锌层技术要求及试验方法

GB/T 17470 玻璃纤维短切原丝毡和连续原丝毡

GB/T 18370 玻璃纤维无捻粗纱布

GB/T 18684 锌铬涂层 技术条件

ISO 14567 防止从高处坠落的个人防护装置 单点锚定设备(Personal protective equipment for protection against falls from a height—Single-point anchor devices)

3 术语和定义

下列术语和定义适用于本文件。

3.1

机舱罩 nacelle cover

用真空导入、手糊等成型工艺制作的复合材料部件,与其他附件按一定结构形式组装而成,用于保护风力发电主机的罩体。

4 分类、结构和标记

4.1 分类

4.1.1 按风力发电主机功率分为0.75 MW、0.85 MW、1.0 MW、1.25 MW、1.5 MW、2.0 MW、2.5 MW、3.0 MW、3.6 MW、5.0 MW、8.0 MW等。

4.1.2 按使用地域分为海上型、内陆型，分别以O、L表示。

4.1.3 按使用地域环境温度分为低温型、常温型，分别以LT、GT表示；低温型环境温度为－40 ℃～＋50 ℃，常温型环境温度为－20 ℃～＋50 ℃。

4.2 结构

机舱罩结构见图1。

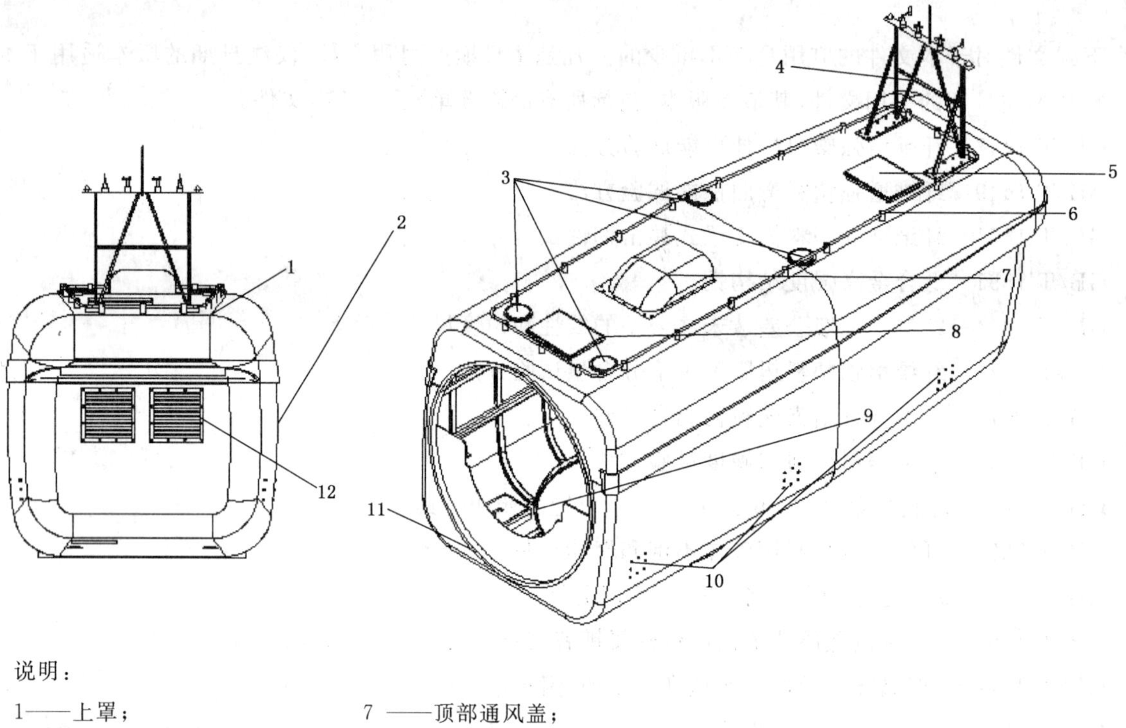

说明：

1——上罩；

2——下罩；

3——吊装点；

4——测风架；

5——尾部天窗；

6——护栏；

7 ——顶部通风盖；

8 ——前部天窗；

9 ——塔筒口；

10——机舱罩连接架；

11——前部防雨环；

12——百叶窗。

图1 机舱罩结构示意图

4.3 标记

机舱罩按照风力发电主机功率、使用地域、使用地域环境温度和本标准号进行标记。

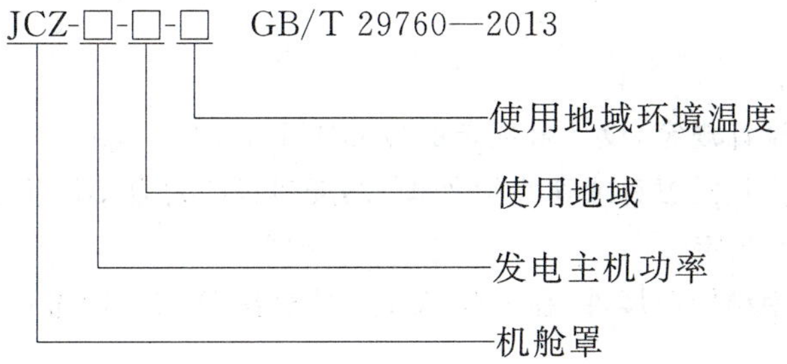

示例：表示风力发电主机功率为 1.5 MW，内陆和低温型使用，按 GB/T 29760—2013 生产的机舱罩标记为：JCZ-1.5-L-LT GB/T 29760—2013。

5 一般要求

5.1 设计

机舱罩设计时应考虑以下因素：

a) 使用地域的极限风速；
b) 风机运行过程中所受的各类载荷；
c) 防雷、防雨、防尘、通风散热等功能；
d) 检修时的安全；
e) 使用地域，海上型机舱罩所用的原材料和附件材料的防腐性能需与使用环境相匹配；
f) 使用地域环境温度，低温型机舱罩宜采取保温措施。

5.2 原材料

5.2.1 胶衣

应使用间苯型或性能更优的胶衣树脂，胶衣树脂应耐腐蚀和抗紫外光老化，其浇铸体力学性能应满足以下要求：

a) 拉伸强度≥40 MPa；
b) 拉伸断裂伸长率≥2.5%。

5.2.2 树脂

所使用的不饱和聚酯树脂应符合 GB/T 8237 的规定，其他树脂应符合相应标准的规定。

5.2.3 颜料

应使用无机颜料或耐老化的有机颜料。

5.2.4 增强材料

玻璃纤维应使用 E-玻璃纤维，玻璃纤维无捻粗纱布应符合 GB/T 18370 的规定，玻璃纤维毡应符合 GB/T 17470 的规定，其他增强材料应符合相应标准的规定。

5.3 附件材料

5.3.1 天窗

所用的透光材料，其承载性能与机舱罩相匹配，推荐使用聚碳酸酯。

5.3.2 密封材料

推荐使用三元乙丙橡胶或氯丁橡胶，橡胶的邵氏 A 硬度不小于 55。

5.3.3 金属件

a) 尺寸偏差应符合设计规定,设计未规定的按 GB/T 1804—2000 中的"粗糙 c"级执行;
b) 外露金属件应进行热浸镀锌或达克罗处理,热浸镀锌应符合 GB/T 13912 规定,达克罗处理应符合 GB/T 18684 规定;
c) 低温型机舱罩所用结构金属件,在−40 ℃时,其夏比(V 型)冲击试验的冲击吸收能量应符合 GB/T 1591 的规定。

5.3.4 照明灯及避雷导线

照明灯应符合 GB 7000.2 要求,避雷导线应满足设计规定。

5.3.5 隔音材料

隔音材料应符合相应标准的规定,当用户对机舱罩隔音材料有阻燃要求时,其燃烧性能应满足 GB 8624—2006中的"B1"级要求。

6 要求

6.1 外观

6.1.1 外表面

机舱罩外表面应光滑平整、色泽均匀、不得有对使用有影响的气泡、起皱、裂纹等缺陷。

6.1.2 内表面

机舱罩内表面清洁,无玻璃纤维外露、毛刺、分层和贫胶。

6.2 尺寸偏差

6.2.1 尺寸偏差应符合设计要求。未注厚度偏差应符合表 1 的规定;未注线性尺寸偏差应符合表 2 的规定。

6.2.2 装配后同一法兰面,最大缝隙和最小缝隙的差值不应大于 4 mm。

表 1 未注厚度偏差

单位为毫米

厚度	$d\leqslant5$	$5<d\leqslant10$	$d>10$
偏差	0~+1.0	−0.5~+1.0	−1.0~+2.0
注:d 为厚度。			

表 2 未注线性尺寸偏差

单位为毫米

线性尺寸	偏差
$l\leqslant30$	±2.0
$30<l\leqslant120$	±3.0
$120<l\leqslant400$	±4.0

表 2（续）

单位为毫米

线性尺寸	偏差
400<l≤1 000	±6.0
1 000<l≤2 000	±8.0
2 000<l≤4 000	±10.0
4 000<l≤8 000	±15.0
l>8 000	±20.0
注：l 为线性尺寸。	

6.3 罩体复合材料性能

罩体复合材料性能应满足用户指定要求；若用户未指定，应符合表 3 规定。

表 3 罩体复合材料性能

项目	成型工艺	
	真空导入	手糊
树脂含量/%	30～40	45～60
树脂不可溶分含量/%	≥85	≥80
拉伸强度/MPa	≥240	≥160
拉伸弹性模量/GPa	≥10	≥8
断裂伸长率/%	≥1.4	≥1.0
弯曲强度/MPa	≥280	≥180
弯曲弹性模量/GPa	≥10	≥8
冲击韧性/(kJ/m^2)	≥200	≥150
巴柯尔硬度	≥45	≥40
注：真空导入不包含 L-RTM 工艺。		

6.4 密封性能

机舱罩装配密封后应无漏水和渗水。

6.5 集中载荷

机舱罩顶面任意 200 mm×200 mm 的面积上，承受 1.5 kN 的集中载荷，机舱罩不得有损坏，且最大变形不超过机舱罩宽度的 1/200。

6.6 均布载荷

机舱罩顶面承受 3 kN/m^2 的均布载荷，机舱罩不得有损坏。

6.7 吊装点强度

按 7.7 试验后，吊装点及其周围应无损坏。

6.8 安全带锁固点强度

安全带锁固点经拉伸、坠落试验后，锁固点及其周围应无损坏。

7 试验方法

7.1 外观

检验前将表面灰尘及污染物清除干净，在正常光照下目测机舱罩内、外表面。

7.2 尺寸偏差

7.2.1 厚度

如复合材料部件有开口的，在开口处用精度 0.02 mm 的游标卡尺进行检验；如复合材料部件没有开口，则任选一处，用精度不低于 0.5 mm 的测厚仪进行检验，或钻孔，在钻孔处用精度 0.02 mm 的游标卡尺进行检验。

7.2.2 线性尺寸

用精度 1 mm 的量具，对设计的安装尺寸进行检验。

7.2.3 同一法兰面缝隙

用精度为 0.02 mm 的游标卡尺，在同一法兰面上，测量最大和最小缝隙处的间距。

7.3 罩体复合材料性能

7.3.1 试样

从天窗、通风口切取的板材加工试样，或采用随炉试样，试样不含胶衣层。

7.3.2 性能测试

7.3.2.1 树脂含量按 GB/T 2577 测定。

7.3.2.2 树脂不可溶分含量按 GB/T 2576 测定。

7.3.2.3 拉伸强度、拉伸弹性模量和断裂伸长率按 GB/T 1447 测定。

7.3.2.4 弯曲强度和弯曲弹性模量按 GB/T 1449 测定。

7.3.2.5 冲击韧性按 GB/T 1451 测定，冲击方向垂直布层。

7.3.2.6 巴柯尔硬度按 GB/T 3854 测定。

7.4 密封性能

采用图 2 所示的喷水装置，按机舱罩顶部投影面积，以 0.75 L/(min · m^2)的淋水密度，在距离机舱罩顶面不小于 1 000 mm 处向机舱罩淋水，连续淋水 30 min，观察机舱罩内有无漏水和渗水。

单位为毫米

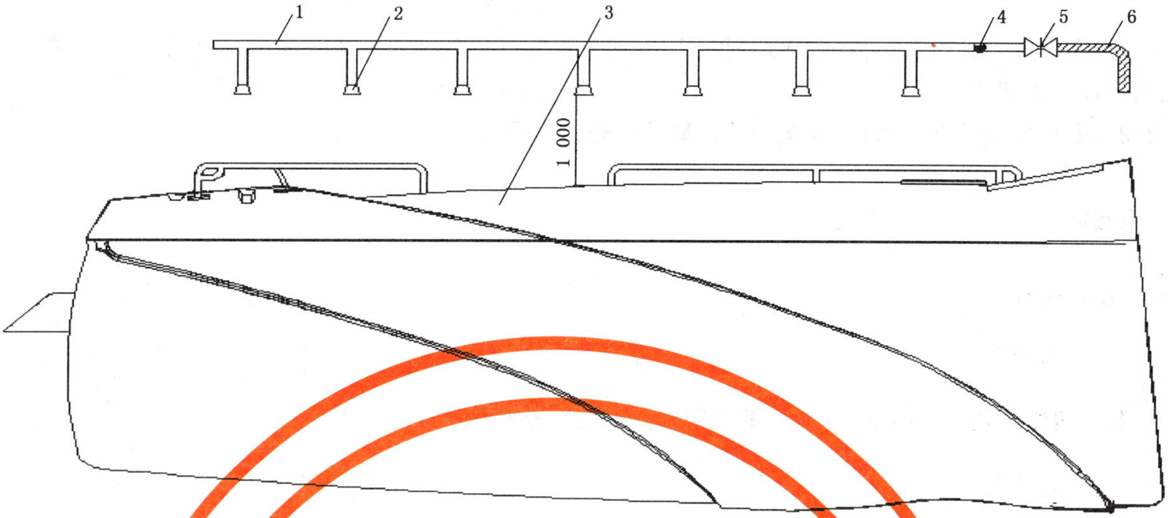

说明：

1——钢管；

2——喷嘴；

3——机舱罩；

4——流量计；

5——调节阀；

6——软管。

图 2 密封性能试验用淋水装置示意图

7.5 集中载荷

7.5.1 在机舱罩顶面无加强的部位任意选出 3 处。

7.5.2 用精度 1 mm 的量具测量所选部位机舱罩顶面与底面的距离，记为“h_1”；测量加载部位机舱罩横截面宽度，记为“w”。

7.5.3 在所选部位放置 200 mm×200 mm 的方形硬质橡胶块，然后在橡胶块上放置重量为 150 kg 的铅块，观察机舱罩有无损坏。静置第 5 min 时，在与 7.5.2 相同的测点上，用精度 1 mm 的量具再次测量机舱罩顶面与底面的距离，记为 h_2。

7.5.4 计算变形值(h_1-h_2)，比较(h_1-h_2)和“$w/200$”。

7.5.5 对所选出的其他 2 处，重复 7.5.2～7.5.4 进行试验。

7.6 均布载荷

在机舱罩顶部均匀铺放砂袋，使砂袋总重量与机舱罩顶部投影面积的比为 3 kN/m^2，静置 30 min 后，观察机舱罩有无损坏。

7.7 吊装点强度

7.7.1 用起吊设备将机舱罩上罩吊离地面 0.5 m，以约 50 mm/s 的速度反复移动 15 min，观察吊装点及其周围有无损坏。

7.7.2 当设计要求用吊装点进行整体吊装时，用起吊设备将机舱罩整体吊离地面 0.5 m，以约 50 mm/s 的速度反复移动 15 min，观察吊装点及其周围有无损坏。

7.8 安全带锁固点强度

7.8.1 在安全带锁固点安装平面的4个不同方向及法线方向分别施加20 kN的拉伸载荷，观察安全带锁固点及周边有无损坏。

7.8.2 安全带锁固点的1.0 kN动态坠落载荷试验按ISO 14567执行。

8 检验规则

8.1 出厂检验

8.1.1 检验项目

每台机舱罩均应进行外观、尺寸偏差和巴柯尔硬度检验。

8.1.2 判定规则

如外观、尺寸偏差和巴柯尔硬度符合要求，判产品合格。如外观不符合要求，允许修补，修补后合格，判产品合格，否则判产品不合格；如巴柯尔硬度不符合要求，放置15天后再次检验，如仍不符合要求，判定产品不合格。

8.2 型式检验

8.2.1 检验条件

有以下情况之一时应进行型式检验：

a) 新产品投产或老产品转厂生产的首件产品；

b) 主要原材料及工艺有较大改变时；

c) 正常生产每100台应进行一次型式检验，如1年生产量不足100台，则每年进行一次；

d) 停产1年以上恢复生产时；

e) 出厂检验结果与上次型式检验有较大差异时。

8.2.2 检验项目

第6章规定的所有项目。

8.2.3 判定规则

所检项目全部合格判型式检验合格，否则判型式检验不合格。

9 标志、运输、储存、安装、维护和保养

9.1 标志

机舱罩内醒目位置固定标牌，标牌推荐采用铝材质。标志应包括下列内容：

a) 制造商名称(或商标)；

b) 产品标记；

c) 产品图号；

d) 产品重量、外形尺寸；

e) 批号及产品编号；

f) 生产日期。

9.2 运输

运输时宜采用专用运输支架,防止机舱罩及配套部件的磕碰、滑移。必要时,采取防压、防挤、防变形、防尘、防雨等保护措施。

9.3 储存

机舱罩可露天存放,但应远离热源、火源,并保持储存环境干净。必要时,采取防变形的措施。

9.4 安装

机舱罩体应配套安装,安装时避免磕碰。

9.5 维护和保养

机舱罩体各法兰连接处、与风力发电主机的连接区域是薄弱环节,应每隔 6~12 个月检查一次,检查内容包括螺栓松动、金属件锈蚀、罩体裂纹或损坏,如有发生,应及时更换或维修处理。

ICS 59.100.20
Q 36

中华人民共和国国家标准

GB/T 29761—2013

碳纤维 浸润剂含量的测定

Carbon fibre—Determination of size content

(ISO 10548:2002,MOD)

2013-09-18 发布 2014-06-01 实施

中华人民共和国国家质量监督检验检疫总局
中国国家标准化管理委员会 发布

前　言

本标准按照 GB/T 1.1—2009 给出的规则起草。

本标准使用重新起草法修改采用 ISO 10548:2002《碳纤维　浸润剂含量的测定》。

本标准与 ISO 10548:2002 相比在结构上有调整，附录 A 中列出了本标准与 ISO 10548:2002 的章节编号对照一览表。

本标准与 ISO 10548:2002 相比，技术性差异及原因如下：

——因为 ISO 1886:1990 已经废止，删除了 ISO 10548:2002 的第 2 章规范性引用文件中的 ISO 1886:1990；

——因为 ISO 1886:1990 已删除，删除了 ISO 10548:2002 的第 5 章的第 2 段；

——温湿度对测试结果有影响，增加了试样调湿的温湿度条件和时间；

——方法 A 索氏萃取法中增加了试样的质量，试样及试样皿的干燥温度统一为 105 ℃±5 ℃，增加可操作性；

——方法 B 消解法中增加了试样的质量，试样及试样皿的干燥温度统一为 105 ℃±5 ℃，增加可操作性；

——方法 C 高温分解法中增加了试样的质量、分解的温度和时间，增加可操作性；

——方法 B 和方法 C 的浸润剂含量计算公式中引入修正因子 k 的计算公式，增加可操作性；

——第 7 章“精密度”中增加了关于方法精密度表述的内容和表 1。

本标准由中国建筑材料联合会提出。

本标准由全国玻璃纤维标准化技术委员会(SAC/TC 245)归口。

本标准负责起草单位：南京玻璃纤维研究设计院有限公司、安徽佳力奇航天碳纤维有限公司、中简科技发展有限公司、国家玻璃纤维产品质量监督检验中心、威海拓展纤维有限公司。

本标准参加起草单位：江苏天鸟高新技术股份有限公司。

本标准主要起草人：黄英、王玉梅、陈尚、师卓、方允伟、许敏、梁禹鑫、杨永岗、李书乡。

碳纤维　浸润剂含量的测定

1　范围

本标准规定了碳纤维纱浸润剂含量的测定方法。

本方法适用于碳纤维及其制品。

2　术语和定义

下列术语和定义适用于本文件。

2.1

浸润剂　size

在生产过程中，涂覆于纤维上的化学物质，以保护纤维表面，优化纤维与基体材料的界面状态，便于操作和使用。

2.2

浸润剂含量　size content

浸润剂质量占含浸润剂碳纤维总质量的百分数。

3　原理

使用以下三种方法中的一种去除浸润剂，并称量试样去除浸润剂前后的质量。

——方法A索氏萃取法，浸润剂能完全溶解于某一合适的溶剂时采用；

——方法B硫酸和双氧水混合溶液消解法，浸润剂部分硬化不能完全溶解于溶剂时采用；

——方法C高温分解法，浸润剂能在高温中完全分解时采用。

方法A和B需要重复烘干和称量直至试样质量恒定。对于已知材料的常规试验，可以通过实验来确定试样干燥至质量恒定所需要的最短时间。如果碳纤维或其浸润剂易吸水，应特别注意。

4　试样

从单位产品或实验室样品中取两个或两个以上的试样，以测试结果的算术平均值为该样品的测试值。

处理试样时应带上手套或使用镊子以避免污染。

5　调湿

在试验前，应将单位产品或实验室样品在温度为23 ℃±2 ℃、相对湿度为50%±10%的标准环境下调湿至少6 h。必要时，调湿处理前样品可进行干燥处理。

6　试验方法

6.1　方法A：索氏萃取法

6.1.1　仪器和材料

6.1.1.1　天平，最小刻度为0.1 mg。

6.1.1.2 鼓风干燥烘箱，温度能控制在所选择温度±5 ℃范围内。

6.1.1.3 干燥器，包含适宜的干燥剂，如硅胶、无水氯化钙或五氧化二磷。

6.1.1.4 索氏萃取器，容量为 200 mL，带有 500 mL 的烧瓶。

6.1.1.5 索氏萃取滤筒。

注：上述给出的索氏萃取器、索氏萃取滤筒和烧瓶的尺寸仅作参考，可以根据需要进行选择。

警告：萃取和所有有机溶剂的处理应在通风橱里进行。

6.1.1.6 橡胶手套或镊子。

6.1.1.7 切刀。

6.1.1.8 加热炉，带有功率调节器，能调节溶剂沸腾速率。

6.1.1.9 一级蒸馏水或有机溶剂（分析纯），如丁酮、四氢呋喃、二氯甲烷、丙酮、二氯乙烷。

注：溶剂的选择取决于碳纤维的浸润剂的类型。

6.1.2 操作 1

6.1.2.1 将滤筒（6.1.1.5）在 105 ℃±5 ℃的鼓风干燥烘箱（6.1.1.2）内干燥 1 h，然后放入干燥器（6.1.1.3）中冷却至室温。

6.1.2.2 称量滤筒质量，精确到 0.1 mg（m_1）。

6.1.2.3 将 2 g±0.1 g 试样放入滤筒，称量试样和滤筒的质量，精确到 0.1 mg（m_2）。

6.1.2.4 将滤筒和试样放入索氏萃取器（6.1.1.4）中，在烧瓶中放入足够的溶剂以确保回流的循环进行。

6.1.2.5 调节加热炉（6.1.1.8）的功率，确保在 2 h 内至少完成 8 次回流，萃取 2 h（如果能确定萃取完全，萃取时间可以缩短）。

6.1.2.6 关掉加热炉，冷却 10 min，取出滤筒和试样，放置 10 min，使表面多余溶剂挥发。

6.1.2.7 将滤筒和试样放入 105 ℃±5 ℃的鼓风干燥烘箱内干燥 1 h（若溶剂的沸点高于 100 ℃，则鼓风干燥烘箱的温度比沸点高 10 ℃），然后放入干燥器中冷却，称量试样和滤筒的质量，精确到 0.1 mg 。

6.1.2.8 重复以上干燥和称量，直至连续两次的称量结果（m_3）的差值不大于±0.2 mg。如能确定试样干燥至质量恒定的最短时间（见第 3 章），可省略此步骤。

6.1.3 操作 2

6.1.3.1 如果试样萃取时纤维不松散不脱落，则不必使用滤筒。

6.1.3.2 称取 2 g±0.1 g 试样，精确到 0.1 mg（m_4）。

6.1.3.3 按操作 1 进行萃取，但不使用滤筒。

6.1.3.4 将试样在 105 ℃±5 ℃［或更高的温度（见 6.1.2.7）］中干燥 1 h，然后放入干燥器中冷却，称量，精确到 0.1 mg。

6.1.3.5 重复以上干燥和称量，直至连续两次的称量结果（m_5）的差值不大于±0.2 mg。如能确定试样干燥至质量恒定的最短时间（见第 3 章），可以省略此步骤。

6.1.4 结果表示

6.1.4.1 操作 1

按式（1）计算浸润剂含量 SC：

$$SC = \frac{m_2 - m_3}{m_2 - m_1} \times 100\% \qquad \cdots\cdots(1)$$

式中：

m_2——试样和滤筒的初始质量，单位为克（g）；

m_3——萃取后试样和滤筒的最终质量，单位为克(g)；
m_1——滤筒的初始质量，单位为克(g)。

6.1.4.2 操作 2

按式(2)计算浸润剂含量 SC：

$$SC=\frac{m_4-m_5}{m_4}\times 100\% \quad \cdots\cdots(2)$$

式中：
m_4——试样的初始质量，单位为克(g)；
m_5——萃取后试样的最终质量，单位为克(g)。

6.2 方法 B：硫酸和双氧水混合溶液消解法

6.2.1 仪器和材料

6.2.1.1 天平，最小刻度为 0.1 mg。
6.2.1.2 鼓风干燥烘箱，温度能控制在所选择温度±5 ℃范围内。
6.2.1.3 干燥器，包括适宜的干燥剂，例如硅胶、无水氯化钙或五氧化二磷。
6.2.1.4 通风橱。
6.2.1.5 橡胶手套，面罩和实验服。
6.2.1.6 烧结多孔过滤器，规格型号 P40，容量为 30 mL～70 mL。
6.2.1.7 切刀。
6.2.1.8 干浴加热器(见图 1)，配有与洗涤系统和真空泵相连接的排气管，还配有消解试管的固定支架和标有刻度的滴定管。加热器应放在一个安全的实验室升降台或具有相同功能的装置上。
6.2.1.9 浓硫酸，分析纯，质量分数≥96%，密度 ρ=1.84 g/mL。
6.2.1.10 双氧水，分析纯，H_2O_2 质量分数≥30%，在操作中使用质量分数为 30%的双氧水。
6.2.1.11 氢氧化钠溶液，分析纯，氢氧化钠质量分数大约为 15%，用以中和从排气管排出的酸雾。

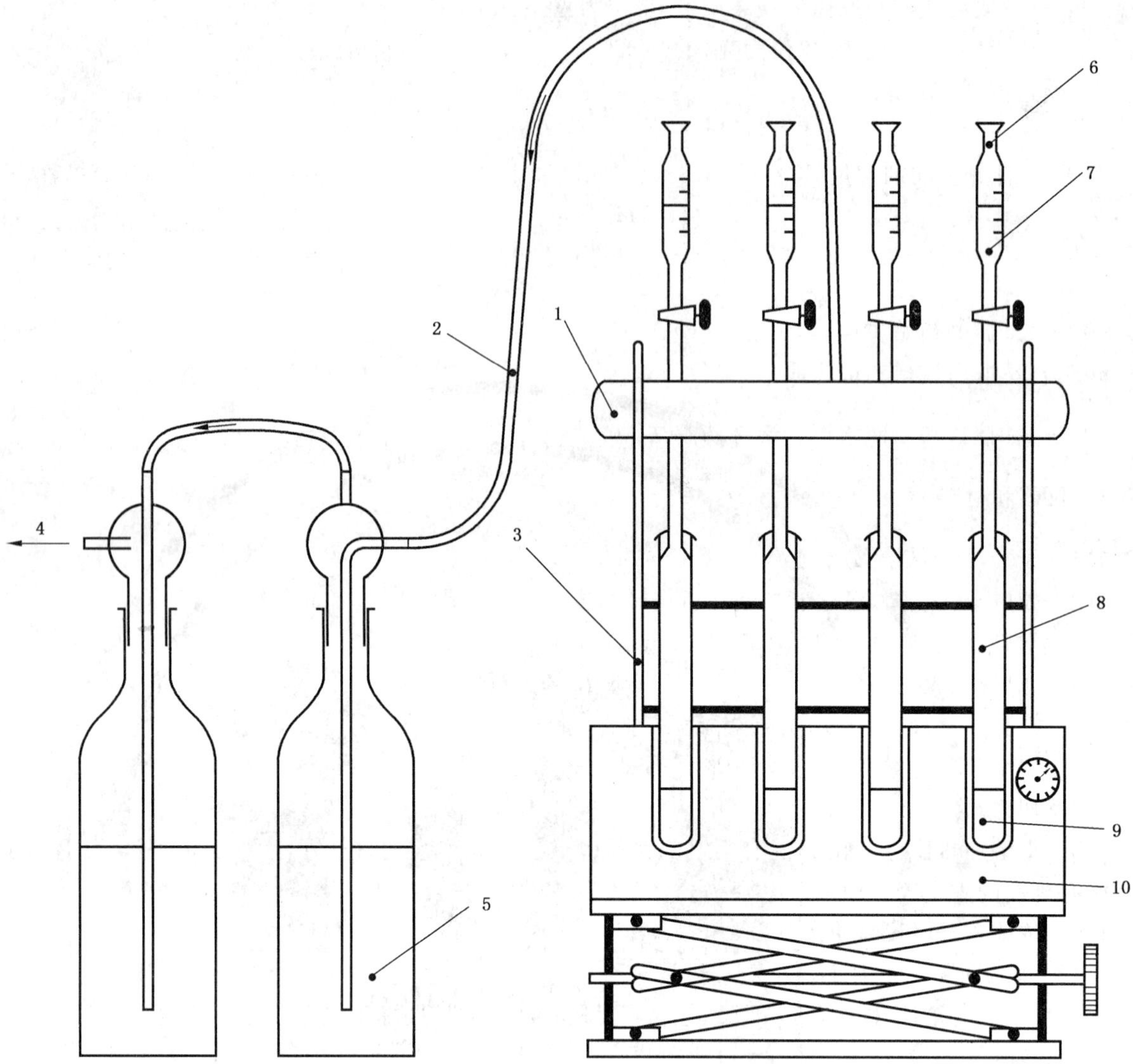

说明：
1 ——排气管；
2 ——酸雾的排放管；
3 ——支架；
4 ——真空泵；
5 ——氢氧化钠溶液；
6 ——滴定管；
7 ——双氧水；
8 ——消解试管；
9 ——浸在浓硫酸中的试样；
10——加热器。

图 1　方法 B 化学消解法的仪器示意图

6.2.2　操作

警告：此操作必须在通风橱里进行。在进行氧化反应时，通风橱的门必须放低，试验人员必须穿戴面罩，手套和实验服。

6.2.2.1 将加热器(6.2.1.8)在260 ℃±5 ℃的温度下预热20 min。

6.2.2.2 在每个滴定管中加入约30 mL的双氧水(6.2.1.10)。

6.2.2.3 称取1 g±0.1 g试样,精确到0.1 mg(m_1),放入消解试管中。加入至少50 mL的浓硫酸(6.2.1.9),振荡试管确保试样完全浸没于酸中,将试管置于支架上。

6.2.2.4 将排气管放到试管(见6.2.1.8)的上方。

6.2.2.5 启动真空泵。

6.2.2.6 慢慢地打开装有双氧水的滴定管,向每个试管中滴加20 mL的双氧水。随着反应的开始将出现烟雾。

6.2.2.7 将加热器提升到与消解试管接触,对试管进行加热。

6.2.2.8 将试管在260 ℃±5 ℃下加热5 min。

6.2.2.9 移去加热器,如果溶液不清澈,冷却5 min后再加入10 mL的双氧水,重复6.2.2.7~6.2.2.8,如溶液还不清澈,则重新取样。

6.2.2.10 将试样冷却至室温。

6.2.2.11 将烧结多孔过滤器(6.2.1.6)(一个试样用一个)在105 ℃±5 ℃的鼓风干燥烘箱(6.2.1.2)中放置1 h,然后在干燥器(6.2.1.3)中冷却,称取其质量(m_2)精确到0.1 mg。

6.2.2.12 用烧结多孔过滤器缓慢滤除每个试管中的溶剂,用蒸馏水洗涤每个试样,直至pH试纸显示中性。

6.2.2.13 将烧结多孔过滤器和试样放入鼓风干燥烘箱中,在105 ℃±5 ℃下干燥1 h,置于干燥器中冷却至室温,称量,精确到0.1 mg。

6.2.2.14 重复以上干燥和称量,直至连续两次的称量结果(m_3)的差值不大于±0.2 mg。如能确定试样干燥至质量恒定的最短时间(见第3章),可以省略此步骤。

6.2.2.15 如果消解引起碳纤维质量的明显损失,应引入修正因子k,可通过不含浸润剂纤维的空白试验来确定。修正因子k按式(3)计算:

$$k=\frac{m_0}{m} \quad \cdots\cdots(3)$$

式中:

m ——空白试样初始质量,单位为克(g);

m_0——空白试样消解后的质量,单位为克(g)。

6.2.3 结果表示

按式(4)计算浸润剂含量SC:

$$SC=1-\frac{m_3-m_2}{km_1}\times 100\% \quad \cdots\cdots(4)$$

式中:

m_1——消解前试样的质量,单位为克(g);

m_3——消解后烧结多孔过滤器和试样的质量,单位为克(g);

m_2——烧结多孔过滤器的质量,单位为克(g)。

6.3 方法C:高温分解法

6.3.1 原理

将试样放入温度高于浸润剂的分解温度并充满氮气的电炉中,通过高温分解去除浸润剂。

注:分解温度是指浸润剂完全分解并被氮气带走的温度。浸润剂分解是温度和时间的函数。纱的生产商有义务明示浸润剂的分解条件。

6.3.2 仪器

6.3.2.1 天平,最小刻度为0.1 mg。

6.3.2.2 电炉，温度能控制在所选择温度±5 ℃范围内。

6.3.2.3 氮气供给装置，包括减压阀、流量计和连接管，氮气纯度≥99.996%。

6.3.2.4 试样皿，例如由不锈钢或陶瓷材料制成的舟或皿。

6.3.3 操作

6.3.3.1 试样皿(6.3.2.4)在电炉(6.3.2.2)内加热15 min，电炉温度为450 ℃±5 ℃(或生产商提供的分解温度)，同时向电炉内充入氮气(6.3.2.3)。将试样皿在干燥器中冷却至室温，称量其质量(m_2)，精确到0.1 mg。

6.3.3.2 称取2 g±0.1 g试样，精确到0.1 mg(m_1)。

6.3.3.3 调节氮气的流量，确保在1 min内将电炉内的空气清扫干净。

6.3.3.4 将试样放入已称量过的试样皿中，放入电炉内。

6.3.3.5 在450 ℃±5 ℃(或生产商提供的分解温度)的电炉中加热试样和试样皿15_0^{+10} min，使浸润剂分解，期间氮气流量要增加一倍。

6.3.3.6 关闭电炉，让试样在电炉里冷却，期间仍保持原先的氮气流量。当试样皿中的试样充分冷却后，将其放入干燥器中继续冷却。在转移到干燥器时，须确定试样已充分冷却。在转移的过程中，如试样呈红色，则放弃该试样重新取样。

6.3.3.7 将试样和试样皿在干燥器中冷却至室温，称量试样和试样皿的质量(m_3)，精确到0.1 mg。

6.3.3.8 如果分解的温度和时间引起碳纤维质量的明显损失，应引入修正因子k[见式(3)]，可通过不含浸润剂纤维的空白试验来确定。

6.3.3.9 如可能，可简化操作，不必使用试样皿。

6.3.4 结果表示

按式(5)计算浸润剂含量SC：

$$SC = 1 - \frac{m_3 - m_2}{km_1} \times 100\% \qquad \cdots\cdots(5)$$

式中：

m_1——分解前的试样质量，单位为克(g)；

m_3——分解后试样和试样皿的总质量，单位为克(g)；

m_2——试样皿的质量，单位为克(g)。

7 精密度

方法A的精密度通过10个实验室对2种样品进行的循环比对试验获得(见表1)。方法B和方法C由于没有实验室间的比对数据，该试验方法的精密度未知，在取得这些数据后，在以后的版本中追加。

表1 方法A的精密度

样品	浸润剂含量/%	S_r/%	S_R/%	r	R
1-3K	1.26	0.042	0.062	0.13	0.19
2-12K	0.94	0.029	0.057	0.09	0.17

注：

S_r 表示同一实验室测试结果的标准差；

S_R 表示不同实验室测试结果的标准差；

r 表示同一实验室两个测试结果的临界差，即包含因子 $K \times S_r$，这里 K 取3；

R 表示不同实验室两个测试结果的临界差，即包含因子 $K \times S_R$，这里 K 取3。

8 试验报告

试验报告应包括以下内容：

a) 说明依据本标准；

b) 识别所测碳纤维的必要详情(如纱线的浸润剂含量、浸润剂的类型)；

c) 试验方法和条件,包括以下细节：

- 方法 A:使用的溶剂，
- 方法 C:分解的温度和时间；

d) 试验日期。

附 录 A
（资料性附录）
本标准与 ISO 10548:2002 相比的结构变化情况

本标准与 ISO 10548:2002 相比在结构上有调整，具体章节编号对照情况见表 A.1。

表 A.1 本标准与 ISO 10548:2002 相比的结构变化情况

本标准章节编号	对应的 ISO 10548:2002(E)的章节编号
—	2
2.1	3.1
2.2	3.2
3	4
—	5 的第二段和注
5	6
6	7
6.1	7.1
6.1.1	7.1.1
6.1.1.1～6.1.1.9	7.1.1.1～7.1.1.9
6.1.2	7.1.2
6.1.2.1～6.1.2.8	7.1.2.1～7.1.2.8
6.1.3	7.1.3
6.1.3.1～6.1.3.5	7.1.3.1～7.1.3.5
6.1.4	7.1.4
6.1.4.1～6.1.4.2	7.1.4.1～7.1.4.2
6.2	7.2
6.2.1	7.2.1
6.2.1.1～6.2.1.11	7.2.1.1～7.2.1.11
6.2.2	7.2.2
6.2.2.1～6.2.2.15	7.2.2.1～7.2.2.15
6.2.2.15 中的公式	—
6.2.3	7.2.3
6.3	7.3
6.3.1～6.3.2	7.3.1～7.3.2
6.3.2.1～6.3.2.3	7.3.2.1～7.3.2.3
6.3.3	7.3.3
6.3.3.1～6.3.3.9	7.3.3.1～7.3.3.9
6.3.4	7.3.4

表 A.1（续）

本标准章节编号	对应的 ISO 10548:2002(E)的章节编号
7	8
7 中的第一段和表 1	—
8	9
附录 A	—

ICS 59.100.20
Q 36

中华人民共和国国家标准

GB/T 29762—2013

碳纤维　纤维直径和横截面积的测定

Carbon fibre—Determination of filament diameter and cross-section area

(ISO 11567:1995,MOD)

2013-09-18 发布　　　　2014-06-01 实施

中华人民共和国国家质量监督检验检疫总局
中国国家标准化管理委员会　发布

前　言

本标准按照 GB/T 1.1—2009 给出的规则起草。

本标准使用重新起草法修改采用 ISO 11567:1995《碳纤维　长丝直径与横截面积的测定》。

本标准与 ISO 11567:1995 相比，在结构上有较多调整，具体章条编号对照情况参见附录 A。

本标准与 ISO 11567:1995 相比，在技术上的差异及原因如下：

——删除了 ISO 11567:1995　第 2 章“规范性引用文件”中 ISO 11566，用 GB/T 7690.1 代替 ISO 10120:1991，方便国内按照本标准进行试验时查阅；

——方法 B 光学显微镜法中增加了 6.1.4.2“不使用试样框”的方法，方便操作；

——方法 B 中增加了 6.2“扫描电子显微镜法”；

——将方法 C 中的“拍照法”改为“图像分析法”，测试更为简捷；

——增加了方法 A、方法 B 和方法 C 的精密度，完善标准。

本标准由中国建筑材料联合会提出。

本标准由全国玻璃纤维标准化技术委员会(SAC/TC 245)归口。

本标准负责起草单位：南京玻璃纤维研究设计院有限公司、中简科技发展有限公司、安徽佳力奇航天碳纤维有限公司、国家玻璃纤维产品质量监督检验中心、威海拓展纤维有限公司。

本标准参加起草单位：江苏天鸟高新技术股份有限公司、常州市宏发纵横新材料科技股份有限公司。

本标准主要起草人：许敏、王玉梅、陈尚、师卓、黄英、徐琪、方允伟、杨永岗、梁禹鑫、李书乡。

碳纤维　纤维直径和横截面积的测定

1　范围

本标准规定了四种可用于测定碳纤维纤维直径和横截面积的方法。本标准中“直径”这个术语适用于所有截面形状，包括圆形截面的“真”直径和非圆形截面的“表观”直径。

注：不同供应商的碳纤维单丝的横截面形状可能差异很大。

本标准适用于碳纤维丝束、碳纤维纱、碳纤维织物等。本标准所给出的某一种方法可能无法直接适用于所有类型的纤维，参照产品规范选择合适的方法。如果没有产品规范，参照本标准中给出的细节作出合适的选择。

2　规范性引用文件

下列文件对于本文件的应用是必不可少的。凡是注日期的引用文件，仅注日期的版本适用于本文件。凡是不注日期的引用文件，其最新版本(包括所有的修改单)适用于本文件。

GB/T 7690.1　增强材料　纱线试验方法　第1部分：线密度的测定

ISO 10119　碳纤维　密度的测定(Carbon fibre—Determination of density)

3　原理

本标准给出了四种测定碳纤维纤维直径和横截面积的方法：

——方法A：通过计算测定纤维直径。

——方法B：用光学显微镜或扫描电子显微镜测定纤维直径。

——方法C：用显微镜测定横向切割的纤维直径和横截面积。

——方法D：用激光衍射测定纤维直径。

注：方法A只能给出平均直径，可能在某些情况下已经足够。而方法B、方法C和方法D是实验方法，给出的是实测值。

4　试样

4.1　总则

对于方法B、方法C和方法D，由于不同的单丝之间或者同一单丝的不同位置会存在差异，每个纱线样品应测量20根单丝，并给出测试数据的统计分析。

试样应取自同一纱线样品。

4.2　方法A

取完整的纱束为测试试样，纱束的长度按GB/T 7690.1和ISO 10119的规定。

4.3　方法B

从纱线上取长度约为50 mm的单丝(使用试样框)或25 mm的纤维束(不使用试样框)作为试样。

4.4 方法 C

取长度约为 30 mm 的纱线作为试样。

4.5 方法 D

从纱线上取长度约为 50 mm 的单丝作为试样。

5 方法 A:通过计算测定纤维直径

5.1 过程

按纱线的线密度、密度和纱线中单丝的根数计算单丝的平均直径,其中,纱线线密度按 GB/T 7690.1 测定,密度按 ISO 10119 测定,纱线中单丝的根数由制造商提供。

按式(1)计算单丝平均直径 d,单位为微米(μm):

$$d=\sqrt{\frac{4t\times10^{3}}{\pi\cdot\rho\cdot c}} \quad\cdots\cdots(1)$$

式中:

t ——纱线的线密度,单位为特克斯(tex);

ρ——纱线的密度,单位为克每立方厘米(g/cm³);

c ——纱线中单丝的根数。

5.2 精密度

方法 A 的精密度通过 9 个实验室对四种样品进行的循环比对试验获得,见表 1。

表 1 方法 A 测定碳纤维纤维直径的精密度

样品	纤维直径 μm	S_r μm	S_R μm	r	R
1-3K (含浸润剂)	7.0	0	0.05	0	0.15
1-3K (不含浸润剂)	6.9	0.05	0.05	0.15	0.15
2-12K (含浸润剂)	6.9	0.05	0.03	0.15	0.09
2-12K (不含浸润剂)	6.9	0.04	0.02	0.12	0.06

注:
S_r 表示同一实验室测试结果的标准差;
S_R 表示不同实验室测试结果的标准差;
r 表示同一实验室两个测试结果的临界差,即包含因子 $K\times S_r$,这里 K 取 3;
R 表示不同实验室两个测试结果的临界差,即包含因子 $K\times S_R$,这里 K 取 3。

6 方法 B:用光学显微镜或扫描电子显微镜测定纤维直径

6.1 光学显微镜法

6.1.1 原理

通过光学显微镜测量单丝纵侧面两个边缘之间的距离得到单丝的表观直径。如果需要同时测量单丝的拉伸性能,建议使用试样框,否则可以不使用试样框。

注:该方法的准确度受限于衍射效应,当纤维直径小于 10 μm 时不建议使用该方法。

6.1.2 仪器

6.1.2.1 显微镜,包括照明光源、调焦机构、载物台、物镜和特定的目镜(如 6.1.5 所述)。载物台应当保持水平,能向两个互相垂直的方向移动,并能旋转。

物镜和目镜至少要有 100 倍的放大倍率来找到纤维和 1 000 倍的放大倍率来测试纤维直径。

6.1.2.2 试样框,含有长孔,如图 1 所示。

单位为毫米

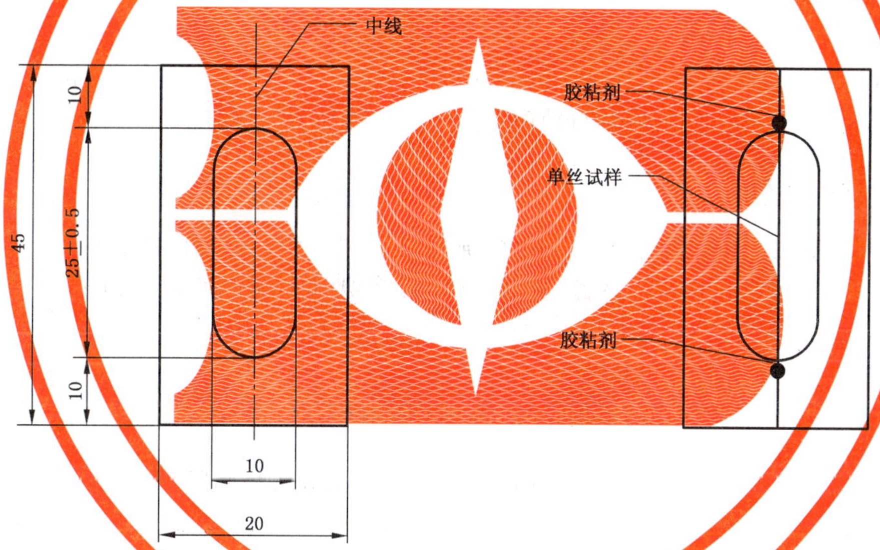

图 1 试样框和粘结在试样框上的试样

6.1.3 显微镜的校准

用一个台式测微计和分度为百分之一毫米的刻度目镜来校准显微镜。

6.1.4 试样的制备

6.1.4.1 使用试样框

将一根单丝置于试样框的长孔中线位置,先用胶带暂时地将单丝的一端粘住,轻轻地将单丝拉直,另一端也用胶带暂时粘住。

在试样框的长孔两端各滴一滴胶粘剂使单丝与试样框粘结牢固。

6.1.4.2 不使用试样框

取长度不超过 25 mm 的纤维束作为试样。

6.1.5 操作

将试样置于载玻片上(如果不使用试样框,应将纤维束分开,使之呈一根根单丝的状态),加入液体介质。应选择在 20 ℃时折射率在 1.43～1.53 之间的液体介质,且不吸湿,不影响纤维的直径。雪松油、石蜡油是合适的液体介质。

移动显微镜的载物台,使光束照在单丝所在区域。调节目镜使聚焦在十字线上。

移动的十字线包含两根相互垂直的固定的线和两条可分别沿着两条相互垂直固定线移动的线。十字线可以通过转动一个螺旋千分尺来移动,并不改变它的方向。

旋转目镜或载物台使移动线与被测单丝的轴向平行。调整焦距使单丝成像清晰,调节移动线分别与单丝的两个边完全重合。转动微分筒使其中一条移动线移动到与另一条线重合时,读取微分筒的刻度(N_r 格)。测量 20 根单丝。

6.1.6 结果表示

如果 n 是校正数,即 1 μm 对应于微分筒的格数,纤维直径 d 按式(2)计算,单位为微米(μm):

$$d=\frac{N_r}{n} \tag{2}$$

式中:

N_r ——读取的微分筒的刻度,单位为格;

n ——校正数,即 1 μm 对应于微分筒的格数。

6.2 扫描电子显微镜法

将一束纤维粘贴在黑色导电胶带上,置于扫描电镜的载物台上,对纤维束进行扫描得到单丝纵侧面的扫描图像,用图像分析软件在扫描图像上测量 20 根单丝纵侧面两个边缘之间的距离得到纤维直径。

6.3 精密度

方法 B 的精密度通过 4 个实验室对四种样品进行的循环比对试验获得,见表 2。

表 2 方法 B 测定碳纤维纤维直径的精密度

样品	纤维直径 μm	S_r μm	S_R μm	r	R
1-3K (含浸润剂)	6.9	0.08	0.23	0.24	0.69
1-3K (不含浸润剂)	7.0	0.07	0.24	0.21	0.72
2-12K (含浸润剂)	7.0	0.08	0.26	0.24	0.78
2-12K (不含浸润剂)	7.0	0.07	0.42	0.21	1.3

注:

S_r 表示同一实验室测试结果的标准差;

S_R 表示不同实验室测试结果的标准差;

r 表示同一实验室两个测试结果的临界差,即包含因子 $K\times S_r$,这里 K 取 3;

R 表示不同实验室两个测试结果的临界差,即包含因子 $K\times S_R$,这里 K 取 3。

7 方法 C：用显微镜测定横向切割的纤维直径和横截面积

7.1 原理

用光学显微镜或扫描电子显微镜观察垂直于纤维轴的截面或进行图像分析。

这种方法适用于平行纤维束，也可以直接用来检查单向复合材料中纤维的分布以及测量纤维的体积含量。当纤维横截面的形状不是圆形时，特别建议使用此方法。

注：方法 C 的准确度受限于光或电子束的衍射。纤维直径大于等于 10 μm 时推荐使用光学显微镜，小于 10 μm 时推荐使用扫描电子显微镜。

7.2 仪器

7.2.1 金相反射式光学显微镜；扫描电子显微镜。

7.2.2 数字图像采集设备。

7.2.3 数字图像检测与分析系统。

7.2.4 抛光机。

注：数字图像采集设备和数字图像检测与分析系统对圆形截面的纤维不是必需的，但对非圆形截面的纤维是必需的。

7.3 试验步骤

7.3.1 光学显微镜法

7.3.1.1 试样的制备

取长度为 30 mm 的纱线试样，用未固化的树脂(例如不饱和聚酯树脂)包裹，然后使树脂固化。用抛光机将该固化树脂中垂直于纱线轴向的一面抛光。

用砂纸和氧化铝粉或金刚石研磨膏对该抛光面进行抛光，直至形成一个非常光洁的表面。用光学显微镜检查表面光洁度。

详细试样制备过程见附录 B。

7.3.1.2 操作

将试样置于载物台上，试样抛光表面朝上并垂直于光轴。

调整焦距使单丝成像清晰，调节移动线分别与单丝横截面的两端相切。转动微分筒使其中一条移动线移动到与另一条线重合时，读取微分筒的刻度(N_r 格)。

通常使用 1 000～1 500 的放大倍率。如可能，应使用偏振光，以提高图像的清晰度和对比度。

如通过数字图像采集设备来测定纤维直径，应选择具有代表性的区域，图像的倍率应与纤维放大的影像相同，在随后的处理中不得改变图像的尺寸。

可在相同条件下拍摄一个标准物镜标尺来测定实际的放大倍率。

7.3.2 扫描电子显微镜法

将一束纤维粘贴在黑色导电胶带上，置于扫描电镜的载物台上，扫描纤维的横截面，得到单丝横截面的扫描图像，用图像分析软件对扫描图像进行分析。

7.4 直径的测量

7.4.1 圆形截面的单丝

7.4.1.1 目测法

测量20根单丝的直径，并用测量的直径计算单丝的横截面积。

7.4.1.2 图像分析法

在图像上测量20根单丝的直径，通过除以放大倍率计算实际直径，用实际直径计算单丝的横截面积。

7.4.2 非圆形截面的纤维

7.4.2.1 目测法

不适用。

7.4.2.2 图像分析法

用图像检测与分析系统在图像上测量每根单丝的横截面积，除以放大倍率的平方得到单丝横截面积 S，单位为平方微米（μm^2）。

按式(3)计算单丝表观直径 d，单位为微米（μm）：

$$d=2\sqrt{\frac{s}{\pi}} \qquad \cdots\cdots(3)$$

式中：

s——单丝的横截面积，单位为平方微米（μm^2）。

7.5 精密度

方法C测定圆形截面碳纤维纤维直径和横截面积的精密度通过4个实验室对四种样品进行的循环比对试验获得，见表3，表4。

表3 方法C测定碳纤维纤维直径的精密度

样品	纤维直径 μm	S_r μm	S_R μm	r	R
1-3K （含浸润剂）	7.2	0.19	0.36	0.57	1.1
1-3K （不含浸润剂）	7.3	0	0.24	0	0.72
2-12K （含浸润剂）	7.1	0.10	0.20	0.30	0.60
2-12K （不含浸润剂）	7.2	0.10	0.26	0.30	0.78

注：

S_r 表示同一实验室测试结果的标准差；

S_R 表示不同实验室测试结果的标准差；

r 表示同一实验室两个测试结果的临界差，即包含因子 $K\times S_r$，这里 K 取3；

R 表示不同实验室两个测试结果的临界差，即包含因子 $K\times S_R$，这里 K 取3。

表 4 方法 C 测定碳纤维横截面积的精密度

样品	横截面积 μm^2	S_r μm^2	S_R μm^2	r	R
1-3K （含浸润剂）	40.9	1.3	3.9	3.9	11.7
1-3K （不含浸润剂）	42.0	0.36	2.9	1.1	8.7
2-12K （含浸润剂）	39.6	0.95	2.2	2.8	6.6
2-12K （不含浸润剂）	40.7	0.71	3.2	2.1	9.6
注： S_r 表示同一实验室测试结果的标准差； S_R 表示不同实验室测试结果的标准差； r 表示同一实验室两个测试结果的临界差，即包含因子 $K \times S_r$，这里 K 取 3； R 表示不同实验室两个测试结果的临界差，即包含因子 $K \times S_R$，这里 K 取 3。					

8 方法 D：用激光衍射测定纤维直径

8.1 原理

用相干单色光（例如激光束）照射一根单丝，两个衍射条纹在屏幕上的距离是直径的函数。通过两个条纹间的距离、光的波长和系统的焦距计算纤维直径。

注：方法 D 适用于圆形截面纤维直径的测定，对非圆形截面，这种方法给出的是表观直径。

8.2 仪器

8.2.1 **氦氖激光发射器**，功率为 2 mW，或其他型号的发射器。

8.2.2 **试样架**，带有可夹持试样框（6.1.2.2）的测角仪。

8.2.3 **屏幕**，用白纸板制成。

8.2.4 **直尺**，刻度为毫米。

8.3 试样的制备

试样同方法 B（见 6.1.4.1）。

8.4 操作

将试样安装在试样架上，置于激光束的光路中，在屏幕上呈现出衍射条纹。

用直尺测量衍射条纹最接近中心的两个黑色条纹中点间的距离。

将试样旋转 15°，用测角仪来确定角度，重新测量。每间隔 15°重复这个过程，一直到 165°，得到单丝的平均直径。

8.5 结果表示

按式(4)计算每次测量的纤维直径 d,单位为微米(μm):

$$d=\frac{\lambda D}{l} \qquad (4)$$

式中:

λ ——激光的波长,单位为微米(μm)(如果是氦氖激光,λ=0.632 μm);

D——试样到屏幕的距离,单位为毫米(mm);

l ——衍射条纹最接近中心的两个黑色条纹中点间距离的一半,单位为毫米(mm)。

8.6 精密度

由于没有得到不同实验室的数据,方法 D 的精密度未知。一旦获得不同实验室的数据,后续版本中将增加精密度表述。

9 试验报告

试验报告应包括下列内容:

a) 说明按本标准及所选用的方法(A、B、C 或 D);

b) 识别被测纱线的必要详情;

c) 纤维直径、平均值及变异系数、横截面积、平均值及变异系数;

d) 本标准中未提到的任何操作细节,以及可能影响结果的任何因素。

附 录 A
（资料性附录）
本标准与 ISO 11567:1995 相比的结构变化情况

本标准与 ISO 11567:1995 相比在结构上有较多调整，具体章条编号对照情况见表 A.1。

表 A.1 本标准与 ISO 11567:1995 章条编号对照情况

本标准章条编号	对应的 ISO 11567:1995 章条编号
4.1	4 的第一、二段
4.2	4.1
4.3 的前半段，4.5	4.2
4.4	4.3
5.1	5
5.2	—
6.1	—
6.1.1～6.1.2	6.1～6.2
6.1.2.1～6.1.2.2	6.2.1～6.2.2
6.1.3～6.1.4	6.3～6.4
—	6.4.1
6.1.4.1	6.4.2
6.1.4.2	—
6.1.5～6.1.6	6.5～6.6
6.2	—
6.3	—
7.2.2，7.2.3	—
—	7.2.2～7.2.5
7.2.4	7.2.6
7.3.1	—
7.3.1.1	7.3
7.3.1.2	7.4 第一段，7.4.1
7.3.2	7.4.2
7.4	7.5
7.4.1	7.5.1
7.4.1.1～7.4.1.2	7.5.1.1～7.5.1.2
7.4.2	7.5.2
7.4.2.1～7.4.2.2	7.5.2.1～7.5.2.2
7.5	—

表 A.1（续）

本标准章条编号	对应的 ISO 11567:1995 章条编号
8.6	—
—	9
9	10
附录 A	—
附录 B	附录 A

附　录　B
（资料性附录）
方法 C 中试样制备推荐方法

B.1　仪器和材料

B.1.1　包裹树脂，可室温固化的树脂，如不饱和聚酯树脂，环氧树脂或不饱和聚酯树脂和丙烯酸树脂混合物。

B.1.2　**一次性塑料杯**，容积 100 mL 至 200 mL。

B.1.3　**玻璃或塑料管**，直径约 30 mL，长度约 20 mL。

B.1.4　**玻璃板**，平坦光滑，尺寸为 300 mL× 300 mL。

B.1.5　**双面胶带**。

B.1.6　**抛光机**，带有喷水管，用来制备金属试样的抛光机可适用。

B.1.7　**耐水砂纸**，各种颗粒型号（从 100 目～800 目）。

B.1.8　**抛光布**，粘胶缎或麂皮。

B.1.9　**研磨粉**（氧化铝粉末或金刚石研磨膏），用来制备金属试样的研磨粉可适用。

B.2　操作

在玻璃板上粘贴 40 mm×40 mm 的双面胶带（B.1.5）。

在玻璃或塑料管（B.1.3）内涂覆脱模剂（如硅脂），以方便树脂块从管内取出。将玻璃或塑料管的一端粘贴到玻璃板上的双面胶带上。

玻璃板水平放置，将纱线试样垂直放入管内。建议把纱线一端系到铁丝上，将铁丝横放在管子顶部，同一根管子可以悬挂多个试样。

在一次性塑料杯（B.1.2）中配制树脂（B.1.1）。

把树脂倒入管内，在室温下固化。如果树脂固化不充分，可在烘箱中进一步固化。

将固化的树脂从管子中取出。

用抛光机将该固化树脂中垂直于纱线轴向的一面抛光，先用 100 目～150 目的砂纸和流动水打磨，再逐渐换用更细颗粒的砂纸（至 800 目）继续抛光。

最后，在抛光机上用氧化铝粉或钻石研磨膏（B.1.9）抛光，用抛光布（B.1.8）直到抛光面在 1 500 倍光学显微镜下观测看不到划痕。

使用的典型条件：

——转盘转速：200 转/min；

——负载：1 N～2 N；

——磨料浓度：2 g/L～5 g/L；

——流量：20 滴/min～40 滴/min；

——时间：5 h。

ICS 13.300;11.100
A 80

中华人民共和国国家标准

GB/T 29763—2013

化学品　稀有鮈鲫急性毒性试验

Chemicals—Rare Minnow（*Gobiocypris rarus*）acute toxicity test

2013-09-18 发布　　2014-03-20 实施

中华人民共和国国家质量监督检验检疫总局
中国国家标准化管理委员会　发布

前　言

本标准按照GB/T 1.1—2009给出的规则起草。

本标准由全国危险化学品管理标准化技术委员会(SAC/TC 251)提出并归口。

本标准起草单位:上海市检测中心、环境保护部化学品登记中心、中国科学院水生生物研究所、中国检验检疫科学研究院、环境保护部南京环境科学研究所、沈阳化工研究院有限公司安全评价中心。

本标准主要起草人:殷浩文、张京佶、赵华清、沈英娃、刘纯新、聂晶磊、王剑伟、陈会明、李晞、石利利、刘济宁、王蕾、蔡磊明、赵玉艳。

化学品　稀有鮈鲫急性毒性试验

1　范围

本标准规定了稀有鮈鲫化学品急性毒性试验的方法，包括静态试验、半静态试验和流水式试验三种方式，受试物所需信息、原理、设备与材料、试验系统、试验程序、质量控制和结果报告。

本标准适用于测试稀有鮈鲫的化学品急性毒性。

2　规范性引用文件

下列文件对于本文件的应用是必不可少的。凡是注日期的引用文件，仅注日期的版本适用于本文件。凡是不注日期的引用文件，其最新版本(包括所有的修改单)适用于本文件。

GB/T 27861　化学品　鱼类急性毒性试验

3　术语和定义

GB/T 27861 界定的术语和定义适用于本文件。

4　受试物所需信息

受试物所需信息包括：

a)　水中溶解度；

b)　蒸气压；

c)　结构式；

d)　纯度；

e)　在水中和光照条件下的稳定性；

f)　p*K*a 值；

g)　水溶液中的定量分析方法；

h)　正辛醇-水的分配系数(P_{ow})；

i)　快速生物降解试验结果。

5　原理

5.1　用于测定受试物短期暴露对稀有鮈鲫可能产生的影响，以评价受试物的短期毒性。

5.2　将稀有鮈鲫暴露于含不同浓度受试物的水溶液，以 96 h 为试验周期，在 24 h、48 h、72 h 和 96 h 时记录受试鱼的死亡率，确定 50% 稀有鮈鲫死亡时的受试物浓度，用 LC_{50} 表示。

6　设备与材料

6.1　仪器设备

仪器设备包括：

a) 溶解氧测定仪(1%);

b) 水硬度计(1 mg/L);

c) 温度控制系统(0.1 ℃);

d) pH 计(0.1 pH);

e) 分析天平(0.000 1 g);

f) 惰性材料制成的水族箱或水槽[1],规格一致,体积适宜;

g) 适用于流水式的连续分配和稀释系统(如,计量泵、稀释仪等)。

6.2 材料与试剂

标准稀释水用到的试剂包括:

a) 氯化钙;

b) 硫酸镁;

c) 碳酸氢钠;

d) 氯化钾。

所有试剂应是分析纯,用电导率小于或等于 10 μS/cm 的蒸馏水或去离子水配制。

7 试验系统

7.1 试验方式的选择

7.1.1 在试验之前,应根据受试物在水中的化学稳定性确定合适的试验方式,从而选定需用的容器和装置[2]。

7.1.2 试验期间,受试物在水溶液中的浓度维持在初始实测浓度的±20%内,可采用静态试验方式。当水溶液中受试物不稳定时,即浓度变化超过±20%时,应采用半静态试验方式或流水式试验系统以维持受试物的浓度。

7.2 稀有鮈鲫

7.2.1 选择

试验鱼种为稀有鮈鲫(*Gobiocypris rarus*),全长范围为 30 mm±10 mm。应在养鱼场和实验室条件(pH 为 6.0~8.5;温度为 21 ℃~25 ℃;光照为每天 12 h~16 h;溶解氧浓度不低于空气饱和值的 80%)下驯化和饲养。应保证一次试验用鱼为同一批号,规格一致、来源可靠、健康且无明显的畸形。

7.2.2 暂养和驯养

7.2.2.1 稀有鮈鲫用于试验之前,应在实验室至少暂养 12 d。暂养条件可与驯养条件一致。

7.2.2.2 临试验前,应在符合下列条件的环境中至少驯养 7 d。

a) 水:与试验用水水质相同;

b) 光照:每天 12 h~16 h;

c) 温度:21 ℃~25 ℃;

d) 溶解氧浓度:不低于空气饱和值的 80%;

e) 喂养:每周 3 次或每天投食,至试验开始前 24 h 为止。

---

1) 根据样品理化特性,选择材料合适的试验容器。如,玻璃等。

2) 根据试验方式和负荷量进行选择。

7.2.2.3 驯养开始 48 h 后，记录死亡率，并按下列条件处理：

a) 7 d 内死亡率小于 5%，可用于试验。

b) 7 d 内死亡率在 5%～10%之间，继续驯养 7 d，如果死亡不再发生，该批试验鱼可用于试验。

c) 7 d 内死亡率大于 10%，舍弃整组鱼。

7.3 试验用水

应用标准稀释水(参见附录 A)、曝气除氯的自来水或高质量的天然水。水的总硬度为 10 mg/L～250 mg/L(以 $CaCO_3$ 计)，pH 为 6.0～8.5。

7.4 受试物的制备

7.4.1 将受试物溶解于试验用水中配制成受试物贮备液，通过稀释贮备液配制成一定浓度的试验溶液。

7.4.2 难溶物质的贮备液可以通过超声分散或其他适合的物理方法配制，必要时可以使用对鱼毒性低的有机溶剂、乳化剂和分散剂。使用这些物质时应加设溶剂对照试验组，且所有试验容器中的溶剂浓度应相同，并不应超过 100 mg/L 或 100 μL/L。

7.4.3 应在加入前调节受试物贮备液的 pH，使其接近试验用水的 pH。调节贮备液的 pH 时不应使受试物浓度明显改变，不应发生化学反应或沉淀。宜使用 HCl 和 NaOH 来调节。

7.4.4 如果加入受试物后水的 pH 有明显变化(超出 6.0～8.5)，则重新配制试验溶液。

8 试验程序

8.1 暴露条件

a) 持续时间：96 h。

b) 承载量：静态和半静态试验系统每升水中鱼的总湿重不超过 1.0 g，流水式试验系统承载量可适当提高。

c) 光照：每天 12 h ～16 h。

d) 温度：21 ℃～25 ℃且试验期间温度变化不超过 2 ℃。

e) 溶解氧浓度：不应低于空气饱和值的 60%。曝气时不应使受试物浓度明显变化。

f) 喂食：禁食。

g) 干扰：避免可能影响鱼行为的干扰。

8.2 预试验

8.2.1 用以确定正式试验所需浓度范围，可选择较大范围的浓度系列，如 1 000 mg/L、100 mg/L、10 mg/L、1 mg/L、0.1 mg/L。每个浓度组放入的稀有鮈鲫不少于 3 尾，不设平行组。试验时间为 96 h。每日记录各容器内的死鱼数，并及时取出死鱼。

8.2.2 如果一次预试验结果无法确定正式试验所需的浓度范围，应调整浓度范围再次进行预试验。

8.3 正式试验

8.3.1 根据预试验，在包括使稀有鮈鲫全部死亡的最低浓度和 96 h 稀有鮈鲫全部存活的最高浓度之间至少应设置 5 个浓度组，并以几何级数[3] 排布。浓度间隔系数应小于或等于 2.2。同时设一个空白对照组。如使用了溶剂，应增设溶剂对照组，且所有试验容器中的溶剂浓度应相同。每一浓度组和对照组应至少使用 7 尾稀有鮈鲫。

---

3) 即等比数列。

8.3.2　试验溶液调节至试验温度后，从驯养鱼群中随机取出鱼并随机迅速放入各试验容器中。转移期间处理不当的鱼均应弃除。同一试验，所有试验用鱼应在 30 min 内分组完毕。

8.3.3　试验期间，不应对试验液强烈曝气，溶解氧含量应高于空气饱和值的 60%。试验期间禁止喂食。

8.3.4　至少在 24 h、48 h、72 h 和 96 h 后检查受试鱼的状况。如果某尾鱼没有任何肉眼可见的运动(如，鳃的扇动)，且碰触尾柄后无反应，即可判断该鱼已死亡。观察并记录死鱼数目后，将死鱼从容器中取出。应在试验开始后 3 h 或 6 h 观察各试验组鱼的状况，并记录试验鱼的异常现象(如，鱼体侧翻、失去平衡，游泳能力和呼吸功能减弱，色素沉积等)。

8.3.5　每天至少测定一次所有试验容器中的 pH、溶解氧浓度和温度。试验开始和结束时也要测定。

8.3.6　在试验开始前，应建立有效的受试物在水中的化学分析方法。试验期间，应按以下要求测定受试物在水中的浓度。

a)　静态试验方式应至少在试验开始和结束时，测定试验容器中试验溶液的受试物浓度。
b)　半静态试验方式应至少在试验开始、每一次更新前后和试验结束时，测定试验容器中试验溶液的受试物浓度。
c)　流水式试验方式应至少在试验开始、试验中期和试验结束时，测定母液和试验容器中试验溶液的受试物浓度。

8.4　限度试验

采用本标准时，为证明 LC_{50} 是否大于 100 mg/L(有效成分浓度)或大于试验体系下受试物饱和溶液浓度，可进行受试物浓度为 100 mg/L(有效成分浓度)或试验体系下受试物饱和溶液的限度试验。限度试验应至少使用 7 尾稀有𬶋鲫，与对照组使用的鱼数目相等。如使用了溶剂，应增设溶剂对照组，且所有试验容器中的溶剂浓度应相同。如果试验鱼发生死亡，则应按本标准的试验程序进行完整的试验。应记录所观察到的亚致死效应(如，鱼体侧翻、失去平衡，游泳能力和呼吸功能减弱，色素沉积等)。

9　质量控制

有效的试验应满足下列条件：

a)　试验结束时，对照组鱼死亡率不应超过 10%；如果每组鱼不到 10 尾，则对照组死亡不应超过 1 尾；
b)　试验期间，试验液的溶解氧浓度应不低于空气饱和值的 60%；
c)　试验期间，尽可能维持恒定条件，如有必要，应使用半静态或流水式试验方式；
d)　试验期间，试验溶液中受试物浓度不应低于配制浓度的 80%。如低于配制浓度的 80%，应以实测浓度来表示试验结果。

10　数据与报告

10.1　结果处理

10.1.1　采用合适的统计方法，计算出一定暴露时间的 LC_{50} 值及 95% 的置信限。同时绘制试验浓度对死亡率的曲线。

10.1.2　如果试验数据不适于用标准方法计算 LC_{50}，可用不引起死亡的最高浓度和引起 100% 死亡的最低浓度估算 LC_{50}，即这两个浓度的几何平均值。

10.1.3　当进行限度试验时，应报告限度试验使用的浓度，并说明 LC_{50} 大于限度试验所采取的浓度。

10.1.4 试验期间，如受试物实测浓度维持在配制浓度的±20%，可用配制浓度表示结果。如受试物实测浓度无法维持在配制浓度的±20%或受试物 LC_{50} 值在危害评估分级[4]边界值附近(如，1 mg/L、10 mg/L、100 mg/L)，应用实测浓度表示结果。

10.2 试验报告

试验报告应至少包括下述内容：

a) 受试物

物理性质及相关理化特性、基础信息(见第 4 章)等。

b) 稀有鮈鲫

规格、来源、健康状况、驯养情况等。

c) 试验条件

- 试验过程：静态、半静态或流水式、曝气、承载量等；
- 水质特征：溶解氧、pH 值、温度、硬度等；
- 每 24 h 试验溶液中的溶解氧浓度、pH 值、温度(半静态试验中应在更新前和更新后分别测定溶解氧浓度、pH 值、温度)；
- 制备贮备液和试验溶液的方法；
- 试验溶液中受试物的浓度信息；
- 每一试验浓度用鱼的数目。

d) 试验结果

- 试验期间，无死亡发生的最高浓度；
- 试验期间，导致 100%死亡的最低浓度；
- 每个观察时间各个浓度的累计死亡率；
- 如有可能，每个观察时间的 LC_{50}，及其 95%的置信限。
- 试验结束后的浓度-死亡率曲线图；
- 确定 LC_{50} 值的统计学方法；
- 对照组的死亡率；
- 试验期间，可能会影响试验结果的因素；
- 鱼中毒的异常反应。

e) 结果讨论

4) HJ/T 154—2004 新化学物质危害评估导则。

附 录 A
（资料性附录）
标准稀释水的配制

A.1 标准稀释水贮备液的配制

a) 氯化钙溶液:将 11.76 g $CaCl_2 \cdot 2H_2O$ 溶解于水中,稀释至 1 L。

b) 硫酸镁溶液:将 4.93 g $MgSO_4 \cdot 7H_2O$ 溶解于水中,稀释至 1 L。

c) 碳酸氢钠溶液:将 2.59 g $NaHCO_3$ 溶解于水中,稀释至 1 L。

d) 氯化钾溶液:将 0.23 g KCl 溶解于水中,稀释至 1 L。

A.2 标准稀释水的配制

将以上四种溶液各 25 mL 加以混合并用水稀释至 1 L。溶液中钙离子和镁离子的总和是 2.5 mmol/L。钙离子和镁离子的浓度比例为 4∶1,钠离子和钾离子摩尔浓度比例为 10∶1。溶液中的酸容量常数 $Ks_{4.3}$ 为 0.8 mmol/L。

稀释用水应经曝气直到氧饱和为止,然后储存 2 d 备用,在使用前可不再曝气。

参 考 文 献

[1] ISO 7641-1 Water quality—Determination of the acute lethal toxicity of substances to a freshwater fish [*Brachydanio rerio* Hamilton-Buchanan (Teleostei, Cyprinidae)]—Part 1: Static method,1996.

[2] ISO 7641-2 Water quality—Determination of the acute lethal toxicity of substances to a freshwater fish [*Brachydanio rerio* Hamilton-Buchanan (Teleostei,Cyprinidae)]—Part 2: Semi-static method,1996.

[3] ISO 7641-3 Water quality—Determination of the acute lethal toxicity of substances to a freshwater fish [*Brachydanio rerio* Hamilton-Buchanan (Teleostei, Cyprinidae)]—Part 3: Flow-through method,1996.

[4] 国家环境保护总局《化学品测试方法》(2004)203 鱼类急性毒性试验.

[5] OECD SERIES ON TESTING AND ASSESSMENT Number 10. REPORT OF THE OECD WORKSHOP ON STATISTICAL ANALYSIS OF AQUATIC TOXICITY DATA,1998.

[6] WorkingDocument Guidance Document on Aquatic Ecotoxicology in the context of the Directive 91/414/EEC,2002.

[7] OECD SERIES ON TESTING AND ASSESSMENT Number 23. GUIDANCE DOCUMENT ON AQUATIC TOXICITY TESTING OF DIFFICULT SUBSTANCES AND MIXTURES,2000.

ICS 13.300;11.100
A 80

中华人民共和国国家标准

GB/T 29764—2013

化学品 青鳉鱼早期生命阶段毒性试验

Chemicals—Fish (*Oryzias latipes*, d-rR Medaka) early life stage toxicity test

2013-09-18 发布 2014-03-20 实施

中华人民共和国国家质量监督检验检疫总局
中国国家标准化管理委员会 发布

前　言

本标准按照 GB/T 1.1—2009 给出的规则起草。

本标准参照了经济合作与发展组织(OECD)化学品测试导则 No. 210(1992 年)《鱼类早期生命阶段毒性试验》(英文版),并主要增加了以下内容:

——受试生物选用 d-rR 品系青鳉,增加了 d-rR 品系青鳉新孵化幼鱼、幼鱼和亲本的投喂次数、投喂量等资料;

——异常特征中增加了多种胚胎损伤和幼鱼畸形表述;

——在性别比率表述中增加了雌雄形态区别;

——统计参数增加了试验结束时雌雄鱼性别比率。

本标准由全国危险化学品管理标准化技术委员会(SAC/TC 251)提出并归口。

本标准起草单位:中国科学院生态环境研究中心、中国检验检疫科学研究院、环境保护部化学品登记中心、上海市检测中心。

本标准主要起草人:查金苗、王子健、李伟、朱莉飞、李兆利、李晞、程艳、刘纯新。

化学品　青鳉鱼早期生命阶段毒性试验

1　范围

本标准规定了青鳉鱼(d-rR 品系青鳉,以下简称"鱼")早期生命阶段化学品毒性试验的方法概述、仪器设备、试验准备、试验程序、质量保证与质量控制、数据与报告。

本标准适用于测试化学品对鱼类早期生命阶段(胚胎发育和幼鱼生长阶段)的毒性。

2　规范性引用文件

下列文件对于本文件的应用是必不可少的,凡是注日期的引用文件,仅注日期的版本适用于本文件。凡是不注日期的引用文件,其最新版本(包括所有的修改单)适用于本文件。

GB/T 27861　化学品　鱼类急性毒性试验

3　术语和定义

下列术语和定义适用于本文件。

3.1

最低可观察效应浓度　lowest observed effect concentration;LOEC

与对照组相比,对受试物产生显著效应($p<0.05$)的最低受试物浓度。

3.2

无观察效应浓度　no observed effect concentration;NOEC

试验中直接低于 LOEC 的受试物浓度。

3.3

半数致死浓度　median lethal concentration;LC_{50}

引起 50%的受试鱼死亡的受试物浓度,以 LC_{50} 表示。

4　受试物信息

a)　结构式;
b)　纯度;
c)　水中溶解度;
d)　蒸汽压;
e)　水解离常数(pKa);
f)　正辛醇/水的分配系数(P_{ow});
g)　在水中和光中的稳定性;
h)　在试验液中受试物的可靠定量分析方法及其精确度、检测限;
i)　在试验条件下的稳定性;
j)　d-rR 品系青鳉的 LC_{50} 值;
k)　快速生物降解性试验结果。

5 方法概述

鱼类早期生命阶段毒性试验优先采用流水式试验系统，可选择半静态(静水更新)试验系统，将胚胎-幼鱼阶段的受试鱼(d-rR 品系青鳉)暴露于一定浓度范围的受试物水溶液中。试验自受精卵放入试验容器时开始，至幼鱼达到 21 日龄时结束。通过测定受试鱼的致死和亚致死效应，并与对照组值相比较来测定受试物的 LOEC 和 NOEC。

6 仪器设备

仪器设备如下：

a) 实验室常规仪器设备；
b) 测定水温、pH 值、溶解氧和硬度的仪器；
c) 温度控制仪；
d) 试验容器或装置：全玻璃、不锈钢或其他化学惰性材质制成，容器的尺寸符合负荷率标准。流水式试验方法采用流水式试验装置，具备受试物贮备液连续分配和稀释系统，并具控温、充气、流量等装置。

7 试验准备

7.1 系统选择

试验期间应尽可能维持条件的恒定，推荐流水式试验系统或半静态试验系统。

7.2 受试生物

7.2.1 受试生物的选择

本试验推荐受试生物为 d-rR 品系青鳉。

7.2.2 受试生物的驯养

亲鱼驯化所需适宜条件的详细资料可参见附录 A。

7.3 试验水质

试验用水符合附录 B 要求，或参照附录 C 配制孵化液作为试验用水。实验用水应满足以下要求：对照组中受试鱼的孵化率应大于或等于 80%，孵化后幼鱼的存活率应大于或等于 80%。试验期间应保持水质恒定，并对水样进行定期分析，以保证稀释不会对试验结果和亲鱼繁殖产生不良影响(例如对受试物的络合作用)。稀释水样的水质分析指标包括：重金属(如 Cu^{2+}、Pb^{2+}、Zn^{2+}、Hg^{2+}、Cd^{2+}、Ni^{2+})，主要阴、阳离子(如 Ca^{2+}、Mg^{2+}、Na^{+}、K^{+}、Cl^{-}、$SO_4{}^{2-}$)，常见农药，总有机碳和悬浮物等。

7.4 试验溶液

7.4.1 通过稀释受试物的浓缩贮备液(母液)来配制所选择浓度的试验溶液。

7.4.2 贮备液配制：最好选择机械方法(如搅拌或超声)，使受试物在稀释水中简单地混合或搅动。根据受试物溶解度值来确定浓缩贮备液的适宜浓度。某些情况下，配制高浓度贮备液需要添加助溶剂或分散剂，但应尽可能避免使用。适合本试验的助溶剂有：丙酮、乙醇、甲醇、二甲基亚砜、二甲基替甲酰胺、三甘醇。适合本试验的分散剂有:聚氧乙烯化脂肪酸甘油酯、吐温-80、0.01%的纤维素甲醚、聚氧乙烯化蓖麻油。在流水试验中，如果使用容易生物降解的试剂(如丙酮)和(或)高挥发性化合物时，应注意这些物质可能会随着细菌的聚集而产生一些问题，影响试验结果。当使用某种助溶剂或分散剂时，助溶剂或分散剂浓度不能超过 0.1 mL/L,且在所有容器中浓度一致。

7.4.3 对于流水式试验,应有连续分配和稀释受试物贮备液的系统(如计量泵、比例稀释器和饱和系统),将贮备液和稀释水按照一定比例和一定流速输送至试验容器，从而得到一系列浓度的试验溶液。在试验期间，应定期检查贮备液和稀释水的流速,最好为每天检查,且试验期间的流速变化应不超过10%。流速大小的选择，应控制试验溶液的更新速率至少为每天 5 倍试验容器容积。

7.4.4 对于半静态试验中,更换试验溶液有两种可选择的方法:

a) 转移受试生物:在清洁容器中配制新的试验溶液,然后将处在极少量体积旧溶液中存活的受精卵和幼鱼转移至另一容器中,但要避免受精卵和幼鱼暴露于空气中;

b) 不转移受试生物:将受试生物体仍留在试验容器内,部分更新试验溶液(至少为 2/3 容器容积)。

7.4.5 半静态试验的试验溶液更新频率取决于受试物的稳定性,但推荐每天更新。若期间受试物的浓度不稳定,则应改为使用流水式试验。在试验溶液的更换操作中,应小心避免碰伤幼鱼。

8 试验程序

8.1 准备

8.1.1 胚胎和幼体的处理

8.1.1.1 胚胎:试验开始时,将受试鱼类(d-rR 品系青鳉)的胚胎暴露于体积足够大的试验容器(如容积大于 150 mL 结晶皿或烧杯)中。胚胎阶段暴露采用半静态试验体系,每天更新试验溶液。

8.1.1.2 幼鱼:幼鱼孵出后,如有必要,将幼鱼转移至大型试验容器内(例如烧杯或一次成型鱼缸)。在幼鱼孵出两天后开始投喂,饵料为刚孵出的丰年虫,每天 2 次~3 次饱食投喂。幼鱼阶段暴露优先选择流水试验体系,可选择半静态试验体系。

8.1.1.3 半静态试验可使用烧杯或浅容器,如有必要,可在烧杯底部配备可轻轻提起的网筛。如果该容器的容积足以符合负荷要求,则不必进行胚胎和幼鱼的转移。幼鱼转移时间为孵化后 2 d。转移幼鱼时,不应将幼体暴露在空气中,也不应使用网具从容器中捞取(体质较强的鱼种除外)。推荐使用巴德斯吸液管移动胚胎和幼鱼。

8.1.2 暴露条件

8.1.2.1 持续时间

受试鱼卵受精后应尽可能快地开始试验,在胚胎开始分裂前或胚胎开始分裂后即将胚胎放入试验溶液，最迟不能晚于卵受精后 8 h。试验应最短持续到对照组试验鱼可自由摄食。根据选择的受试鱼种决定试验持续时间,对于推荐鱼种青鳉,暴露应持续到幼鱼孵化后 21 d。

8.1.2.2 负荷

受精卵的数量应满足统计学要求。受精卵应随机分配到各浓度组中,每一浓度至少使用 60 粒受精卵,且至少应在 3 个平行试验容器间平均分配。在没有曝气的情况下，试验溶液中溶解氧的浓度应至少达到空气饱和度的 60%。流水式测试体系中,建议 24 h 负荷率不应超过 0.5 g/L,整个试验周期最大负荷率不应超过 5 g/L 试液。

8.1.2.3 光照和温度

适宜光周期为夏季 16 h∶8 h(昼∶暗),冬季 12 h∶12 h(昼:夜);适宜温度为 24 ℃±1 ℃。

8.1.2.4 投喂

本试验对于食物投喂要求非常严格。本质上说对于每个生命阶段应该在合适的时间提供正确的饵料,并且提供的饵料水平应足够支持受试鱼正常生长。投喂量应该不限量,但应最小剩余。剩余的饵料和粪便应及时清除,以避免废物累积。本试验受试鱼类(青鳉)的详细饵料和投喂次数如表 1。其中幼鱼第一次投喂时间为孵化后 24 h 或平游时。根据试验要求,为了提高存活率和优化生长,应不断优化饵料和投喂策略。

表 1 不同阶段青鳉饵料组成、投喂次数和投喂量

试验阶段	饵料组成	投喂次数	每次投喂量
亲本饵料	新孵化丰年虫、薄片饲料	新孵化丰年虫 1 次(早晨);薄片饲料上下午各 1 次(时间间隔不少于 6 h)	每天 2%体重
新孵化幼鱼	新孵化丰年虫、原生动物、轮虫	早晨、上午和下午各 1 次(时间间隔不少于 3 h)	饱食
幼鱼	新孵化丰年虫、薄片饲料、轮虫	新孵化丰年虫或轮虫上下午各 1 次(时间间隔不少于 6 h);薄片饲料每天 1 次	饱食

8.1.3 试验浓度

8.1.3.1 根据 GB/T 27861 试验结果所得 96 h LC_{50} 值来确定试验浓度范围,试验最高浓度组应不大于 96 h LC_{50} 值或 10 mg/L。

8.1.3.2 通常以几何级数浓度系列设置 5 个受试物浓度,浓度间隔倍数不超过 3.2。极限试验的浓度组设置可少于 5 个浓度。浓度组设置少于 5 个时应说明理由。

8.1.3.3 避免使用助溶剂,如应使用,其浓度应不大于 0.1 g/L 或 0.1 mL/L。

8.1.3.4 每个浓度系列设置稀释水对照组和相应的溶剂对照组。

8.2 操作

8.2.1 分析测量的频次

8.2.1.1 试验期间,应定期测定受试物浓度。

8.2.1.2 半静态试验条件下,如受试物浓度保持在设定值±20%内,在整个试验期间应对最高试验浓度和最低试验浓度组至少取样测定 3 次,样品为新配制的试液和即将更换前的试液。如果试验中受试物浓度不能保持在设定值的±20%内(根据受试物的稳定性数据),就应在新配制试验溶液和更新试验溶液时,对所有试验浓度取样分析,取样的次数、间隔及方式相同,除非之后状况相同(即试验期间至少平均间隔取样 3 次)。更换试验溶液前对每个试验浓度中的一个平行容器取样测定受试物浓度,且测定间隔不应超过 7 d。试验结果应以测定浓度为准。但如果整个试验期间受试物浓度保持在设定值或初始浓度值的±20%内,则结果可以设定值或起始测定值为准。

8.2.1.3 流水式试验,取样方式与半静态试验中相同。若试验持续时间超过 7 d,第 1 周内应采样测定 3 次。

8.2.1.4 对样品进行离心或过滤(例如使用 0.45 μm 孔径滤膜)。当两者均无法分离受试物的非生物

利用部分和生物利用部分，无需进行样品处理。

8.2.1.5 试验期间，应测定所有试验容器中的溶解氧、pH 值和水温，也应测定对照组和最高浓度组中一个试验容器的总硬度和盐度。溶解氧、盐度应至少每周测量 1 次；半静态试验应增加溶解氧的测试频率，尤其是每次试验溶液更新前和更新后，或至少一周一次。在半静态试验中，应在每次试验溶液更新的开始和结束时测定 pH 值，流水式试验中则至少每周测定一次 pH 值。硬度每次试验测定一次，温度应每天进行测量，且至少在 1 个试验容器中连续检测。

8.2.2 观察

8.2.2.1 胚胎发育阶段

在受试物暴露开始时，应尽可能准确地确认胚胎发育阶段。可选择一些清洁且有代表性的卵进行核查。

8.2.2.2 孵化和存活

在试验中，每天应至少观察一次孵化和存活情况，并记录数量。为避免死亡个体(卵、胚胎或幼鱼)快速腐烂，或被其他幼鱼的活动破坏，应及时移除死亡个体。移除时要非常小心，以免碰击或损伤邻近非常娇弱而敏感的其他个体。各生命阶段的死亡标准如下：

——卵：特别是在早期阶段，蛋白质凝固和(或)沉降导致透明度下降，兼有颜色上的变化(白色不透明)；

——胚胎：没有身体的运动、心脏的跳动，由半透明变为不透明；

——幼鱼：静止不动，无呼吸运动，心跳停止，中枢神经系统呈白色不透明颜色，对机械刺激无反应。

8.2.2.3 异常体征

本试验推荐鱼类(d-rR 品系青鳉)的异常体征如下：胚胎异常特征包括围心腔水肿、出血、凝血和蓝色卵黄囊等；幼鱼异常特征包括脊椎弯曲、出血、色素沉着较少等。在试验中，应记录损伤胚胎和畸形幼鱼的数量，观察时间间隔的长短取决于试验周期和所述的异常种类。同时，应记录异常胚胎和幼鱼的自然发生率，通常情况可以近似认为是对照组中异常个体的百分数。在试验中，异常个体只有在死亡后才能被移走。

8.2.2.4 异常行为

应记录的异常行为主要包括：呼吸频率加快、不协调的游动、无规律的静止和无规律摄食等。记录时间间隔的长短取决于试验周期。尽管量化该结果很难，但所观察到的结果有助于解释死亡数据，判断是否需要增加暴露时间。

8.2.2.5 长度

试验结束时，建议测量个体长度，可使用标准长(即体长)或全长。如果尾鳍腐烂，应使用标准长。通常，运行良好的试验中对照组各平行间的长度变化率小于或等于 20%。

8.2.2.6 体重

试验结束时，对所有存活幼鱼进行称重。干重(60 ℃下烘烤 24 h)比湿重(洁净纸吸干)好。一般情况下，对照组各平行间的重量变化系数小于或等于 20%。

8.2.2.7 性别比

本试验推荐的受试鱼类(d-rR 品系青鳉)性别特征如下：该品系是一个具有性别连锁色素的突变品

系，雄性个体为桔黄色，雌性个体为白色，容易区别雌雄特征。试验结束时，根据雌雄鱼体色，确定其性别比。

9 质量保证与质量控制

本实验质量保证与质量控制要求如下：

a) 对照组和溶剂对照组中所有存活受精卵的孵化率应大于或等于80%，孵化后幼鱼存活率应大于或等于80%；

b) 试验期间，溶解氧浓度应大于空气饱和度(ASV)的60%；

c) 整个试验期间，水温应保持在24 ℃±1 ℃范围内，且各组之间的水温差不大于±1.5 ℃；

d) 溶液中受试物浓度应维持在测定值±20%范围内；

e) 使用助溶剂时，应设置溶剂对照组以证实其对鱼早期生活阶段的存活无显著影响，及其他任何不利影响。助溶剂的所有浓度不大于0.1 mL/L。

10 数据与报告

10.1 数据统计

10.1.1 统计参数

本实验统计参数如下：

a) 累积死亡率；

b) 试验结束时的健康幼鱼数；

c) 开始孵化出和全部孵化出的时间；

d) 孵化过程中损伤胚胎的数量；

e) 孵出时畸形幼鱼的数量；

f) 每天孵化的幼鱼数；

g) 试验结束时存活个体的体长和体重；

h) 畸形或异常表征的幼鱼数量；

i) 呈现异常行为的幼鱼数量；

j) 试验结束时雌雄鱼性别比。

10.1.2 统计分析方法

10.1.2.1 允许对试验容器数量、试验浓度数目、受精卵数和测量参数等方面的试验设计进行合理调整，建议统计包括试验设计和分析。

10.1.2.2 方差分析(ANOVA)或列联表程序分析各平行组间的变化，估算LOEC和(或)NOEC。用邓恩特(Dunnett)方法对各浓度组及对照组之间的结果进行多重比较。采用卡方检验确定是否存在雌雄比例失调($p \leqslant 0.05$)。采用这类统计方法时，应首先确保试验条件的一致性，例如试验容器间的差异要足够小(在可接受范围)。预测并报告使用方差分析和其他程序的检测能力。用概率法分析累积死亡率和健康幼体。

10.2 试验报告

试验报告应列出下列相关内容：

a) 受试物

——物理属性、相关的物理-化学特征；

——化学标识数据(包括纯度、所用的定量分析方法)。

b) 受试生物

——学名、品系、亲鱼的数量、来源、受精卵的收集方法和随后的处理。

c) 试验条件

——试验程序(例如暴露方式、时间、负荷等)；

——光照周期；

——试验设计；

——贮备液的制备方法及试液更新的频率；

——试验设置浓度、实测浓度值、平均值及标准差、试验容器间标准差，以及分析试验方法；如果试验浓度高于受试物的水溶解度，应提供试液中受试物的测量资料；

——稀释水的性质：pH 值、硬度、温度、溶解氧、余氯(如果检测)、总有机碳、悬浮物、盐度(如果检测)和其他测定数据；

——试验容器中水的性质：pH 值、硬度、温度、溶解氧等；

——详细投喂信息(如饵料类型、来源、投喂量和频率)。

d) 试验结果

——对照组的青鳉受精卵孵化率应大于或等于 80%，孵化后幼鱼存活率应大于或等于 80%；

——胚胎、鱼苗和幼鱼阶段个体的死亡率/存活率以及总死亡率/存活率；

——孵化天数和孵出数目；

——体重、长度和性别比率的数据；

——如有，形态异常的发生及描述；

——如有，行为效应的发生及描述；

——数据的统计分析和处理；

——确定每个反应的 NOEC；

——确定每个反应的 LOEC($p=0.05$)；

——任何浓度-反应数据和可获得曲线。

e) 结果讨论

——对偏离测试准则之处加以说明。当试验液中所测试受试物浓度水平接近分析方法的检测限或高于受试物溶解度时，对结果的解释应慎重。

附　录　A
（资料性附录）
青鳉（*Oryzias latipes*，d-rR Medaka）驯养繁殖和培育的环境参数

A.1 引言

A.1.1　青鳉（*Oryzias latipes*）原产于日本、朝鲜、中国台湾等东亚国家和地区。1953 年 Yamamoto 发现了 d-rR 品系青鳉，即伴性的体色基因 *r*，利用其等位基因，可培育通过体色差异区别雌雄的青鳉。自从 Denny 对青鳉饲养管理与实验操作进行了规范化后[1),2)]，多数国际组织认可青鳉作为实验动物。

A.1.2　d-rR 品系青鳉隶属鳉科，个体小，全长 2.5 cm～5.0 cm，生命力强，疾病少。易于在实验室条件下饲养与培育。第二性征明显，可通过臀鳍和背鳍的形状比较准确区分雌雄 d-rR 品系青鳉雄性为橙黄色，雌性为白色泛红。性成熟时间短，大约为 3 个月左右，实验室条件下通过合适的温度和光照条件下全年连续无间隔产卵。

A.2　环境参数

d-rR 品系青鳉可以忍受较宽的温度（0 ℃～40 ℃）、酸碱度及水的硬度，驯养时 pH 通常为中性。水温维持为 20 ℃～25 ℃，养殖和产卵适宜温度 24 ℃±1 ℃。

A.3　材料和方法

容器可选用全玻璃或化学惰性材质制成，容积超过 1 L 以上容器均可以作为产卵容器。一般青鳉产卵时间为早晨 8 点左右（可通过光照时间调整产卵时间），因此产卵容器中无需增加任何产卵网或其他辅助设施。

A.4　繁殖

d-rR 品系青鳉一般采用流水或静水繁殖，繁殖水温为 24 ℃±1 ℃，光照条件为夏季昼夜比率为 16 h∶8 h或冬季 12 h∶12 h。雌雄比率为 2∶3 或 1∶1 均可，繁殖在早晨 9 点左右开始，持续时间一般 2 h 左右。雌鱼每次产卵数量 10 颗～60 颗，每天平均产卵 25 颗。卵粒成簇状，由卵膜丝粘联在一起，需要用吸管或手指将卵分开。产卵水质条件要求参见附录 B。

A.5　受精卵培育

d-rR 品系青鳉卵的黏性较小，因此鱼卵可转入孵化器孵化，孵化温度为 24 ℃±1 ℃，光照条件同繁殖条件一致。受精率一般可达到 85%以上。孵化时间相对较长一般为 7 d～9 d，孵化率可达到 85%以上。胚胎孵化阶段一般采用静水更新培养。

---

1)　Kirchen RV, West WR. The Japanese medaka. Its care and development. Carolina Biological Supply, Burlington, NC, 1976.

2)　Yamamoto T. Medaka (Killifish): Biology and Strains Keigaku Pub. Co., Tokyo, 1975.

参 考 文 献

[1] OECD(1992). Fish, Early-life Stage Toxcicity Test. OECD Guideline for Testing of Chemicals. lopted by the Council on 17th July,1992.

[2] GB/T 21281—2007,危险化学品鱼类急性毒性分级试验方法

[3] Kirchen RV, West WR. The Japanese medaka. Its care and development. Carolina Biological pply, Burlington, NC, 1976.

[4] Jinmiao Zha and Zijian Wang. Assessing technological feasibility for wastewater reclamation based early life stage toxicity of Japanese medaka (*Oryzias latipes*). Agriculture, Ecosystems & Environment. 05, 107: 187-198.

[5] Jinmiao Zha and Zijian Wang. Acute and early life stage toxicity of industrial effluent on panese medaka (*Oryzias latipes*). The science of the total environment science. 2006, 357:112-119.

[6] 査金苗,王子健. 利用日本青鳉早期发育阶段暴露评估排水的急、慢性毒性和内分泌干扰效. 环境科学学报, 2005, 25: 682-1686.

[7] ASTM. Standard guide for conducting early life-stage toxicity tests with fishes. American ociety for Testing and Materials. 1988, E1241-1288. 26pp.

[8] Dunnett C. W.. A multiple comparisons procedure for comparing several treatments with a ntrol. J. Amer, Statist. Assoc. ,1955, 50, 1096-1121.

[9] Dunnett C. W.. New tables for multiple comparsions with a control. Biometrics, 1964, 20, 32-491.

A.6 育苗培育

刚孵出 2 d 内青鳉处于内营养阶段,无需投喂饵料。2 d 后使用刚孵出的丰年虫作为开口饵料,每天 2 次~3 次饱食投喂。

A.7 幼鱼和成鱼阶段培育

d-rR 品系青鳉的生长相对较快,一般在 15 d 后即可使用配合饲料投喂,每天投喂 2 次,幼鱼阶段使用丰年虫补充营养,后期使用冰冻丰年虾联合投喂增加营养。幼鱼和成鱼阶段一般采用静水更新或流水养殖,本实验室采用流水养殖,养殖条件相对简单,流水条件下,鱼的密度为每升水 2 尾~3 尾。

附 录 B
（资料性附录）
合格稀释水的化学特征

合格稀释水的化学特征见表B.1。

表B.1 合格稀释水的化学特征

物质	颗粒物	总有机碳	非离子氨	残留氯	总有机磷农药	总有机氯农药与多氯联苯	总有机氯
浓度	<20 mg/L	<2 mg/L	<1 μg/L	<10 μg/L	<50 ng/L	<50 ng/L	<25 ng/L

附 录 C
（资料性附录）
孵化液的配制成分

孵化液制备如下：

a) 10.00%氯化钠($NaCl$)溶液；

b) 0.30%氯化钾(KCl)溶液；

c) 0.40%氯化钙($CaCl_2 \cdot 2H_2O$)溶液；

d) 1.63%硫酸镁($MgSO_4 \cdot 7H_2O$)溶液。

以上溶液各1 mL，96 mL蒸馏水，在使用前混合。

A.6　育苗培育

刚孵出 2 d 内青鳉处于内营养阶段，无需投喂饵料。2 d 后使用刚孵出的丰年虫作为开口饵料，每天 2 次～3 次饱食投喂。

A.7　幼鱼和成鱼阶段培育

d-rR 品系青鳉的生长相对较快，一般在 15 d 后即可使用配合饲料投喂，每天投喂 2 次，幼鱼阶段使用丰年虫补充营养，后期使用冰冻丰年虾联合投喂增加营养。幼鱼和成鱼阶段一般采用静水更新或流水养殖，本实验室采用流水养殖，养殖条件相对简单，流水条件下，鱼的密度为每升水 2 尾～3 尾。

附　录　B
（资料性附录）
合格稀释水的化学特征

合格稀释水的化学特征见表 B.1。

表 B.1　合格稀释水的化学特征

物质	颗粒物	总有机碳	非离子子氨	残留氯	总有机磷农药	总有机氯农药与多氯联苯	总有机氯
浓度	<20 mg/L	<2 mg/L	<1 μg/L	<10 μg/L	<50 ng/L	<50 ng/L	<25 ng/L

附　录　C
（资料性附录）
孵化液的配制成分

孵化液制备如下：

a)　10.00%氯化钠（NaCl）溶液；

b)　0.30%氯化钾（KCl）溶液；

c)　0.40%氯化钙（$CaCl_2 \cdot 2H_2O$）溶液；

d)　1.63%硫酸镁（$MgSO_4 \cdot 7H_2O$）溶液。

以上溶液各 1 mL，96 mL 蒸馏水，在使用前混合。

参 考 文 献

[1] OECD(1992). Fish, Early-life Stage Toxcicity Test. OECD Guideline for Testing of Chemicals. Adopted by the Council on 17th July,1992.

[2] GB/T 21281—2007，危险化学品鱼类急性毒性分级试验方法

[3] Kirchen RV, West WR. The Japanese medaka. Its care and development. Carolina Biological Supply, Burlington, NC, 1976.

[4] Jinmiao Zha and Zijian Wang. Assessing technological feasibility for wastewater reclamation based on early life stage toxicity of Japanese medaka (*Oryzias latipes*). Agriculture, Ecosystems & Environment. 2005, 107: 187-198.

[5] Jinmiao Zha and Zijian Wang. Acute and early life stage toxicity of industrial effluent on Japanese medaka (*Oryzias latipes*). The science of the total environment science. 2006, 357:112-119.

[6] 查金苗，王子健. 利用日本青鳉早期发育阶段暴露评估排水的急、慢性毒性和内分泌干扰效应. 环境科学学报，2005，25：682-1686.

[7] ASTM. Standard guide for conducting early life-stage toxicity tests with fishes. American Society for Testing and Materials. 1988, E1241-1288. 26pp.

[8] Dunnett C. W.. A multiple comparisons procedure for comparing several treatments with a control. J. Amer, Statist. Assoc. ,1955, 50, 1096-1121.

[9] Dunnett C. W.. New tables for multiple comparsions with a control. Biometrics, 1964, 20, 482-491.